权威·前沿·原创

皮书系列为

“十二五”“十三五”“十四五”时期国家重点出版物出版专项规划项目

智库成果出版与传播平台

中国气象经济发展报告

（2024）

REPORT ON THE DEVELOPMENT OF CHINA'S METEOROLOGICAL ECONOMY (2024)

组织编写 / 中国气象服务协会

社会科学文献出版社
SOCIAL SCIENCES ACADEMIC PRESS (CHINA)

图书在版编目(CIP)数据

中国气象经济发展报告.2024 / 中国气象服务协会组织编写. -- 北京：社会科学文献出版社，2024.10.
（气象经济蓝皮书）. -- ISBN 978-7-5228-4020-8

Ⅰ.P49

中国国家版本馆 CIP 数据核字第 2024XR7593 号

气象经济蓝皮书
中国气象经济发展报告（2024）

组织编写 / 中国气象服务协会

出 版 人 / 冀祥德
责任编辑 / 陈 颖
责任印制 / 王京美

出　　版 / 社会科学文献出版社 · 皮书分社（010）59367127
　　　　　地址：北京市北三环中路甲 29 号院华龙大厦　邮编：100029
　　　　　网址：www.ssap.com.cn
发　　行 / 社会科学文献出版社（010）59367028
印　　装 / 三河市东方印刷有限公司

规　　格 / 开 本：787mm × 1092mm　1/16
　　　　　印 张：27　字 数：446 千字
版　　次 / 2024 年 10 月第 1 版　2024 年 10 月第 1 次印刷
书　　号 / ISBN 978-7-5228-4020-8
定　　价 / 188.00 元

读者服务电话：4008918866

编委会

主要编撰者简介

许小峰 正高级工程师，博士生导师，中国气象局原党组副书记、副局长。现任中国气象事业发展咨询委员会常务副主任，中国气象服务协会会长，中国应急管理学会常务理事、中国科技史学会常务理事，国家减灾委专家委员会委员，中国气象局国家气候观象台科学指导委员会副主任，《气象科技进展》杂志主编。积极参与和推动国内、国际和区域防灾减灾和发展合作工作，担任过多项国家综合协调机构成员，曾任联合国亚洲及太平洋经济社会委员会/世界气象组织台风委员会主席；世界气候研究计划（WCRP）中国委员会副主席。在天气、气候动力学理论与气象事业发展方面有较深入的研究，曾主持多项国家自然科学基金委重点项目和面上项目，在国内外核心科技期刊和媒体上发表论文或相关文章200余篇。代表著作有《现代气象服务》《气象服务效益评估理论方法与分析研究》等。

孙　健 正高级工程师。曾任安徽省气象局局长，中国气象局办公室主任、中国气象局影视宣传中心主任，中国气象局公共气象服务中心主任，国家预警信息发布中心主任，是中国气象服务协会发起人，首任会长，现任中国气象服务协会常务副会长。主要研究方向为公共气象服务、生态气象服务、预警信息发布服务。所提出的气象资源经济、氧吧经济等概念为气候生态资源保护和开发利用提供了理论指导，创建"中国天然氧吧"国家级生态品牌，出版各类专著数十部，发表论文近百篇。代表著作有《公共气象服务导论》《"一带一路"气象服务战略研究》等。

王　昕　博士，俱时（北京）气象技术研究院院长。主要研究方向为气象经济产业发展战略，包括气象产业与经济研究、技术标准化、科技成果评估，气象社会团体建设与发展，气象产业品牌建设等。主持全国风电等行业气象服务效益评估、全国公路交通灾害风险普查、气象行业颠覆性技术战略研究、气象产业与经济咨询、气象产业分类等研究项目及成果报告的编著工作。主笔或组织出版气象相关专著十余部，《气象资源与气象经济——中国气象产业发展报告（2022）》执行主编。

序

伴随我国社会经济的全面、快速发展，因气候变化而产生的影响也愈加受到关注，气象要素在经济领域发挥的作用日益凸显。如何系统阐述、分析和量化这些变化与结果，尚存在诸多空白，缺乏相关的深入工作。《气象经济蓝皮书：中国气象经济发展报告（2024）》将提供大量有价值的信息，为系统研究中国气象经济发展提供新视角。

气象与经济的关联历史悠久，自人类在地球上生存以来，几乎所有的活动都与气象有着密切关联。尤其在现代社会，这种联系更为紧密。中国是一个地域辽阔、地形复杂、人口众多、天气气候多变的国家，气象影响的重要性不容忽视，显然也会进一步影响到各类经济活动。从基本生存到康养保健、从农业到生态、从环境到旅游、从能源到交通、从数据资源到科技进步，气象因素在各个行业和领域都产生着广泛的影响。

这本蓝皮书由中国气象服务协会组织，俱时（北京）气象技术研究院牵头，中国气象局气象干部培训学院、中国气象局气象发展与规划院、粤港澳大湾区气象监测预警预报中心（深圳气象创新研究院）、国家气象信息中心、金风科技股份有限公司、北京墨迹风云科技股份有限公司、中国气象科学研究院、水电水利规划设计总院、华风气象影视集团、中国气象局公共气象服务中心、中国气象局人工影响天气中心、山西省气象灾害防御技术中心、国家气象中心、成都信息工程大学、中国科学院地理科学与资源研究所、安徽省公共气象服务中心、中科星图维天信科技股份有限公司、国家卫星气象中心、南开大学、中国旅游研究院（文化和旅游部数据中心）、闽江学院、国家气候中心、北京市气象局、辽宁省气象局、山西省气象局、北京市避雷装置安全检测中心、北京万云科技开发有限公司、国务院参事室当代绿色经济研究中心、中华联合财产保险股份有限公司等单位参与，汇集了行业专家、学者和企业的智慧，全面分析了中国气象经济的各个方面。

书中通过大量数据收集和案例分析，展示了气象经济的发展趋势。例如，在生态和旅游领域，中国天然氧吧项目如何利用气候资源促进区域经济发展；在能源领域，气象数据如何帮助开发风能和太阳能等清洁能源；在科技层面，气象卫星产业链如何为国家经济和防灾减灾做出贡献。此外，还对气象经济的概念做了系统梳理，有助于人们从经济视角观察、看待和理解气象所产生的影响。

蓝皮书还特别分析、探讨了气象灾害对经济的负面影响，并对如何通过科学预警和应对机制减少损失提出了方法和建议。同时，从气象巨灾保险的角度分析了如何通过金融手段降低气象风险对社会经济的影响。

这本蓝皮书仅是起步，但可以对其寄予希望，通过不断实践和总结逐步提升水平。希望其中所涉及的内容能成为指导中国气象经济发展的参考信息，为政策制定者提供决策依据，为企业创新提供发展思路，为学术研究注入新的依据和动力。我们期待社会各界共同努力，探索气象经济发展的更多途径和可能性。相信在各方的共同努力下，中国气象经济的未来将会更加辉煌，在国家的经济建设和社会发展进程中产生重要影响，气象与经济发展的结合将更加紧密，助力更多的产业创新和价值实现。

党的二十届三中全会胜利召开，为我国经济发展进一步指明了方向。蓝皮书中对于气象经济的探讨和分析符合全会提出的要不断推进改革创新，实现经济高质量发展的精神，也使我们欣喜地看到了气象经济在我国未来发展中有着巨大潜力，相信在全会精神的指引下，气象科技与产业也必将取得卓越的创新成果。

中国气象服务协会会长

2024 年 6 月 25 日

摘　要

《中国气象经济发展报告》是关于我国气象经济发展的研究性年度报告。2024年首次出版。本书汇聚了气象经济相关领域资深专家、学者的智慧发现和研究成果，同时得到气象行业领导的专业指导和宝贵建议。

《中国气象经济发展报告（2024）》将气象经济作为现代社会经济活动的重要内容，在总报告中将气象经济定义为与天气、气候、气候变化相关联的全部人类经济活动的总称，包括人类在生活、生产、流通、消费过程中为趋利避害以适应天气气候条件的所有收益与付出。在其他篇章中，报告系统分析并阐述了气象作为一种基础性生产要素，不仅包括风能太阳能资源、空中云水资源、冰雪资源等自然形态，也包括通过气象仪器观测采集到的气象要素数据，以及与农业、交通、水利、能源、环境、旅游、康养、文化等领域融合产生的资源形态。

与此同时，报告内容建构了气象经济活动两个相辅相成的方向：一方面体现在防范气象自然灾害风险，保护国民经济和社会发展安全；另一方面体现在以保护生态气候环境、低碳减排为目标的气候资源保护和适度开发利用。减少气象自然灾害损失和促进气候资源赋能生态、低碳经济发展成为当前气象经济活动的主要内容。报告在对气象经济定性研究的基础上，通过量化应用研究，对气象经济活动涉及的诸多应用场景做了研究分析，这些应用研究表明：在市场中对气象经济供需关系深入了解是预测气象经济相关服务和产品价格波动、优化气象资源配置、提高气象经济活动市场效率、制定气象经济产业发展策略的基础。

报告建议：加快推动国家公共气象部门与社会机构更加紧密的合作，以促进气象经济的健康快速发展，进一步提高气象基础公共资源社会利用率和产出率；加强气象与相关领域社会资源的有效融合，充分调动社会力量加大气象投入，共同推动气象观测、预报和服务能力水平快步提升，不断满足人民日益增长的高质量气象服务需求；推动气象产业法规政策等制度化建设，打造良好的气象经济产业生态，促进气象多元供给局面的形成和发展。

关键词： 气象经济　气象资源　气象服务

Abstract

Blue Book of Meteorological Economy is an annual research report on the development of China's meteorological economy. First published in 2024. This book brings together the wisdom findings and research results of senior experts and scholars in meteorological economy-related fields, and at the same time gets professional guidance and valuable suggestions from meteorological industry leaders.

Report on the Development of China's Meteorological Economy (2024) regards meteorological economy as an important part of modern social and economic activities. In the general report, meteorological economy is defined as the general term of all human economic activities related to weather, climate and climate change, including all the gains and contributions made by human beings in the process of life, production, circulation and consumption to adapt to weather and climate conditions. In other chapters, the report systematically analyzes and expounds that meteorological factor, as a basic means of production, not only includes natural forms such as wind and solar energy resources, cloud and water resources in the air, ice and snow resources, but also includes meteorological element data collected through meteorological instrument observation and resource forms generated by integration with agriculture, transportation, water conservancy, energy, environment, tourism, health care and culture.

At the same time, the report constructs two complementary directions of meteorological economic activities: on the one hand, it is reflected in preventing the risk of meteorological natural disasters and protecting the safety of national economic and social development; On the other hand, it is reflected in the protection and moderate development and utilization of climate resources with the goal of protecting the ecological climate environment and reducing carbon emissions. Reducing the loss of meteorological natural disasters and promoting the development of ecological and low-carbon economy with climate resources have become the main contents of current meteorological economic activities. Based on the qualitative study of meteorological economy, the report analyzes many application scenarios involved in meteorological economic activities through quantitative application research. These application studies show that a deep understanding of the relationship between supply and demand of meteorological economy in the market is the basis for forecasting the price fluctuation of meteorological economy-related services and products, optimizing the allocation of meteorological resources, improving the market efficiency of meteorological economic activities and formulating the development strategy of meteorological economy industry.

The report suggests: accelerate the closer cooperation between the national public meteorological department and social institutions to promote the healthy and rapid development of meteorological economy and further improve the social utilization rate and output rate of meteorological basic public resources; Strengthen the effective integration of meteorology and social resources in related fields, fully mobilize social forces to increase meteorological input, jointly promote the rapid improvement of meteorological observation, forecasting and service capabilities, and continuously meet the people's growing demand for high-quality meteorological services; Promote the institutionalization of meteorological industry regulations and policies, create a good meteorological economic industry ecology, and promote the formation and development of meteorological diversified supply situation.

Keywords: Meteorological Economy; Meteorological Resources; Meteorological Services

目 录

I 总报告

II 分报告

Ⅲ 科技篇

Ⅳ 专题篇

Ⅴ 案例篇

皮书数据库阅读**使用指南**

CONTENTS

I General Report

II Sector Reports

Ⅳ Special Reports

Ⅴ Case Reports

总 报 告

B.1

中国气象经济发展与展望（2024）

许小峰　黄秋菊　孙　健　王志强　廖　军*

摘　要：　气象经济涉及与气象领域相关的各类经济活动，是气象与经济关系的总和，由气象与经济之间相互的影响、气候资源的开发利用、应对气候变化等诸多部分构成。气象经济研究的主要内容包括：气象对经济活动的影响；气象经济活动的趋利避害效应；人类对气候资源的开发利用和转化；应对气候变化所涉及的经济问题和实践活动；深化对气象经济活动的规律性认识；建立气象服务系统的成本与收益分析等。伴随全球气候变化以及我国进入新发展阶段，经济社会发展对气象的依赖性不断增强，应聚焦气候变化对经济的影响、气象价值评估、气象灾害风险评估、气象产业发展、气象经济与数字经济融合发展等前沿领域展开深入研究，从而促进气象事业更加主动地融入国家经济建

* 许小峰，中国气象服务协会会长，中国气象事业发展咨询委员会常务副主任，正高级工程师，主要研究方向为天气、气候动力学理论与气象事业发展；黄秋菊，中国气象局气象干部培训学院（党校）干部培训部副主任，正高级工程师，主要研究方向为习近平经济思想、气象经济学；孙健，中国气象服务协会常务副会长，正高级工程师，主要研究方向为公共气象服务、生态气象服务、预警信息发布服务；王志强，中国气象局气象干部培训学院（党校）原副院长，正高级工程师，主要研究方向为气象法律法规、气象公共政策和气象教育培训；廖军，中国气象局气象发展与规划院副院长，主要研究方向为气象发展规划、气象公共政策。

设主战场，以优质气象服务赋能经济社会高质量发展。

关键词： 气象经济 气象服务 气候变化 气象价值评估

一 气象经济的内涵与构成

（一）气象经济的内涵

气象是自然生态的重要组成部分，也是生态系统生存所依赖的必要条件，与人类的生活及社会经济发展息息相关，并产生着重要影响。作为气象要素的风、雪、雷、电、阳光、雨露等自然要素既是大自然赋予人类生存所依托的宝贵资源，也因其复杂多样、变幻莫测，常会对人类和生态环境造成剧烈伤害，这种对立统一的关系贯穿于人类与地球环境演变的整个进程。

气象学是针对气象要素变化过程的特征和规律开展研究的学科，而研究成果与实践的结合催生了气象业务与服务的完整体系构建，包括气象信息的获取、加工、预报、传播、应用等多个环节。将气象研究的成果转化为气象业务和服务是气象工作的根本目的和体现，其价值最终反映在了保障生命安全、生产发展、生活富裕、生态良好等诸多方面。由此充分表明，气象工作的最终产出对人类的生存和经济社会的运转有着重要影响。与此同时，尤为值得关注的是，在气象业务系统的构建过程中，气象装备的设计、生产采购、使用以及气象信息的加工、生成、传播等诸多环节都需要大量的资本与人力资源投入。换言之，如果将气象工作视为一个产业链条，那么无论是其上游的资源投入，还是其下游的成果转化与收益，都可以被纳入经济活动范畴进行分析与评估。气象工作与经济行为之间的互动贯穿于整个运行过程，这也就意味着我们可以通过经济学的视角和方法，对气象所涉及的相关活动展开全面研究，深入分析和研判，从而构建有别于传统气象学的“气象经济学”。

“气象经济”一词在我国兴起于 20 世纪 80 年代，早期的研究重点聚焦在气象服务与经济发展的相互关系上。黄宗捷在 1988 年发表的《〈气象经济学〉论纲》一文中指出，气象服务商品的生产和交换促使气象服务产品的价值实现，而对气象服务产品在生产过程中的经济运动和气象服务产品同社会各部门之间的经济关系进行研究的气象经济学，乃是“研究气象服务的经济现象及其变化规律的科学”。2003 年，许小峰在《“气象经济”概念辨析》一文中提出，气象经济至少包含两个概念，即“气象条件对经济发展的影响”以及“以气象信息为手段通过市场需求获利”。由此可见，在早期的研究过程中，对气象经济含义的诠释集中在气象服务的影响与效益以及通过市场产生收益的环节上。然而，随着行业的发展和研究的深入，对气象行业的投入产出比和气象系统整体效益评估的研究逐渐增多，且伴随对气候变化及相关问题研究的深入，低碳、减排、能源转型、可持续发展等概念的提出，所涉及的经济问题也更为广泛，这在研究领域和方向上为气象经济赋予了更为广泛的拓展。因而，气象经济的概念可以概括为与天气、气候、气候变化相关联的全部人类经济活动的总称，包括人类在生活、生产、流通、消费过程中为趋利避害以适应天气气候条件的所有收益与付出。

（二）气象经济的构成

通过不断实践、认识、归纳和总结，可以将气象经济的构成划分为如下一些领域，包括气象对经济活动的影响；气象经济活动的趋利避害效应；人类对气候资源的开发利用和转化；应对气候变化所涉及的经济问题和实践活动；深化对气象经济活动的规律性认识；建立气象服务系统的成本与收益分析等。

1. 气象对经济活动的影响

直接利用气候资源进行生产并非人类社会与气象条件的全部关系，众多经济行为的质量、效率乃至于模式，都会受到气象条件直接或间接的影响。气象条件，如风、降水、温度的变化和极端天气事件等可以直接影响农业、基础设施建设、能源消耗等第一、第二产业的运行，还能够通过对出行条件、心理状况、消费选择等方面的改变，间接影响以物流、旅游、零售、文娱、金融为代表的第三产业。

经济学对人类商品交换的研究，往往以市场中生产者可供给的数量以及消费者有意购买的数量展开，即对均衡市场中的供给与需求进行研究。市场中的均衡位置受商品的生产成本变化和消费者的个人效用变化的影响。可以直观地看到，有利的气象条件能够促使生产成本下降（如降雨的增加可以减少灌溉的边际成本）或市场需求增长（如温度改变增加居民对冬装、夏装的需求），进而促进市场的繁荣；与之相反，不利的气象条件则会增加运营成本（如极端天气造成的物流瘫痪）或限制市场需求（如高温天气减少旅游客流量），最终对经济运转造成负面影响。根据国家统计局发布的数据①，2023 年国内出游 48.9 亿人次，游客出游总花费 49133 亿元，增长 140.3%，展现出强劲的发展动力和广阔的发展前景，促进旅游行业的进一步发展势必需要气象条件对旅游市场活力所产生的正面影响，同时也需要避免极端气象事件带来的负面效应。使用经济方法来分析气象因素在诸多产业中的影响，可以更好地洞察其产业运行规律，为政策的制定提供依据。

2. 气象经济活动的趋利避害效应

总体而言，地球的天气气候环境为人类的生存与发展提供了最基本的保障条件。靠天吃饭，靠天生存，与自然相依共处，守护好地球家园，这是人类演化至今最为顺应自然的趋利方式。而对于自然环境的另一面，如灾害性天气气候的出现，则需要采取积极的避害措施加以防范。

全球气候变暖加剧了极端天气事件发生，人类的生存与安康、经济的高质量发展对防避气象灾害的需求也随之增加，全力做好气象防灾减灾工作尤为重要。气象防灾减灾旨在使用科技手段对可能发生的气象灾害进行监测预报预警，通过制定应急预案并采取干预措施减少灾害带来的负面影响。气象防灾减灾提升经济效益主要体现在两个方面：一是提升防范能力，加强监测预警，尽可能降低灾害可能导致的负面影响，这包括节约因消除影响而付出的成本，提高恢复力；二是提高防范韧性，有针对性地采取各类防范措施，尽可能避免或减轻气象灾害对人们生产、生活所造成的影响和干扰，降低暴露度和脆弱性，保障社会经济正常稳定运行。

防灾减灾需要投入足够的资金和人力资源来建立气象监测预警系统和建设防护工程，相比灾害发生后的损失、评估成本与收益之间的关系是气象经济在防灾减灾中的重要课题。在评估时，边际成本不应当单纯以金钱作为计算单位。因为灾害带来的损失不仅仅是直接的经济损失，其对社会生活的破坏乃至对生命造成的威胁同样需要被纳入考虑范畴。唯有坚持人民至上、生命至上的

① 国家统计局：《中华人民共和国 2023 年国民经济和社会发展统计公报》，2024 年 2 月 29 日。

理念，才能在成本效益分析中来理解“宁可十防九空，不可失防万一”所代表的风险管理决策体系。

人工影响天气，即用科学手段对局部大气的物理过程进行人工干预，是防灾减灾中的一种重要措施，其成本效益分析具有很大研究价值。由于人工影响天气的成果很可能并不只局限于目标地点，因此在对其进行分析时需要考虑其附带收益或损害。马歇尔在 1890 年的《经济学原理》中提出了“外部经济”这一概念，庇古则于 1920 年在《福利经济学》中扩充了“外部不经济”并提出了庇古税这一理念，尽管针对这一领域的研究在经济学中仍存在争议，但研究者仍然经常使用“外部性”概念对经济主体造成的外部影响进行分析。与气象监测、预报系统不同，人工影响天气在应用方面与更多技术相交互，有技术成本高、操作风险大的特点，因此在风险规避和投资回报率之外，人工影响天气的短期效益和外部性更加显著。对人工影响天气所产生的外部性的研究具有重要意义，因为这一研究的结果将有助于更好地说明现代科技条件下对气象的研究与干预究竟可以给人类社会带来怎样的益处。

3. 人类对气候资源的开发利用和转化

气候资源长期以来一直是人类生产活动中的一种不可或缺的资源，人类对降水、太阳光能、热能、风能的利用有着悠久的历史。这些气候资源作为大气圈内的自然条件，有着比矿物、化石燃料等资源更为容易获取的特性，这体现了气候资源的普遍性。

但是在空间性和时间性的分布上，气候资源同样存在一定程度的差异性，这种差异性也对人类社会中不同的经济模式产生了影响。如有研究显示平均风速是影响花生中蛋白质含量的重要环境因素，系数为-0.07，同时降水量对蛋白质含量的影响系数为-0.097①。气候资源的不同使得农作物的单位面积产量和产品质量产生不同，造成各地农业会根据当地资源禀赋调整粮食作物种植种类，其最终影响包括单位耕地面积可养活劳动力人口的区别和生产者剩余方面的差异。在商品率更高的经济作物上，气候资源的地域性有着更为明显的体现，古人早已总结出“南橘北枳”中的气候差异性，这种差异性最终导致具有市场竞争力的经

---

① 梁煜莹、张加羽、姜骁等：《花生品质与气候环境的关系研究》，《植物遗传资源学报》2024 年第 2 期。

济作物对气候资源的要求极高，因此对合理利用气候资源的研究能够有效提高生产效率、促进经济发展、增强生产过程中抗风险能力并促进可持续性发展。

在微观经济学中，可以根据商品的排他性和竞争性对其进行分类。气候资源的广泛分布使其并不具备排他性，但考虑到资源利用过程中可能存在的能量损耗或是其他形式的资源衰减，气候资源的利用过程中可能也会产生竞争性，因此气候资源从经济学的角度通常被视为公共资源或者准公共物品。在诸多气候资源因为人类社会快速发展而被不同程度破坏的情况下，对清洁能源的开发同样离不开对气候资源利用的研究。而在经济学计算投资与收益时，多使用边际成本来衡量一个单位的新增产品造成的总成本增量，这使得关于气候资源的边际成本变化对其竞争性影响的考量变得更为重要。目前我国在气候资源利用方面主要面临的问题是资源供给与产出需求的不匹配，在清洁能源方面呈现典型的逆向分布特征，造成弃风率、弃光率高的现象存在。充分利用气候资源不仅可以提高生产效率和资源利用率，还可以促进社会经济的可持续发展，加强对气候资源的监测和利用对实现经济可持续增长具有重要意义。中国气象局局长陈振林在 2024 年 3 月 21 日的《人民日报》署名文章中指出，“新质生产力本身就是绿色生产力，发展清洁能源，推动经济社会绿色低碳转型，已经成为国际社会应对全球气候变化的普遍共识”①。随着科技能力的进步和时代的发展，清洁能源的开发将是未来主流的气候资源利用方式，把握低碳、绿色的经济运转模式会成为气象产业体系建设的一大重点课题。

4. 应对气候变化所涉及的经济问题和实践活动

气候变化是当今全球面临的重大挑战，当下世界各国对气候变化的关注和研究达到了前所未有的高度，随着气候变化对全球环境、经济和社会造成越来越明显的影响，对气候变化带来的极端天气事件进行研究成为气象经济领域的一大热点话题。在阿联酋举办的第二十八届联合国气候变化大会（COP28）上，世界气象组织在报告中指出 2011～2020 年这十年是人类有记录以来最炎热的十年，2024 年 1 月世界气象组织正式确认 2023 年为有记录以来最热的一年，其中 2023 年 7 月 4 日这一天全球平均气温达到了 17.18℃，比历史平均气温 16.20℃高出了 0.98℃。

① 陈振林：《在气候行动最前线直面挑战共筑未来——写在二〇二四年世界气象日之际》，《人民日报》2024 年 3 月 21 日，第 14 版。

极端天气对人类社会造成的影响是全方位的，宏观角度上气候变化对经济的直接影响覆盖了农业生产、工业生产、能源供应、金融系统等多个方面。反常温度和异常降水会对粮食生产造成巨大打击，2023 年世界各国接连出现的粮食危机与此不无关系，缺乏对气候变化的应对举措将会导致大宗商品价格失控进而可能引发社会动荡。20 世纪的研究认为工业对气候的敏感度较低，其原因在于室内生产环境和机械化程度可以削减气候影响①。而 21 世纪的调查研究结果显示，由于气候变化会对原材料价格造成影响，工业同样会受到气候变化的波及，其中以采矿业、制造业的气候敏感性最为明显②。能源行业往往在供、需两个方向同时受到极端天气的影响，比如高温干旱一方面会造成水力发电的减产，另一方面会因为制冷需求增加而使居民用电量大幅增长，最终造成供电紧缺的问题。另外，极端天气还可以直接对居民财产造成损失，面临贫困风险的群众，气候变化的影响不仅可能使其返贫，后续过程还很可能由于贫困陷阱的存在而长期难以摆脱贫困的束缚。气候变化引发的极端天气事件将是我国全面建成社会主义现代化强国、全面推进中华民族伟大复兴过程中必须面对的问题。

气候变化还会对人类健康产生显著的影响。2023 年 12 月 2 日，在 COP28 大会上，主席国与世卫组织共同宣布《气候与健康宣言》，“将健康置于气候行动的核心，加快发展具有气候适应力、可持续和公平合理的卫生系统”。IPCC 第六次评估报告表明，气候变化正在对人类健康造成严重影响。这些情况都表明，气象与健康问题已得到国际社会的广泛关注。显然，其中也会涉及大量直接或间接的经济问题，属于气象经济所涵盖的重要领域之一。

5. 深化对气象经济活动的规律性认识

随着科技的进步，人类对气象规律以及气象所影响的经济活动的规律的认识也在不断深化。对气象规律的探索与研究，既包括对气象数据的收集与分析的环节，也包括气象模型的建立与优化的环节。前者需要对卫星遥感、雷达监测等技术和应用进行投资，后者则需要通过不断优化模型参数以提高预测精度。在这些过程中，气象产业必然会与经济活动相互交织，而对于其中的投入与效益的研究同样是气象经济的范畴。与此同时，在建立气象服务系统的过程

---

① Jill Jager：“Anticipating Climatic Change”，Environment：Science and Policy for Sustainable Development，1988.

② 孙宁：《气候变化对制造业的经济影响研究》，南京信息工程大学博士学位论文，2011。

中，同样需要大量的先期投入，而服务系统的有效与否，也是由投入与效益产出所共同决定的。提升对与气象相关经济活动规律的认识与建立气象服务系统等的投入，主要包括科研经费、技术研发、人才培养、基础设施建设或维护等方面。随着经济发展对资源投入提出了更高的要求，气象预测能力的精准性、时效性、针对性仍然有待进一步提高，这使得气象行业的研发能力和科技创新能力需要不断加强。

索洛经济增长模型（即新古典经济增长模型）提出了不限制固定生产比例的长期增长模型，在规模报酬不变的情况下对人力和资本投入的调整可以通过参差法对全要素生产率进行计算。而技术的进步在长期增长中可以推动多方面的提升，在给定资本和劳动力的情况下，更大的产出和更高质量的产品都是技术进步在成果上的体现，技术进步还可以提供更新更丰富的产品使服务的质量得以提升，因此在劳动力、资本投入有限的情况下，气象科技进步是气象经济增长的主要因素。气象部门的地方台站能获得的资金投入在一定时间限度内并不会发生显著增长，当技术进步的成果可以覆盖各台站时，给定资本存量下等量产出需要的人力将会减少。在气象部门发展的历程中，最为典型的例子就是自动化观测技术的出现给一线人力配置带来了巨大改变，当全人工观测逐渐被全自动化的现代化新型台站所取代时，气象部门的高技术劳动力就可以释放到其他工作领域。由于资本和有效劳动的边际报酬在实际生产中呈现递减趋势，一味投入资金和劳动力并不能带来足够的收益，这需要技术的不断进步以弥补其增长趋势不足，而往往一个技术的进步需要连续多年的科学研发和长期稳定的资本投入，所以对气象科研成果的可获利性进行研究至关重要。

气象服务一般是指政府或私营机构为公众、企业和政府部门提供的有关天气、气候和相关环境信息的收集、处理、分析、预测和传播，这些服务对各种社会经济活动至关重要。在这一过程中，气象信息的客观性、专业性以及时效性至关重要，其是决定气象服务质量的核心因素。在我国气象事业的发展初期，1953 年毛泽东同志便做出了批示，要求“气象部门要把天气常常告诉老百姓”，在这之后气象服务以天气预报的形式逐渐走入大众视野①。中国的气

① 陈少峰、张海东：《把天气常常告诉老百姓是气象事业的立足点和归宿》，载《当代中国研究所第三届国史学术年会论文集》，2003。

象服务长期由政府部门牵头，以基础性、公益性的形式开展。以最为常见的天气预报服务为例，对受众而言是非竞争性且非排他性的，在经济学中被视为公共物品，即社会中所有群体都可以均等地获得相同质量的气象信息服务。气象信息作为有偿商品被投入服务市场，完全相同内容的气象信息商品的边际生产成本为零，这也反映出天气预报本身在市场中的经济属性是俱乐部产品，而国家出于最大化社会福利的目的对其进行财政补贴使其成为公共产品。但伴随着社会主义市场经济的建立和对气象服务产品多元化、精细化、针对性需求的增强，这一状况正在发生改变，各类气象企业应运而生，开始以市场需求为导向提供气象产品。

6. 建立气象服务系统的成本与收益分析

关于气象服务系统的投入与收益，可以从产业组织理论的供、需两方面进行分析：从供应方的角度，中国气象信息服务目前存在两大特征。第一个特征是产品供给的相对集中。由于气象产品的获取需要大量资金和投入，技术门槛也相对较高，特别是在长期计划经济的体制下，气象市场没有得到足够培育，对气象产品需求的满足往往依赖单一来源，用户难以在市场上找到其他的气象替代品，使气象部门在气象信息服务（尤其是原始气象信息市场）中成为唯一的供应方，且从法律角度给与了确认，如果从市场角度看，则具有垄断性特征。第二个特征是拉式生产，伴随社会主义市场经济的发展，气象信息的供给逐渐表现出公共产品和商品的双重特征，有其特殊性。但随着信息市场的逐渐拓展，气象信息的商品特征也得到了进一步确认。在市场交换过程中，所有被用来交易的信息都需要根据消费者具体的空间、时间、要素需求有针对性地定制，比如航空公司、海运公司需要的是航线所经地区可能影响飞机、船舶的气象信息，而旅游景点则需要节假日中可能影响客流量的气象信息，此类需求都需要先完成销售并确定商品形式再进行定制生产。这意味着建立气象服务系统过程中的投入和收益需要根据市场中的生产者剩余来评估服务市场的长期发展情况。

从需求方的角度，气象信息服务的不同消费者有着独特的需求价格弹性。在经济学中，弹性指一个特定产品的价格发生变动时，其需求量跟随价格变化而变化的敏感程度，这一数值通常被限定在-1～0，它表明了价格改变造成的供求的相应变动率。当弹性趋近于0时，价格的变化不会造成该商品需求量的变化，即消费者无论商品价格为多少都愿意为商品买单；而当弹性趋近于-1

时，价格的轻微变动便可能有大量消费者改变对这一产品的需求，这种商品被认为在需求方面是“富有价格弹性的”。商品是否具有弹性通常是由商品与其替代品之间的关系决定的，对气象信息个体消费者而言，免费的天气预报已经足以满足正常的生活所需，即便是有偿气象信息服务可能会为农业劳动者、小企业经营者带来效益，仍然有研究显示气象信息服务商品对大量潜在受益人群显示出很高的价格弹性①，这意味着气象信息服务价格的轻微上涨就会使这一群体放弃在这些服务上的支出。对一些体量足够大的企业型需求方，气象信息商品同样存在需求价格弹性较高的问题，其根本原因是需求方未能准确地评估气象信息服务可能带来的投入产出比，导致他们不愿意支付资金以换取对其更为有利的气象信息服务。目前在服务系统里，只有高度依赖气象条件进行生产、运营的消费者的需求价格弹性较低，他们在市场中获得的消费者剩余量决定了他们是否选择购买气象信息服务。这意味着建立高效率气象服务系统过程中需要尽可能提高市场中的生产者、消费者总剩余。

二 气象经济与人类社会发展

从气象经济的内含与构成中可以看出，在气象与经济的关系之中，既有气象对经济活动的影响，也有经济因素对气象科技与需求发展的影响，这决定了气象经济与人类的社会发展有着不可分割的联系。探究气象经济形成的基本条件，有助于从原理层面理解气象经济的重要性，进而为未来的研究和实践提供指导和参考。有关就气象经济对人类社会施加影响的梳理则有益于对气象与经济活动间影响机制的研究，可以从历史经验的角度，为处于气候变化大背景下的未来经济发展提供思路。

（一）气象经济形成的基本条件

气象经济的产生是由于人类与气象的关系和人类社会活动交织在一起后产

① Philip Antwi-Agyei, Kofi Amanor, Jonathan Hogarh, et al.. “Predictors of Access to and Willingness to Pay for Climate Information Services in North-eastern Ghana: A Gendered Perspective”, *Environmental Development*, Volume 3, 2021, https://doi.org/10.1016/j.envdev.2020.100580/.

生了新的结合模式，气象经济最终形成的基本条件有以下四点。

（1）气候资源能够被人类直接转化为经济效益。气候资源是自然资源的重要组成部分，其经济价值可以通过人类的多种活动实现。首先，气候资源是农业生产活动所需的基础性资源，对农业生产的品种分布、作物产量和经济效益具有直接影响，具有不可替代的作用。其次，大气圈中的能量可以被社会生产活动当作重要能源，比如帆船可以利用气候条件作为海洋货物运输的动力来源，降水形成的河流的动能和太阳辐射提供的光能可以转化为电能和热能。在对气候资源的利用过程中，气象经济也应运而生。

（2）气象条件能够对经济效率产生影响。气象条件对人类社会的生产、生活和消费行为的影响表现在多个不同领域。在农业领域，根据天气和气候的变化合理安排农业生产活动，有助于降低生产成本并提高经济效益。而随着农民产生获取天气变化信息的需求，人类逐渐探索出了气象信息成本这一概念，并认识到研究气象经济成本与效益的关系的必要性。当人类社会经济活动发展得更为多样化之后，气象对社会消费领域的影响逐渐受到关注，社会成员的消费行为会随气象条件变化而改变，呈现季节性、周期性变动，气象对服装、餐饮、旅游、运输、电力等气象敏感性行业的生产和经营效益产生了重要影响。商家可以利用气象变化条件获得经济效益，但也需要承担信息成本。这反映了气象经济对气象信息的生产与交换、成本与效益之间的关系。

（3）适宜的气候环境对人类意味着巨大的经济价值。气候环境作为大自然的一部分，根据人类经济活动的需要可以划分为区域性、地方性、局地性和微观性气候环境。在工业革命之前，人类更关注局地性或微观性气候环境，比如在选择居住地时，舒适且利于生产的微观气候环境具有较高的经济价值。人类在生产、生活的过程中，对微观环境的改变也可以提高区域的经济价值。而工业革命之后人类的生产力发生飞跃式发展，自然条件的束缚被逐渐挣脱，取而代之的是对区域性、地方性气候环境的关注，其中比较典型的就是大气环境治理这一课题。在与气候相互适应的过程中，人类对维持或改变气候的成本赋予了气象经济更为宏观的范围。

（4）气象灾害可以经济方式进行计量。气象作为自然力量，对社会生产总成本的降低和经济效益的提升具有显著影响。极端气象不仅会直接破坏社会的资本积累，给生产、生活带来巨大损失，还可能降低国民经济的运行效率。

为了应对气象灾害带来的损失，国家和社会需要投入大量成本用于建设防御性基础设施并设置应急预案，这些开支会增加社会生产的总成本，减少经济发展的净收益。这意味着减少灾害性天气的发生频率可以有效削减社会整体的防灾减灾成本，使得气象敏感性行业的生产效益实现最大化。这也是人类科技水平迈上新台阶后新形成的气象经济板块。

（5）不适宜的人类活动会对气候资源造成破坏，会对气象经济造成负面影响。人类在利用气候条件进行各类活动的同时也会通过直接或间接的方式对大气圈施加影响，直接的影响包括工业活动中造成的污染和生产过程中造成的温室气体排放等行为，间接的影响则包括森林砍伐、过度放牧导致森林减少进而引发的水循环、氧循环、碳循环失衡等过程。外部性是经济学中的一个重要概念，指的是某个经济活动的影响超出了市场参与者之间的直接交易，当人类活动对气候资源造成破坏时，往往会产生负面外部性。生产过程中产生的二氧化碳和其他温室气体加速了气候变化，这种变化对整个经济系统都会产生影响，但企业和个人在生产和消费时往往不承担这些外部成本，从而可能会导致市场失灵，即市场无法有效地、自发地解决气候资源管理的问题。

（二）气象经济对人类社会发展的影响

气象经济对人类社会的发展所造成的深远影响，本质来源于气候条件对人类社会发展的重要作用。在人类的历史进程中气象经济通过对农业生产、手工业制造、商业贸易施加影响，在一定程度上塑造了当下人类社会的文化、政治和经济结构。人类社会形成的早期阶段，天气与人的最大关联是确保生存，人类通过迁徙来选择在适宜获取资源以维护种群发展的地区生活，并逐渐根据当地自然条件摸索出产出最高的生产方式。古埃及人生活于尼罗河沿岸，周期性的洪水既为炎热的夏季提供了充沛的水资源，洪水退去后的淤泥又为当地人提供了肥沃的农作土壤。当地人通过对周期性降水规律的掌握，发展了当地独有的农业模式并开发出河运贸易路线，促进了商业和文化交流。古巴比伦所处两河流域气候较为干旱，促使巴比伦人掌握了更先进的灌溉技术，其知名的法律制度的建立和发展被学界认为与其干旱气候条件下的资源分配和管理密切相关。

在工业革命之前的十几个世纪中，劳动人口与粮食生产之间的矛盾使得全世界各地的人类社会长时间处于发展经济学中的“马尔萨斯人口陷阱”之中，在这一过程中气象经济给不同地区的资本积累和发展模式带来了深远的影响。小麦和水稻在历史上是绝大多数地区的主粮。欧洲大部分地区属于温带气候，夏季温暖冬季寒冷，降水量相比于亚洲较低，使得欧洲国家广泛地选择了种植小麦。小麦的耕作对劳动力需求并不甚高，属于低劳动密集型作物。欧洲小麦种植以三圃制最为知名，土地为了休养而利用率偏低，使得小麦单位面积产量较低，通过粮食可以养活的人口相对有限。然而也正是有限的供给以及更为复杂的加工环节，使得小麦在市场上有很高的产品利润，可观的人均劳动产出令欧洲的农场主完成了更多的资本积累，剩余的劳动力也逐渐转移向边际回报更高的其他行业。在以中国南部和中南半岛为代表的亚洲地区，每日光照更为充足、温度更高且土壤湿度很高，更适宜水稻的种植。一年可以种植数次的水稻在耕作过程中需要更多的劳动力投入，属于高劳动密集型作物，一年中的多轮种植使得单位面积的土地可以产出大量的粮食。由于粮食供给足够，亚洲地区逐渐养育出更多的人口，但是随着人口增长而来的则是单位人口产量的下降——技术进步的速度远远不及人口增长，而土地面积又难以扩展，直接导致边际效用递减，使得亚洲地区在很长时间里难以完成资本积累，无法进行劳动力转移。亚洲与欧洲根据自身气候条件逐渐形成了不同的劳动力、资本模式，这也是要素禀赋说在气候资源上的体现。

工业化进程催生的机械和新技术令农业的气象敏感度降低，而城市化进程的加快使得相较以往更为频繁的建筑、交通等经济行为对气象要素的依赖更为明显。在 1854 年对黑海海战气象情报进行研究之后，气象站网逐渐受到重视，气象信息服务也走进了人类的社会发展历程。自此之后，不断壮大的气象信息服务市场为人类社会的决策提供了难以取代的帮助，不仅稳定了农业生产和粮食安全，还在灾害防避、科技研究方面起到了助推作用。气象经济为人类整体经济运转提高了资源管理效率，降低成本的同时增加了整体的社会收益。

三　气象经济的现状与发展前景

在学术界，有关气象经济的研究，正逐渐由定性的理论研究向定量的应用研究转变。在市场中对供需关系的了解是预测价格波动、优化资源配置、提高市场效率、制定发展策略的必要基础，而针对气象价值评估的数据模型则是研究的重点。基于极端气象事件的频发和巨大的社会影响，在对提高社会应对能力的探索中，对气象灾害进行风险评估是必不可少的研究。下文将从经济社会发展对气象的依赖、气象价值评估、气象灾害的风险评估、应对气候变化对经济产生的影响、气象产业发展和气象经济与数字经济融合发展六个方面对气象经济的现状与发展前景进行分析。

（一）经济社会发展对气象的依赖

高质量发展是当前我国经济社会发展的主题，随着改革开放几十年来的持续发展，人民群众对于高水平生活的追求与气象事业的发展有着密不可分的关系。“十四五”规划对经济发展、创新驱动、民生福祉、绿色生态、安全保障都提出了新的要求，观察这些领域的发展过程可以发现，经济社会对于气象的依赖在不断增强。

极端天气事件的频发和气候模式的变化给农业生产、城市基础设施以及居民生活的安全保障带来了新的挑战，这使得社会各界对气象预报和气候监测的需求也随之增加。气象经济在这一背景下主要体现在气象服务市场的扩张与气候金融的发展之上。为了应对气候变化带来的不确定性，政府和企业需要提高对气象预报和气候分析等气象服务的投资，进而推动了气象数据采集、分析和应用技术研发的发展，令气象服务市场的规模持续壮大。为应对气候变化对农业和天气敏感行业的影响，保险公司和金融机构需要利用气象数据来设计气候保险产品和气候债券，绿色金融中的模型升级同样亟须引入更为契合的气象数据，在金融工具的不断创新中，金融业对于气象的需求在逐步增加。

国家对于能源供给能力和二氧化碳排放的要求在同步提高，在节能降耗的大背景下新能源产业的高质量发展高度依赖外界的气象条件，尤其是风能和太阳能。新能源公司需要根据各地的气象数据来选择最佳的发电环境以提高能源利用效率。与此同时，精确的气象预报有助于优化风电场和光伏电站的设计与运营，根据天气变化对光伏板进行表面灰尘清理和维护可以减少生产过程中的浪费，在降低运营成本的同时还可以有效避免意外损失。精确的降雨预报和洪水预警有助于水库的科学调度，优化水能发电，同时防止洪水灾害。气候条件的改变给新能源产业的规划和运营带来不确定性，气象部门提供的长期气候预测和风险评估，能够帮助新能源产业应对气候变化带来的挑战。

旅游业作为现代服务业的重要组成部分，对气象条件的依赖性显著，气象经济在这一领域的发展潜力巨大。在日益激烈的行业竞争中，精准的天气预报可以为旅游景区及其配套产业提供定制服务，进而提升游客的满意度，最终实现对更多市场份额的占有。而对极端天气进行风险预警和提前准备应急预案则可以减少经济损失和人身伤害。作为旅游产业的支撑，交通运输领域对大雪、浓雾、暴雨等会严重影响交通安全的恶劣天气的预警尤为重视，随着人民群众日常出行的不断增多、物流产业的异军突起，外加国际贸易对于航空、海运等交通模式的使用迅猛发展，交通安全对气象数据的依赖逐步上升。

当下心血管疾病、呼吸系统疾病的高发被认为与高温、寒潮、雾霾等天气条件有紧密的联系，气象预报可以帮助医生和患者提前采取预防措施，如避免在高污染天气外出，而公共卫生部门可以根据气象预报，发布健康警报，建议公众采取预防措施，减少慢性病的急性发作，由此可见健康预警对气象服务尤其是专项、定制的气象服务的需求也会逐渐增高。此外，利用气象数据和疾病监测数据，建立疾病预警系统，可以提前预测和防范传染病的暴发。

（二）气象价值评估

价值评估是指对特定对象、资产或行为的价值进行定量或定性评估的过程，包括确定评估对象，以及基于总体效益最大化选择适当的标准来衡量其价值，这是对气象经济进行研究的基础。在公众气象信息发布、预报产品交易以及气象服务供给时，对其价值进行定量或定性评估有助于确定气象信息和服务的提供是否足够高效，并且能够确定如何提高效率以促成更高的社会经济效益。目前主流的评估方法包括用户需求评估、气象服务效益评估和公众气象效益评估，其中后两项在研究中经常被合并使用。

对用户需求的评估目前多集中于对用户支付意愿的评估，此类研究通过对社会公众所关注的高影响天气事件的发生概率进行调研，以评估公众对气象信息的支付意愿。以西安为背景的条件价值评估研究显示，公众“总体上对降水类气象风险源的关注度和敏感性，超过对高温类风险源事件的关注度和敏感性”①。

① 罗慧、苏德斌、丁德平等：《对潜在气象风险源的公众支付意愿评估》，《气象》2008 年第 12 期。

在气象金融市场兴起后，研究开始聚焦气象风险控制领域，此类研究往往通过Logit模型分析易受灾地区农户对气象保险的支付意愿①②。值得注意的是，目前学界对企业支付意愿的研究相对偏少，而在实际的气象产业中，企业的购买潜力实则更为重要，在此方面的更多研究有助于对未来的投入产出效益进行分析。

气象服务具有稀缺性，可以给人类社会经济发展带来巨大的收益，气象信息服务的回报可以被"价值链"模型所描述，在该模型中气象信息的生产、供给，购买方的决策和最终获得的价值被串联起来，形成了价值增值进程。目前，经济学家在对气象服务价值的评估中进行了大量理论或实证研究，具体方式以四种模式居多，分别是市场价格评估法、规范的决策制定模型、描述性的行为反应研究以及条件价值评估法。其中通过问卷调查展开的条件价值评估法的应用较为成熟，一般用于针对公众获取气象信息的渠道和满意度的研究③。由于气象服务相关数据中存在大量二元数据，因此在价值评估中往往使用逻辑回归对这些数据进行拟合④。在多个模型同时被运用时，由于自变量数量往往较多，多元回归过程中计算量颇大，前向逐步回归和进入回归两种模型被应用进入气象服务效益评估⑤。目前多数研究的结果指向公众（无论是个体还是企业）对气象服务信息的购买意愿不高，这反映了气象部门对气象投入产出回报的宣传工作仍有待加强。在未来研究中，对数理模型的构建和完善仍将是最为重要的任务。为了能够更好地反映气象服务的价值，对气象服务的投入和对收益数据的收集十分关键，在后续研究中需要增加其准确性和时效性。

（三）气象灾害的风险评估

气象灾害对人类社会、经济、生态环境可以造成巨大的影响，因此对

---

① 程颜、谭淑豪：《兼业视角下农户对天气指数保险的支付意愿研究——基于湖北荆州和潜江稻虾共作农户的调研数据》，《湖北农业科学》2021 年第 5 期。

② 魏华林、吴韧强：《天气指数保险与农业保险可持续发展》，《财贸经济》2010 年第 3 期。

③ 彭琳玲、孙敏、潘益农：《基于条件价值评估方法分析中国公众气象服务效益》，《气象科学》2012 年第 4 期。

④ 王桂芝、李廉水、黄小蓉等：《条件价值评估法在公众气象效益评估中的应用研究》，《气象》2011 年第 10 期。

⑤ 吴先华、孙健、陈云峰：《基于条件价值法的气象服务效益评估研究》，《气象》2012 年第 1 期。

气象灾害的风险评估具有重要意义，正确评估气象灾害对社会和经济系统造成的损失直接关系社会福利的制定和气候变化的应对策略，对针对性的防灾减灾工作有着指导性价值。研究显示国内的气象灾害有种类多、频率高、季节性强、损失规模巨大、影响范围广等特点，各类气象灾害经济损失的规模呈现扩大趋势，这背后与气候变化之间的联系仍有待研究[①]。灾害风险评估一般是根据量化评估指标构建的，当下主流存在三种模型：描述灾害强度、等级、概率的灾害强度风险评估模型，量化损失描述灾害强度经济损失数量的灾损风险评估模型，以及反映社会生产水平和抗灾能力的抗灾性能评估模型[②]。

在实际风险评估过程中，历史灾害数据的储备不足导致一些研究模型难以开展，信息扩散理论被研究者引入气象灾害风险评估之中，这一手段主要可以运用于估算低温冷害、干旱和洪涝的风险，其与综合指数法的区别在于可以跨越时间、空间限制对灾害风险进行比较，且可以应用到多数类别的短期气象灾害之中[③]。当前评估过程中仍存在一些主流的问题，首要问题是对灾害风险评估基础理论的研究仍存在薄弱点，对风险形成机制的研究不足；其次，行业内部的风险评估标准尚未建立，导致研究成果难以进行规范性的比较；最后，气象灾害评估的针对性不足，在得到研究结论后难以通过其他类似情况的地区对结果进行检验。

（四）应对气候变化对经济产生的影响

在全球气候变化影响日益显著的大背景下，关于气候变化对经济的影响这一议题在学界逐渐走热，应对气候变化成为世界各国在制定未来经济发展规划时无法绕开的一个话题。在我国当前加快构建新发展格局、扎实推进高质量发展的要求下，研究并应对气候变化对经济产生的影响具有重大的意义。首先，提升工业、服务业应对气候变化的能力有助于减少气候变化带来的不利影响造

---

① 刘彤、闫天池：《我国的主要气象灾害及其经济损失》，《自然灾害学报》2011 年第 2 期。

② 李世奎、霍治国、王素艳等：《农业气象灾害风险评估体系及模型研究》，《自然灾害学报》2004 年第 1 期。

③ 张丽娟、李文亮、张冬有：《基于信息扩散理论的气象灾害风险评估方法》，《地理科学》2009 年第 2 期。

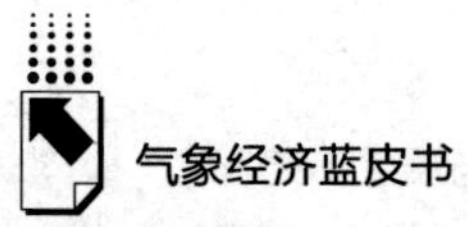

成的成本波动，继而保障国内市场的长期稳定。其次，对气候变化与经济活动之间的交叉环节的研究有助于拓展更多的研究前景，将有助于深化气象经济学的研究、促进气象事业与多学科的相互融合和跨学科合作，整合各方面的知识和方法，为应对气候变化提供更全面、有效的解决方案。最后，研究产出的应对策略可以在微观层面为个人或企业提供决策辅助，也可以从宏观层面为国家、政府的政策制定给予支撑、提供更为全面和有效的解决方案。

当前，关于应对气候变化对经济产生影响的研究主要集中于成本评估与损失估计、适应与调整成本、产业结构因气候变化而发生的更迭以及相应政策的全方位效果评估。气候异常导致的经济损失和成本评估的预测模型通常由时间序列、气候异常因子和其他可能的误差共同组成，此类模型基于气候异常的发生环境来预测气候变化对农业生产、工业制造、交通运输、能源供给等领域的影响程度。作为 21 世纪最受关注的议题之一，气候变化与碳排放之间的关系也受到大量研究者的关注。碳金融产品作为以减少温室气体排放、发展绿色能源产业为目的的低碳发展产物，被认为是发展中国家实现经济可持续发展和管理气象灾害的有效机制，可以在发挥资本市场的调节功能方面发挥作用。采用新型手段（比如神经网络模拟等）的研究可以对气候变化的趋势进行更为细致和准确的预估，进而可以使气象因子与经济指数之间的回归拟合更为可行。在全球各国争夺未来发展主导话语权的背景下，利用气象信息开发碳金融产品将会是气象经济中的重要组成部分。

气象产业中的金融产品是一个新兴的研究方向，通过对金融产品的引入可以增强社会各界对气候变化的应对能力，因此对气象金融产品的研究同样可以为后续的应对气候变化的政策制定提供帮助。近年来，我国的一些特定衍生品的市场迅速扩张，交易量呈现指数级增长。目前较为成熟的气象金融产品主要是气象保险、天气指数期货和碳金融产品。气象保险作为一种保险产品是用于保障购买者因气象灾害而遭受的损失，它可以根据市场规模和需要针对各种不同的气象风险进行覆盖。保险公司根据气象数据和统计模型来评估风险，并向投保人提供相应的保障。天气指数期货和气象期货在性质上与气象保险同样具备对冲气象风险的特点，这些为气象风险管理而设计的金融产品可以帮助企业和个人更好地了解和管理气象风险，提高应对灾害的能力。与多数保险不同的是，气象保险市场中不对称信息更有利于保险人一方，这一优势还将随着预报精准度的提升而扩大。气象保险市场内部的隐藏特征和道德风险有机会成为气象经济在未来的热点话题。

（五）气象产业发展

气象观测和预报技术在过去数十年间取得了长足进步，随着计算机技术、人工智能等高科技应用的引入，气象预报的准确性和时效性大大提高，各类有针对性的气象产品的市场需求随之快速增长。在整体的气象产业链之中，许多公共福利业务对雷达、卫星的布置已经提出要求，在生产有偿气象信息商品时气象部门并不需要对这些资产、设备进行二次投资，所需要的人力成本也不会显著增加，这使得额外生产的气象信息商品拥有较低的边际成本，进而平均利润得以提高，产生规模经济效益。同时，气象系统已经具备完整产业链中所需的设备、技术、人才和销售渠道的储备，从多个企业或部门购入气象信息的成本会高于由单一的气象部门提供的气象商品，最终在气象市场中展现出范围经济效益。在公益气象信息服务中，政府通过补贴使气象产品的价格处于社会资源最优配置的状态，而在有偿气象信息服务市场中，原本由政府补贴的部分成本转而由消费者承担，这部分价值就是气象部门从有偿气象信息服务市场中获得的收益。

由于低效率的市场会削减针对技术创新和产品研发的激励，一旦气象市场进入低效率运作状态，将可能令全国的气象产业陷入技术落后的境地，最终与国际前沿科技脱轨。考虑到气象工作需要在我国新发展阶段中适应新要求、在新发展格局中找准新定位，气象产业中对技术升级和科技研发的投入十分重要。贯彻落实党的二十大报告中“坚持科技是第一生产力、人才是第一资源、创新是第一动力”的重要思想在气象产业的发展过程中尤为重要。当生产率的提高是由技术突破所驱动时，供给曲线的移动会促进气象市场中的高消费，随之而来的高利润前景有助于吸引更多的投资，进而促进整体气象产业的发展。由于气象部门处于行业内的技术前沿位置，在面对行业内的新流程、新产品的需求时，更应当“坚持科技创新在气象现代化建设中的核心地位，健全气象科技创新体制机制，提高气象创新链整体效能，实现科技自立自强”①，因为这可以在全球技术水平收敛的同时有效地维持气象行业的资本积累，以创

① 陈振林：《以气象现代化服务保障中国式现代化》，《学习时报》2023年3月24日，第01版。

新作为中心，驱动气象科技能力与气象社会服务二者之间相互促进、协同发展。

在未来的研究中，对气象信息商品市场的规模经济效益进行计量、评估有助于确定有偿气象信息服务的合理市场规模，为潜在的技术升级、管理升级带来的经济效益提高估算投资回报。针对可能存在的潜在阻碍因素，在未来的产业发展中需要对市场结构和消费者需求进行更为细致的分析，通过政策与监管措施促进产业内、行业内的自我市场竞争，鼓励不同部门、团队加入竞争，提高市场供给，同时建立开放的技术共享平台，推动气象信息产业的技术升级和创新，促进行业的健康发展。

（六）气象经济与数字经济融合发展

随着互联网技术的飞速发展，数字技术与网络技术同气象经济学的交互愈加重要。数字经济基于互联网等新兴技术展开，在其发展过程中不断推进消费市场的形式发生变革，其应用场景、市场规模被学界认为有着极其巨大的发展潜力。在实体经济受到数字经济冲击的大背景下，气象部门在提供公益性气象预报和有偿气象信息服务的过程中数字经济也可以成为一个关键的助力，帮助气象产业释放其经济市场上的潜在发展动力。数字经济与气象经济的融合目前主要具备四个战略意义，即提升气象经济发展的全要素生产率、提高气象预报的精准度、增强气象服务的供需适配性和增强气象与产业发展的联动性。合理运用数字经济模式，有助于气象经济在新的阶段对目标用户的精准服务，提升气象信息的价值转化效果，保障经济社会稳定发展的同时提升我国气象部门对国家重大战略实施的保障能力①。

数字经济在气象领域有着广阔的发展前景，加快二者融合对气象部门的数字技术提出了更高的要求，新的保障性基础设施的建设需要被提上日程。在数字经济条件下，有效开发和应用数据这一重要生产要素是激发社会生产力潜能的关键条件。气象部门的公益性质需要通过技术创新来提升服务能力，以满足数字经济对社会气象信息提出的更高的要求。在未来的气象产品研发过程中，数据产品的设计和生产将变得尤为重要，不仅需要满足基层人民群众新的需求，还需要针对技术前沿开发最为先进的尖端产品以保障产业整体的竞争水

① 黄秋菊、江顺航：《推动数字经济和气象经济深度融合》，《经济要参》2022 年第 14 期。

平。在数字信息化时代，国家提出对外开放基本国策和互利共赢的开放战略，气象产业也需要紧跟经济全球化进程，在新一轮科技革命与产业变革中找准自身定位，推进数字经济交流合作，为气象行业发展寻求国际合作的新路径。

2000 年 1 月 1 日起施行的《中华人民共和国气象法》明确提出“国家鼓励和支持发展气象信息产业”。2022 年 4 月 28 日，国务院印发《气象高质量发展纲要（2022—2035 年）》，其中指出要“健全相关制度政策，促进和规范气象产业有序发展，激发气象市场主体活力”。这些法律和政策性文件，为我国发展气象产业提供了坚实依据，同时也为促进气象经济给予了有力支持。可以相信，随着社会主义市场经济基础制度的不断完善，对气象经济的探索与实践必将更加深入，气象经济也必将迎来崭新的发展机遇。

参考文献

黄宗捷：《〈气象经济学〉论纲》，《成都气象学院学报》1988 年第 Z1 期。

许小峰：《“气象经济”概念辨析》，《气象与减灾研究》2003 年第 4 期。

Moya Chin. “What are Global Public Goods”，［J］*Finance & Development*，2021.

黄宗捷、蔡久忠：《气象服务市场问题研究》，《成都信息工程学院学报》1992 年第 4 期。

吉宗玉：《我国建立碳交易市场的必要性和路径研究》，上海社会科学院出版社，2011。

黄秋菊、高学浩、姜海如：《气象经济学学科建设与发展基础问题研究》，《西部论坛》2017 年第 3 期。

Dietrich Vollrath. “The Agricultural Basis of Comparative Development”［J］. *Journal of Economic Growth*，2011.

黄秋菊、高学浩、张慧君：《气象服务经济价值评估方法研究》，《天津商业大学学报》2017 年第 3 期。

Baumol W. J.. “Contestable Markets：An Uprising in the Theory of Industry Structure”［J］. *American Economic Review*，1982，72（1）.

Solow R. M.. “Technical Change and the Aggregate Production Function”［J］. *The Review of Economics and Statistics*，1957，39（3）.

分报告

B.2
中国社会气象发展报告*

蔡银寅　孙 健**

摘　要：　本文基于量化统计数据分析我国社会气象发展现状和面临的主要问题，就社会气象未来发展提出初步建议。社会气象是中国气象事业不可分割的一部分，我国迅猛增长的气象服务需求、政府部门公益性气象服务供给广度和深度客观上的不足，为社会气象发展提供了空间。作为社会气象的核心主体，我国气象企业近年来发展势头强劲，主体数量快速增长，但龙头企业缺失、低水平重复、产业链条不完整、社会资本投入不足等问题突出。应进一步厘清气象部门与社会气象的关系，加快、完善气象行业产业链条、体系建设，注重气象产业建设，鼓励、推动社会资本在气象领域投入，助力我国社会气象发展提速。

关键词：　社会气象　气象产业　高质量发展

---

* 本报告由中国气象事业发展咨询委员会项目支持。

** 蔡银寅，博士，教授，粤港澳大湾区气象监测预警预报中心（深圳气象创新研究院）常务副主任，主要研究方向为经济理论、大气环境经济学、天气管理工程学；孙健，中国气象服务协会常务副会长，正高级工程师，主要研究方向为公共气象服务、生态气象服务、预警信息发布服务。

引 言

世界气象组织（WMO）很早就关注政府气象部门之外，社会相关资源力量对气象事业发展的积极促进作用，公私伙伴关系框架（PPE）成为WMO推进政府气象部门与社会力量共同促进气象事业发展的指南。2015年，第17次世界气象大会首次将未来私营部门在气象中的作用列为重要议题。2016年，WMO执行理事会第68次届会举办了国家气象部门与私营机构伙伴关系专题对话会，支持将公私伙伴关系视为两者发展的机遇，强调合作而不是竞争。中国气象局领导在这次会议上做了主旨报告，介绍了中国气象局对处理与私营机构伙伴关系的看法、中国的做法和经验，以及处理好伙伴关系的相关建议。2018年，WMO执行理事会第70次届会通过了“公共—私营参与的政策框架”的决议，对私营部门越来越多参与天气、气候、水和相关环境工作给予肯定，提出了公私部门共同参与的原则，提出各国政府可在组织公私对话、鼓励立法、敦促采用WMO标准和指南、促进与终端用户的伙伴关系、探索新型伙伴关系等方面发挥作用。2019年6月的第18次世界气象大会通过《2019日内瓦宣言：构建天气、气候和水行动共同体》，提出了WMO促进公共、私营、学术团体合作、共建全球气象事业的立场、政策和指导原则，一方面强调国家气象水文部门在预警发布方面的权威地位，同时欢迎私营部门、学术机构、国际援助资金机构等更广泛地参与解决与天气、气候、水有关的社会问题。在这次会议后，WMO秘书处架构下专门增设了公私伙伴关系办公室，设司长级负责人直接向WMO秘书长报告工作。

我国社会气象问题的出现可以追溯至20世纪80年代初期。当时，气象部门开始为有气象需求的企业、个人和相关单位提供有偿服务，至今已有40余年的发展历史。进入21世纪，随着社会气象需求的快速增长，国家气象部门面向社会的气象服务供给也大幅增长，但仅靠政府有限的财政投入已经无法满足日益增长的需求。2014年，中国气象局提出构建多元供给的气象服务格局，鼓励社会力量参与气象供给。此后，以中国气象服务协会的成立为标志，进一步完善了社会力量参与气象供给的组织生态。

本报告所说的社会气象，主要是指中国气象局系统之外从事气象业务服务所有主体及其产出的总和。社会气象是中国气象事业的重要组成部分，其主体包括除中国气象局业务服务和管理系统以外所有涉及气象业务服务的企业、高校科研机构、其他行业领域气象事业和气象相关社会组织。

一　社会气象需求与气象服务供给

社会气象的发展空间来源于公共气象服务难以从深度和广度两个方面同时满足人民对气象服务需求的客观现实。讨论社会气象发展的必然性，需要抓住两个实质性问题：一是需求从哪里来？二是在国家公益性公共气象服务供给基础上，为何还需要社会气象来补充。或者更深一步地讨论：一是这部分需求是如何产生的？国家气象部门能否充分满足这部分需求？二是这部分需求用单一的供给机制来满足效率高，还是用社会力量多元供给机制来满足效率高？前者是一个供给结构问题，后者则是一个资源配置效率问题。

如图 1 所示，我们可以用一个简单的经济学曲线来描述这个问题。首先，将社会对气象服务的需求转化成价值需求，也即把社会对气象的需求（包括公众需求和专业需求）的支付意愿，描述为价值效应。比如，某人或某单位对气象服务的需求，转化为价值效应后，就是愿意支付 100 元购买一条气象服务信息，以此类推。然后，我们再将全社会对气象服务的需求，按照从大到小的顺序排列，这样横轴就是全社会对气象服务需求的规模，也即社会需要提供的气象服务的规模，图 1 中的横轴表述了这个概念，越往右，意味着气象服务需求的规模越大，可以理解为面向大众的气象服务。同时，左侧纵轴则代表每个服务的价值大小，代表着气象服务专业性深度需求。在此坐标系内，将这些需求对应的点连线，就构成了气象服务需求的价值曲线，曲线围成的面积，意味着气象服务的社会价值，也可以理解为从气象服务中可以获得的社会总福利。气象服务需求价值曲线随社会经济发展和气象服务供给增加而发生变化，高端专业需求价值会快速增加，如某省的电网公司在 2000 年支付意愿不到 100 万元，而到了 2010 年的支付意愿就超过 1000 万元。而中低端需求价值会明显下降，如影视广告 2010 年以后效益下滑，客户支付意愿下降，反映出影视节目的价值在下降。这种变化与科技进步及市场竞争有关。

接下来，我们考虑气象服务供给问题。进入21世纪，随着中国经济的快速发展及信息技术的持续进步，尤其是数字移动互联网技术的普及，国家气象部门在服务广度和深度方面有了巨大的改善，特别是服务的广度有了巨大进步，但在深度方面的缺口有扩大趋势，从而形成了相对紧迫的专业气象服务需求。据初步估算，2010年前后，我国气象服务的深度缺口出现指数增长态势，进而出现了需求倒逼情况。因此，国家气象部门的社会服务也在这一时期迎来了较快的发展。随后，由于气象部门的定位与机构改革的要求，国家气象部门开始将部分供给转移到市场，这一时期可以看作社会气象发展的真正起点，气象企业也从2014年起的平均每年440家增长，一路飙升到2020年一年增加5000多家。

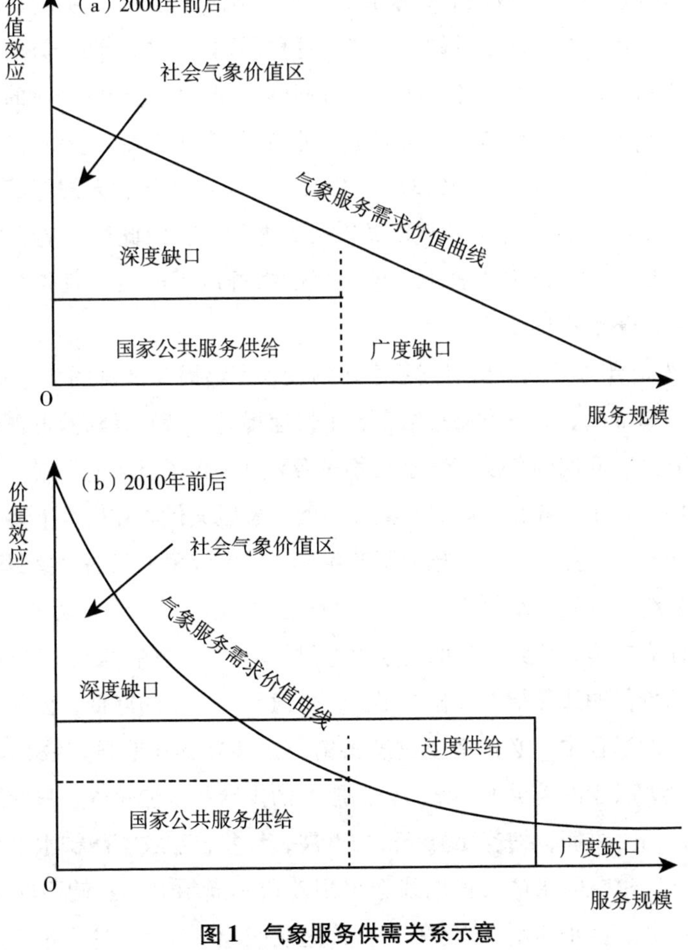

图1　气象服务供需关系示意

这里需要注意三个问题。第一，国家气象部门属于公共部门，其宗旨是满足社会总需求，而不是获取商业利润，其服务供给不以经济回报为目标，而是以最大限度满足社会规模需求为目标，其供给曲线可以看作一条平直的直线。第二，国家气象部门的投入以财政资金为主，供给曲线围成的面积理论上等于财政资金投入。第三，供给曲线如果采用广度优先原则，在相同的财政投入下，我们应该假定供给曲线右移大于上移。

按照以上假定，我们对 2000 年和 2010 年两个时期我国气象服务的供需进行分析。其中图 1（a）描述了 2000 年前后的我国气象服务供需状态，图 1（b）则描述了 2010 年前后的我国气象服务供需状态。大致总结如下。

（1）2000 年之前，我国的气象服务主要由国家气象部门供给，既存在深度上的缺口，也存在广度上的缺口。造成这种局面主要源于两个方面：一是财政资金投入的不足；二是人才、技术等方面的限制，这与中国当时的科技发展阶段有关。作为公共部门首先要满足公众服务需求（广度需求）和政府决策服务需求（少数重点深度专业需求），公共服务不可能像私人部门那样，优先满足深度需求，公共部门并不把效率放在优先位置，因此留出的深度缺口更大；在广度缺口方面，主要源于气象预报的精准度不够高、服务产品不够精细、服务形式不够多样化等。

（2）2000 年以后，政府对气象事业的投入大幅提高（见图 2），国家气象部门的预报精准度、服务产品精细度有了快速提升，特别是随着电视机、移动电话，尤其是互联网的普及，气象服务网络端口得到了极大的发展，服务形式在短时间内实现了多样化，国家气象部门的气象服务供给在广度上有了较大的发展。但相对于日益增长多样化的服务需求，国家气象部门的气象服务供给在深度方面始终存在较大缺口。

值得注意的是，公共部门的气象服务供给的广度过剩问题。一方面，气象服务需求的价值曲线会拖着长长的尾巴，价值需求在不断降低，公共部门在满足长尾需求的过程中，必然造成过度供给。如某省影视节目在收视率大幅下降、需求显著减少的情况下，作为公共服务的供给却不能减少，只好用财政资金来维持。另一方面，随着社会经济的发展，气象自然灾害防御水平和信息技术不断进步，气象需求的价值曲线会出现左边不断抬升、右侧不断下降的趋势，这样就会进一步加剧供给过程的广度过剩问题。当然，这个过程还使得深

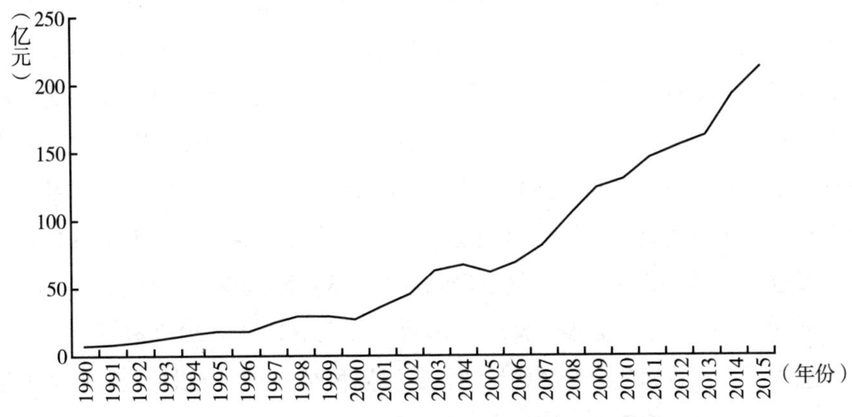

图 2　1990~2015 年政府对气象事业的财政投入示意

资料来源:《中国统计年鉴》(1991~2016)。

度缺口越来越大。

从图 1 来看，社会气象发展的根本动力，就在于不断扩大的深度缺口。国家气象部门由于受到自身公益属性的限制，不可能充分满足深度需求，这一部分服务需求必然由社会气象来弥补。同时，这部分需求也有能力、有意愿支付相应的费用，通过市场来完成交易，从而提高了资源的配置效率。

二　社会气象主体结构与现状

对社会气象服务供给主体进行分析是掌握中国社会气象发展现状的关键。中国气象服务供给主体主要为政府气象部门（中国气象局系统为主)、科研院所、民办非企业、行业学（协）会及企业。为了分析中国社会气象主体的发展状况，我们首先通过天眼查数据平台对中国境内所有涉及气象服务的主体做一个整体了解。

（一）气象主体概况

截至 2022 年 12 月，注册为气象服务供给主体的总数量为 42607 家。其中，中国气象局系统事业单位有8413家，包括各级气象局及其直属单位等。[①] 气象局是以气象观测、天气预报、气候预测、气象服务、人工影响天气等为主要业务工作的政府职能部门。气象部门实行中央和地方双重管理、部门为主的管理体制，全国气象部门由中国气象局统一领导，分级管理，实行中央和地方双重计划体制、地方政府提供财政补助的运行机制。从目前我国的气象部门定位来看，我国的气象事业属于科技型、基础性社会公益事业。天眼查数据显示，截至2022年12月，各级气象局总数为2483家，其中省级气象局31家，地市级气象局626家，县级气象局1770家，以及下属单位5930家。[②]

总体而言，我国气象服务领域的供给主体相对较少，提供的气象服务的形式相对单一，以数据服务形式为主，整体服务质量参差不齐，尚未形成规模性的气象产业。

以下对社会气象主体基本现状做一初步分析。

（二）社会企业

气象服务类企业的服务内容主要包括两大类：一是为中国气象局系统提供与气象相关的服务，属于气象局系统的衍生服务；二是为社会客户提供气象服务，属于气象局系统气象服务的补充。

1. 企业注册资本分析

基于气象行业的特殊性，相对于其他行业，气象服务领域的企业数量相对较少，目前有34098家。中等规模以上的企业更少。从注册资本角度来看，注册资本大于5000万元的企业数量仅有1005家。注册资本大于1000万元小于等于5000万元的有5600家。注册资本在50万~1000万元的企业数量占比达83.93%。

从图3也可以看出，气象服务企业注册资本基本呈现正态分布，其中注册资本在101万~500万元的企业数量最多，而注册资本超过5000万元的企业数量很少。气象服务企业整体规模不大，说明市场处于起步阶段，以中小型企业市场竞争为主要特征。

---

① 国家企业信用信息公示系统。

② 国家企业信用信息公示系统。

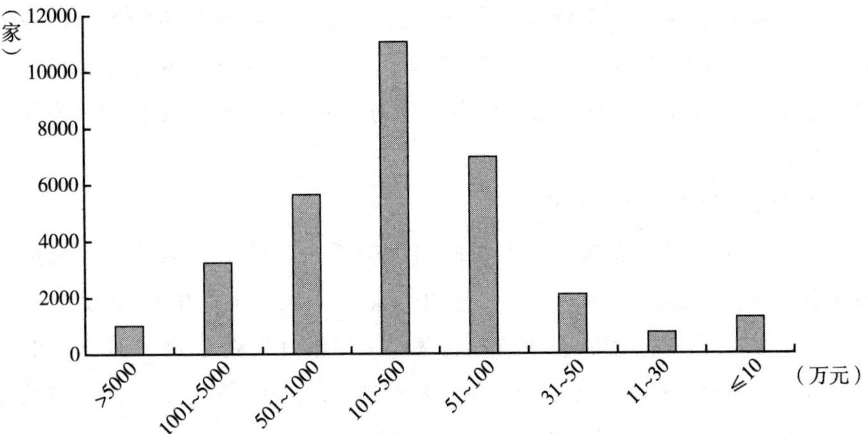

图 3　气象服务企业注册资本分布

资料来源："国家企业信用信息公示系统"和"天眼查数据库"。余图同。

2. 企业实缴资本分析

从实缴资本角度分析，拥有实缴资本的企业数仅有 8844 家，而实缴资本为 0 的企业有 25254 家，占比达 78.61%。在有实缴资本的企业中，多数气象服务企业的实缴资本在 30 万～500 万元，占有实缴资本企业总数的 64.97%，其中尤以实缴资本在 100 万～500 万元居多，占比达 26.00%。

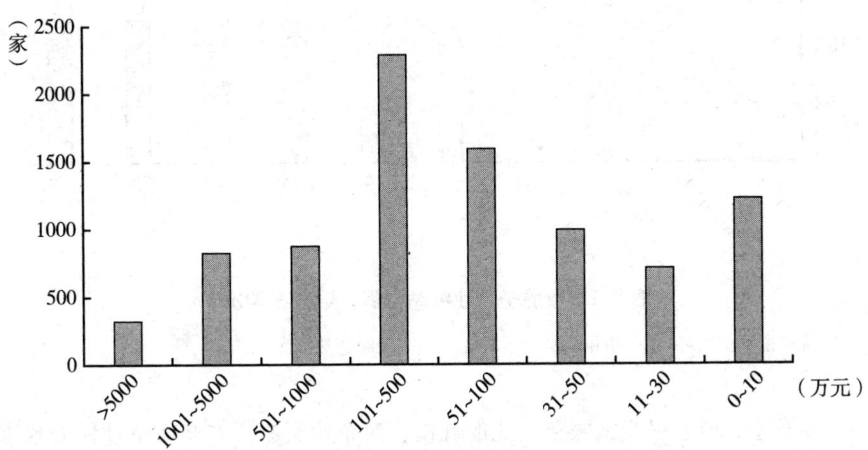

图 4　拥有实缴资本气象服务企业实缴资本分布

资料来源："国家企业信用信息公示系统"和"天眼查数据库"。

图 4 给出了拥有实缴资本气象服务企业的实缴资本分布情况。可以看出，气象服务企业的实缴资本金额整体不高，这与注册资本的分布较为一致，说明气象服务行业整体以中小型企业为主，市场处于起步阶段，市场竞争性较强。

3. 企业缴纳社保情况分析

从气象服务企业缴纳社保人数的角度分析，为员工缴纳社保的企业有 7795 家。占企业总数量的 24.27%。其中缴纳员工人数集中在 1~50 人，合计 7127 家，占企业总数量的 22.19%，占为员工缴纳社保企业的 91.43%。缴纳员工社保人数在 200 人以上的企业数量相对较少，仅有 170 家，占企业总数量的 0.53%，占为员工缴纳社保企业的 2.18%。

图 5 展示了 7795 家缴纳社保企业的分布情况。可以看出，参保企业的数量随着企业参保人数的减少而增加，这也从另一个方面反映出当前气象服务企业整体以小规模企业为主。

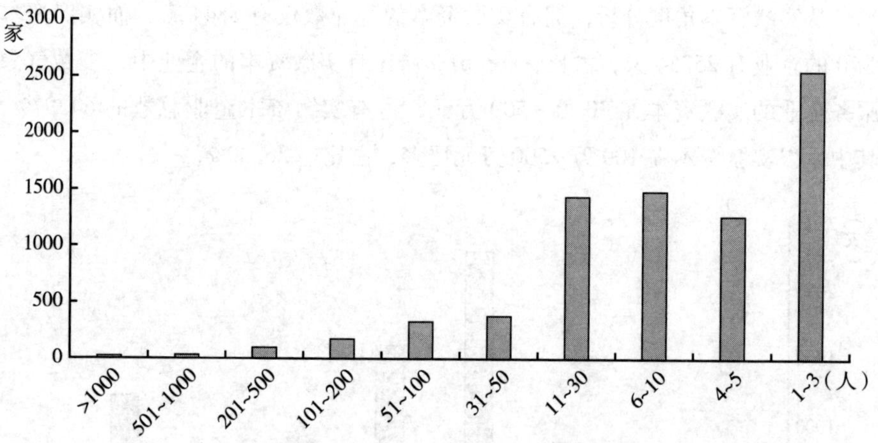

图 5　气象服务企业缴纳社保人数分布情况

资料来源："国家企业信用信息公示系统"和"天眼查数据库"。

为更进一步了解气象服务企业的规模，对企业实缴资本与缴纳社保人数进行面板数据统计，详情见表 1。

表 1　气象服务企业实缴资本与缴纳社保人数面板数分布

单位：家

实缴资本与缴纳社保人数面板数分布	数据
缴纳社保 1~3 人,实缴资本 1 万~10 万元	5578
缴纳社保 4~8 人,实缴资本 11 万~50 万元	3288
缴纳社保 9~15 人,实缴资本 51 万~100 万元	1952
缴纳社保 16~30 人,实缴资本 101 万~200 万元	1285
缴纳社保 31~100 人,实缴资本 201 万~1000 万元	738
缴纳社保 101~200 人,实缴资本 1001 万~3000 万元	228
缴纳社保 201~500 人,实缴资本 3001 万~1 亿元	102
缴纳社保大于 500 人,实缴资本大于 1 亿元	34

资料来源：“国家企业信用信息公示系统”和“天眼查数据库”。

通过表 1 数据可以看出，目前气象服务企业小微企业居多，中等规模以上（社保人数缴纳超过 100 人，实缴资本大于 1000 万元）的企业数量较少，仅有 364 家。缴纳人数 4~8 人，实缴资本 11 万~50 万元的企业数量合计仅有 1952 家。可见在气象服务供给主体中，企业规模普遍较小，中等规模以上的气象服务企业少之又少。

（三）高校、研究院所

气象是一个规模相对较小的专业领域，我国自上而下具有完整气象行政体系，但与之相配套的研究院所、高校等科研支撑、人才培养单位数量十分有限（见图 6）。

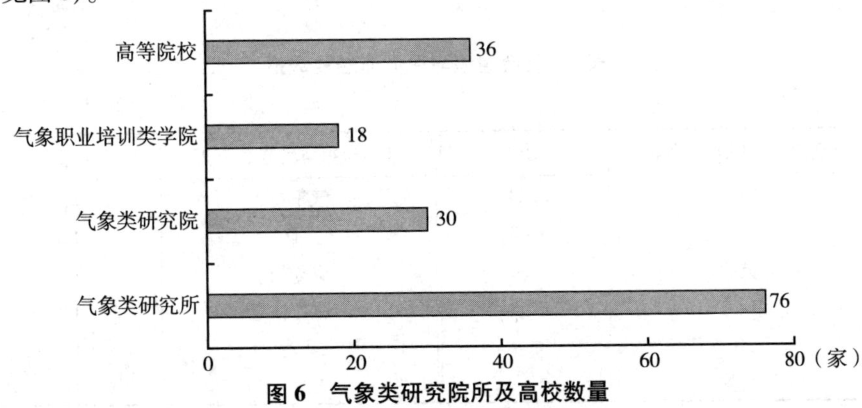

图 6　气象类研究院所及高校数量

资料来源：“国家企业信用信息公示系统”和“天眼查数据库”。

如图 6 所示，我国涉及气象类专业的高校有 36 所。包括南京信息工程大学、成都信息工程大学、北京大学、清华大学、南京大学、中山大学、兰州大学、复旦大学、中国农业大学、中国海洋大学、北京师范大学、中国地质大学、中国民航大学、防灾科技学院、山西师范大学、内蒙古大学、沈阳农业大学、东北农业大学、华东师范大学、河海大学、南京师范大学、无锡学院、浙江大学、中国科学技术大学、安徽农业大学、中国地质大学、国防科技大学、广东海洋大学、中国民用航空飞行学院、云南大学、青海师范大学、新疆农业大学、喀什大学、北部湾大学、兰州资源环境职业技术大学、中国科学院大学。

气象职业培训类学院主要包括两大类，有 18 所。一是中国气象局干部培训学院及在各地的分支机构，二是一些职业学院涵盖了气象相关专业的培训，如内蒙古自治区农牧业科学院、黑龙江省林业科学院等。

此外，还有一些涉及气象的研究院、新型研发机构以及研究所，有 100 多家，这些研究院所是气象科技研究的重要补充，也承担了一些气象人才进修的任务。

（四）社会组织与民办非企业

社会组织主要有学会、协会等；民办非企业主要有委员会、中心、工会、研究院、气象站、大队、服务站、服务社、基地以及天象馆等。表 2 给出了社会组织与民办非企业的类型和对应数量。

表 2　社会组织与民办非企业数量

单位：家

社会组织与民办非企业	数量	社会组织与民办非企业	数量
学会	350	气象站	2
协会	43	大队	1
委员会	30	服务站	1
中心	10	服务社	1
工会	7	基地	1
研究院	4	天象馆	1

资料来源："国家企业信用信息公示系统"和"天眼查数据库"。

目前社会组织与民办非企业共有451家，其中以学会数量最多，共有350家，占比为77.61%。协会有43家，数量排名第二。排名第三和第四的是各类气象委员会和中心，分别有30家和10家。而工会、研究院、气象站、大队、服务站、服务社、基地和天象馆的数量很少。

组织体系较为完整的气象学会主要在促进气象基础性科学研究方面发挥作用。近年来，以中国气象服务协会和各地产业协会成立为标志，社会气象的组织化建设得到进一步加强。其中，中国气象服务协会自2015年正式登记注册并成为我国目前唯一的全国性行业协会以来，在推动社会气象发展，当好政府助手、企业帮手、产业推手方面发挥了重要、积极的作用。

（五）其他行业气象

在我国，民航和水利行业也存在相对完整的气象科研、人才培训、工程建设以及场景应用体系。以下对民航、水利行业涉及气象业务服务主体做一简要分析（见表3、表4）。

表3　民航类企业实缴资本与缴纳社保人数面板数分布

单位：家

实缴资本与缴纳社保人数面板数分布	数量
缴纳社保1~3人,实缴资本1万~10万元的企业数	18
缴纳社保4~8人,实缴资本11万~50万元的企业数	12
缴纳社保9~15人,实缴资本51万~100万元的企业数	8
缴纳社保16~30人,实缴资本101万~200万元的企业数	6
缴纳社保31~50人,实缴资本201万~500万元的企业数	5
缴纳社保51~100人,实缴资本501万~1000万元的企业数	4
缴纳社保101~200人,实缴资本1001万~3000万元的企业数	2
缴纳社保201~500人,实缴资本3001万~1亿元的企业数	2
缴纳社保大于500人,实缴资本大于1亿元的企业数	1

资料来源："国家企业信用信息公示系统"和"天眼查数据库"。

如表3所示，涉及气象的民航单位有58家，其中大部分属于小规模，有30家企业实缴资本在50万元以下，人数在8人以下，主要为航空服务类公司等。较大的民航单位主要为机场公司，有20多家。

表 4 水利类企业实缴资本与缴纳社保人数面板数分布

单位：家

实缴资本与缴纳社保人数面板数分布	数据
缴纳社保 1~3 人,实缴资本 1 万~10 万的企业数	473
缴纳社保 4~8 人,实缴资本 11 万~50 万元的企业数	332
缴纳社保 9~15 人,实缴资本 51 万~100 万元的企业数	228
缴纳社保 16~30 人,实缴资本 101 万~200 万元的企业数	160
缴纳社保 31~50 人,实缴资本 201 万~500 万元的企业数	100
缴纳社保 51~100 人,实缴资本 501 万~1000 万元的企业数	57
缴纳社保 101~200 人,实缴资本 1001 万~3000 万元的企业数	32
缴纳社保 201~500 人,实缴资本 3001 万~1 亿元的企业数	15
缴纳社保大于 500 人,实缴资本大于 1 亿元的企业数	2

资料来源："国家企业信用信息公示系统" 和 "天眼查数据库"。

水利类涉及气象的单位数量较多，约有 1400 家，如表 4 所示，但仍然是小规模占较大比例，缴纳社保 3 人以下、实缴资本 10 万元以下的单位就占了 1/3。这些单位主要从事与水利相关的气象监测业务，如河流径流的雨量监测、水库水量管理中的气象分析等等。

从以上分析大致可以看出，民航和水利两个行业内的气象单位，虽然发展较早，也比较成体系，但从数量上看，在整个社会气象领域占比仍然是十分有限的。

（六）社会气象从业者

以缴纳社保为依据，按照宽标准来统计，气象从业者总人数扣除中国气象局系统外，总人数为 266460 人，其中企业从业者人数为 264436 人，研究院所及监测站等从业人数为 2024 人（见表 5）。

表 5 气象从业者的领域分布

单位：人

领域分布	从业人数	领域分布	从业人数
农业气象	28564	民航气象	4748
交通气象	51333	水利气象	20628
旅游气象	14244	其他气象行业	146943

资料来源："国家企业信用信息公示系统" 和 "天眼查数据库"。

我们对气象从业者的涉及领域分布进行了大致分类，如表5所示。其中农业、交通、旅游、民航和水利五大领域的气象从业者人数占比约为44.9%，接近一半。也就是说，这五大领域，仍然是气象从业者的主要集中领域。

当然，我们还要注意以下两个问题：首先，这里所指的气象从业者，更多是指其工作涉及气象业务，至于气象业务在其工作中所占的比重，以及对其收入的贡献，并不能体现。比如，对于一个旅游公司来说，它可能只是因为工作需要关注天气，因此其经营范围内就会涉及气象业务，但他们并不是以气象为主的从业者，气象所涉及的工作内容很少，对其收入的贡献也不大，但在这里，我们仍把他们统计成了气象相关从业者。其次，这里统计的气象从业者，是按照单位是否涉及气象业务来判定的，虽然有些单位涉及气象业务，但并不意味着这个单位所有员工都涉及气象业务，不涉及气象业务的员工，理论是不应该计入气象从业者人数的。

这里统计的气象从业者人数，肯定是要大于真实的从业者人数，但由于气象服务高渗透性的行业特征，很难剥离出严格意义上的气象从业者。这里对中国社会气象从业者的人数大体估算为26.6万人，对于把握气象从业者总体规模仅具有一定的参考意义。

三　气象企业发展状况分析

社会气象发展的核心力量是企业。中国气象局2014年确立构建气象多元供给格局的气象改革之路，提出真正的突破在于社会气象板块中最具市场活力、对气象相关社会资源最具聚集效应的气象企业的发展和壮大。对气象企业现状进行进一步分析将对我们深入思考社会气象发展具有重要意义。下面我们重点梳理中国近10年气象企业发展情况。

通过对气象服务企业的注册资金、实缴资本、缴纳社保人数的综合分析可以看出，目前气象商业服务领域的发展相对迟缓，气象服务企业以中小企业为主，行业内目前尚未形成明显的规模化发展。

（一）区域分布

气象服务企业发展较好的省份集中在我国经济社会相对发达的地区，如山东、广东、江苏、陕西四省累计企业数量达到 13320 家，占全国的 41.46%，而青海、宁夏、内蒙古、西藏等省区发展缓慢，气象服务企业数量相对较少。

气象作为高科技产业，其社会化企业空间集聚，对技术、人才、市场等资源支撑度要求高。经济相对发达区域或中心城市产业基础好，资源支撑能力强，对气象企业发展尤其是社会气象企业的发展十分有利。一般而言，气象产业发展前期依赖于国家基础设施业务布局，后期主要受到资源市场支撑和由市场需求决定，这一产业发展规律在气象企业发展空间布局上也体现得较为明显。具体如表 6 所示。

表 6　气象服务企业区域分布状况

单位：家

省份	数量	省份	数量
山东省	3907	新疆维吾尔自治区	678
广东省	3769	山西省	677
江苏省	3381	重庆市	648
陕西省	2263	天津市	645
浙江省	1682	云南省	597
四川省	1516	甘肃省	571
福建省	1490	黑龙江省	514
河南省	1206	河北省	477
广西壮族自治区	1177	北京市	455
湖北省	1161	贵州省	439
海南省	1114	吉林省	436
辽宁省	1069	西藏自治区	342
安徽省	944	内蒙古自治区	278
上海市	744	宁夏回族自治区	277
江西省	733	青海省	195
湖南省	710		

说明：统计以实际数据为准，部分正在注销、重复登记等不算作有效数据。下同。

（二）涉及行业分布

根据天眼查企业数据分析，在整个气象服务领域中，气象服务企业集中在批发业、科技推广和应用服务业、专业技术服务业、研究和实验发展、软件和信息技术服务业。

在现有国民经济统计行业类型中，气象并不是国民经济独立行业，气象企业目前在行业领域分布上主要依托现有国民经济行业类型划分，主要体现的是企业运营形式和相应产业技术要素，并不能反映气象行业产业链条的现状。具体如图 7 所示。

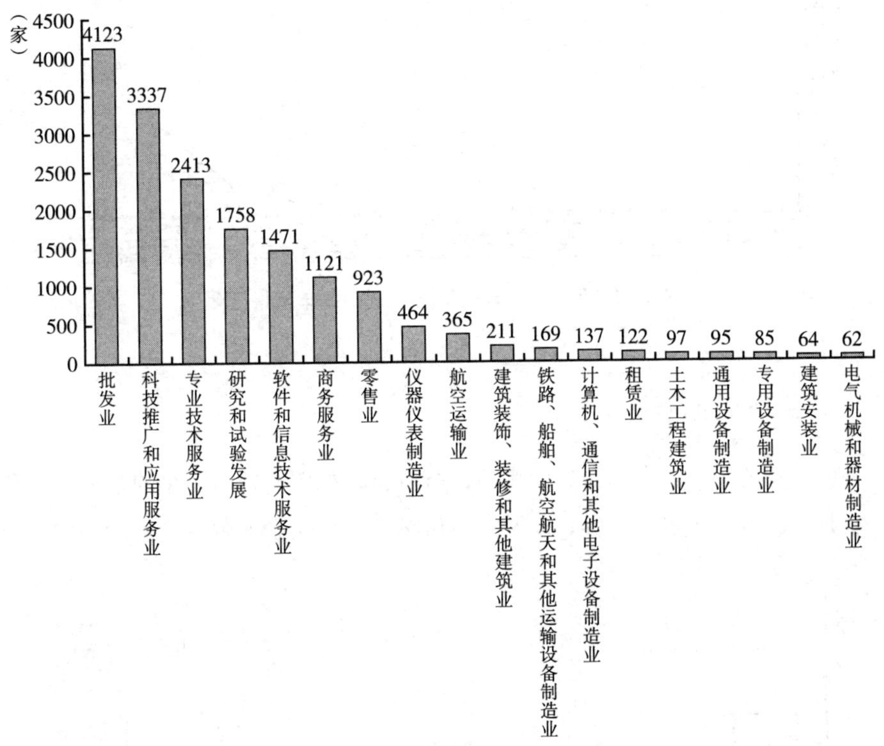

图 7　中国气象类企业行业分布

（三）发展阶段

自 20 世纪 80 年代初我国开始探索气象商业化服务起，至今已有 40 余年的发展历程。回望整个气象商业化发展历程可以看出，在发展的前 20 年，累计新增气象服务企业仅有 519 家，占当前气象服务企业总数量的

1.62%。如图 8 所示，2008 年以来，气象企业主体增长迅速，每年气象服务领域企业的新增数量基本呈现递增趋势，尤其是 2014 年以后新增数量增速较快。

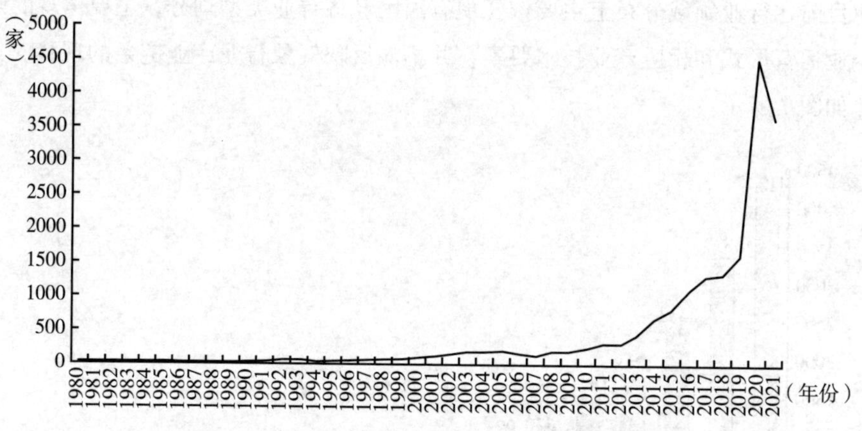

图 8　1980~2021 年气象服务企业每年新增数量

（四）市场表现

对气象类企业在资本市场的表现进行分析，如图 9 所示。总的来说，气象类企业在资本市场表现不佳，涉及资本市场的气象类企业数量非常少。

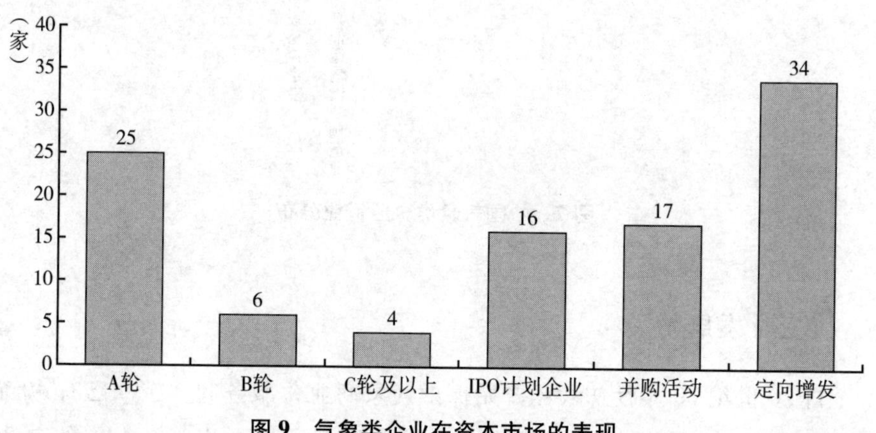

图 9　气象类企业在资本市场的表现

四　重点领域社会气象的发展

气象具有高渗透性行业特征，在国民经济和社会发展很多领域都能够发挥很好的服务效果。无论"气象+"还是"+气象"，气象始终把与服务对象的深度结合并产生更好的、有针对性的服务作为自身的基本任务。以下我们通过对重点行业的气象业务服务主体发展基本数据进行统计梳理，对农业、交通、旅游等气象服务重点领域社会气象发展概况做一初步考察。

（一）农业气象

在气象服务供给主体中，从事农业气象服务的企业有 4963 家，占气象服务企业的 15.45%。

从企业注册资本角度来看，企业注册资本集中在 51 万~1000 万元，合计 3600 家企业，占从事农业气象总企业数量的 72.54%。

从图 10 也可以看出，注册资本为 101 万~500 万元的企业数量最多，而注册资本大于 5000 万元和小于 10 万元的企业数量均不多。

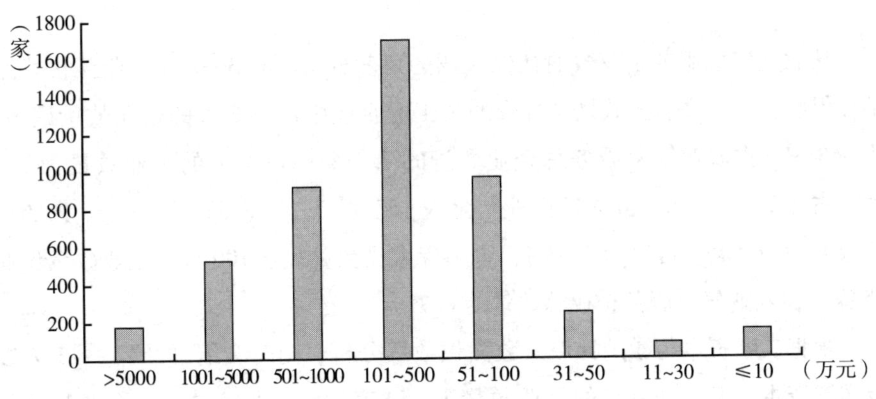

图 10　农业气象服务企业注册资本分布

从企业实缴资本分析，大部分农业气象服务企业没有进行过注册资本实缴，实缴资本为 0 元的企业有 3694 家，占农业气象服务企业的 74.43%，占气象服务企业总数量的11.50%。

实缴资本大于100万元的企业数量为636家，占农业气象服务企业数量的12.81%，占气象服务企业总数量的1.98%。

图11给出了企业实缴资本分布情况，更直观地展示了没有实缴资本企业占比较大的情况。

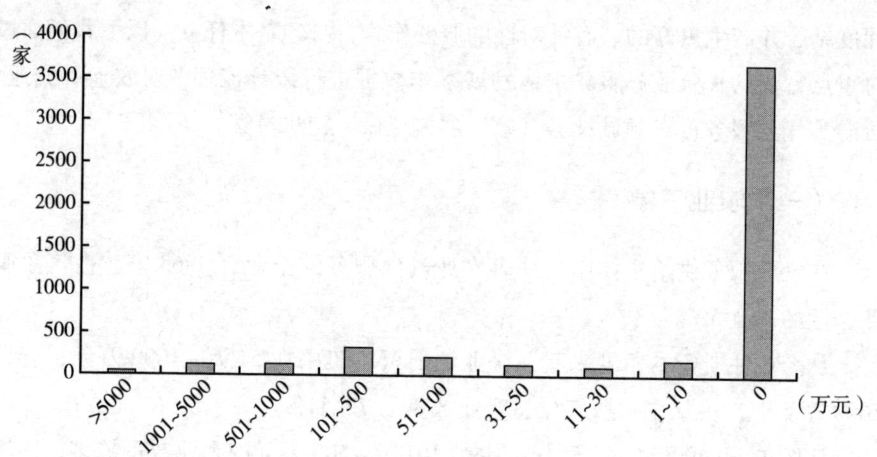

图11　农业气象服务企业实缴资本分布

从农业气象服务企业缴纳社保人数的角度分析，有3651家企业无正式缴纳社保的员工。在有正式缴纳社保的员工的企业中，1~3人的企业数量最多，为368家，占农业气象服务总企业数量的7.41%；4~5人的企业数量为166家，占比3.34%；6~10人的企业数量为165家，占比3.32%；11~30人的企业数量为189家，占比为3.81%。而参保人员数量大于100人的企业数量仅有35家，占农业气象服务企业总数量的0.71%。

根据实缴资本与缴纳社保人数面板数据分析，同时缴纳过社保1~3人以及实缴资本1万~10万元的企业数量为750家，占农业气象服务企业数量的15.11%，占气象总服务企业数量的2.33%。缴纳社保人数9~15人、实缴资本51万~100万元的企业数量仅为243家；缴纳社保人数51~100人、实缴资本501万~1000万元的企业仅有48家。详情见表7。

表7　农业气象服务企业实缴资本与缴纳社保人数面板数分布

单位：家

实缴资本与缴纳社保人数面板数分布	企业数量
缴纳社保 1~3 人,实缴资本 1 万~10 万元	750
缴纳社保 4~8 人,实缴资本 11 万~50 万元	425
缴纳社保 9~15 人,实缴资本 51 万~100 万元	243
缴纳社保 16~30 人,实缴资本 101 万~200 万元	164
缴纳社保 31~50 人,实缴资本 201 万~500 万元	88
缴纳社保 51~100 人,实缴资本 501 万~1000 万元	48
缴纳社保 101~200 人,实缴资本 1001~3000 万元	25
缴纳社保 201~500 人,实缴资本 3001 万~1 亿元	8
缴纳社保大于 500 人,实缴资本大于 1 亿元	2

表 8 给出了农业气象服务企业每年新增数量。可以看出，2015~2021 年增长加速，整体呈现递增趋势，6 年新增累计 2124 家。2015 年之前，农业气象服务领域的企业数量相对较少。2015 年之后之所以快速增长，可能与物联网技术的快速发展、农业气象相关传感器技术日趋成熟以及智慧农业的发展模式带动有关。

表8　农业气象服务企业每年新增数量

单位：家

年份	农业气象企业新增数量	年份	农业气象企业新增数量
2021	561	2010	19
2020	651	2009	27
2019	256	2008	10
2018	223	2007	16
2017	190	2006	15
2016	141	2005	5
2015	102	2004	6
2014	81	2003	9
2013	50	2002	6
2012	24	2001	8
2011	33	2000	5

续表

年份	农业气象企业新增数量	年份	农业气象企业新增数量
1999	2	1993	2
1998	4	1992	1
1997	4	1991	2
1996	4	1990	2
1995	1	1989	1
1994	0	1984	1

从农业气象服务企业的地域分布情况看，山东省从事农业气象服务的企业数量最多，拥有 247 家，其次是江苏省、广东省，分别为 243 家以及 235 家（见表 9）。农业气象服务企业最少的内蒙古自治区，仅有 19 家，其次是云南省以及西藏自治区。

表 9　农业气象服务企业区域分布状况

单位：家

省份	农业气象服务企业数量	省份	农业气象服务企业数量
山东	247	安徽	57
江苏	243	宁夏	53
广东	235	黑龙江	41
福建	158	吉林	40
陕西	151	江西	39
广西	123	湖南	35
四川	114	天津	34
海南	96	青海	34
河南	93	山西	34
辽宁	84	北京	32
浙江	83	河北	32
重庆	76	贵州	32
新疆	74	西藏	27
甘肃	67	云南	26
湖北	65	内蒙古	19

说明：上海数据缺失。

（二）交通气象

在气象服务供给主体中，从事交通气象服务的企业有5532家，占气象服务企业的17.22%。

从企业注册资本角度来看，企业注册资本主要集中在51万~1000万元，合计3854家企业，占从事交通气象总企业数量的69.67%。分布情况如图12。

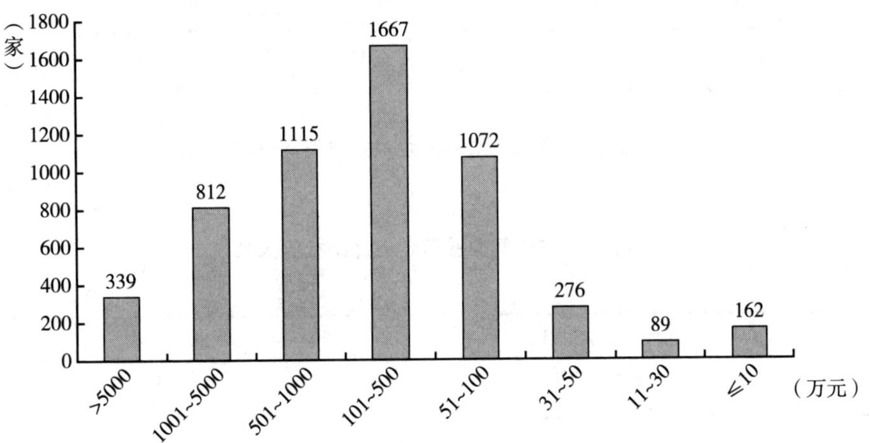

图12　交通气象服务企业注册资本分布

从企业实缴资本分析，大部分交通气象服务企业没有进行过注册资本实缴，实缴资本为0元的企业有4179家，占交通气象服务企业的75.54%。实缴资本大于100万元的企业数量为793家，占交通气象服务企业数量的14.33%。分布情况如图13。

从交通气象服务企业的缴纳社保人数的角度分析，有4415家企业无正式缴纳社保的员工。在有正式缴纳社保的员工的企业中，1~3人的企业数量最多，为345家，占交通气象服务总企业数量的6.24%；4~5人的企业数量为173家，占比3.13%；6~10人的企业数量为174家，占比3.15%；11~30人的企业数量为213家，占比为3.85%。而参保人员数量大于100人的企业数量仅有79家，占交通气象服务企业总数量的1.43%。详情见表10。

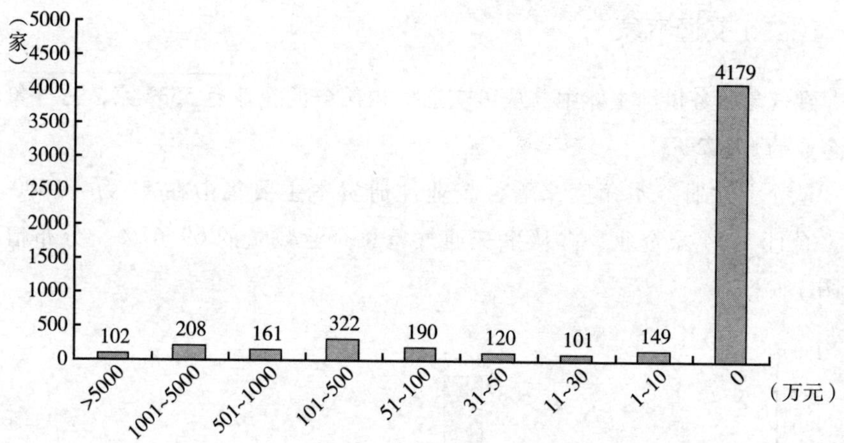

图 13　交通气象服务企业实缴资本分布

表 10　交通气象服务企业缴纳社保人数

单位：人，家

交通气象服务企业缴纳社保人数	企业数量
参保人数大于 1000 人	10
参保人数[501~1000]	10
参保人数[201~500]	21
参保人数[101~200]	38
参保人数[51~100]	55
参保人数[31~50]	78
参保人数[11~30]	213
参保人数[6~10]	174
参保人数[4~5]	173
参保人数[1~3]	345
参保人数(0)	4415

根据实缴资本与缴纳社保人数面板数据分析，同时缴纳过社保 1~3 人以及实缴资本 1 万~10 万元的企业有 835 家，占交通气象服务企业数量的 15.09%；缴纳社保人数 9~15 人、实缴资本 51 万~100 万元的企业数量仅有 344 家；缴纳社保人数 51~100 人、实缴资本 501 万~1000 万元的企业仅有 96 家。详情见表 11。

表 11　交通气象服务企业实缴资本与缴纳社保人数面板数

单位：家

实缴资本与缴纳社保人数面板数分布	企业数量
缴纳社保 1~3 人,实缴资本 1~10 万元	835
缴纳社保 4~8 人,实缴资本 11 万~50 万元	520
缴纳社保 9~15 人,实缴资本 51 万~100 万元	344
缴纳社保 16~30 人,实缴资本 101 万~200 万元	252
缴纳社保 31~50 人,实缴资本 201 万~500 万元	158
缴纳社保 51~100 人,实缴资本 501 万~1000 万元	96
缴纳社保 101~200 人,实缴资本 1001 万~3000 万元	53
缴纳社保 201~500 人,实缴资本 3001 万~1 亿元	26
缴纳社保大于 500 人,实缴资本大于 1 亿元	9

表 12 给出了交通气象服务企业每年新增数量。可以看出，2014 年之前交通气象服务企业数量每年增速较为平稳，但 2014 年以后增长加速，尤其是 2020~2021 年，共新增交通气象服务企业 2623 家，占所有交通气象企业数量的 47.42%。

表 12　交通气象服务企业每年新增数量

单位：家

年份	交通气象服务企业新增数	年份	交通气象服务企业新增数
2021	1801	2009	25
2020	822	2008	31
2019	383	2007	30
2018	266	2006	25
2017	231	2005	36
2016	187	2004	19
2015	142	2003	17
2014	135	2002	13
2013	82	2001	8
2012	74	2000	12
2011	54	1999	7
2010	42	1998	9

续表

年份	交通气象服务企业新增数	年份	交通气象服务企业新增数
1997	6	1989	3
1996	3	1988	4
1995	5	1987	2
1994	3	1986	3
1993	8	1984	1
1992	1	1983	2
1991	1	1981	2
1990	1	1980	8

就交通气象服务企业的地域分布情况而言，山东省、广东省、江苏省和海南省的交通气象服务的企业数量排在全国前四位，分别为 725 家、632 家、522 家和 407 家。交通气象服务企业数量最少的是青海省，仅有 32 家。具体分布情况如表 13 所示。

表 13　交通气象服务企业区域分布状况

单位：家

省份	交通气象服务企业数量	省份	交通气象服务企业数量
山东省	725	重庆市	115
广东省	632	云南省	112
江苏省	522	甘肃省	101
海南省	407	湖南省	92
陕西省	333	山西省	90
福建省	283	黑龙江省	73
浙江省	273	吉林省	70
辽宁省	233	贵州省	69
四川省	202	江西省	61
广西壮族自治区	198	西藏自治区	59
湖北省	171	宁夏回族自治区	49
天津市	143	河北省	46
上海市	142	内蒙古自治区	45
河南省	130	北京市	37
安徽省	124	青海省	32
新疆维吾尔自治区	121		

（三）旅游气象

在气象服务供给主体中，从事旅游气象服务的企业有 1123 家，占气象服务企业的 3.5%。

从企业注册资本角度来看，企业注册资本集中在 51 万～1000 万元，合计 762 家企业，占从事旅游气象总企业数量的 67.85%。分布情况如图 14 所示。

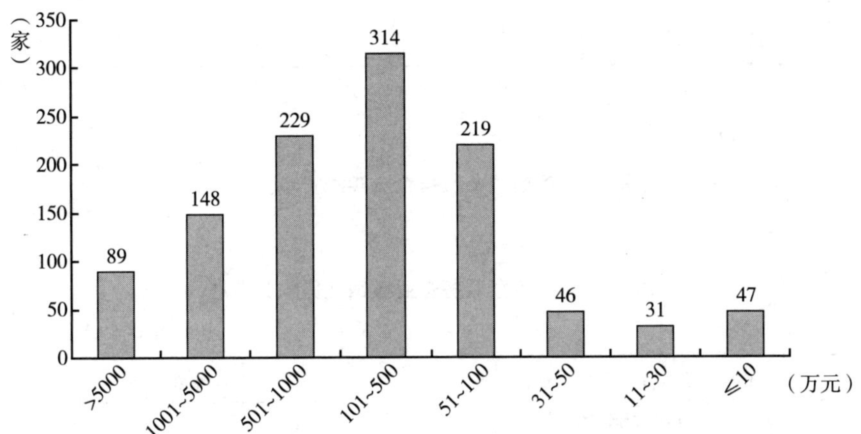

图 14　旅游气象服务企业注册资本分布

从企业实缴资本分析，大部分旅游气象服务企业没有进行过注册资本实缴，实缴资本为 0 元的企业有 851 家，占旅游气象服务企业的 75.78%。实缴资本大于 100 万元的企业数量为 149 家，占旅游气象服务企业数量的 13.27%。分布情况如图 15。

从旅游气象服务企业的缴纳社保人数的角度分析，有 930 家企业无正式缴纳社保的员工。在有正式缴纳社保的员工的企业中，1～3 人的企业数量最多，为 54 家，占旅游气象服务总企业数量的 4.81%；4～5 人的企业数量为 42 家，占比 3.74%；6～10 人的企业数量为 28 家，占比 2.49%；11～30 人的企业数量为 38 家，占比为 3.38%。而参保人员数量大于 100 人的企业数量仅有 17 家，占旅游气象服务企业总数量的 1.51%。详情见表 14。

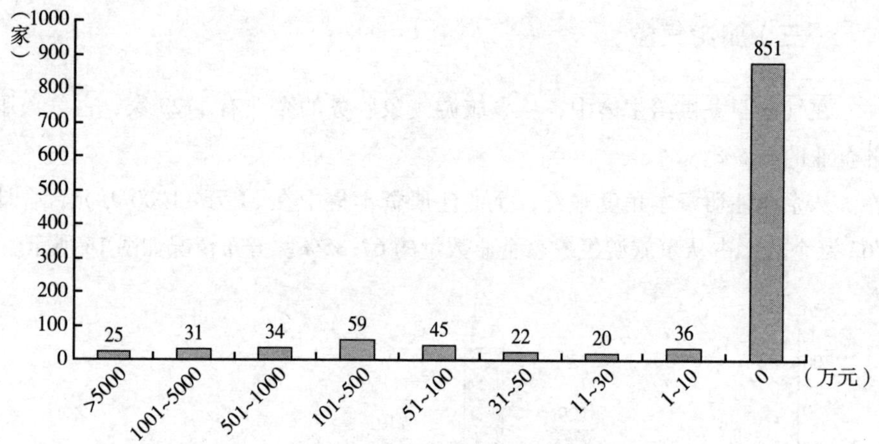

图 15　旅游气象服务企业实缴资本分布

表 14　旅游气象服务企业缴纳社保人数分布

单位：人，家

旅游气象服务企业缴纳社保人数	企业数量
参保大于 1000 人	3
参保人数[501~1000]	4
参保人数[201~500]	4
参保人数[101~200]	6
参保人数[51~100]	10
参保人数[31~50]	4
参保人数[11~30]	38
参保人数[6~10]	28
参保人数[4~5]	42
参保人数[1~3]	54
参保人数(0)	930

根据实缴资本与缴纳社保人数面板数据分析，同时缴纳过社保以及实缴资本不为 0 的企业数量为 241 家，占旅游气象服务企业数量的 13.45%。缴纳社保人数大于 8 人、实缴资本大于 50 万元的企业数量仅为 56 家；缴纳社保人数大于 50 人、实缴资本大于 500 万元的企业仅有 18 家。详情见表 15。

表 15　旅游气象服务企业实缴资本与缴纳社保人数面板数分布

单位：家

实缴资本与缴纳社保人数面板数分布	企业数量
缴纳社保大于 0 人,实缴资本大于 0 元	241
缴纳社保大于 3 人,实缴资本大于 10 万元	89
缴纳社保大于 8 人,实缴资本大于 50 万元	56
缴纳社保大于 15 人,实缴资本大于 100 万元	41
缴纳社保大于 30 人,实缴资本大于 200 万元	20
缴纳社保大于 50 人,实缴资本大于 500 万元	18
缴纳社保大于 100 人,实缴资本大于 1000 万元	10
缴纳社保大于 200 人,实缴资本大于 3000 万元	5
缴纳社保大于 500 人,实缴资本大于 1 亿元	2

表 16 给出了旅游气象服务企业每年新增数量。同交通气象服务企业类似，2014 年开始旅游气象服务企业数量每年增长开始加速，2020 年和 2021 年共新增旅游气象服务企业 542 家，占所有旅游气象企业数量的 48.26%。

表 16　旅游气象服务企业每年新增数量

单位：家

年份	旅游气象服务企业新增数	年份	旅游气象服务企业新增数
2021	392	2008	7
2020	150	2007	1
2019	87	2006	2
2018	58	2005	3
2017	53	2004	9
2016	42	2003	4
2015	32	2002	5
2014	26	2001	2
2013	12	2000	0
2012	13	1999	0
2011	9	1998	1
2010	6	1997	4
2009	6	1990	3

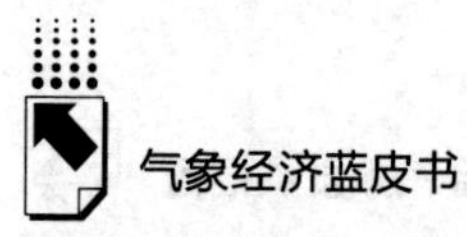

就旅游气象服务企业的地域分布情况而言，海南省、广东省、山东省、广西壮族自治区和江苏省的旅游气象服务企业的数量排在全国前五位，分别为173家、131家、85家、70家和70家。旅游气象服务企业数量最少的是河北省，仅有5家。具体分布情况如表17所示。

表17　旅游气象服务企业区域分布状况

省份	旅游气象服务企业数量	省份	旅游气象服务企业数量
海南省	173	辽宁省	25
广东省	131	湖北省	24
山东省	85	内蒙古自治区	20
广西壮族自治区	70	西藏自治区	18
江苏省	70	天津市	17
四川省	66	山西省	14
福建省	54	河南省	12
重庆市	49	上海市	11
陕西省	41	吉林省	11
浙江省	40	宁夏回族自治区	8
新疆维吾尔自治区	35	江西省	8
湖南省	32	黑龙江省	8
云南省	31	青海省	7
安徽省	28	北京市	5
贵州省	26	河北省	5
甘肃省	25		

五　结论与建议

本报告对社会气象发展现状及趋势做了初步研究和统计分析，得出初步结论如下。

第一，社会气象无论从生产角度看，还是从供给角度看，都已构成气象服务体系的重要组成部分，其发展过程依赖于气象部门的行业溢出，尤其以数据溢出最为核心。社会气象力量既可为国家气象部门提供服务，也为全社会提供服务，是中国气象事业不可分割的一部分。

第二，社会气象的发展来源于需求倒逼。一方面，国家气象部门本身对技术和服务的需求催生了很多以气象部门为服务对象的社会力量，其有针对性地提供气象技术方面的辅助服务；另一方面，在气象部门服务不能覆盖的领域，一些自发的社会力量以市场交易、内部购买、自组织等方式，开展气象服务。因此，国家气象部门以外的社会气象首先发端于需求相对旺盛的行业，需求缺口越大，社会气象的发展动力越强。从某种意义上讲，国家气象部门服务在深度和广度上发展的不足，为社会气象成长提供了相对有效的补充空间。

第三，社会气象的发展主要存在四方面问题：一是龙头企业缺失；二是发展质量有待提升；三是业务单一，产业链条不完整；四是社会资本关注度和实际投入不足。由于受到行业本身属性的限制，我国目前尚未形成较大规模的气象企业。一方面，气象行业的市场容量整体不高，且分布分散，不利于形成较大规模的行业龙头；另一方面，受气象基础设施建设影响，企业很难建立强大的技术体系，也使得发展受限。分散的市场，需要分散的企业来服务，造成了低水平重复和业务单一化。此外，鉴于气象产业链条不完整、主体表现不突出以及相关资源支撑不确定性等因素，社会资本对气象行业整体投入有限。

第四，社会气象发展从空间上看，主要分布在山东、江苏、广东、陕西、浙江等省。社会气象发展的空间集聚，主要源于历史原因和区域产业基础支撑能力。气象发展前期依赖于硬件，后期依赖于软件，同时也受到市场需求的影响。

第五，从行业看，社会气象发展主要涉及科技推广和应用服务业、专业技术服务业、研究和试验发展、软件和信息技术服务业和商务服务业等五大行业。目前，我国社会气象并未形成独立的产业，只能算是某些大行业的分支，散布在各行各业，这既是社会气象发展的现状，也是一个很显著的特征。

第六，我国社会气象与欧美发达国家存在三个明显不同：首先，欧美日等发达国家的高等学校、研究机构、企业是引领气象科技发展的重要力量，尤其在气象科技的应用领域，发展要优于中国；其次，欧美日等发达国家气象类企业的产业链条相对完整，并不依赖于国家气象部门，具有相对独立的发展地位；最后，欧美日等发达国家的专业气象服务领域相对集中，已经形成相对完

整的体系，而中国才刚刚出现雏形。

第七，社会气象发展出现两大趋势：首先，受信息技术冲击，行业气象需求越来越明确，专业气象服务市场社会化格局正在逐步形成；其次，国家气象部门与社会气象系统的公私界限亟待明确，以及如何界定二者的协调关系将对未来中国社会气象服务事业的发展产生重大且深远的影响。

基于以上结论，本研究报告提出以下几点政策建议。

第一，加强对社会气象与国家气象部门边界的分析研究，进一步明确国家气象部门和社会气象发展的定位、任务、范围和方向，国家气象部门应有所为有所不为，集中精力做好支撑全社会气象事业发展的基础设施网络建设，制订社会气象发展支持计划，从政策制度层面促进社会气象健康、快速发展。同时，发挥好社团组织的作用。

第二，将社会气象观测、业务服务数据纳入国家气象数据体系，制定合理的发展和共享政策。特别是构建适应低空经济发展的新型气象探测系统，动员社会力量，创新观测手段，增加观测密度和实时共享业务服务数据，真正落实精密观测、精细服务气象高质量发展战略，集聚社会资源，扩大、丰富、优化气象资源服务供给，从源头上提高中国气象整体服务能力。

第三，推动政府气象部门与高等学校、科研院所、社会企业合作建立气象科技创新的模式，补齐与发达国家的气象科技在结构、机制上的短板，促进社会科技力量参与气象高科技攻关，打造更好的气象科技生态圈，为我国气象事业发展凝聚科技创新力量。

第四，注重气象产业建设，着力解决我国社会气象发展投入不足和政策机制不完善问题，在提高气象科技水平、明确气象市场容量的同时，鼓励推动社会资本在气象领域投入，助力我国社会气象发展提速。

参考文献

中国气象局系统资料来源于中国气象局政府公开信息部门预决算信息，网址：http：//www.cma.gov.cn/zfxxgk/gknr/czzjxx/。

部分省份的气象部分资料来源于省级气象局官网。

自然灾害资料来源于国家统计局，中国统计年鉴，国家年度数据等，网址：https：//data. stats. gov. cn/。

气象机构类数据，包括气象局系统、事业单位、民办非企业、企业数据，来源于天眼查和国家企业信用信息公示系统，网址：https：//www. gsxt. gov. cn/，https：//www. tianyancha. com/。

中国气象服务协会：《中国气象服务产业发展报告》（2014~2021）。

B.3
中国气象产业链的构成与发展展望*

李 欣　王 昕　林 霖**

摘　要：　气象产业是气象新质生产力的重要载体，气象产业链主要包括数据采集、数据传输、数据处理与分析、气象产品加工制作、气象服务等要素，促进气象产业发展是气象高质量发展和现代化产业体系建设的内在要求，气象产业链研究具有重要的理论和实践意义。本研究从三大产业的整体视角与气象领域的局部视角两个层面切入，分析气象产业链的总体结构与具体构成。再从供应链视角与价值链视角两个维度，将气象产业链的具体构成进一步展开，更为全面地分析气象产业链的现状，提出要加强气象产业链相关政策规划引导，补齐打通气象产业上下游的链条短板，健全市场规则和配套机制，助推气象相关资源通过打造共建共用平台，以实现产业融合。

关键词：　气象产业链　气象服务　产业融合

引　言

产业链是构成同一产业内所有具有连续追加价值关系的活动所构成的价值链关系。① 不同的产业通过生产要素的提供和购买的关系，形成产业之间链条

---

* 本文由中国气象局气象软科学重大课题“气象产业规划前期重大问题研究”项目（编号：2023EDAXM01）支持。

** 李欣，博士，中国气象局气象发展与规划院高级工程师，主要研究方向为气象发展战略与政策；王昕，通讯作者，博士，俱时（北京）气象技术研究院院长，主要研究方向为气象经济产业发展战略；林霖，博士，中国气象局气象发展与规划院高级工程师，主要研究方向为气象发展战略与政策。

① 杨公朴、夏大慰主编《现代产业经济学》，上海财经大学出版社，1999。

状的关系。① 从宏观层面看，产业链反映了劳动分工和专业化对经济发展的意义。气象产业链是围绕气象生产、交换、消费、分配等经济活动，以气象价值实现最大化为目的所形成的产业链条。

气象产业与第一产业、第二产业、第三产业之间存在密切联系（见图 1）。结合三次产业来看，气象产业链涉及第二产业和第三产业，同时服务保障第一产业，通过信息流和资金流相互连接。从制造业来看，气象产业链包括气象装备制造、气象仪器制造、气象工程总装集成等节点。从服务业来看，气象产业链包括气象信息传播服务、专业气象服务、气象资源开发利用服务等节点。

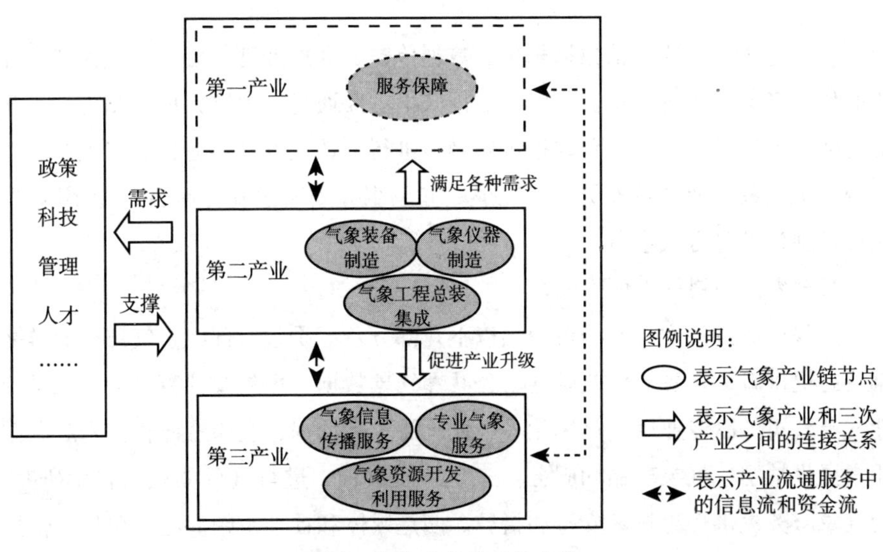

图 1　气象产业链总体结构

以气象科技产业链为例。它包括前端、中端和后端三大环节。其中，前端是实况观测，包括卫星、雷达、探空、地面站、无人机等。中端是数值模式，包括资料同化和模式应用。后端是产业应用，既包括面向公共气象服务的直接使用，比如，公众天气、决策参考、一般预警等；也包括面向专业气象服务的原材料应用，比如天气管理、应用分析、特别场景等；还包括面向气象科技创新与科技支撑的实验测试体系、气象衍生产品体系，以及其他跨界再创新等。

① 陈博：《产业链与区域经济的发展》，《工业技术经济》1999 年第 5 期，第 44、58 页。

一 气象产业链发展现状

党的二十大报告提出，建设现代化产业体系，推动战略性新兴产业融合集群发展。现代化产业体系的重点是产业化，产业化包括生产专业化、布局区域化、经营一体化、服务社会化、管理企业化，这“五化”的内在联系和共同载体就是产业链。

（一）气象产业链的构成

气象产业链主要包括数据采集、数据传输、数据处理与分析、气象产品加工制作、气象服务等要素。其中，数据采集主要通过气象空天地观测进行。数据传输主要通过专用的气象数据传输网络进行。数据处理与分析、气象产品加工制作由气象专业技术人员加工完成。气象服务则通过媒体平台、专用网络、工程设施建设等方式进行。

1. 气象产业链的主体构成

气象产业链的主要参与者包括以下几部分。一是政府部门。气象产业链基础设施提供者，负责提供基础性、公共性气象数据、预报及预警服务。二是专业气象公司。以专业用户具体化、个性化需求为依据，利用多样化技术服务向用户提供精细化气象产品和服务。三是科研机构。进行气象领域的科学研究，为气象服务提供理论技术支持和指导。四是媒体和社会组织。在气象信息传播和气象产业社会化服务中起着重要的桥梁和纽带作用。

2. 气象产业链的内容构成

气象产业链是围绕气象科技、气象数据、气象服务所形成的产业链条。其中，气象服务是整个产业链的核心，包括气象监测、预报、预警、评估等环节。气象数据则涵盖了气象信息采集、加工、分析、共享等环节。气象科技涉及气象应用技术的研究、开发及应用。

3. 气象产业链的环节构成

气象产业链的上游主要是各种气象设备和系统的研发与生产，例如气象雷达、自动观测系统、气象卫星等。中游是各种气象服务和产品的提供，例如天气预报、气候预测、气象预警、气象数据服务等。下游是各种气象应用领域，例如能源、农业、航空、保险等。整体链条的上、中、下游都包括相应的产品和服务，以这些产品和服务为基准，又可以进一步扩展出相应层面细化的产业链上、中、下游。

4. 气象产业链的生态圈构成

气象产业链还可以与互联网、物联网、人工智能等进行深度融合，形成更加完整的气象生态圈。包括气象大数据研发应用中心，以及智能气象装备核心产业集群、专业气象服务产业集群、气象大数据产业集群、泛气象产业集群等。这一生态圈系统以气象为中心，包含地球科学、工程学、计算机科学、环境科学与生态学、化学、农业科学、材料科学、社会科学等学科的教育、科研、技术开发与创新，以及产业应用等。

（二）供应链视角下的气象产业链

以下基于上述气象产业链的环节构成进行分析，选取重要节点，从供应链的视角，对气象产业链的上、中、下游展开典型分析。

1. 风云卫星

风云卫星是中国于1977年开始研制的气象卫星，先后发射了多颗第一代极轨气象卫星和静止轨道气象卫星，实现了极轨卫星和静止卫星的业务化运行，我国是继美国、俄罗斯之后，第三个同时拥有极轨气象卫星和静止气象卫星的国家。这些风云卫星为中国及全球的气象监测和灾害预警提供了重要的支持。

风云卫星的制造涉及多个领域，包括卫星平台设计、有效载荷研制、热控制、电源系统设计、跟踪和数据传输系统设计等。总体来说，风云卫星制造是一个复杂的工程，需要多学科的合作和技术支持。风云卫星产业链包括以下几个部分。

一是卫星研制。风云卫星的研制由多家单位和公司共同完成，主要包括中国航天科技集团公司、中国空间技术研究院、上海航天技术研究院等。

二是发射。风云卫星的发射由中国航天科技集团公司和国内外合作伙伴完成。中国主要使用长征系列运载火箭发射卫星，同时也会使用国外商业发射服务。

三是运营。风云卫星的运营由气象卫星应用中心和卫星地面站完成。这些运营机构会对卫星数据进行处理和应用，为气象预报、气候变化监测、自然灾害预警等提供支撑。

四是应用。风云卫星的数据广泛应用于气象、环境监测、资源调查、交通运输等领域。同时，风云卫星也为国际社会提供了重要的气象监测数据，为全球气象预报和灾害预警作出贡献。

2. 相控阵雷达

相控阵雷达是一种相位控制电子扫描阵列雷达，它由大量相同的辐射单元组成雷达面阵，每个辐射单元在相位和幅度上独立受波控和移相器控制，能得到精确可预测的辐射方向图和波束指向。借助快速而精确转换波束的能力，雷达能够在 1 分钟内完成全空域的扫描。相控阵雷达产业链包括以下几个部分。

一是上游基础硬件市场。这是各类结构件、元器件、芯片、电源等产品的供应商。例如，隆基股份、中环股份等半导体材料及配套设备供应商，以及卓胜微、铖昌科技等元器件及芯片供应商等。这个市场竞争比较激烈。

二是中游核心组件市场。主要是 T/R 组件和天线构成的天线微系统，再结合发射机、接收机、信号处理机、数据处理机和显示器等若干部分共同构成雷达整机。目前，我国有源相控阵微系统及 T/R 组件的批产研制还处于量产化初期阶段，因此，中游市场化程度较低。

三是下游应用领域。相控阵雷达的下游应用空间广阔，包含星载、机载、弹载、舰载、车载、地面等多个领域。

3. 气象传媒

气象传媒产业链是以气象信息为核心，通过不同的媒介和平台进行传播和推广，从而形成的产业链条。主要包括以下几个环节。

一是数据获取。通过气象卫星、气象观测站等设备获取全球的气象数据，包括温度、湿度、气压、风速、风向、太阳辐射等。

二是数据处理。对获取的气象数据进行处理和分析。例如，数据清洗、数据同化、数据模型化等，以便更加准确地预测气象变化和趋势。

三是信息发布。将处理后的气象信息制作成产品，通过广播、电视、报纸、互联网等媒介发布出去，使公众能够及时获取气象预警、预报信息。

四是增值服务。在气象信息发布的基础上，提供旅游气象服务、航空气象服务、农业气象服务、低空气象服务等，以满足不同行业和人群的需求。通过分析气象数据和公众消费行为数据，得出有价值的信息，为商业决策提供参考。

4. 旅游气象服务

旅游气象服务面向文旅需求，利用专业气象预报技术、平台和方法，针对不同旅游景区特点，开发出各种旅游气象信息服务产品。这些产品的开发和供给，可以帮助旅游者合理规划行程，也能为景区和文旅公司提供决策支持。旅游气象服务产业链包括以下几个主要环节。

一是基本气象服务。包括最基本的天气预报和预警、气候和空气质量预报，主要作用是帮助旅游者合理设计行程安排。还包括节假日和极端天气旅游预报，主要作用是为旅游者提供出行建议。

二是订制化气象服务。根据旅游景区的特点，提供定制化的气象服务产品。例如，针对山区景区的冰雪预报，针对滨海景区的海浪预报等。

三是气象衍生服务。包括根据气象数据提供的景区客流量预测、旅游线路规划建议、景区最佳游览时间推荐等。

（三）价值链视角下的气象产业链

气象生产价值最终要通过交换实现。从气象产业发展现状看，明显缺乏相对统一的气象产品市场交易平台，气象产品和服务的价值实现主要依托政府财政或采取点对点的协议交易模式。初步调查显示，全国范围内专门针对气象服务产品的市场，主要采取周期性产品、贸易展会渠道展示，仅有一家非气象主体产品网络平台（见表1）。

表1　国内气象市场主要交易平台一览

序号	平台名称	主办单位	运营机制
1	中国气象科技和水文技术装备展	中国气象学会	社会机构组织、企业参与
2	中国防雷技术与产品展	中国气象学会	社会机构组织、企业参与
3	中国-东盟气象展	中国气象服务协会	社会机构组织、企业参与
4	中国国际服务贸易交易会气象展	中国气象服务协会	社会机构组织、企业参与
5	安徽农网	安徽省人民政府	政府主办
6	中国国际应急管理展览会	应急管理部国际交流合作中心	政府主办
7	中国国际测量控制与仪器仪表展览会	中国仪器仪表学会	社会机构组织、企业参与

资料来源：根据网络调研获取。

1. 市场：平台供给不足

目前，全国可查的涉及气象领域的产品服务交易平台近 10 个，主要是各类论坛展会。近年来，随着气象产业主体增加，产品服务供给大幅增长，规模化市场交易平台需求也相应增加。从目前已有的气象相关产品服务平台看，大体有几个特点：一是主体少，参加展会的主要是气象企事业单位，也有与气象服务密切相关的社会组织和新兴跨领域机构单位，但数量有限；二是规模小，参展的产品服务有限；三是同质化，展会内容、主题虽有不同，但实际展出内容、参会主体大同小异；四是国际化程度低，虽然不少展会都号称国际或面向国际，但实际涉外展览平台很少。

2. 机制：交易成本高、效率低

由于缺乏规模化的开放市场平台，目前气象领域产品服务主要依靠点对点的协议订单交易模式。在市场价格形成机制方面，由于气象产品服务公开市场平台有限，同类产品服务价格形成主要体现为有限范围招投标、协议双方成本核算等渠道，很难形成规模性的有效比价竞争局面，拉高了气象产品服务的交易成本和价格。

3. 价值：规模小、资本市场活力不足

从实际交易量看，一方面，由于缺乏有效的交换平台和市场推动机制，社会气象产品服务交易活动很难形成规模，气象服务市场规模增长主要依赖新兴主体供给增加和需求的快速增长。从近年来的投融资情况看，虽然部分企业得到社会资本青睐，但总体市场表现平淡，活力不足。另一方面，有数据显示，自 2015 年以来，气象部门经营性收入持续下降，通过政府购买方式的气象产品服务交易量也相对较少。以 2023 年为例①，气象相关产品服务全国政府采购 6563 宗，低于国家主要经济领域服务产品的采购量（见图 2）。

二　气象产业链发展趋势与决策建议

（一）发展趋势

一是产业链体量不断扩充。气象产业主体的数量不断增长、规模不断扩大，

① 数据对应的具体时间范围是 2022 年 9 月 8 日至 2023 年 9 月 7 日。

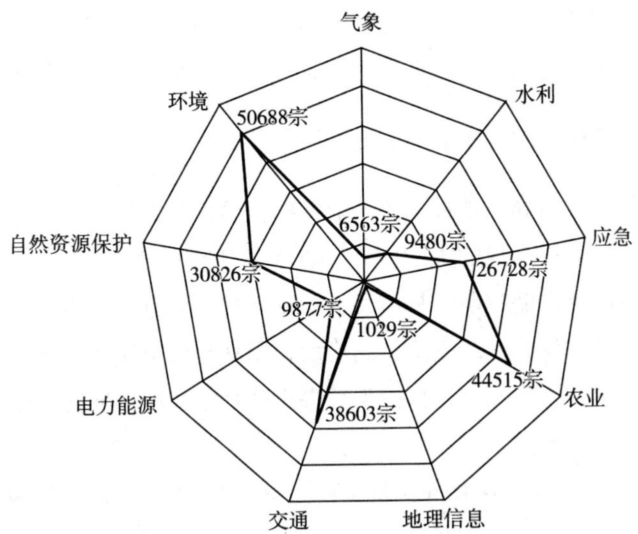

图 2　2023 年气象服务政府采购量与其他领域的比较

资料来源：中国政府采购网（www. ccgp. gov. cn）。

带动了各类社会资源向气象领域聚集，气象产业链体量会不断扩充。目前，气象相关产业主体数大约为 26000 家。从增长角度看，2014 年，全国气象类企业新增 440 家，2017 年，新增企业 1090 家，到了 2020 年，更是一个跨越式的增长，当年新增企业 4500 多家。这一增长趋势目前仍在持续。

二是产业链环节不断延伸。需求的不断增长和需求品质的精细化、多样化，必然带来气象产业链细分环节的无限延伸，这种趋势带来两个结果：一是产业主体自身产能增加和服务品质优化提升；二是相关技术、服务主体持续进入气象产业链相应环节，进而引发产业链规模不断扩充。

三是产业链边界不断拓展。以满足需求为目标，气象产业链无法自我封闭，它一定会通过跨领域的合作融合提升自身的产品品质和服务能力。气象产业目前所谓的“综合解决方案”基本是建立在“多兵种”、跨领域产品服务基础之上，为用户提供一站式整包服务，大大提升了用户的产品服务体验。

四是产业链结构不断优化。在产业链规模不断扩充、产品服务环节不断延伸、边界不断拓展的同时，整合资源，减少同质化消耗，优化资本结构，以及提升竞争优势，将成为气象产业链发展的必然方向。目前，气象领域已经有多

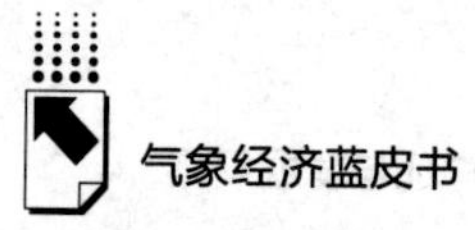

家新兴企业通过资本运营、并购重组等方式，实现了产品服务资源的优化组合，大大提升了自身的产能和服务效果，得到资本市场的充分肯定。

（二）“内增外拓”的双向发展建议

一是政策规划引导。把握气象产业链整体结构和发展趋势，在关键发展阶段和影响气象产业链全局的关键环节，通过有力政策规划投放，积极引导气象产业链迈向高质量发展阶段。具体而言，现阶段，要鼓励气象产业整体发展；完善气象产业基础设施资源供给机制建设；用真金白银支持具备产业集群引领力和号召力的龙头企业发展，扶持高精尖小微企业发展；推动气象产业社会化服务体系建设。

二是补齐链条短板。深化气象产业链发展的核心目的是以用户为中心的价值实现。从这个角度看，目前气象产业链的短板主要集中在链条两端，即最上游的数据资源供给和最下游的市场价值实现。因此，一方面，要加快打通适合市场主体的持续可靠经济便利的气象数据使用公共通道；另一方面，要加快扶持和推动相关社会主体构建公开的专业化气象服务市场平台，助力气象产品服务的价值实现。

三是健全市场规则。包括建立基础要素开放供给机制、技术应用知识产权保护体系、市场交易社会化仲裁机制、产品服务水平能力评价体系、优秀科技成果评价与奖励激励机制、优秀人才流动机制、市场主体自律规范体系等。

四是助推产业融合。通过产业融合，强化气象产业链的资源整合和优化供给面，提升气象产业对国民经济和社会服务的贡献。以国家重大战略的深化实施为契机，重点加大与生态环境、文旅、医疗康养、农业、金融保险、地理信息、空间遥感等领域共建共用资源平台，为气象产业融合发展提供更多机会和源源不断的动力。

参考文献

中国气象服务协会：《打造中国气象产业“升级版”——中国气象服务产业发展报告（2020）》，气象出版社，2020。

廖军、林霖、李欣等：《促进和规范气象产业发展调研报告》，载于新文主编《形势与对策——2021 年全国气象优秀调研成果选》，气象出版社，2022。

B.4

中国气象数据资源及其经济价值分析

课题组*

摘　要： 本文通过对气象观测数据和数据产品等进行分类与分布分析，展现了气象数据资源概况。探讨了气象数据作为一种资源，在公共事业、气象业务、相关领域应用和商业气象服务等方面发挥的作用与效益，体现其应用价值和经济价值。同时，分析气象数据共享应用存在的问题，并通过案例分析展示了气象数据资源在风电领域的实际应用效果和经济价值。最后提出不断丰富数据资源、加快完善标准体系、健全数据共享机制、加强市场化配置等建议。

关键词： 气象　数据资源　经济价值

一　引言

气象数据是指通过各类观测手段获得的原始数据，以及由统计、数值计算、融合处理、人工智能等预报预测模型生成的大气要素集合。气象数据具有类型多、体量大、更新快、质量高、价值高等五个基本特点。一是类型多，从直接观测到遥感遥测，从大气物理变化到大气化学变化的观测，从大气圈到海洋等多圈层的观测，既包括定点观测结构化数据，也包括图片、档案、音视频

* 曹磊，国家气象信息中心数据应用室主任、高级工程师，主要研究方向为气象数据创新应用服务；许艳，国家气象信息中心高级工程师，主要研究方向为气象数据分析及其在金融、航空等行业的精细化应用服务；余予，博士，国家气象信息中心正研级高工，主要研究方向为气象数据质量控制、分析与评估及其应用服务；董海萍，博士，金风科技股份有限公司高级工程师，主要研究方向为大气数值模拟、资料同化和强对流天气分析在风电行业中的应用；刘肖肖，北京墨迹风云科技股份有限公司高级市场调研分析师，主要研究方向为市场数据分析和企业决策支持等；赵立成，国家气象信息中心原主任，二级正研高工，中国气象服务协会副会长，主要研究方向为气象卫星地面应用系统和信息气象系统设计建设。

等非结构化数据以及图、文、数混编的半结构化数据；二是体量大，时间序列长，空间覆盖广，而且数据产品体系完备；三是更新快，采集频率高，处理速度快，达到分钟级甚至秒级；四是质量高，气象数据应用比较规范，业务应用的数据都要进行质量控制，数据质控覆盖率超过 95%；五是价值高，气象与社会经济各行各业、人们生产生活联系紧密，融合其他相关数据可以产生巨大的价值。气象数据的上述特征，使得气象数据的采集、存储、处理和应用等不断面临技术发展的挑战，数据开放共享需求不断增加。

2023 年底，国家数据局等 17 部门联合印发的《“数据要素×”三年行动计划（2024—2026 年）》（以下简称《三年行动计划》），特别强调了“数据要素×气象服务”，“降低极端天气气候事件影响，支持经济社会、生态环境、自然资源、农业农村等数据与气象数据融合应用，实现集气候变化风险识别、风险评估、风险预警、风险转移的智能决策新模式，防范化解重点行业和产业气候风险。支持气象数据与城市规划、重大工程等建设数据深度融合，从源头防范和减轻极端天气和不利气象条件对规划和工程的影响。创新气象数据产品服务，支持金融企业融合应用气象数据，发展天气指数保险、天气衍生品和气候投融资新产品，为保险、期货等提供支撑。支持新能源企业降本增效，支持风能、太阳能企业融合应用气象数据，优化选址布局、设备运维、能源调度等”。

依据经济学理论对“资源”的定义，所谓资源是指通过使用或直接能够为企业、社会产生效益的物质、能量和信息的总称。气象数据在多领域的融合应用，发挥着重要的社会效益，催生数字经济发展，不断产生经济效益，是保障现代社会发展与安全不可或缺的重要数据资源。

二　发展现状与问题分析

（一）气象数据分类

气象数据资源主要分为原始气象观测数据和气象数据产品两大类。原始气象观测数据包括直接观测数据、遥感遥测数据、科学考察（试验）数据；气象数据产品是基于综合观测系统获取的各类观测数据，经过数据质量控制、分析处理算法加工、生产而成，涵盖海洋、陆地及高空的三维数据产品，包括基础加工产品、遥感反演产品、融合分析产品、再分析产品、预报预测产品及公共气象服务产品等。

依据《数据安全技术　数据分类分级规则》（GB/T 43697-2024）等相关安全规范，气象数据资源兼有科学数据及自然资源数据双重属性。

（二）气象数据分布

气象数据应用领域广泛，除气象预报预测业务外，还广泛应用于防汛抗旱、应急管理、交通运输、农业生产、新能源开发、生态保护、军事活动保障等领域，因此，相关行业或部门也拥有一定的气象数据。

1. 气象部门气象数据资源

（1）气象观测数据。全球范围的直接观测数据、遥感遥测数据、科学考察（试验）数据等。

直接观测数据是通过观测仪器与大气、水、土壤等被测物体相互接触获取的数据，以及通过自然证据、历史文献及考古等直接获取的数据。按照《气象资料分类与编码》（QX/T 102-2009），直接观测数据包括地面、高空、气象辐射、海洋、农业和生态气象、大气成分、气象灾害、历史气候代用等 8 类。目前，可用于全球气候分析、天气预报的地面天气气候站网约 11000 站，高空天气气候站网约 1300 站，可用于我国气候分析及天气预报的国家天气气候站网约 2170 站。

遥感遥测数据是指观测仪器通过电磁波、声波、光波等与被测物体发生相互作用，测量电磁波信息以感知和反演被测物体特征而获取的数据，包括卫星、雷达、导航卫星遥感探测（GNSS/MET）、闪电定位、微波辐射和雨滴谱数据等。气象部门已形成由 220 多部 C 波段和 S 波段天气雷达构成的测雨雷达业务网、100 多部 L 波段和 P 波段为主体的边界层及对流层的全天候风廓线雷达网；累计发射 22 颗风云气象卫星（静止轨道 10 颗和极地轨道 12 颗卫星），形成风云气象卫星天基观测网络。

科学考察（试验）数据是指通过科学试验和专项考察工作获得的气象数据及其衍生信息。气象部门多年来完成了多项国家级科学试验项目，获取了包括青藏高原、暴雨试验、淮河流域能量与水分循环试验、南海季风试验、极地气象科学考察等大量珍贵的外场科学试验数据，为解决我国重大灾害性天气气候预测理论技术难题、追踪国际大气科学前沿研究等积累了重要的基础数据资源。

（2）气象数据产品。气象数据产品体系构成如图 1 所示。

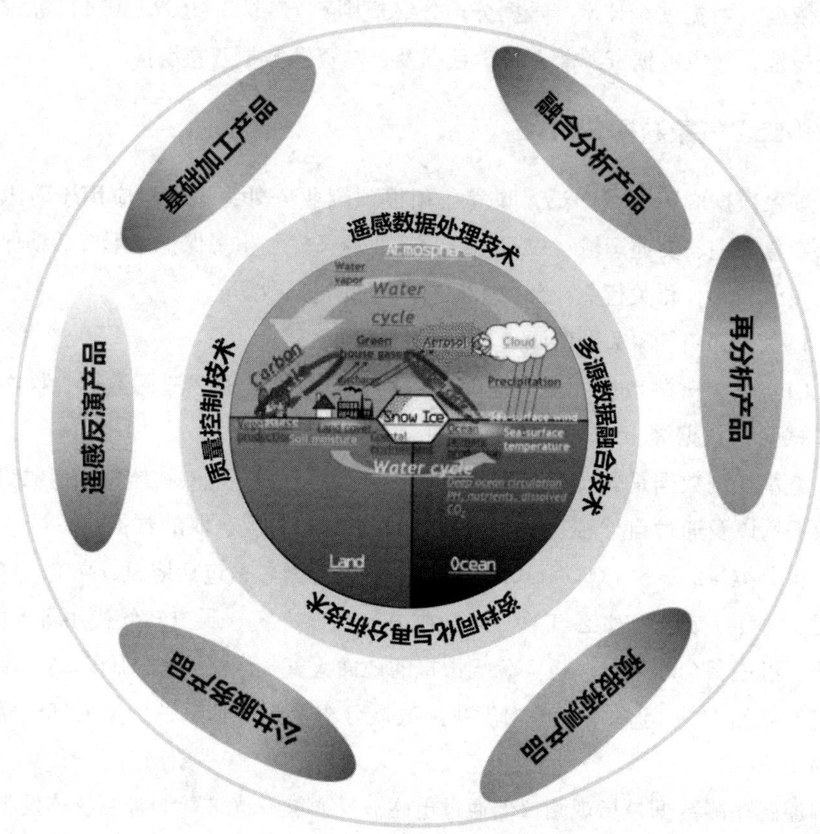

图 1　气象数据产品体系

资料来源：《中国气象大数据（2018）》。

基础加工产品包括整编数据产品和气候序列均一化产品，时间分辨率覆盖日、月、年及累年尺度等，产品形态包括站点和格点两种，序列长度可达百年。

遥感反演产品包括卫星产品、天气雷达产品、风廓线雷达产品、雷电产品、GNSS/MET 水汽数据产品等。

融合分析产品包括陆面、海洋等多源数据融合分析产品（见表 1），部分产品的空间分辨率达到 1 千米，时效可至分钟级。

表 1　主要融合分析产品

产品名称	要素	区域	时间分辨率	空间分辨率
陆面要素融合产品	降水、气温、气压、风、湿度、短波辐射、能见度、土壤温度、土壤湿度等	中国/亚洲	逐小时	6.25 千米
海表气象要素融合产品	海表温度、洋面风、海冰	全球	逐日	25 千米
三维大气三维云融合产品	云量、云顶高度、云类型、云水、云冰、气温、湿度、风等	中国	逐小时	5 千米

再分析产品是用先进的资料同化系统和数值预报模式，融合分析模式预报和历史观测资料，从而获取变量丰富、空间覆盖完整、时间均一稳定的长序列历史数据产品。我国第一代全球大气和陆面再分析产品（CMA-RA）重现了1979 年以来从地面到 55 千米高度的全球三维大气状况，时间分辨率为 6 小时，空间分辨率为 34 千米。

预报预测产品基于先进的数值预报模式、同化技术以及多源观测数据，为公众和专业用户提供准确、及时的气象信息。气象部门智能网格预报产品包括：降水、温度、相对湿度、云量、10 米风和能见度等基础要素产品，雷暴、雷雨大风、冰雹等强对流预报产品以及雾、霾、沙尘等环境预报产品，空间分辨率为 5 千米，时间分辨率为 3 小时，可从分钟到 10 天无缝隙衔接。气候预测产品包括全球范围大气日/旬/月/季尺度预测产品和海洋、陆面、海冰的月/季尺度预测产品，产品水平分辨率均为 110 千米，垂直分层 26 层。全球天气数值模式产品水平分辨率为 25 千米，垂直分层 60 层；按照不同应用场景，区域模式产品水平分辨率分别为 10 千米和 3 千米，垂直分层 50 层。

公共服务产品主要服务行业气象、社会公众及气象防灾减灾，产品包括国家预警信息、全国主要公路气象预报、全国省会城市紫外线强度预报、全国森林火险气象预报、全国草原火险气象预报、全国高温中暑气象预报、森林火险气象预报等公共气象服务产品。

2. 气象部门外气象数据资源

相关行业或部门为满足自身业务需求、履行主责主业或更好地获得经济效益，在共享应用气象部门数据的基础上，还补充开展气象观测，研制气象数据产品，深化本领域应用。

农业部门借助农业气象站、自动气象观测站及遥感技术等手段，对农田环境和作物进行实时监测，获取温度、湿度、土壤墒情、风速风向、日照以及作物长势等农业气象数据。

航空部门为确保飞行安全、指导航线规划、降低飞行风险等，开展气象观测，包括机场的定时观测（如风、温度、湿度、气压、能见度）、特殊天气（如雷暴、冰雹）观测、空中风观测、雷达探测，以及飞机报告等。

海洋部门为保障海上航行安全、海洋资源开发等，通过浮标、船舶、海洋平台、遥感等手段进行气象观测，获取风向风速、气温、海流、海浪、海温等海洋气象数据，开展海洋预报预测业务，形成各类海洋预报和服务产品。

环境部门围绕大气污染和空气质量，观测空气污染物浓度（大气成分、颗粒物浓度等）、气象条件（温度、湿度、风向风速等）等，用于监测大气环境、评估空气质量等。

能源部门为确保风/光伏电场安全高效运行，在电厂选址、测风测光、电场设计、定制化选型、流场仿真和后评估等方面，开展风速、风向、温度、气压、太阳辐射等气象观测，以及海洋、水文、环境等观测。

军事部门围绕作训需求开展气象观测，以支持作战计划和军事行动，气象观测更关注战场环境的气象要素、气象武器的影响等。

3. 商业气象数据资源

商业气象服务公司气象观测方面发展迅速，通过在智能终端上搭载气象要素传感设备等获取探测数据，墨迹、彩云等公司在向用户提供气象信息服务的同时，收集天气现象、气象灾害灾情照片等，构成了社会化气象观测数据。天津云遥、航天天目（重庆）等发射掩星探测卫星，实时获取高质量大气温湿度廓线数据。航天宏图、中科星图维天信等自建遥感观测及地面观测系统，数据经加工分析后为政府和企业等提供气象信息服务。航天宏图发射女娲 SAR 系列卫星侧及无人机遥感，获得大量全球观测数据。宁波世纪海洋信息科技有限公司在渔船上加装气象监测设备，在海洋上观测风向、风速、温湿度、气压等要素，观测数据已提供国家海洋预报中心、海军气象海洋队应用，取得了良好的应用效果。

（三）气象数据资源应用效益

作为一种数据资产，气象数据具有场景先导性、时效双重性和价值即用性等价值特征。几乎所有行业都离不开气象数据的支撑，且在不同应用场景下气象数据的应用方式也不尽相同。中国气象局一贯坚持“权威、开放、共赢”的发展与服务理念，主动向全社会免费提供包括中国气象局数值预报模式数据、实况和再分析数据、风云气象卫星数据等各行业迫切需求的高质量、高价值数据和产品，开放共享数据目录共计 12 类 52 种。这些气象数据资源在相关领域发挥了重要的支撑作用，效益显著。

1. 保障业务发展

气象数据是气象业务的基础，没有气象数据就没有气象业务。中国气象局通过建立综合观测系统、发展质量控制和偏差订正技术、研发大气再分析系统等，提供全球气象要素实况分析产品，支持天气预报和气候预测业务稳定发展。同时，为中国天气网、天气 App 等提供气象大数据资源支撑，服务气象灾害预警、气象服务评估、资源开发利用决策服务、科普宣传等业务。

2. 发挥公益作用

气象数据在服务国家重大发展战略、支撑生态文明建设、助力重大活动服务保障及应急管理决策中，发挥了不可替代的作用。

国家突发事件预警信息发布系统及时针对台风、暴雨、干旱等极端天气发布预警信息，协助政府和企业及时采取措施，减少灾害事故的发生，保障生命和财产安全。近年来，全国预警信息发布呈逐年增加趋势，年信息量已超过 42 万条，预警信息公众覆盖率接近 99%。[①] 据《2023 年中国气候公报》，与 2013~2022 年均值相比，气象灾害造成的农作物受灾面积、死亡失踪人数分别减少 49.2%、46.6%。气象防灾减灾第一道防线作用十分显著。

在“打好蓝天保卫战”“保护生态红线”“京津冀大气污染防治”等国家重大战略保障工作中，气象数据发挥着积极作用。风云气象卫星与国外卫星数据相结合，开展全球大气环境监测服务，打造出全球/区域灾害的中国“哨

① 《中国气象灾害预警信息公众覆盖率达 97.67%》，中国新闻网，https://www.chinanews.com/gn/2023/01-09/9930796.shtml。

兵”，有效支撑了生态文明建设。加强国际合作，协助中亚、南亚、东南亚等区域国家提高气象灾害预警能力，助力构建人类命运共同体。

各种媒体转载与发布天气预报、空气质量等信息，帮助人们合理安排生活、出行，为城市规划、交通管理、环境保护等提供支持，从而改善人们的生活环境，增强生活品质。

3. 助力数字经济

风能太阳能开发、生态修复、康养旅游产品开发，是气象数据资源的经典应用。此外，气象数据在农业生态、航空航天、城市管理、电力能源、交通运输、金融保险等行业中发挥着重要作用，为这些行业提供了数据支持和决策依据，并产生可观的经济效益。截至 2024 年 5 月，仅中国气象局国家级业务单位开放共享的气象数据就惠及 3600 余家科研教育机构及 2000 余家企业，年访问量超过 11.8 亿次，年服务量约 173TB。①

我国幅员辽阔，气候复杂多变，发展精准农业、智慧农业，势必要将气象数据全方位引入农业产前、产中、产后并深度融合，实现耕种作业精准化，推动农业现代化发展。如基于物联网与气象数据分析，针对农作物的不同生长期需要开展精准灌溉、精确施肥，提高田间管理效率，帮助农民节约成本、增产增收。此外，提供暴雨、洪涝、干旱、冻害等影响农业生产的天气事件预报、预警，有助于农民及时采取措施减少损失。

气象数据对飞行安全至关重要，航空领域需要准确的气象信息支撑飞行路径规划、飞行监控等工作。气象部门的多普勒天气雷达、闪电定位、风廓线雷达、云高仪等观测数据，向飞行员提供目的地和途中天气状况信息，为避开雷暴、风切变等不利天气提供重要参考。此外，针对航天发射提供最佳发射时机参考，在飞行器着陆过程中，监测大气层的风场情况，帮助调整飞行姿态，确保安全着陆。

现代城市人口密度高，了解城市的气候特点才能更好地开展城市运行管理。城市建设规划中，将气象数据、城市下垫面数据和地形数据等相结合，制定更科学合理的通风廊道设计方案，提高城市空气质量、降低城市热岛效应，提高城市宜居性。

气象数据在电力能源行业中用于风险管理，实现气象服务与行业需求的深

① 刘丹：《气象数据惠及 5600 余家科研教育机构和企业》，《中国气象报》2024 年 5 月 22 日。

度融合。通过融合气象数据和电力管理数据，提供高时空分辨率的天气预报和风险预警产品，为电力管理部门提供科学决策依据。这种精准的预警和决策支持，帮助电力部门提高应急处置效率，节约资源，取得了良好的社会经济效益。

气象数据在交通运输领域主要用于智慧交通管理和行车路线规划。通过数据融合分析，确定针对交通安全的高影响气象因子，从而提供针对性的气象服务。例如，交通运输部门可根据天气预报和预警信息做出关闭和适时开放高速路等调整，在保障安全的前提下尽量减少"封路"带来的损失，并可基于道路积水、结冰、积雪等监测数据，采取相应措施确保道路畅通。在城市交通管理中，利用气象数据辅助预测道路拥堵指数，为交通运输部门提供科技支持，缓解拥堵问题。

气象数据在金融保险行业中可用于应对天气风险管理。利用气象数据，保险公司可以开发出与特定天气事件相关联的天气指数保险产品，为天气高影响行业提供风险保障。同时，气象数据也有助于保险公司更精准地评估风险并制定相应保费，以及根据天气情况为客户提供个性化的保险服务。此外，保险公司还能通过气象数据进行灾害预警，提前做好防范应对，并通过深入分析这些数据来洞察客户需求和市场趋势，从而优化决策。

4. 促进普惠服务

随着气象数据开放共享力度的不断加大，商业气象发挥的作用越来越大，气象信息服务的普惠性提高。商业气象服务公司及时准确地获取重要的基础气象信息，应用移动互联网技术，让天气信息的查询更加便捷，方便了数亿级的普通用户。墨迹天气凭借自主研发的算法，与传统的气象预报技术相结合，以气象服务能力为基础，构建了可视化、多元化的气象产品，支持全球任意经纬度的分钟级、公里级天气查询，并基于雷达的短时预报功能，提供包括风力、温度、气压等气象要素在内的沉浸式交互场景服务。在中长期预报方面，提供40 天预报。截至 2024 年 4 月，已累积了 7 亿多用户。

综上所述，气象数据在不同领域的应用对提升生产效率、降低成本、提高服务质量和促进科技创新都起到了积极作用，资源性作用越发显著。

（四）气象数据共享与挑战

现代科学和技术的加速发展，有助于多源数据的融合应用，创造新的价值。

未来社会经济的发展，对气象数据的开放共享需求会更加迫切。但限于体制机制等各种因素，气象数据开放共享仍然存在不足，不充分不全面的情况依然存在。

1. 气象数据开放共享不全面

谈到气象数据开放共享，焦点往往聚焦于气象部门。这在一定层面上反映了需求的迫切性，但也存在片面性。实际上，所有拥有气象数据的单位和个人都应该开放共享，推动实现气象数据的全面开放共享；气象科研、业务、服务等工作中需要的其他数据，也应该有畅通的获取渠道。按照相关法律规定，非气象部门及个人在中国境内开展观测获得的气象数据，应汇交国务院气象主管部门。然而，目前并没有形成常态化汇交机制，大量气象数据存储在非气象主管部门或单位，形成物理上的“孤岛”，难以发挥协同效益。

2. 气象数据标准体系不健全

气象数据标准体系还不够完善，标准质量及应用与国际先进水平还存在差距。标准约束力不强，不同部门产生的气象探测数据在格式、精度、准确性、代表性方面，还存在差异。部分观测主体围绕自身业务需求开展观测，没有采用气象观测国家规范和技术标准，观测数据质量参差不齐，数据格式多样，给数据共享应用带来技术困难。

3. 气象数据共享机制不完善

气象数据由数据拥有者各自独立保存、自用为主。由于法律法规不健全，数据的所有权、使用权、交易权等不明晰。市场化改革还在进行中，流通交易及运行机制还不完善，且缺乏交易收益分配等共享激励机制，使得数据拥有者间的数据缺乏共享应用，无法充分发挥数据的应用价值与效益。如何确定气象数据资源产权？如何分配共享数据的收益？如何落实数据流通过程中安全责任与风险控制？等等，诸多政策与机制问题亟待解决。

三　案例分析

依据《中国可再生能源发展报告 2022》，截至 2022 年底，中国可再生能源装机 12.13 亿千瓦，超过了煤电装机规模，风电和光伏年发电量首次突破 1 万亿千瓦时。因此，随着我国对清洁能源重视程度的提高，以及实现碳达峰碳中和目标的新形势和新要求，气象数据资源在光伏、风电等能源行业的应用需求越来越高，潜力巨大。其应用主要包括以下两个方面。

1. 光伏、风能资源评估

由于光伏、风能资源的分布对电站投产后的产出效益至关重要，选址不当会使得发电量低于预期，造成经济损失，因此，基于历史气象观测数据，开展光伏、风能资源分布分析，选择合适站址成为可再生能源开发的关键因素之一。此外，光伏板、风力涡轮机的配置和布设，也极大影响了发电效率，直接关系着客户的投资回报率和企业营收，并涉及设备维护成本。如以 100MW 的风电场为例，若风电场年平均风速评估偏差为0.1m/s，将导致年发电量评估偏差约 500 万 kWh，按电价为 0.2 元/kWh 计算，则将影响风电场收益达 100 万元/年。因此，为实现最高效的能量输出，需要结合地理信息、卫星遥感及大气模式数据等，开展精细化的大数据分析，这样既可提高分析速度，也有利于提升数据分析的准确度。

风资源评估过程，按项目开发的不同阶段可分为前期风电场的宏观选址、从精细到逐机位的微观选址。在不同阶段，主要用到的气象数据见表 2。

表 2　气象数据在风资源评估中的应用

<table>
<tr><th>类型</th><th>应用场景</th><th>数据要素</th><th>应用方式</th></tr>
<tr><td rowspan="3">宏观选址阶段</td><td rowspan="3">风电场宏观选址是在一个较大的范围内，通过对风资源、建设条件、投资回报等综合测算后，选出适合建设风电场的区域</td><td>中尺度风、光图谱数据</td><td>结合风成因及数据分析，选择风能资源和工程建设条件较好、技术经济可行的区域作为初拟规划风电场</td></tr>
<tr><td>卫星数据</td><td>基于地物识别等技术避让生态红线、矿产、林地、管线等敏感因素</td></tr>
<tr><td>其他气象环境数据</td><td>如风电场极端温度分布、沙尘影响特性，以及如沙戈荒地区，需关注风沙环境及盐碱特性等</td></tr>
<tr><td rowspan="5">微观选址阶段</td><td rowspan="5">风电场微观选址目的是通过逐机位选址，使整个风电场风能资源利用最优、出力最大、成本最低、安全性最佳</td><td>场址风速风向等观测数据</td><td>风电场场址资源特性评估，包括平均风速、盛行风向、垂直风切变、湍流等</td></tr>
<tr><td>气象站历史长期数据</td><td rowspan="2">风电场代表年订正，将风电场短期测风数据订正为反映风电场长期平均水平的数据，依此来测算风电场的发电量</td></tr>
<tr><td>中尺度历史再分析数据</td></tr>
<tr><td>沿海气象站/海岛站长期观测数据</td><td>风电场 50 年一遇风速评估，支持极端风况设计</td></tr>
<tr><td>其他气象环境数据</td><td>风电场场址空气密度以及受区域冰冻、雷暴等分布影响情况</td></tr>
</table>

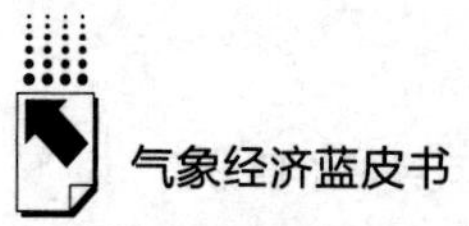

2. 光伏、风能实时预报

风/光能源地全生命周期内，都需要全天候的气象预报服务。在建设期，材料设备的运输和安装时间窗口期，需要中、短期天气预报服务，以保障按时保质完成工期。在运维期，光伏受云、降水和日照强度影响，风能受风速、空气密度和地形等因素影响较大，存在极大的波动性，还有气象灾害带来的故障和事故风险，因此需要建立面向需求的预报平台，使电站预先掌握光伏、风电系统的近期发电效率，从而实现电能调度、适时安排设备维护保养等（见表3）。通过该平台提前对台风、暴雨等气象灾害进行预警，将灾害对电站设备的影响减少至最小。

表3　气象灾害预警信息在风电场运行中的应用

类型	数据要素	应用场景	应用方式
极端大风	风速、风向预报	大部件堆场安全防护	依据预报，调整叶片堆场朝向；强风前对堆场进行巡检加固
		未上电机组防护	依据预报，调整机组状态，减小大风引发涡激振动
		运行机组防护	依据预警，选择机组运行模式，避免发生叶片扫塔等危险
台风	台风预报 卫星资料	出海作业安全	依据预警，通知人员及时回港避风
		整机设备安全	依据预警，调整机组状态，保障安全
		台风期发电量提升	依据预报调整发电模式，延后台风期间大风切出停机时刻，提升发电量
冰冻	温度、降水、湿度等预报	人员设备安全	依据预警，提前巡检与道路管控，调整机组状态，减少人员与资产损失
		电价波动应对	依据预警，选择合适的交易策略，减少冰冻期内电价波动的交易损失
极端高低温	温度预报	设备安全	依据高温预警，调整机组运行模式，提升机组安全性并提高发电量
暴雨暴雪	降水预报	人员安全	依据预警进行现场人员调配，避免人员受暴雨暴雪及其次生灾害影响

四　发展展望和决策建议

《三年行动计划》为气象数据发挥“乘数效应”、赋能经济社会发展指明了方向，同时对提高气象数据的质量和利用效率提出了要求。在政策及机制引导下，气象数据应用必将持续深入，开放共享需求将更加旺盛。一是未来气象数据资源将更加注重高时空分辨率以及多源数据融合，以提高数据精度和全面性；二是人工智能和大数据技术的应用，有助于提高气象预报的准确性，为气候变化监测和预测提供更为可靠的科学依据；三是气象数据应用领域将更加广泛，气象数据资源需求将越来越旺盛，气象数据资源的发展将更加多样化，为各行业提供更精准、可靠的气象信息支持。

发挥气象数据资源应用效益，发展气象新质生产力，急需不断丰富数据资源、加快完善标准体系、健全数据共享机制，探索数据估值模式，推动全社会气象数据资源融合应用，深入实现气象数据资源的社会效益及经济效益。

（一）不断丰富数据资源

推进社会气象观测工作，明确社会气象观测的地位、责任及义务，出台“鼓励观测、开放观测、共享观测”的政策，促进社会力量参与气象观测，不断丰富数据资源。一是开放观测，明确观测区域负面清单，建立气象观测负面清单，明确哪些地方、哪些观测是不可为的；有条件的开放气象部门观测场地，吸引社会力量进行补充观测。二是建立社会气象观测备案制度，动态掌握社会观测发展状态。三是开展社会气象观测数据应用评估，定量评估其应用于气象预报、气象服务、气象科研等方面的价值。

（二）加快完善标准体系

协同推进行业标准制定，加快标准制修订，坚持需求导向、实事求是的原则，组织企业或应用单位根据需求制修订技术标准或调整相关规范。强化气象数据标准应用，推广应用数据采集、管理等技术标准，引导社会气象观测主体采用国家气象部门观测技术规范、数据产品加工标准和规范，提高数据源和产品的数据质量。

（三）健全数据共享机制

落实数据安全责任，气象主管部门依据《数据安全技术　数据分类分级规则》（GB/T 43697-2024）等相关安全规范，加快气象数据资源的分级分类，完善开放共享清单或负面清单，并进行动态管理；各气象数据生产者遵照执行。发展安全管控技术，在安全分级、动态监测、应急处理等方面，设定气象数据资源标识符、建立“云+边+端”技术、加强区块链应用等手段，强化气象数据全过程安全管理。推进数据多向共享，在确保数据安全的前提下，气象部门向社会开放更多数据，企业及个体气象数据拥有者向国务院气象主管部门应交尽交。鼓励商业气象服务，支持社会数据融合创新应用。

（四）加强市场化配置

加强数据供给激励，制定完善数据内容采集、加工、流通、应用等不同环节相关主体的权益保护规则，明确数据产权及交易收入分配机制，鼓励数据拥有者积极开展数据交易。探索建立数据估值模式，针对气象数据的不同应用场景，具体分析并设定最佳使用模式，保证其价值在合理区间内。积极推动气象数据交易市场的活跃化和有序化发展，合理适度披露数据交易情况，以促进数据资产的价值评估与量化调整。现阶段，可主要依靠供给方对数据资产内在价值进行估计，为数据资产的评估打下基础。在未来市场具备足够活跃度和买方场景效用评价的情况下，可探索更全面的价值评估新模型，采用收益、市场与成本相结合的方式，交叉验证数据估值的合理性等。多措共举，推动气象数据效用发挥，挖掘数据资产的最大潜力，促进气象数据价值持续提升与创新发展。

参考文献

国家数据局等 17 部门印发《“数据要素×”三年行动计划（2024—2026 年）》，2024。

中国气象局：《中国气象大数据（2018）》，2018。

水电水利规划设计总院：《中国可再生能源发展报告 2022》，2023。

普华永道中国、贵州省气象信息中心、贵阳大数据交易所：《气象数据估值系列白皮书：解锁气象数据价值新方程》，2022。

B.5

中国风能太阳能开发利用研究

宋丽莉　郭雁珩　何晓凤　申彦波*

摘　要： 2023年是全面贯彻落实党的二十大精神的开局之年，也是构建新型能源体系、推动可再生能源高质量发展的起步之年。“双碳”目标提出以来，我国能源体系迎来绿色低碳转型发展的新契机。截至2023年底，我国可再生能源保持高质量跃升发展的良好态势，风电和光伏发电成为可再生能源发展的主力军，累计并网装机15.16亿千瓦，占全部可再生能源装机的比例跃升至69%，同比提高7个百分点，开创了高质量发展的新局面。

关键词： 风光资源　风力发电　太阳能发电　气象观测

一　我国风能太阳能资源状况

（一）资源状况

1. 风能资源状况

本文在《全国风能资源详查与评价报告》的基础上，收集整理了全国近3000个测风塔的实测资料，经统计分析、验证和平面订正，对全国风能资源图谱数据进行了校准和订正，分析发现如下。

* 宋丽莉，中国气象科学研究院二级研究员，主要研究方向为大气科学与能源、电力领域的跨学科研究及技术咨询服务；郭雁珩，正高级工程师，水电水利规划设计总院副总工程师，国家可再生能源信息管理中心常务副主任，主要研究方向为国家可再生能源规划、规模管理；何晓凤，正研级高工，华风气象影视集团专业气象服务方向首席，江苏省产业教授，主要研究方向为风能太阳能资源预报与评估技术；申彦波，中国气象局公共气象服务中心二级研究员，中国气象局风能太阳能中心科学主任，主要研究方向为太阳能资源研究和技术咨询服务。

我国各高度层的风速空间分布趋势相似，总体上风速随高度的增高逐渐增大；从地形地理分布来看，高原和山脉对风速的影响显著，大风区域主要分布在高原或山脊一带，与高大山脉走向一致。以 70 米高度为例，从 30 年平均风速的分布特征来看，大于 7.0m/s 的区域主要分布在我国东北、华北、西北地区（以下简称三北地区），东南部沿海、海岛以及内陆地区的山脊、台地、大江（河、湖）岸等区域，具体为内蒙古高原、云贵高原、大兴安岭、阴山、马鬃山、博格达山、昆仑山、喜马拉雅山的高大山脉，青藏高原大部分地区年平均风速也可达到 7.0m/s 以上；平均风速大于 6.0m/s 的分布特征与大于 7.0m/s 的区域基本一致，只是范围略有增加，增加最明显的区域在内蒙古东南部科尔沁地区、山东半岛和江苏沿海地区；年平均风速大于 5.0m/s 的分布区域进一步扩大，除了三北地区及东部沿海的大部分地区之外，华东中部和北部、湖北南部及江西北部局部地区的平均风速也可达到 5.0m/s 以上。我国渤海湾内平均风速为 6.0m/s～8.0m/s，黄海北部和黄海中部平均风速为 6.0m/s～8.0m/s，黄海南部平均风速为 6.0m/s～7.0m/s，东海海域平均风速为 6.0m/s～8.0m/s，台湾海峡风速为 6.0m/s～10.0m/s，南海北部地区为 7.0m/s～8.0m/s，北部湾海域为 6.0m/s～8.0m/s。

我国各高度层的年平均风功率密度空间分布特征基本相似，大值区域主要分布在我国的三北地区、东部沿海地区以及青藏高原和云贵高原部分地区。风功率密度较大区域的分布与高大山脉的走向比较一致，说明高大山脊上的风能资源较丰富，但也可能由于山地地形工程建设难度较大而限制了这些区域对风能资源的有效利用。以 70m 高度为例，我国陆地风功率密度大于 400W/m^2的风能资源丰富的大规模连片区域主要分布在我国三北地区，具体为：内蒙古的巴彦淖尔北部、包头达茂旗、锡林郭勒盟南侧、赤峰南部等地区，辽宁北部丘陵地区，吉林东部和黑龙江东部高海拔地区，河北北部即坝上地区，甘肃西部以马鬃山、乌鞘岭为中心的较高海拔区域，青海东北和西南地区，新疆的博州阿拉山口、塔城老风口、额尔齐斯河谷、乌鲁木齐达坂城、吐鲁番小草湖、哈密十三间房、哈密三塘湖—淖毛湖戈壁等区域；福建中、南部沿海由于台湾海峡狭管效应也出现风功率密度大于 400W/m^2的风能资源丰富带；其他地区出现风功率密度大于 400W/m^2的连片区域面积一般较小，分布比较分散；年风功率密度大于 250W/m^2 的连片区域遍布全国各省份，连片分布最广的仍集中在我国三北地区以及东、南部沿海地区，青藏高原、云贵高原分布面积也很大，我国中部各省的山脊、台地和大江（河、湖）岸等区域的风能资源也可达到 250W/m²；我国渤海湾内平均风功率密度为 300～600W/m²，黄海北部和黄海中部平均风功率密度为 300～500W/m²，黄海南部平均风功率密度为 300～500W/m²，东海北部海域平均风功率密度为 300～500W/m²，东海南部海域平均风功率密度为 400～600W/m²，台湾海峡风功率密度为 400～800W/m²，南海北部地区为 400～600W/m²，北部湾海域为 300～500W/m²。

2. 太阳能资源状况

我国太阳能资源地区性差异较大，呈现西部地区大于中东部地区，高原、少雨干燥地区大，平原、多雨高湿地区小的特点。根据我国太阳能资源总量等级划分标准，2023 年，西藏大部、青海中北部、四川西部等地年水平面总辐照量超过 1750kWh/m²，为太阳能资源最丰富区；新疆大部、内蒙古大部、西北地区中西部、华北大部、西南地区西部等地年水平面总辐照量为 1400～1750kWh/m²，为太阳能资源很丰富区；东北大部、西北地区东部、华中中东部、华东大部、华南等地年水平面总辐照量为 1050～1400kWh/m²，为太阳能资源丰富区；西南地区中东部、华中西部等地全国年水平面总辐照量小于 1050kWh/m²，为太阳能资源一般区。

（二）资源禀赋

1. 风能资源禀赋

（1）风能资源技术开发量

根据我国风资源分布图谱，结合完全不可开发因子和部分可开发因子，采用 GIS 空间分析系统计算获得我国陆地上风能资源开发量。

风功率密度大于等于 200W/m²的区域，我国陆地距地面 70m 和 100m 高度层的风能资源技术开发量分别为 488217 万 kW 和 712189 万 kW；对风功率密度大于等于 150W/m²的区域，我国陆地距地面 70m 和 100m 高度层的风能资源技术开发量分别为 755219 万 kW 和 987481 万 kW（见表 1）。

表 1　全国陆地各高度层各等级风能资源开发量

单位：万 kW

高度	风能资源开发量	
	风功率密度≥150W/m²	风功率密度≥200W/m²
70m	755219	488217
100m	987481	712189

70m 和 100m 高度、风功率密度为 150W/m² 以上等级的装机密度系数分布趋势类似：东北地区大部、内蒙古中东部、河北东部、山东大部、河南东部、安徽北部、江苏大部、新疆局部、湖北中部为 3～4MW/km²；新疆东部和北部、内蒙古西部、甘肃西部和青海西部为 2～3MW/km²；装机密度系数为 1～2MW/km² 的区域相对较分散，主要在我国中部、南部区域。

（2）风能资源过去 30 年变化特征

由于经济快速增长和城市化快速发展，我国多数气象台站观测场周边环境发生了明显变化，不少气象台站观测场址搬迁，这些气象站的风速序列已不能很好地代表该地区风速自然变化趋势，远离城镇区域的高山（或高海拔）气象站风况更能代表我国风能资源的长期变化特征。基于 22 个高山（或高海拔）气象站（其中东北 2 个，西北 8 个，华北 3 个，西南 5 个，华东 2 个，华南 2 个）近 30 年风速观测资料分析可知：10 年平均风速变化趋势为-0.028m/s，没有明显的减小或增大趋势，表明在全球变暖的大背景下，我国年平均风速总体上趋于平稳（见图 1）。

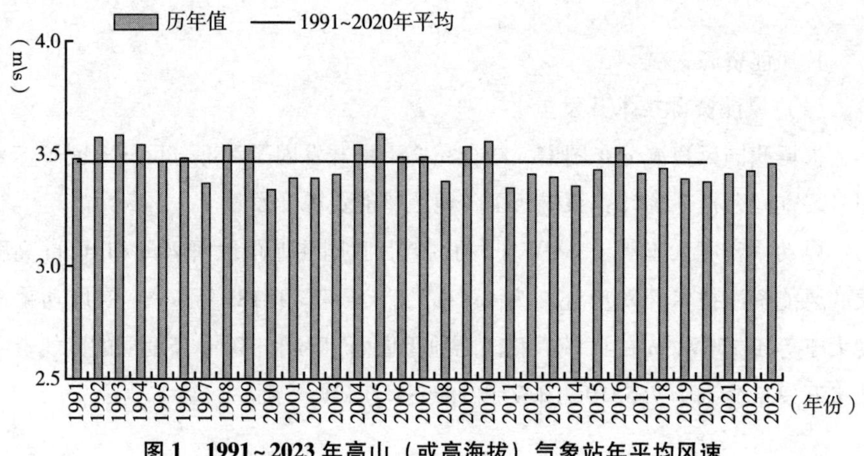

图 1　1991～2023 年高山（或高海拔）气象站年平均风速

2. 太阳能资源禀赋

（1）光伏发电技术开发量

采用全国2400多个国家气象站近30年逐月日照时数、日照百分率数据，计算全国水平面总辐射的年平均总量。另外，光伏的开发利用除了考虑资源大小外，还受到地形坡度、坡向、土地利用等诸多的影响或制约。根据我国光伏资源分布图谱，结合不可开发因子和限制可开发因子，采用GIS空间分析方法计算我国光伏技术开发量。

对年水平面总辐照量大于等于1000kWh/m^{2}的区域，我国光伏技术开发量为13618537万kW；对年水平面总辐照量大于等于1400kWh/m^{2}的区域，我国光伏技术开发量为12871491万kW；对年水平面总辐照量大于等于1700kWh/m^{2}的区域，我国光伏技术开发量为7306772万kW（见表2）。

表2　全国各资源等级光伏技术开发量

单位：万kW

项目	年水平面总辐照量≥1000kWh/m^2	年水平面总辐照量≥1400kWh/m^2	年水平面总辐照量≥1700kWh/m^2
光伏技术开发量	13618537	12871491	7306772

根据计算结果，按行政区域划分光伏技术开发量前4位均为新疆、内蒙古、西藏和青海。按年水平面总辐照量大于等于1000kWh/m^{2}统计，新疆、内蒙古、西藏和青海技术开发量占全国总量的37.6%、18.9%、15.0%和11.5%；按年水平面总辐照量大于等于1400kWh/m^{2}统计，新疆、内蒙古、西藏和青海技术开发量占全国总量的39.7%、19.4%、15.8%和12.2%；按年水平面总辐照量大于等于1700kWh/m^{2}统计，新疆、内蒙古、西藏和青海技术开发量占全国总量的20.7%、18.7%、27.2%和20.7%。

（2）太阳能资源过去30年变化特征

从近30年（1993~2022年，下同）中国陆地表面太阳总辐射平均变率分布来看，全国大部分地区变率为负，在-20~0kWh·m^{-2}/10a，华北中部部分地区十年平均变率偏大，在-40~-20kWh·m^{-2}/10a。

2023年，全国平均年水平面总辐照量为1496.1kWh/m^2。全国太阳能资源总体为偏小年景，较近 30 年平均值偏小 23.6kWh/m²，较近 10 年平均值偏小 19.0kWh/m²（见图 2）。

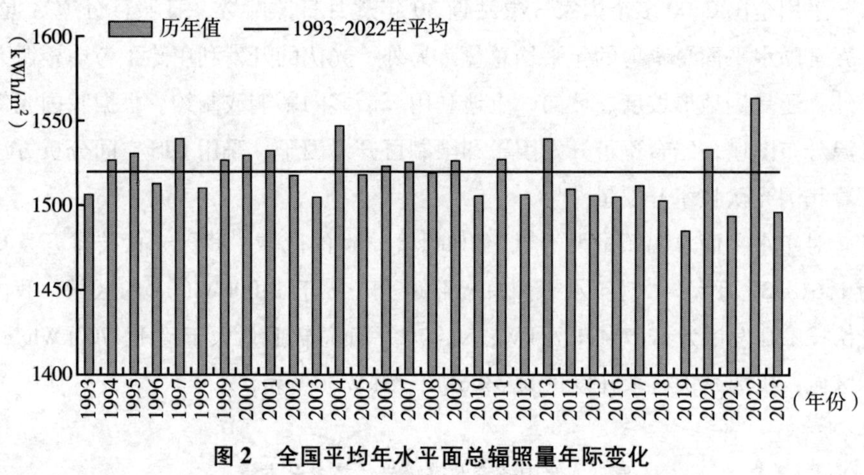

图 2　全国平均年水平面总辐照量年际变化

（三）风能太阳能开发利用的高影响天气

低温、高温、沙尘、积雪、覆冰等天气对风能太阳资源的开发利用造成不利影响，科技基础性工作专项《风能太阳能开发利用的高影响气象参数设计规范研制》给出了上述高影响天气对风能太阳能资源开发利用的三级影响区划（见表 3）。

表 3　高影响天气对风光资源开发利用影响的三级区划

高影响事件	影响等级	风能资源开发利用受影响区域	太阳能资源开发利用受影响区域
低温	轻度	辽宁中西部、南疆大部、西北地区东部、内蒙古西部	辽宁西部、山西大部、陕西中南部、甘肃南部和东部、内蒙古西部、云南北部、塔里木盆地等
	中度	黑龙江南部和东部、吉林大部、辽宁东部和西部、华北北部、北疆大部、青藏高原大部地区	辽宁东部和北部、吉林大部、黑龙江中南部、内蒙古中部和东部、北疆地区、青藏高原大部等地
	重度	黑龙江中北部、内蒙古北部、吉林东部、青藏高原大部、祁连山脉	黑龙江中北部、内蒙古北部、青藏高原大部等地

续表

高影响事件	影响等级	风能资源开发利用受影响区域	太阳能资源开发利用受影响区域
高温	轻度	华北南部、江淮、四川盆地、福建大部、内蒙古西部等地	东北大部、华北中北部、西北东部、新疆北部、云南大部、贵州西部等地
	中度	安徽南部、浙江大部、江西、湖南、广西大部、广东大部、海南大部、新疆盆地的大部地区	华北中南部、江淮、江南、江西、湖南大部、华南东部和北部、四川盆地、新疆盆地地区等地
	重度	江南部分地区、柴达木盆地等地	广东、广西、海南、吐鲁番盆地等地
沙尘暴	轻度	内蒙古中部和西部、陕西北部、宁夏大部、甘肃中西部、新疆盆地的大部地区、青海大部	内蒙古西部、陕西北部、宁夏大部、甘肃中西部、新疆的盆地地区、青海中东部
	中度	内蒙古西部地区、塔里木盆地西部	内蒙古西部部分地区、塔里木盆地
	重度	塔里木盆地局部地区	塔里木盆地西部地区
积雪	轻度	辽宁西部、山西大部、陕西中北部、甘肃大部、青海东北部、内蒙古中部和东部部分地区	辽宁西部、山西大部、陕西中北部、甘肃大部、青海东北部、内蒙古中部和东部部分地区
	中度	吉林大部、黑龙江南部、辽宁东部、内蒙古东部、北疆大部、青海南部	吉林大部、黑龙江南部、辽宁东部、内蒙古东部、北疆大部、青海南部
	重度	黑龙江北部和东部、内蒙古北部、新疆北部等地	黑龙江北部和东部、内蒙古北部、新疆北部等地
冰冻	轻度	南疆地区、贵州大部、东北大部、华北大部、湖北中部、湖南大部、江西北部、甘肃大部、内蒙古部分地区、高山区	北疆大部、贵州中部、黑龙江西部和东部、吉林中北部、大兴安岭西部、河北南部、高山区
	中度	北疆大部、贵州中部、黑龙江西部和东部、吉林中北部、大兴安岭西部、河北南部、高山区	北疆南部、大兴安岭西部部分地区
	重度	北疆南部、贵州东部部分地区、大兴安岭西部部分地区、高山区	贵州东部部分地区、高山区

资料来源：1971~2014 年我国风能太阳能资源开发利用的高影响数据集。

二　风能太阳能发电行业发展

（一）中国产业政策情况

自20世纪80年代第一个风电示范项目在山东荣成并网发电、第一个民用光伏项目在甘肃兰州建成投产，40余年来，我国风能太阳能发电历经应用示范、产业培育、规模化发展、高质量发展等四个阶段，中国成为全球开发利用规模最大的国家，超过10年居世界第一。发展机制创新和上网电价政策是推动行业发展的关键，在发展机制方面，我国先后出台了特许经营权、省级规模管理、风光大基地建设等政策；在电价政策方面，我国适时调整出台了标杆上网电价、竞价、平价等电价政策，以及鼓励和推动新能源参与电力市场交易等相关政策。

近年来，我国持续出台系列政策，推进新能源行业高质量健康发展。一是进一步完善“可再生能源电力消纳责任权重+绿色电力证书”制度，明确绿色电力证书是风电太阳能发电等可再生能源电力环境属性的唯一凭证，并以经营主体持有的绿证量作为履行消纳责任权重义务的主要核算方式。二是有序推动新能源参与电力市场交易，将绿电交易作为电力中长期交易的组成部分，执行电力中长期交易规则，同时部分省份组织开展了新能源参与电力现货交易试点工作。三是完善行业管理配套政策，主要包括风电改造升级和退役管理、光伏发电规范用地、分布式光伏接入电网承载力评价及提升、退役风电和光伏设备循环利用等相关政策。

（二）风力发电行业发展

1. 开发利用

（1）建设规模

在全球气候战略和各国产业政策影响和支持下，全球风电装机规模实现稳步快速增长。2023年，全球风电新增装机1.15亿千瓦，同比增长51.3%；累计装机10.17亿千瓦，同比增长12.9%。中国风电规模连续14年位居全球第一，2023年新增装机7566万千瓦，占全球新增装机的65.2%；累计装机4.41亿千瓦，占全球总装机的43.4%（见图3）。

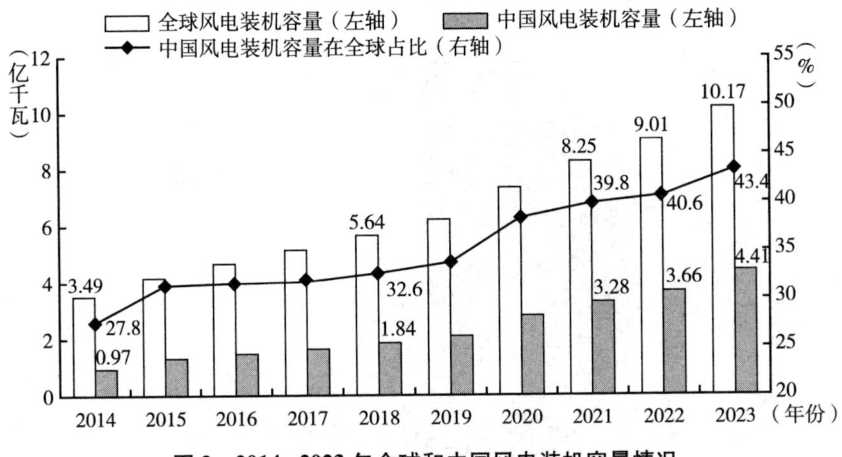

图 3　2014~2023 年全球和中国风电装机容量情况

资料来源：IRENA：*Renewable Capacity Statistics 2024*。

海上风电是风电开发利用的重要方向，2023 年全球海上风电新增装机 1070 万千瓦，占全球风电新增装机的 9.2%，累计装机 7266 万千瓦，占全球风电总装机的 7.1%。中国海上风电居全球首位，2023 年新增装机 633 万千瓦，广东、山东和浙江 3 个省占全国的 96.7%；累计装机 3729 万千瓦，江苏、广东、山东、浙江、福建 5 个省占全国的 94.4%（见图 4）。

（2）发电利用

2023 年，中国风电全年发电量 8858 亿千瓦时，同比增长 16.2%，占全部电源总发电量的 9.5%，比 2022 年提高了 0.7 个百分点，在可再生能源发电量中居第二位，仅次于水电。近 10 年来，风电发电量增长了 3.4 倍，在总发电量中的占比提高了 6.7 个百分点（见图 5）。

2. 装备制造

整机制造已具备国际竞争力。当前我国大兆瓦级风电整机关键核心装备自主研发和制造能力持续加强，已经建立起了坚强完整的风电产业链体系。2023 年，全国风电整机企业共有 15 家，其中 10 家位列全球新增装机整机企业 TOP15，4 家位列 TOP5，在全球市场中的新增装机占比达到 2/3 以上，发电机、轮毂、机架、叶片、齿轮箱、轴承等主要大部件产量占全球产量的 60%~80%。

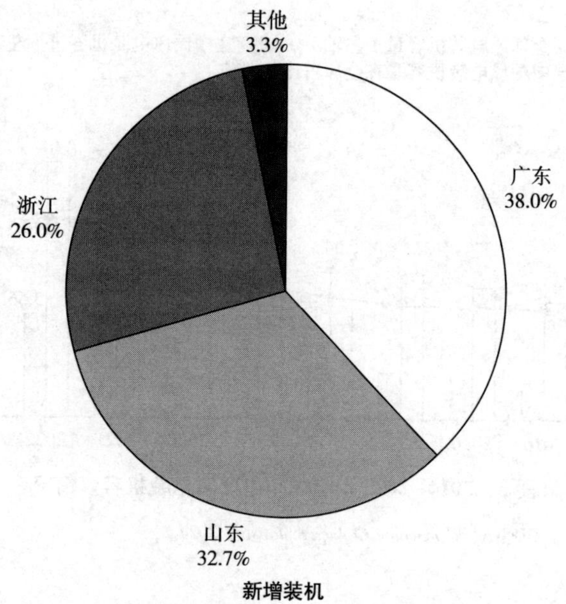

新增装机

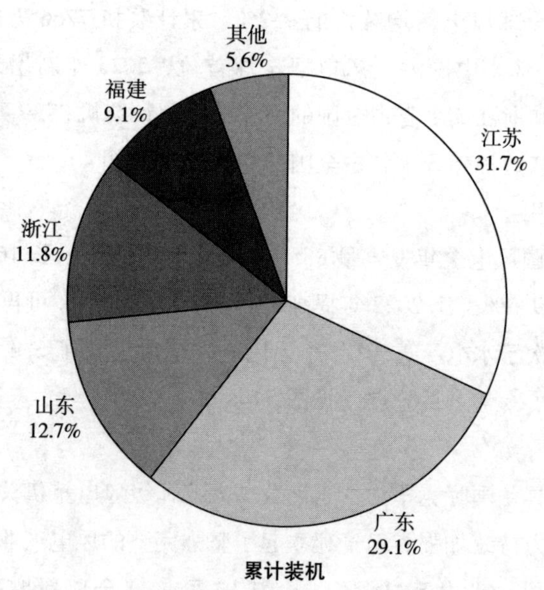

累计装机

图 4　2023 年各省（区、市）海上风电装机占比情况

资料来源：国家能源局网站、水电水利规划设计总院《中国可再生能源发展报告 2023》。

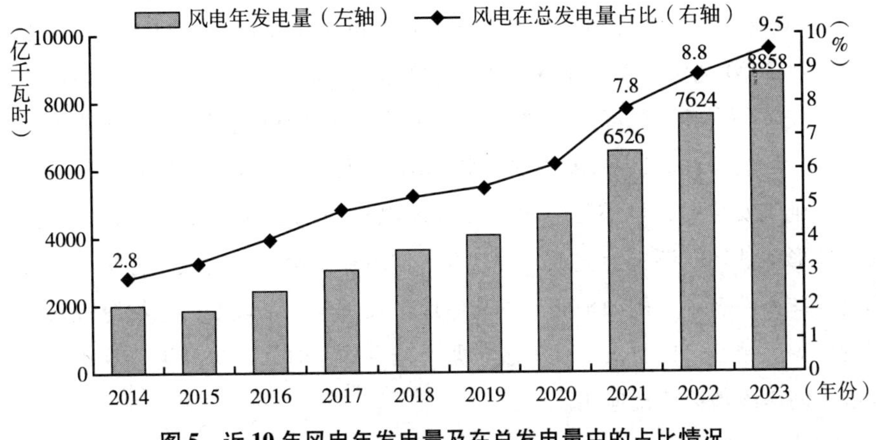

图 5　近 10 年风电年发电量及在总发电量中的占比情况

资料来源：国家能源局网站、水电水利规划设计总院《中国可再生能源发展报告2023》。

装备技术不断取得创新突破。经过 30 余年的引进、消化、吸收、再创新，到现在走向技术“深水区”“无人区”，我国风电机组实现了大型化、平台化、智能化和模块化发展，自主研发的大型风电机组已引领全球。2023 年，我国陆上风电机组平均单机容量为 5.5MW，最大单机容量从兆瓦级发展到目前 10 兆瓦级别以上；海上风电机组平均单机容量为 9.5MW，最大单机容量已经达到 16 兆瓦级别以上。长叶片、高塔筒技术不断拓宽风电发展空间，低至 4.6m/s 的风速区域也具备了开发条件，投资收益进一步提高。

大兆瓦机组应用有效分摊建设成本。以 20 台 8MW 的风电场为例，如采用单机容量 16MW 的风电机组只需要 10 个机位点，不仅节约了海域使用面积，还降低海上支撑结构、电缆、用海、施工等方面的分摊成本，减少项目的初始投资。当前海上风电开发正在走向深远海，基础造价及施工成本更高，应用大兆瓦机组在降低深远海风电项目成本方面的作用凸显。

3. 施工安装

风电的施工安装技术在很大程度上依赖于先进的作业装备。履带式起重机和汽车式起重机已在陆上风电施工安装中广泛应用，我国自主研发的自升自航式风电安装船已在海上复杂的环境中实现风电施工高效作业。

随着机组大型化发展，风电施工安装能力不断提升。吊车安装高度由十年前不到 90 米，现在提升到 180 米；汽车起重机由十年前 100 吨位左右，提升到现在的 2600 吨位，履带起重机最大起重量由 500 吨位提升到 4500 吨位。海上风电安装平台吨位已经由 1500 吨级提升到超过 2000 吨级，最大作业水深到了 70 米以上。我国自主研发成功服务于国内深远海风电场吊装作业及大型机组基础施工安装船，可满足 20MW 级别风电机组的运输和安装。另外，我国海床地形条件较欧洲更为复杂，通过自主创新探索出一系列施工方法可更好地满足特殊条件需求，例如坐底式安装应用于长三角一带以及广东沿海海床淤泥层较厚等区域，可以解决桩柱安装难题，减少作业时间、提高生产效率，可在我国东南沿海地区广泛应用。

4. 生产运维

通过数字化、人工智能技术，风电场实现了数智化运维管理模式，可进一步提高工作效率，降低运维成本。采用机器人进行智能诊断，融合 5G、北斗等通信科技，进行无人机智能巡检并远程信息收集，可以实现风机维护场景全链条打通。

与陆上风电相比，海上风电的运维成本高昂，年均运维费用超过 150 元/千瓦，占项目全生命周期度电成本的 25%左右，以数智化运维方式节约成本效果将更加显著。同时，直升机、新型运维母船的应用，结合大数据平台、故障预警、智能诊断、运营策略优化、备件管理等技术，可以进一步提高海上风电运维管理水平。2023 年 9 月，亚洲首制海上风电 SOV 运维母船顺利下水，可实现 30 天内无须往返，改变了当天往返的现状，并将海上风电场运维作业窗口期由 100 天左右扩大到了 280 天，大幅提升了工作效率。

5. 功率预测

国内功率预测算法和实施过程已基本实现国产化，但在天气预报数据和模型等方面仍需进行国际采购或使用国外开源模型。当前市场上功率预测的主要供应商包括专业的功率预测服务商和整机厂商，少部分业主也拥有自研的功率预测系统。

风电功率预测误差主要来自天气预报。通过大量调研分析发现，目前风功率预测预报误差 60%来自数值天气预报，原因包括地面观测站分布稀疏、特定区域和气象条件下天气预报模型表达能力欠缺、依赖数据源单一等；20%误差来自功率转化模型，如风机运行工况和状态复杂独特、不同风机表现性能差异等；剩余20%误差来源于系统运行可靠性，包括软硬件系统监控告警欠缺和系统维护工作量较大等。

（三）太阳能发电行业发展

1. 开发利用

（1）建设规模

2023年，全球太阳能发电持续迅猛发展，成为装机规模最大的可再生能源电源，占全部可再生能源装机量的36.5%，其中光伏发电贡献率达到99.5%。2023年，全球光伏发电新增装机约3.46亿千瓦，同比增长约73.6%；累计装机约14.12亿千瓦，同比增长约32.4%。中国光伏发电规模连续11年位居全球第一，2023年新增装机2.16亿千瓦，占全球新增装机的62.4%，累计装机6.09亿千瓦，占全球总装机的43.1%（见图6）。

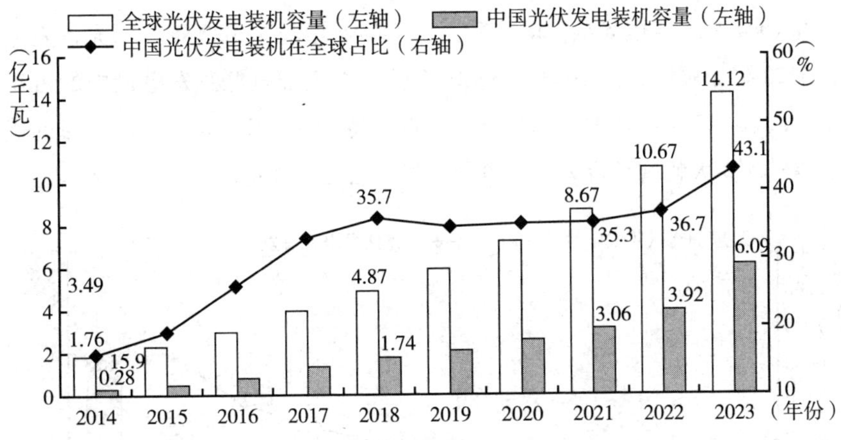

图6 近10年全球和中国光伏发电装机容量情况

资料来源：IRENA：*Renewable Capacity Statistics 2024*。

分布式光伏发电具备容量配置灵活、电量就地消纳、适用场景多元等特点，成为推动我国光伏发电发展的重要增长极。2018年以来我国分布式光伏持续保持高速增长态势，进入“十四五”以后进一步提速。2022年新增装机占全国光伏发电新增装机比例首次超过50%，2023年新增装机9577万千瓦，超过2020~2022年分布式光伏新增装机总和（见图7）。

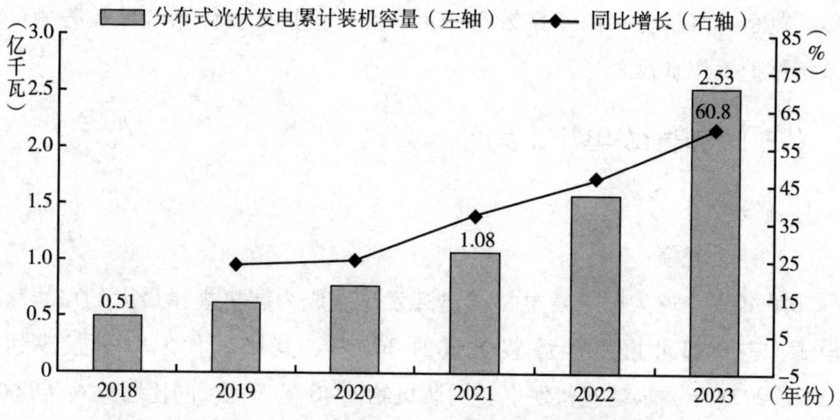

图7　2018~2023年全国分布式光伏发电装机容量及增速情况

资料来源：国家能源局网站、水电水利规划设计总院《中国可再生能源发展报告2023》。

（2）开发利用

近10年来，我国光伏发电量和占比均高速增长，2023年全国光伏发电量达到5823亿千瓦时，是2014年的23.3倍；在全部电源总发电量中的占比达到6.3%，比2014年增加了5.8个百分点。特别是2020年“双碳”目标确立后，装机规模大幅增长带来了发电量和发电占比的加速提升（见图8）。

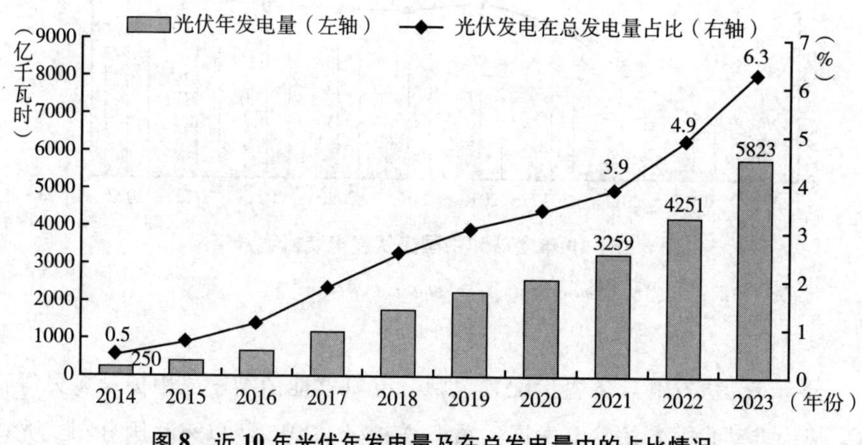

图8　近10年光伏年发电量及在总发电量中的占比情况

资料来源：国家能源局网站、水电水利规划设计总院《中国可再生能源发展报告2023》。

2. 产业链发展

经过十几年的发展，光伏产业已成为我国具有国际竞争优势、实现端到端自主可控，并有望率先成为高质量发展典范的战略性新兴产业，2023 年我国多晶硅、硅片、电池片、组件产量占全球比重均超过 80%。

多晶硅环节，随着生产装备技术提升、系统优化能力提高以及生产规模增大，综合电耗和还原电耗由 2019 年的 70kWh/kg-Si、50kWh/kg-Si 下降到了 2023 年的 57kWh/kg-Si、43kWh/kg-Si。硅片环节，基于制造和应用两方面成本降低的优势，182 和 210 大尺寸硅片（方片、矩形片、微矩形片）市场占有率进一步提升，高达 98%。电池片环节，p 型单晶电池（PERC）和 n 型单晶电池（TOPCon、异质结等）市场占有率均达到 99%，电池转换效率分别达到 23.4%、25.0%、25.2%，其中 n 型单晶电池成为增量产能的主导，市场占有率由 2021 年的 3%提升至 2023 年的 25.6%。组件环节，2023 年异质结组件最大功率已经达到 750W，双面组件市场占有率达到 67%，远超单面组件，成为市场主流。

3. 投资建设

我国地面光伏系统的初始全投资主要由组件、逆变器、支架、电缆、一次设备、二次设备等技术成本，以及土地费用、电网接入、建安、管理费用等非技术成本构成。其中，一次设备包含箱变、主变、开关柜、升压站（100 兆瓦，110kV）等设备，二次设备包括监控、通信等设备。2023 年，我国地面光伏系统的初始全部投资成本约 3.4 元/瓦，较 2014 年累计下降 59.0%；组件平均成本 1.32 元/瓦，较 2014 年累计下降 67.1%（见图 9）。由于场地费用、电网接入等非技术成本相对较低，2023 年我国工商业分布式光伏系统初始投资成本为 3.18 元/瓦，与地面光伏相比降低 6.5%。

4. 生产运维

当前，光伏电站主要采取“智能+人工”、集中监控、区域化、规模化管理运维模式，一般分为资产委托、运维全业务委托、代运维劳务委托三种服务方式。光伏运维产业的上游包括各类核心光伏组件、智能运维机器人、智能运维无人机、光伏智慧运维软件等。中游服务市场主要包括光伏运维信息化、系统集成解决方案、智慧运维服务、数据价值化、故障预测与健康管理（PHM）。下游主要涉及发电运维，如集中式发电运维、分布式发电运维，应用场景主要包括光伏电站运行管理、检测维护、清洁除草、技术改造等。

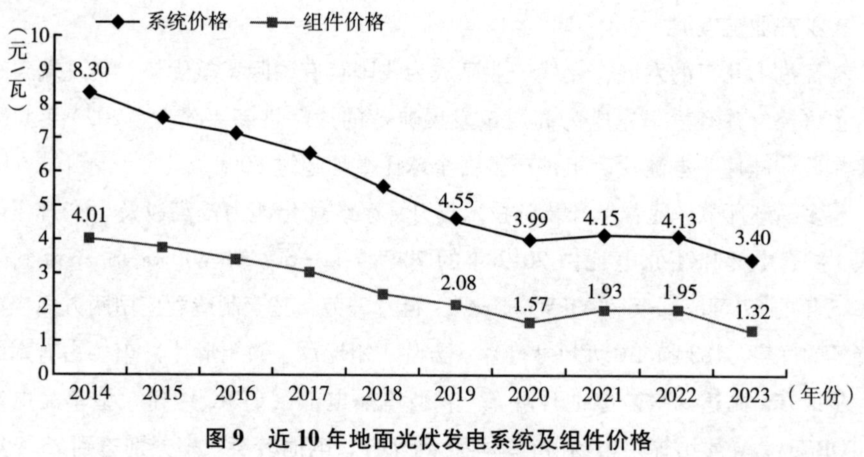

图 9　近 10 年地面光伏发电系统及组件价格

资料来源：中国光伏行业协会（CPIA）《2023 年光伏行业发展回顾与 2024 年形势展望报告》。

随着大数据、云计算、5G 等技术的发展，以及智能化电站建设布局逐步完善，光伏电站运维进入智慧化运维示范阶段，可依托专家运维系统，对潜在问题进行预防，或使用自动报表系统，对运维数据进行多维度多层次分析报告，从而实现主动对电站运维过程中出现的问题提出建议。

5. 功率预测

作为平抑新能源发电随机性和波动性的重要信息支撑服务，功率预测为降低电网调度难度、增加新能源并网友好性作出了积极贡献。光伏发电功率预测分为直接预测法和间接预测法：直接预测法是利用光伏电站发电量的历史数据及天气预报数据直接预测光伏系统或阵列的输出功率或发电量；间接预测方法先对太阳辐射进行预测，再根据光伏发电系统发电模型得到输出功率值。

目前，直接预测法已在光伏发电功率短期预测中得到广泛应用。间接预测法由于基础数据缺乏，辐照度等场站侧气象观测数据当前以人工预测为主，预测精度不高，难以满足光伏电站调度和参与电力市场需求。

三　未来发展展望

（一）以法律为基础的制度体系趋于完善

健全完善与可再生能源相关法律法规和制度体系，依法推进可再生能源有效治理是推动新能源高质量发展的基础保障。目前，十四届全国人大常委会第九次会议已对《中华人民共和国能源法（草案）》进行了审议并向全社会公开征求意见，该法将确立可再生能源优先发展的法律地位，制定并分解实施可再生能源在能源消费中的最低比重目标、完善可再生能源电力消纳保障机制、建立绿色能源消费促进制度等。《中华人民共和国可再生能源法》也正在研究修订当中，预期将完善发展规划、土地等要素保障、优先上网和优先消纳等制度。后续《中华人民共和国电力法》修订将完善适应新型电力系统建设的法律制度，在可再生能源并网、输送和消纳以及参与市场交易等方面作出进一步优化。上述法律完成制修订后，将构建形成支撑可再生能源长期大规模发展、最终成为能源电力供应主体的法律制度体系。

（二）以能源绿色消费为牵引实现能源绿色低碳全面转型

通过完善促进绿色能源消费制度和政策体系，推动全社会广泛形成绿色生产生活方式，支持能源绿色低碳转型。国家层面以能耗控制目标、碳排放控制目标、非化石能源消费占比目标为引领，分解确定各省级区域的相关目标，最终由企业、机构和居民用户等落实。行业层面鼓励重点用能领域实施清洁能源消费替代行动，考虑工业、交通、建筑等领域用能特点，采取相对经济可靠的技术路线，推动可再生能源高比例应用。市场层面构建适应能源绿色低碳转型的市场体系，完善绿色电力证书制度和可再生能源参与电力市场机制，建立绿色产品标识和绿色能源消费认证体系，形成可再生能源电力供需闭环，加强绿色电力证书交易与节能降碳、碳排放管理等政策有效衔接，加强国内国际绿证互认，拓展绿证应用场景，激发绿证需求潜力。

（三）进一步开展风能太阳能资源精细化普查评价

资源普查作为行业发展的基础，在过去 10 多年中已先后开展了四次全国范围的风能资源普查，为行业发展提供了重要的工作基础。2024 年 5 月，国家发展改革委、国家能源局、自然资源部、生态环境部、中国气象局、国家林草局等六部门联合印发《关于开展风电和光伏发电资源普查试点工作的通知》，明确选择河北、内蒙古、上海、浙江、西藏、青海等 6 个省（区、市）作为试点地区，以县域为单元，开展风电和光伏发电资源普查试点工作。重点聚焦陆上风电、地面光伏和屋顶分布式光伏发电资源普查，具备条件的地区可拓展至光热及领海范围内海上风电、海上光伏、海洋能等其他新能源发电资源普查。

（四）风电光伏发电开发利用规模还将进一步扩大

目前全球已有超过150个国家提出了“净零”或“碳中和”的气候目标，发展以风电光伏发电为代表的可再生能源已成为全球各国共识和一致行动。根据国际可再生能源机构（IRENA）在《全球能源转型展望》中提出的1.5℃情景，到2030年，全球可再生能源装机需要达到110亿千瓦以上，其中风力发电和太阳能光伏发电约占新增可再生能源发电能力的90%。2023年，中美关于加强合作应对气候危机的阳光之乡声明、第二十八届联合国气候变化大会（COP28）的全球可再生能源和能源效率承诺，均提出努力争取到2030年全球可再生能源装机增至3倍。同时，我国也提出了“双碳”目标，确定2030年非化石能源消费占比达到25%左右的目标任务，风电、太阳能发电总装机容量将达12亿千瓦以上。

（五）风电光伏发电产业制造技术和商业应用模式持续创新

发展新质生产力是推动新能源行业高质量发展的内在要求和重要着力点，新质生产力本身就是绿色生产力。装备制造创新方面，风电机组将继续围绕大型化、轻量化、低成本目标，展开关键核心技术和共性技术攻关，包括大容量机组、大功率齿轮箱、超长叶片、漂浮式基础等，据有关行业机构预计，至2030年，单机容量达到30MW级别、大功率齿轮箱扭矩密度达到200Nm/kg、叶片长度达到180m、漂浮式风电基础结构用钢量降到200t/MW；光伏发电将沿着低能耗、大尺寸、高效率技术路线前进，预计到2030年，多晶硅生产综合能耗有望下降至52.5kWh/kg-Si，182mm、210mm等大尺寸硅片和n型电池成为市场主流，钙钛矿等高效率新兴电池技术取得突破进展。商业模式创新方面，风电制备氢氨醇、“海上风电+海洋牧场”或将成为陆海风电的重要方向；光伏发电，尤其是分布式光伏将依托建设安装便捷和规模灵活可控优势，结合数字化智能化技术成果，向着分布式光伏+微电网、增量配电、隔墙售电、虚拟电厂等创新模式发展。此外，通过开展“光伏+”综合利用行动，交通领域光伏廊道、光储充一体化、高速公路服务区，建筑领域普通“安装型”光伏建筑（BAPV）和一体化“构建型”项目（BIPV），数据通信领域5G基站、绿色数据中心等也将成为光伏发电规模化发展的重要应用场景。

（六）可再生能源推动农村能源革命和助力乡村振兴战略

深入开展农村能源革命，既是我国实施能源转型战略的重要组成和践行乡村“双碳”目标的重要举措，也是提高农村人口生产生活水平、助力乡村振兴和城乡共同富裕的基础保障。依托乡村丰富的风能、太阳能资源推动可再生能源就地利用是农村能源革命的核心方向。开发建设方面，通过配套农村电网改造升级、闲散土地和农户屋顶资源统筹规划等措施，确保千乡万村驭风行动和千家万户沐光行动顺利推进，同时因地制宜开展农光互补、渔光互补、牧光互补项目，实现经济、社会、环境效益相统一。在消纳利用方面，加快新能源汽车下乡，在居住区、交通枢纽和沿线重点布局充电基础设施；推广普及冬季清洁供暖，提高农村电气化用能水平，结合分布式发电市场化交易改革进程，让广大农村成为星罗棋布的分布式智慧能源社区。在产业合作方面，在充分尊重农民意愿、切实保障农民利益基础上，探索形成“村企合作”的投资建设新模式和“共建共享”的收益分配新机制，让风光产业成为助力乡村振兴和乡村致富的新载体。

（七）进一步提升功率预测技术能力

随着产业数字化发展，功率预测系统趋于集中化和云化，既有助于降低硬件成本、增加模型训练的算力弹性，也有利于实现底层数据收集和算力基础设施与上层预测模型和应用的隔离解耦。同时，还将打破现在子站预测零散、偏差大的局面，充分整合和利用全网信息对功率预测进行整体优化，进一步提升全国中长期风光发电预测、短期风光功率预测、多品类能源预测、电煤预测、极端气象条件保供分析等预测能力，为服务国家能源电力保供、电力市场建设，促进风光新能源高效消纳、助力新型能源体系建设提供重要支撑。随着预测技术的进步和体系的完善，结合风电、光伏发电数字化、智能化技术的应用，再加上合理的储能设施，将使风电光伏发电成为一定程度可观测、可控制的电网友好型电源，为推进以新能源为主体的新型电力系统建设做出新的贡献。

参考文献

辛保安主编《新型电力系统与新型能源体系》中国电力出版社，2023。

水电水利规划设计总院编制《中国可再生能源发展报告 2023 年度》，2024。

中国可再生能源学会风能专业委员会编著《中国风电产业地图 2023》，2024。

中国光伏行业协会、赛迪智库集成电路研究所：《中国光伏产业发展路线图（2023～2024 年）》，2024。

B.6

中国空中云水资源及其开发利用研究

周毓荃　蔡淼　赵俊杰　余杰*

摘　要： 为科学应对水资源短缺，本报告基于前期云水资源概念、评估方法、开发原理途径等方面的研究，评估了我国近20年云水资源状况和开发潜力，分析了云水资源开发利用存在的不足，提出了发展建议。主要结论：(1) 近20年，我国云水资源总量年均约1.67万亿吨（176.4毫米），云水更新快，平均5个小时，呈逐年上升趋势。(2) 云水资源分布呈现南部多、北部少，东部多、西部少的特点。(3) 云水资源开发潜力年均2500亿~5000亿吨，其中西北、中部、华北和东北等地需求和开发潜力大。(4) 目前云水资源开发能力与需求仍有较大差距，应加强开发基础能力建设，需从云水资源精细监测、精准作业指挥、高效催化和区域联动机制等方面，提升云水资源规律认识、人工影响开发云水资源的能力及科技水平。

关键词： 大气水循环　云水资源　人工增雨　空陆耦合　开发利用

一　需求和现状

中国是全球人均水资源最贫乏的国家之一，仅为世界平均水平的1/4。中国降水量时空分布不均，受海陆分布和地形影响，由东南沿海向内陆递减，夏季丰水，冬季枯水，而且北方比南方年内变化大。随着全球气候变化，我国水

---

* 周毓荃，博士，中国气象局人工影响天气中心首席专家，二级正研级高级工程师，主要研究方向为大气物理和人工影响天气相关理论和技术研究及业务发展；蔡淼，博士，中国气象局人工影响天气中心副处长，正研级高级工程师，主要研究方向为大气物理和人工影响天气相关技术及业务发展；赵俊杰，山西省气象灾害防御技术中心工程师，主要研究方向为气候和人工影响天气相关技术；余杰，中国气象局人工影响天气中心和成都信息工程大学联合培养研究生，主要研究方向为云水资源和人工影响天气相关技术。

资源短缺问题更加凸显，极端降水、极端干旱等重大气象灾害事件频发，严重制约了社会和经济的可持续发展。开源节流，并长期合理规划使用水资源，已迫在眉睫。然而，多年来国内外对大气水资源的认识仍停留在对水汽含量、水汽输送特征及其同降水相互关系的角度，对空中完整大气水（包含水凝物）循环规律、云水资源特性和变化趋势等认识不多，大多停留在对云水量（瞬时量或状态量）时空分布特征的认识。因此，亟待加强大气水循环完整过程及云水资源观测、模拟和评估研究，填补科学空白。

人工影响天气是通过改变云的物理过程来提高云—降水的转化效率，从而达到局部增雨的目的。世界气象组织指出，应把人工影响天气作为水资源综合管理战略的一部分。21 世纪以来，中国通过多个区域和国家人工影响天气工程项目，加大了对人工影响天气能力建设的投入，探测和作业能力显著提升，但开发的对象，即云水资源的科学内涵、定量评估方法及其时空分布等科学问题仍未解决，制约着全国人工影响天气的科学规划和高质量发展。

近年来，随着社会经济的发展，各地生态修复、空气质量改善、森林草原防灭火以及重大活动保障等特定目标增/减雨趋利避害的需求愈加迫切和强烈。因此，明确云水资源概念，全面、准确评估我国云水资源总量及其时空分布特征，掌握云水资源开发利用原理和技术手段，是开发利用空中云水资源、科学应对气候变化的重要基础。

中国气象局人工影响天气中心围绕云水资源评估开展了十余年的探索和攻关研究，2016 年起承担国家重点研发项目“云水资源评估研究与利用示范”，取得重要成果。本报告基于上述研究成果，对近 20 年我国云水资源状况和开发潜力进行评估分析，给出云水资源开发利用原理和实践案例，分析存在不足，在此基础上提出科学开发、合理利用云水资源的建议。

二　云水资源概念和评估方法

（一）云水资源及其相关物理量的概念

大气中的水凝物和水汽密不可分，水汽和水凝物不断发生相变，在此循环过程中一定区域和时段的大气水分满足物质守恒。大气水循环过程涉及某时刻大气中的各类水物质状态量、一定区域时段的各类水物质平流量以及地面降水、地表蒸发、云凝结/云蒸发等源汇量。一定区域和时段中的大气水汽、水凝物（也称“云水”）和水物质均服从下列物质守恒定律，即输入项（包括：状态初值、输入和源）之和等于支出项（包括：状态终值、输出和汇）之和，定义为一定区域时段参与大气水循环全部过程的总量。大气水物质总量也称为大气水资源；大气水凝物总量也称为大气水凝物资源，其中没有形成地面降水还留在空中的大气水凝物定义为云水资源。大气中的水物质不断发生更新、循环和变化，降水占总量的比例被定义为降水效率，包括：水汽降水效率、水凝物降水效率和总水物质降水效率。云凝结量占水汽总量的比例被定义为水汽凝结效率。一定区域时段内的水物质平均状态量与降水强度的比值定义为更新期，包括：水汽更新期和水凝物更新期。

整个大气水循环过程满足水分守恒方程：

$$\int \frac{\partial w}{\partial t} = -\int \nabla \cdot Q_w + S + R \tag{1}$$

式（1）中，w 代表大气水物质，方程左边表示在一定时间、一定范围内大气水物质变化量，右边表示对水物质在空间上的变化累积量源项（S）与汇项（R）之和，源汇项通常表示地表蒸发或植物蒸腾、凝结、降水等物理过程产生的源汇量。

大气水物质细分为水汽和云水，Zhou 等①考虑它们在大气水循环过程中的时空变化和相互转化等完整物理过程，提出水汽、云水和大气水物质平衡方程组：

$$\begin{cases} M_{h1} + Q_{hi} + C_{vh} = M_{h2} + Q_{ho} + C_{hv} + P_s \\ M_{v1} + Q_{vi} + C_{hv} + E_s = M_{v2} + Q_{vo} + C_{vh} \\ M_{w1} + Q_{wi} + E_s = M_{w2} + Q_{wo} + P_s \end{cases} \tag{2}$$

① Zhou Y. Q., M. Cai, C. Tan, et al., “Quantifying the Cloud Water Resource: Basic Concepts and Characteristics,” *J. Meteor. Res.* 34（2020）: 1242-1255.

式（2）中，h、v 和 w 分别表示云水、水汽和大气水物质，M_2，M_1 分别表示终、初状态值，Q_i 和 Q_o 代表输入和输出平流量，C_{vh} 和 C_{hv} 表示水汽和云水的相互转换产生的源汇项，即云凝结（包含凝华）和云蒸发（包含升华），E_s 和 P_s 分别为地表蒸发和地面降水 P_s，也是源汇项。方程左边各项（收入项）之和与方程右边各项（支出项）之和相等，分别定义为水汽总量、云水总量和大气水物质总量。在云水总量中，一部分通过云物理过程降落到地面，形成地面降水，另一部分留在空中，有可能通过人工播云等技术手段加以开发利用，就是云水资源（CWR），计算式如下：

$$\begin{aligned} CWR &= Q_{hi} + C_{vh} + M_{h1} - P_s \\ &= Q_{ho} + C_{hv} + M_{h2} \end{aligned} \tag{3}$$

Zhou 团队将式（2）中的 16 个物理量统称为云水资源的组成项，同时给出了云水和水汽的降水效率和更新期等 12 个物理量的定义和计算式，统称为云水资源的特征量，它们都是反映大气水循环过程的物理量，29 个物理量完整地反映了水汽—水凝物—降水等大气水循环过程。

（二）云水资源的定量评估方法和数据集

云水资源目前无法直接观测，可以通过以观测为基础的诊断方法和数值模式来定量评估。历经十余年研究，为了实现云水资源的定量评估计算，Zhou et al.① 和 Cai et al.②一方面基于 CLOUDSAT/CALIPSO 卫星云观测、大气温湿探测和飞机云物理观测的三维云场和云水场诊断方法，建立了云水资源的观测诊断评估方法和系统（以下简称诊断评估，CWR-DQ）；另一方面在业务运行的云降水显示预报模式系统（CMA-CPFESV1.0）中耦合云水资源的计算方案，建立了云水资源的数值模拟评估系统（以下简称数值评估，CWR-NQ），实现了云水资源的长时序模拟和定量计算。近几年又进一步耦合了催

① Zhou Y. Q., M. Cai, C. Tan, et al., "Quantifying the Cloud Water Resource: Basic Concepts and Characteristics," *J. Meteor. Res.* 34 (2020): 1242-1255.

② Cai M., Y. Q. Zhou, J. Z. Liu, et al., "Quantifying the Cloud Water Resource: Methods Based on Observational Diagnosis and Cloud Model Simulation," *J. Meteor. Res.* 34 (2020): 1256-1270.

化过程，发展了具有催化模拟能力的人工影响天气云水资源模式预估系统，2023年起业务化运行（CMA-CPEFS2.0），可对催化前后云水资源的变化进行评估。

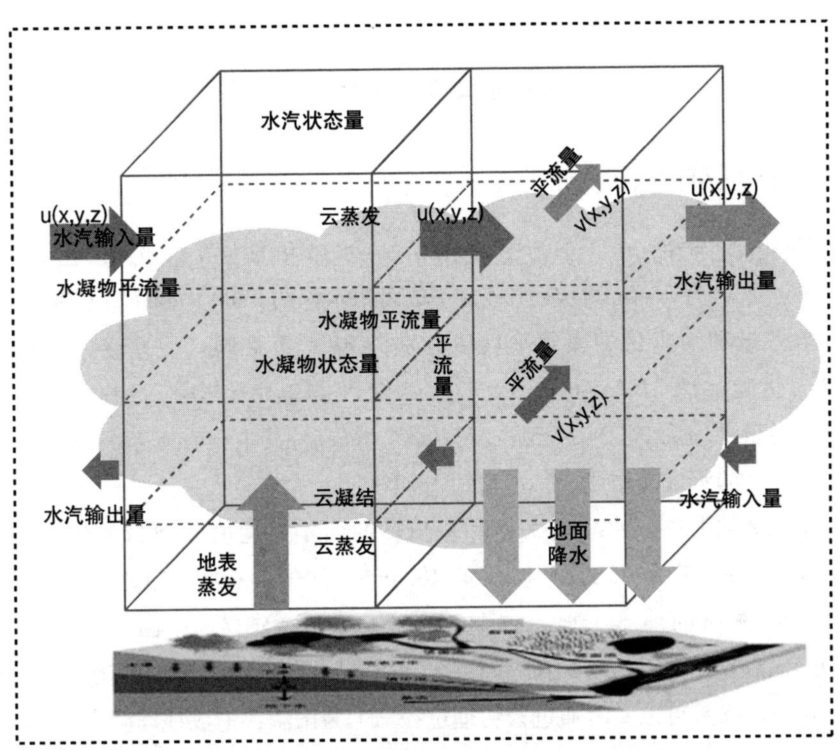

图1　大气水物质和大气水循环及其评估概念示意

图1展示了大气水循环和云水资源评估的概念模型。基于云水资源诊断和数值评估方法，利用2000~2019年1°分辨率的NCEP大气再分析资料和GPCP降水产品，计算得到中国和全球2000~2019年1°分辨率的云水资源观测诊断评估结果，以及华北区域（108°~121°E，34°~44°N）2015~2019年3km分辨率的云水资源数值模拟评估结果①，获得各类水物质状态量、平流量、总量、

① Tan C., M. Cai, Y. Q. Zhou, et al., "Cloud Water Resource in North China in 2017 Simulated by the CMA-CPEFS Cloud Resolving Model: Validation and Quantification," *J. Meteor. Res.* 36 (2022): 520-538.

更新期、降水效率、大气水资源和云水资源量等大气水循环特征参量，形成云水资源评估数据集（CWR1.0），可为云水资源的时空分布研究提供更加丰富和连续的评估产品。下面结果均基于此套数据集分析得到。

三　我国云水资源分布特征

（一）整体气候特征

2000~2019年，全年参与中国大陆大气水循环的大气水物质总量（大气水资源）平均为36.6万亿吨（折合单位面积水深约3884.1mm）。大陆上空水汽年输入量和输出量的多年平均值分别为31.6万亿吨（约3347.3mm）和29.3万亿吨（约3103.5mm），水汽年净输入量2.3万亿吨（约243.8mm）。水汽年总量平均为36.2万亿吨（约3835.9mm），其中仅有6.86万亿吨（约727.1mm）的水汽凝结成云，占比约18.7%。

中国大陆上空云水年输入量和输出量的多年平均值分别为1.04万亿吨（约110.8mm）和1.07万亿吨（约113.4mm），全年云水年净输入量为-249亿吨（约-2.6mm），整体比水汽小1~2个量级。全年参与中国大陆大气水循环的云水总量平均为7.91万亿吨（约838.1mm），其中有6.24万亿吨（约661.7mm）云水可以及时通过云物理过程增大为雨滴，形成地面降水，云降水效率约78.9%，其余21.1%又被蒸发掉或从边界上流出。人工增雨作业的目的就是适当地改变云降水的微物理结构，使小云滴能更快地增长为雨滴，及时地降落到地面，增加地面降水量。

扣除已经形成的地面降水，剩余留在空中的云水年平均总量即云水资源约1.67万亿吨（约176.4mm）。云水更新很快，平均更新期约5小时，而水汽平均更新期约8天。具体见图2。

（二）年际和逐月变化特征

整体看来，2000~2019年，我国大陆地区单位面积上的云水资源总体在150~200mm呈缓慢波动增加的趋势（见图3），2001年最少（149.6mm），2010年最为丰沛（202.8mm）。

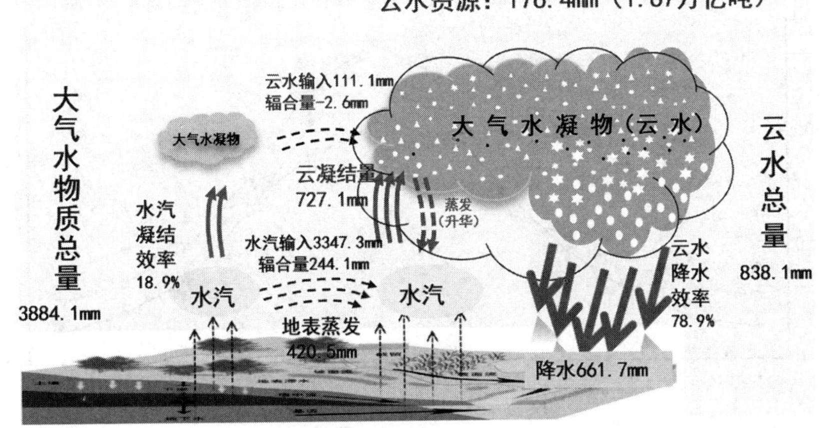

图 2　中国大陆大气水循环和云水资源示意

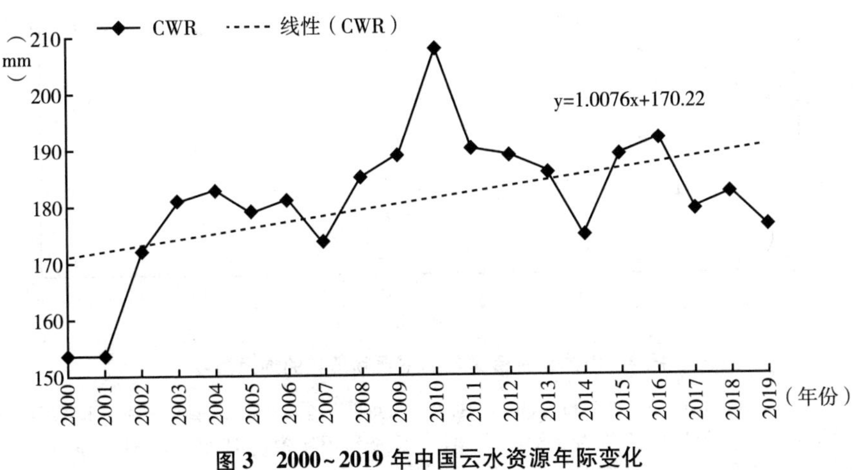

图 3　2000~2019 年中国云水资源年际变化

资料来源：*Journal of Meteorological Research*. 36（2022）：1-19。

具体到各季节，夏季云水总量、云凝结量和地面降水量最多，降水效率最高，云水更新最快，冬季反之。我国云水资源自每年 2 月起开始逐月增加，至 5 月达到全年最高，随后开始逐月减少。因此，春、夏季云水资源量最为丰沛，秋季次之，冬季最少（见图 4）。

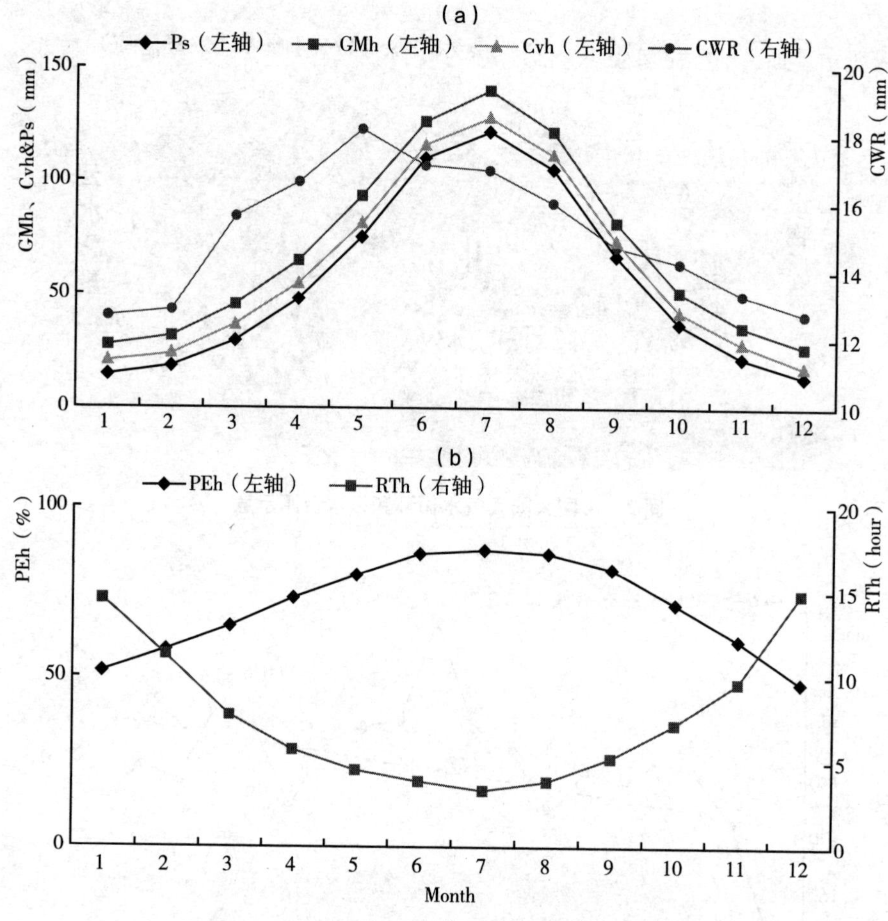

图 4　中国云水资源及其主要物理量的逐月演变

（图 a 中，GMh、Ps、Cvh 和 CWR 分别表示云水总量、地面雨量、云凝结量和云水资源量，单位均为 mm；图 b 中，PEh 为云水降水效率，单位为%，RTh 为云水更新期，单位为 hour）

资料来源：*Journal of Meteorological Research*. 36（2022）：1-19。

（三）不同区域特征

按照 2014 年全国人工影响天气发展规划中发布的中国 6 个人工影响天气区域，分别给出东北、西北、华北、中部、西南和东南等不同区域云水资源特征，具体如下。

近 20 年各人工影响天气分区的大气水物质总量（大气水资源）、云水总量、云水资源总量、水汽总量、水汽凝结效率、云水降水效率、云水更新期及水汽更新期等的气候评估值列于表 1。

表 1　2000~2019 年中国人工影响天气分区云水资源及其主要物理量的评估结果

区域	大气水物质量（mm）	云水总量（mm）	云水资源总量（mm）	水汽总量（mm）	水汽凝结效率（%）	云水降水效率（%）	云水更新期（hour）	水汽更新期（day）
西北	2712.8	445.1	190.3	2651.6	11.9	57.3	9.1	12.4
东北	7407.9	942.3	350.0	7182.0	9.0	62.6	5.8	7.8
华北	9292.4	830.7	388.8	9030.0	5.5	53.1	5.8	10.0
中部	13580.5	1464.4	472.0	13243.3	8.0	67.7	4.4	9.0
西南	6443.1	1124.6	247.2	6316.7	15.0	78.0	4.4	6.3
东南	20586.0	2178.7	538.1	20196.3	8.5	75.1	3.8	7.8

资料来源：*Journal of Meteorological Research*. 36（2022）：1-19。

各区域单位面积上的云水总量自高到低依次为：东南、中部、西南、东北、华北和西北，东南（2178.7mm）大约是西北（445.1mm）的 5 倍。不同区域年降水量的数值高低排序与云水总量一致。扣除地面降水后，留在空中的云水，即云水资源的年总量自高到低依次为：东南、中部、华北、东北、西南和西北，数值在 538.1~190.3mm。则六个人工影响天气分区的云水资源呈现南部多、北部少，东部多、西部少的分布特点。各区域大气水资源数值普遍高出云水总量和云水资源总量 1 个量级，大小排序与云水资源总量的区域排序一致。

西南区域云水降水效率最高，全年为 78.0%，其次依次为东南、中部、东北和西北，华北区域云水降水效率最低，仅 53.1%。云水更新期自快到慢依次为：东南（3.8h）、中部和西南（4.4h）、华北和东北（5.8h）、西北（9.1h）。整体上，东南和西南区域降水效率高、更新快，而华北和西北降水效率低、更新慢，具有较大的开发潜力。

各区域中，中部区域地表蒸发最大，而后依次为东南、东北、西南、华北和西北。年降水量减去地表蒸发量（即为径流量）的数值越小，说明人工影响天气的需求越大。东南和西南区域的年降水量显著高于该区域的地表蒸发量，而华北区域年降水量与地表蒸发量的差值仅为24.8mm，地面水资源非常短缺，人工影响天气需求最为迫切。

四　云水资源开发利用的原理、途径和实践

（一）云水资源开发原理和特点

人工影响天气是在有限的时间和范围内，通过向云中播撒催化剂产生动力和静力效应来影响局部的大气水循环，改变云物理过程，促进更多的水凝物生成、促使云粒子长大降落到地面形成降水，从而实现局地云水资源的开发利用。

根据前面云水资源的定义和计算式，可以导出降水的表达式。从局地开发的角度看，如果大气水凝物的初值和输入量是不可控的话，那就需要从增加水汽凝结，减少水凝物蒸发、输出和最终状态量这几方面去挖掘来增加降水（反之减少降水）。目前人工影响天气就是通过向云中播撒催化剂，一方面，通过静力效应提高云水降水效率，即通过云物理过程，增加雨滴、雪、霰的大小和浓度，提高云水向雨、雪、霰的转化，使更多的云滴降落至地面，减少云下的蒸发，同时也减少了大气水凝物的状态量和输出量；另一方面，冷云催化促使过冷液态水向冰相转化，释放冻结潜热，冰面过饱和水汽直接凝华成冰晶，释放凝华潜热，产生动力效应，潜热的释放促进云体发展，云中垂直速度增加，有利于水汽凝结形成大气水凝物，增加凝结量，从而实现云水资源的开发。

因此，人工影响天气需在适当的时机、适当的部位，播撒适当的催化剂量，才能有效开发云水资源。同时，云水资源的利用需考虑社会经济需求。云水资源存在时间短、更新快，云水资源的开发对于缓解农业干旱、水库蓄水、生态修复、防火灭火、改善空气质量和补充地下水都起到正效果，特别对于降水的落区地点和时段都要求比较高的各类重大活动及应急等特定目标的保障（场馆活动、森林灭火），云水资源的精准开发能产生重大社会经济效益。反之，在汛期洪涝灾害或强降水期间，应避免局地灾害和地质灾害，需有选择性地开展云水资源开发。

（二）云水资源开发潜力

根据云水资源的开发原理，云水资源的开发需综合考虑留在空中的云水多少、更新期长短、凝结效率和降水效率大小等，这些大气水循环的特性决定了一定区域时段大气水资源和云水资源的开发潜力。目前的人工增雨，是在一定条件和一定需求下开展的。对于那些地面无降水、云底层较干的区域，即便开展了人工增雨作业，降水粒子下降过程中也容易蒸发，难以形成有效的地面降水；对于纯暖性的云水资源，目前技术能力有限，难以开发；对于暴雨的时段和地区也不宜开展人工增雨，因此，无降水日和暴雨时段的云水资源开发潜力不大，可考虑予以扣除（40%~50%）。研究表明，我国降水云中有 30%~50% 的云系适合开展人工增雨（雪）作业。

综合考虑上述因素，在云水资源总量中给出开发潜力的初步估算，若在全年、全国范围、针对合适的云系开展人工增雨（雪）作业，就目前的技术，中国云水资源开发利用的潜力约占云水资源总量的 15%~30%，2500 亿~5000 亿吨（26~53mm/年）。

值得提出的是，云水资源的开发利用，一般是根据不同地区的需求在一定的时段和区域根据不同的目标展开，不会全年和全国范围同时开展。另外，不同云水资源特性（比如冷云机制云水资源和暖云机制云水资源）的开发技术即开发能力，也决定其开发效率的不同。同时云水资源更新快、仅小时量级的特点，使得其具有较大的可开发利用潜力。

（三）云水资源开发利用实践

现阶段，我国开发云水资源的主要技术手段是人工影响天气，即通过飞机、火箭等将催化剂播撒到适当的云中以促进降水的形成和发展，实现人工增雨（雪）。云水资源的利用一方面针对气候性缺水的需求，根据云水资源分布特点和陆地水资源、生态、干旱等各类需求，开展日常作业服务。经过 60 余年的发展，我国作业规模居世界第一，取得了很好的服务成效，目前已形成年开发 500 亿~600 亿吨云水资源的能力，为社会经济发展和生态文明建设提供了有力支撑。另一方面针对那些特别脆弱或重大的区域时段等特定目标，需实时耦合云水资源和特定目标需求，来开展云水资源的精准开发，实现目标区的实时利用。这里给出两个典型实例，展示针对不同特定目标人工影响天气开发利用云水资源服务社会经济实践的效果。

实例1　森林扑火局地增雨应急服务

2017年5月，内蒙古自治区呼伦贝尔出现森林火灾，急需人工增雨服务。根据天气预报，火区将有一次东北冷涡云系的降水过程，国家和有关省区人工影响天气部门立即行动组织央地协同作战：首先利用云水资源预测系统和人工影响天气数值模式对影响火区云水资源和云系进行预测，提前24小时给出主要水凝物的移向移速、作业潜力区、作业层风向风速等预报结论，给出飞机作业预案设计；其次利用风云卫星云参量产品，实时监测云系变化，给出作业方案设计并滚动订正；随后采取以火场为特定目标区的多机接续、充分、连片的空地联合作业技术策略，适时组织空地联合催化作业。在飞机作业过程中，通过空中与地面指挥中心的指令实时传输系统实现跟踪指挥，及时调度飞机航线，提高催化作业的精准性。

作业后据统计，此次共开展地面火箭作业25次，发射火箭弹248枚，实施飞机增雨作业4架次，增雨落区在火场影响时长超7小时。作业后火场24小时累积降水达39.2mm，而周边地区仅为小到中雨，效果明显，对火灾的全面扑灭及后期的火场清理起到了重要作用。

该类局地增雨的难点，在于准确把握影响目标区的云水资源循环特性，了解云系（水凝物）性质、结构、移向和移速等要素，提前预判增雨时机、部位，精确设计并滚动修正作业方案，科学指挥作业实施，利用有限的天气过程和云水资源时机，精准开发增雨使增雨落区持续影响火场，达到扑灭林火的目的。

实例2　重大活动场馆消减雨保障服务

2014年8月28日南京青奥会闭幕式期间，为保障活动期间无雨的效果，开展人工消减雨服务。基于云水资源特性的认识，提前设计和部署了三道防区。针对自西向东移动将影响场馆的大范围积层混合降水云系，人工影响天气数值模式提前24小时给出了云结构特征、降水机制、云系移向移速的预报，从而确定西南方向为重点拦截方向；基于卫星和雷达融合反演的云参量，对影响场馆的云团移向移速、结构等进行滚动监测预警，据此制定在场馆西侧距目标区 50~70km 区域开展火箭过量催化的作业方案。

闭幕式前 3 小时开始根据雷达实时监测。实时测算各作业点作业参数，同步下达作业指令，多架火箭在降水云团路径上开展了多轮次大剂量催化作业，累积发射火箭弹 195 枚。作业后，云团移动到场馆时，雷达回波均出现不及地的"空洞"，表明云中降水粒子减小，回波消减率在 0.2~2dBz/min，闭幕式活动期 2 小时内场馆地面仅出现短时间 0.2mm 的微弱降水，场馆上游及周边区域平均降水近 2mm，有效保障了闭幕式的顺利召开。

这类云水资源开发和利用服务的技术难点在于对影响目标区大气水循环和云降水系统的精细监测与精准预报，以及沿云团移动路径连续、大剂量的地面和飞机作业方案设计与严格的组织实施，从而最大限度在保障时段抑制云雨转化效率，实现场馆雨量减少甚至消除。

五　进一步工作建议

近年来，防灾减灾救灾、生态修复和保护、重大活动保障等云水资源开发利用方面的保障需要越来越多，要求越来越高，但实践中人工影响天气开发云水资源的业务能力和作业技术仍存在一定的短板和不足。主要表现在以下几方面。

一是指挥技术精准不够、效率不高。面对复杂的云系，现有的作业条件预报和监测预警给出的作业时机、部位、剂量等催化作业方案仍比较粗疏，不确定性还比较大，空—地一体实时跟踪的高效指挥技术等效率不高。同时，围绕区域云水资源开发的区域统筹协调、统一指挥和联合作业的机制还不够。

二是针对重大需求的云水资源精准开发利用能力还较弱。大多数重大服务要求针对特定目标区域和时间段，根据大气水循环和云水资源的特性实施针对性的催化作业以达到增/减雨（雪）的目的。这种要求一方面需要在前期比较充分的研究特定区域的云水资源特性基础上，提前制定针对性防线设置和监测催化预案，同时在服务时段更需要以精准增/减雨（雪）的落点为核心的人工影响天气精准指挥作业技术，但目前的技术水平还有较大的差距。

三是目前全国作业装备和作业站点的布局还比较粗放，还没能根据云水资源特性、开发潜力以及不同目标需求，进行精细的布局设计，科学布局的全国人工影响天气作业网还有待进一步优化完善。

总体上，目前通过人工影响天气开发利用空中云水资源仍处在边应用、边试验、边研究、边发展的阶段。科学研究和技术开发是提高云水资源开发效益的唯一途径。从发展的角度看，需在以下几个方面进一步加强相关工作。

1. 进一步精细化评估我国不同区域的云水资源特性和分布特征，为科学开发利用打好基础

在现有研究工作的基础上，加强全国云水资源的星—空—地监测布局设计，获得云水资源关键参量的分区空—地观测，完善云水资源评估模型和方法，提高云水资源评估的精度和准确性。开展面向不同区域、不同分辨精度云水资源的精细评估和分析应用，获得不同区域、不同季节、不同天气系统的云水资源特性和开发条件的认识，为科学开发和利用云水资源奠定基础。

2. 加强云水资源监测和作业指挥能力，提升云水资源精准开发指挥调度技术水平

加快构建面向全国和重点区域的云水资源及作业条件人工影响天气云模式预报系统和产品；基于星—空—地立体监测，发展云水资源动态实时监测技术，研发多源观测资料融合分析产品；构建以云物理分析为核心的精准高效的人工影响天气综合业务平台，充分利用先进的信息处理技术，提升飞机和地面作业的实时跟踪指挥能力；基于观测数值模拟及人工智能发展作业效果检验技术，综合提升云水资源精准开发、指挥调度和效果评估技术水平。

3. 持续开展不同特性云水资源高效催化技术攻关，突破关键技术瓶颈

观测和数值模拟相结合，深化不同特性云水资源开发原理、技术途径和开发潜力的认识，发展适应不同特性的云水资源开发作业技术，持续推进华北重大、江西庐山、贵州威宁等国家级试验基地建设和不同目标的催化试验研究，形成成套技术，提高不同目标云水资源开发的精准性和有效性。

4. 围绕特定需求和云水资源特性进行作业布局科学设计，强化跨省区域联合联动和国家区域统筹，提高云水资源精准开发利用的集约化能力

进一步深化水资源合理开发利用规划，空陆耦合高效开发利用云水资源。一是面向不同气候区和不同天气过程，针对特定需求区和需求时段，进行云水资源实时动态监测和耦合开发，实现云水资源的精准开发和各类特定目标区的高效利用。二是面向地表水资源性短缺的地区，根据云水资源分布特点，进行重点开发布局，针对性加强人工影响天气规划和能力建设，提升作业技术。三是将国家重要战略的实施和重大工程的建设（重大水利工程汇水区、国家水力发电供水水库、国家重要湿地湖泊敏感脆弱生态区等），作为云水资源开发利用的重中之重，根据云水资源分布演变特性，加强能力建设，提高云水资源开发效率和作业效果。

参考文献

Cai M., Y. Q. Zhou, J. Z. Liu, et al., "Diagnostic Quantification on the Cloud Water Resource of China during 2000-2019," *J. Meteor. Res.* 36 (2022): 1-19.

Cheng J. Y., Q. L. You, M. Cai, et al., "Cloud Water Resource over the Asian Water Tower in Recent Decades," *Atmospheric Research* 269 (2022): 106038.

Cheng J. Y., Q. L. You, M. Cai, et al., "Increasing Cloud Water Resource in A Warming World", *Environ. Res. Lett.* 16 (2021): 124067.

Tian J., X. Dong, B. Xi, et al., "Comparisons of Ice Water Path in Deep Convective Systems Among Ground-based, GOES, and CERES-MODIS Retrievals," *J. Geophys. Res. Atmos.* 123 (2018): 1708-1723.

Xi B., X. Dong, P. Minnis, et al., "Comparison of Marine Boundary Layer Cloud Properties from CERES-MODIS Edition 4 and DOE ARM AMF Measurements at the Azores," *J. Geophys. Res. Atmos.* 119 (2014): 9509-9529.

蔡淼、周毓荃、欧建军等：《三维云场分布诊断方法的研究》，《高原气象》2015 年第 5 期。

中国大百科全书总编辑委员会组织编纂《中国大百科全书：大气科学 海洋科学 水文科学》，中国大百科全书出版社，1987。

高国栋、陆渝蓉编著《气候学》，气象出版社，1988。

刘国纬、周仪：《中国大陆上空水汽输送的研究》，《水文》1983 年第 2 期。

余杰、蔡淼、周毓荃等：《2000—2019 年西北地区云水资源时空特征研究》，《气象学报》2024 年第 4 期。

B.7

中国农业气候资源及其开发利用研究

刘 维　毛留喜*

摘　要： 2023年中国农业气候资源“暖干”特征明显。全国光照资源接近常年，平均气温为历史最高，降水量为2012年以来第二少。四季气温均偏高，冬、春季冷暖起伏大，夏、秋季气温分别为历史同期次高和最高。旱涝灾害突出，汛期暴雨致灾性强，华北和东北部分地区旱涝急转，西南地区冬春连旱。冬、春、夏三季降水均偏少，秋季降水偏多。华北、东北和西北降水量偏多，长江中下游、西南和华南降水量偏少。不同农区日平均温度稳定通过0℃、5℃、10℃、15℃、20℃等界限温度的初终日和稳定通过不同界限温度下的积温、降水量、日照等农业气候资源较好地满足了农业生产的需求。全国大部农区热量资源良好、光照资源和降水资源接近常年，农业干旱、低温冷害和病虫害影响总体偏轻。但是，麦收期连阴雨持续时间长，华北黄淮夏季高温极端性强，局地农田渍涝和华西秋雨偏重。充分合理开发利用农业气候资源的关键措施是科学指挥、因地制宜、知天而作、趋利避害。

关键词： 农业气候资源　界限温度　光照资源　热量资源　降水资源

气候资源是清洁、可再生的绿色资源。农业生产所能利用的那一部分气候资源就是农业气候资源，包括太阳辐射、热量、水分、风等资源要素①。分析农业气候资源的主要特征和时间空间变化规律，以充分合理利用农业气候资源，可以更好地实现农业高产、优质、高效和可持续高质量发展。

---

* 刘维，国家气象中心高级工程师，主要研究方向为作物产量预报、作物模型理论与业务应用、种业气象；毛留喜，博士，国家气象中心正研级高级工程师，二级研究员，主要研究方向为农业气象指标与标准、生态气象、农业气候资源评价与区划。

① 王建林主编《现代农业气象业务》，气象出版社，2010。

一　2023年中国农业气候资源基本特征

2023 年中国气候资源的总体特征是“暖”和“干”。2023 年，全国平均气温 10.7℃，较常年偏高 0.8℃，为有气象记录以来的历史最高。全国平均降水量 615.0mm，较常年偏少 3.9%，降水量为近 20 余年（2012 年以来）第二少。2023 年全国区域性和阶段性干旱明显，其中西南地区冬春连旱，中东部、华北和黄淮高温影响范围大、极端性强，华北和黄淮高温为 1961 年以来最强。

（一）光照资源

2023 年全国平均日照累计 2403.1h，较常年（1991～2020 年平均值，下同）偏多 30h，即偏多 1.3%。从地理分布看，中国北部和西部地区日照时数多于东部和南部，其中四川盆地和中南地区日照最少（见图 1，上）。与常年相比，北部和西部除了西藏边境地区外其他区域均偏少，黄淮海地区、四川盆地和中南地区大多较常年同期偏多（见图 1，下）。

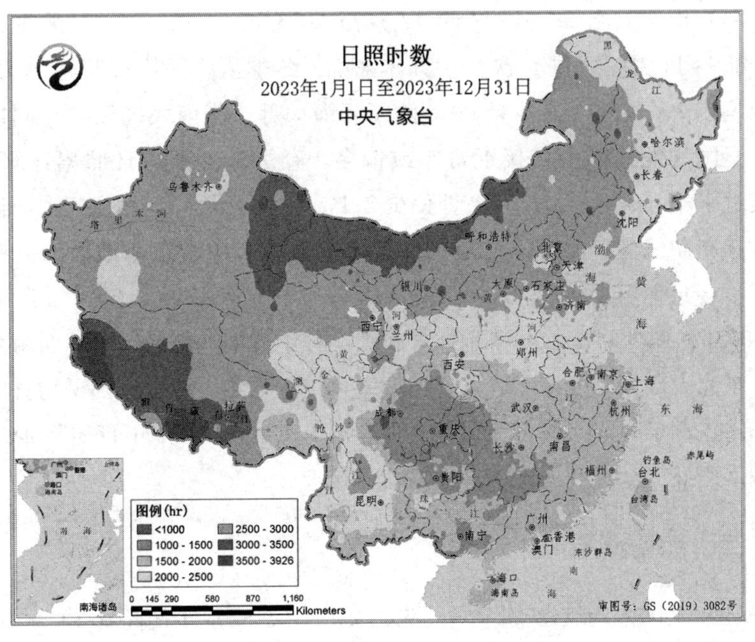

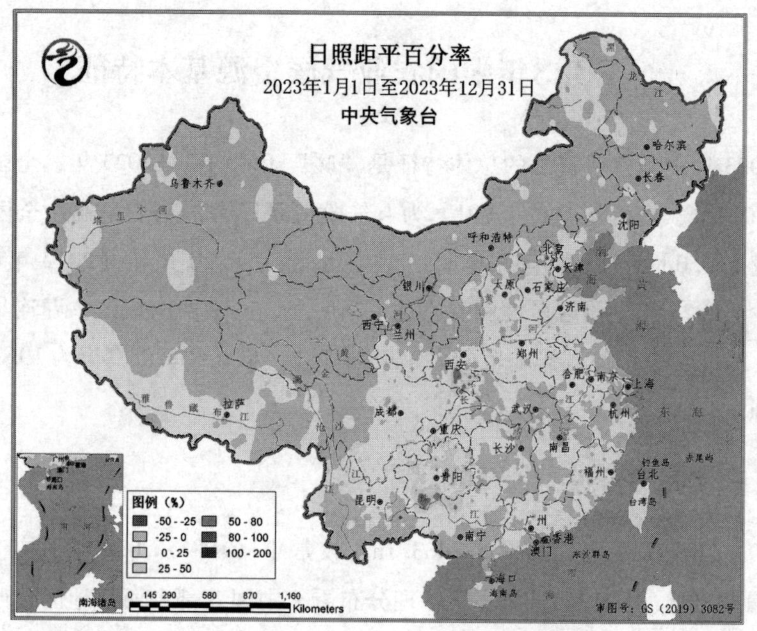

图1　2023年全国年日照时数（上，h）及其距平百分率（下，%）

2023年全国日照夏季（2023年6~8月，下同）最多，春季（2023年3~5月，下同）次多；冬季（2022年12月至2023年2月，下同）最少，秋季（2023年9~11月，下同）次少。具体来说，冬季全国平均日照累计518.9h，较常年偏多29.7h，即偏多6.1%。除了青海大部、华南大部较常年同期偏少之外，全国其他地区大多接近常年或偏多。春季全国平均日照累计634.6h，基本接近常年（略偏少13.7h，即偏少2.1%）。与常年同期相比，淮河以南地区较常年同期偏多，淮河以北地区除了西藏边境区域和东北地区的一些区域外，基本接近常年或略偏少。夏季全国平均日照累计661.6h，与常年接近（偏少3.5h，偏少0.5%）。各地差异较大，其中黄淮海地区和西藏西南部明显偏多，东北大部则明显偏少，其他地区基本接近常年。秋季全国平均日照累计592.8h，较常年同期略偏多22.2h，即偏多3.9%。除了常年日照较少的贵州明显偏多之外，全国其他地区基本与常年接近。

（二）热量资源

2023年全国平均气温10.7℃（见图2，上），较常年偏高0.8℃（见图2，下），为 1951 年以来历史最高。冬季全国平均气温-2.9℃，较常年同期偏高 0.2℃。气温阶段性起伏大，前冬冷后冬暖。春季全国平均气温 11.5℃，较常年同期偏高 0.6℃，季内气温起伏波动明显。夏季全国平均气温 22.0℃，较常年同期偏高 0.8℃，为 1961 年以来历史同期第二高。秋季全国平均气温 11.3℃，较常年同期偏高 1.1℃，为 1961 年以来历史同期最高。从各月的气温情况看，4 月和 5 月气温较常年同期偏低，其余各月气温均偏高，其中 6 月、9 月和 10 月气温均为历史同期次高。

从地理分布看，全国大部地区气温接近常年或偏高，其中东北中南部、华北东南部、华东北部、华中东北部和南部、西南中南部及内蒙古中西部、甘肃中西部、新疆北部等地偏高 1℃～2℃（见图 2，下）。就全国 31 个省（区、市）气温情况看，山东、辽宁、新疆、贵州、云南、天津、湖南、河北、四川、北京、河南、内蒙古、广西为 1961 年以来历史最高，浙江、宁夏、江西、湖北为历史次高。

（三）降水资源

2023 年全国平均降水量 615.0mm，较常年值偏少 24.9mm。从地理分布上来看，华东中部和南部、华中大部、华南、西南地区西部和东部以及陕西南部等地降水量普遍有 800～1600mm，华东西南部、华南南部和东部等地有 1600～2000mm，局地超过 2000mm。东北大部、华北中部和南部、华东北部、西北地区南部、西南地区中部及西藏东部、内蒙古东北部等地有 400～800mm，内蒙古中部、宁夏、甘肃中部、青海中部、西藏中部、新疆北部等地有 100～400mm，西藏西北部、新疆南部、青海西北部、甘肃西部、内蒙古西部等地不足 100mm（见图3，上）。全国有 63.2%的区域降水量接近常年，有 9.9%的区域降水量较常年偏多三成以上，其中黑龙江南部、吉林西部、河北大部、河南大部、陕西东部、湖北北部等地降水量偏多三成至 1 倍；降水量较常年偏少三成以上的区域有 26.8%，主要位于内蒙古中西部、新疆南部、甘肃西部、云南东北部等地（见图3，下）。

冬季全国平均降水量 31.6mm，较常年同期偏少 25.6%。其中，东北北部和南部、华中中部和南部、华南大部降水量较常年同期偏少两成至八成，局地偏少八成以上；华北北部和西部等偏多两成至 2 倍，局地偏多 2 倍以上。春季

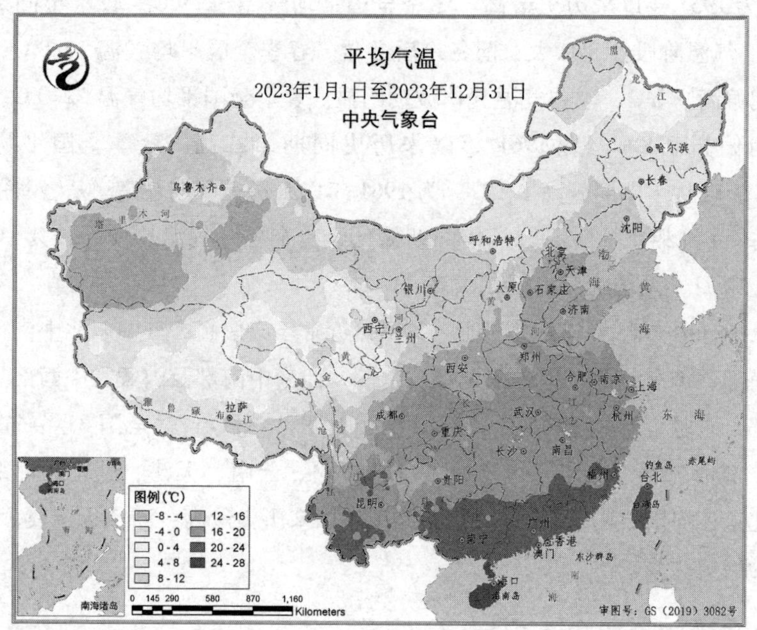

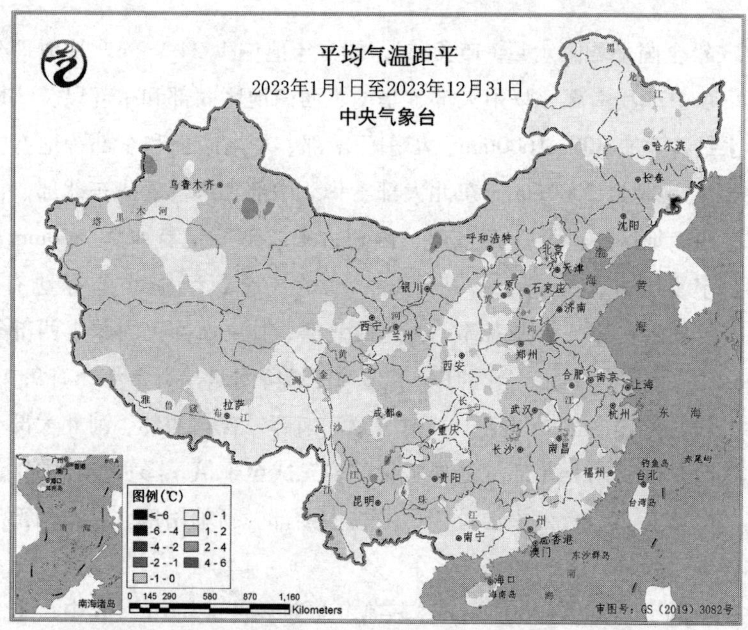

图2　2023年全国年平均气温（上,℃）及其距平（下,℃）

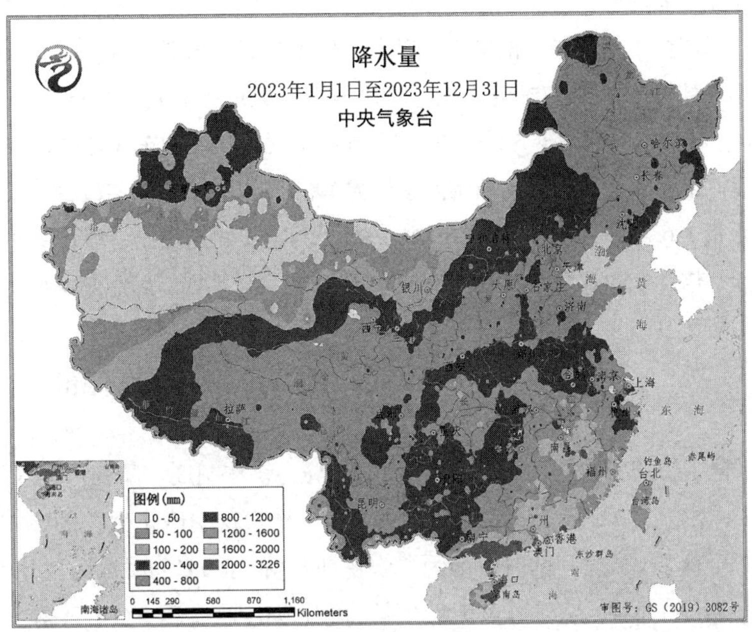

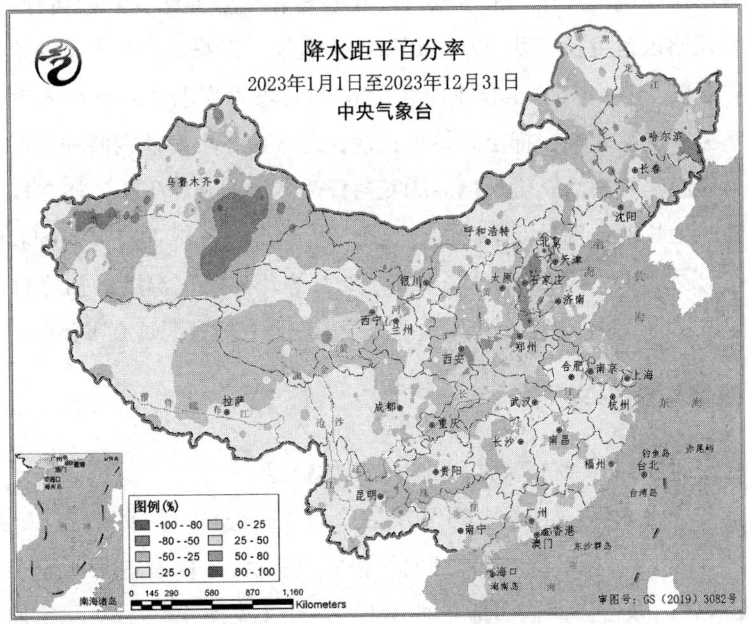

图 3　2023 年全国年降水量（上，mm）及其距平百分率（下，%）

全国降水量 132.2mm，较常年同期偏少 8.1%。华北西部和南部等地降水量较常年同期偏多两成至 1 倍，局地偏多 1 倍以上；东北西部和东部、西南地区西部和南部、华南西部等地偏少二成至八成，局地偏少八成以上。夏季全国平均降水量 320.1mm，较常年同期偏少 3.5%。夏季多雨区出现在华北和东北地区，中东部降水总体呈“北多南少”分布，新疆降水量为 1961 年以来历史同期最少。秋季全国平均降水量 126.7mm，较常年同期偏多 4.4%。与常年同期相比，华南南部等地偏多八成至 2 倍，全国其余大部地区降水偏少或接近常年同期，局地偏少八成以上。

二　不同农区不同界线温度的气候资源特征

不同界限温度的农业气候资源对作物布局、耕作制度、品种搭配等具有十分重要的意义①。0℃是土壤冻结和解冻、越冬作物秋季停止生长的标志温度，春季 0℃至秋季 0℃之间的时段即为“农耕期”，低于 0℃的时段为“休闲期”。5℃是早春作物播种、喜凉作物开始生长的标志温度，春季 5℃至秋季 5℃之间的时段为冬作物或早春作物的生长期。10℃是春季喜温作物开始播种与生长、喜凉作物开始迅速生长、秋季水稻开始停止灌浆、棉花品质与产量开始受到影响的标志温度。春季 10℃至秋季 10℃之间的时段为喜温作物的生长期。15℃初日为水稻适宜移栽期、棉苗开始生长期，终日为冬小麦适宜播种日期，初终日之间为喜温作物的活跃生长期。20℃初日热带作物开始生长，初终日之间为热带作物的生长期，也是双季稻的生长季节。因此，分析 2023 年不同农区日平均温度稳定通过 0℃、5℃、10℃、15℃、20℃等“界限”温度的初终日和稳定通过不同界限温度下的积温、降水量、日照等农业气候资源具有重要意义。

（一）东北农区

1. 稳定通过0℃初终日及期间的农业气候资源

2023 年东北农区稳定通过 0℃初日在 2 月 15 日至 4 月 15 日之间，其中辽宁大部在 2 月 15 日至 3 月 1 日之间，吉林、黑龙江、内蒙古东四盟东部在 3 月 2~31 日，内蒙古东四盟西部在 4 月 1~15 日（见图 4，上）。稳定通过 0℃

① 刘秀珍主编《农业自然资源》，中国农业科学技术出版社，2006。

终日大部在 11 月 1~16 日，黑龙江、内蒙古兴安盟和呼伦贝尔在 10 月 18~31 日（见图 4，下）。

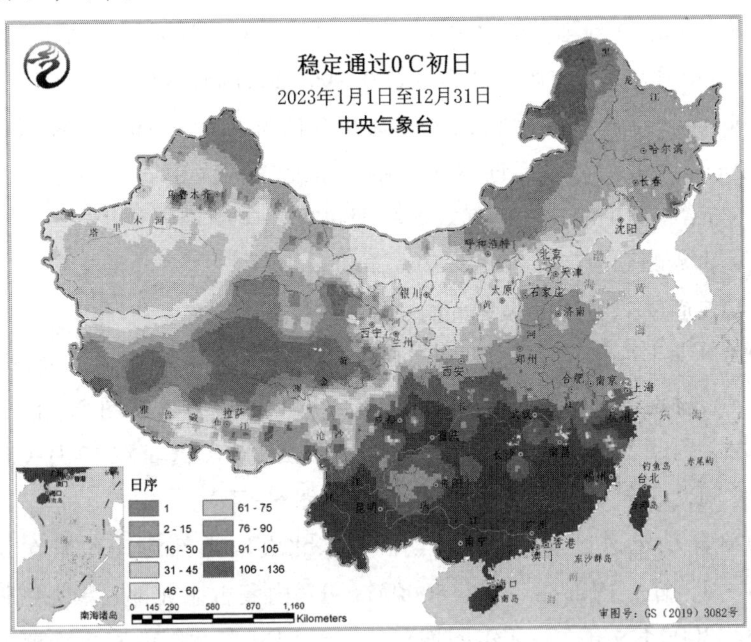

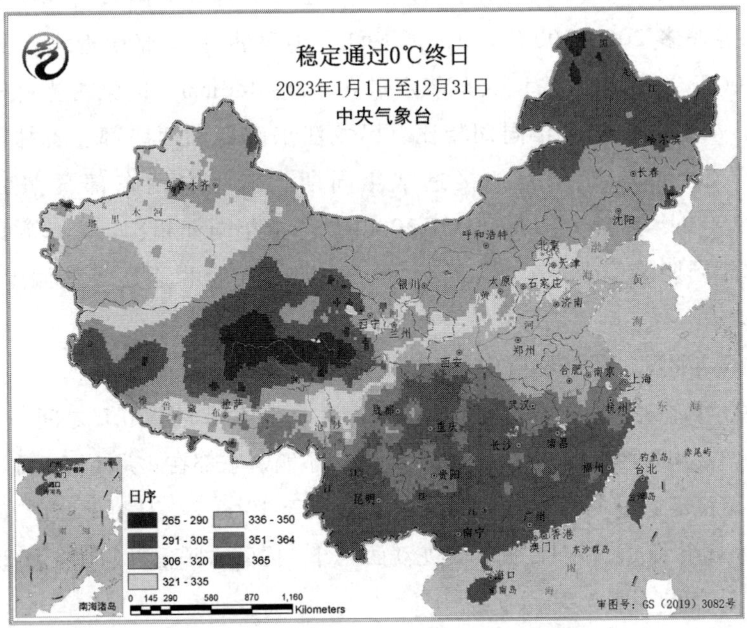

图 4　2023 年全国气温稳定通过 0℃的初（上）终（下）日（日序）

2023年稳定通过0℃初终日期间，东北农区大部活动积温在3000～4000℃·d，辽宁在4000～5000℃·d。与常年同期相比，辽宁、吉林东部、内蒙古赤峰和通辽等地偏多200～400℃·d，内蒙古西部、黑龙江大部偏多100～200℃·d。东北农区大部降水量在400～800mm，内蒙古赤峰和通辽在200～400mm。与常年同期相比，黑龙江东南部和西南部、吉林西部偏多100～300mm，其余大部接近常年同期。东北农区大部日照时数在2000～3000h。与常年同期相比，大部农区日照接近常年同期略偏少，黑龙江东南部、内蒙古赤峰和通辽等地偏少100～400h。

2. 稳定通过5℃初终日及期间的农业气候资源

2023年东北农区稳定通过5℃初日在3月17日至4月16日之间，其中辽宁大部、吉林南部、内蒙古通辽和赤峰在3月17～31日（见图5，上）。黑龙江、吉林、内蒙古东四盟大部、辽宁北部稳定通过5℃终日在10月1日至11月1日之间，辽宁大部在11月2～16日（见图5，下）。

2023年稳定通过5℃初终日期间，东北农区大部活动积温在3000～4000℃·d，辽宁南部在4000～5000℃·d，内蒙古东北部、黑龙江西北部在2000～3000℃·d。与常年同期相比，辽宁、吉林、内蒙古赤峰和通辽等地积温偏多200～400℃·d，黑龙江、内蒙古东北部接近常年或偏多100～200℃·d。东北农区大部降水量在400～800mm，内蒙古赤峰和通辽在200～400mm。与常年同期相比，黑龙江东南部和西南部、吉林西部偏多100～200mm，其余大部接近常年同期。东北农区东部日照时数在2000～2500h，西部大部在2500～3000h。与常年同期相比，大部农区日照接近常年同期略偏少，黑龙江东南部、内蒙古赤峰和通辽等地偏少100～400h。

3. 稳定通过10℃初终日及期间的农业气候资源

2023年东北农区稳定通过10℃初日在4月1日至5月30日之间，其中辽宁大部、吉林西部、黑龙江东南部、内蒙古东四盟东部在4月1～30日（见图6，上）。稳定通过10℃终日大部在9月28日至10月27日之间，辽宁南部在10月28日至11月26日之间，黑龙江西北部、内蒙古呼伦贝尔在8月29日至9月27日之间（见图6，下）。

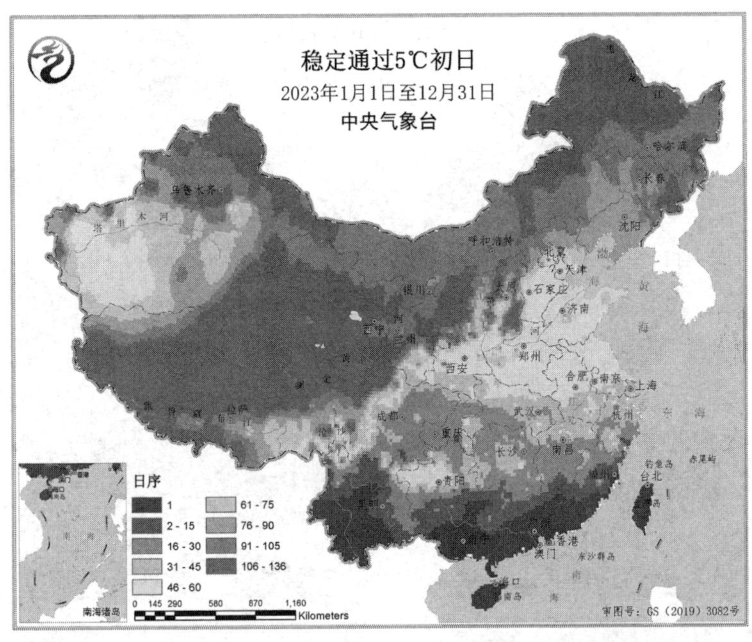

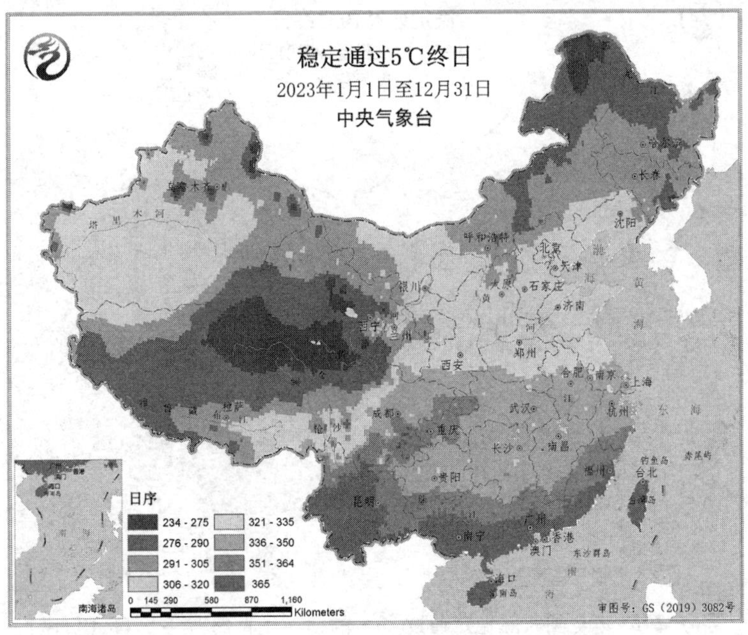

图 5　2023 年全国气温稳定通过 5℃的初（上）终（下）日（日序）

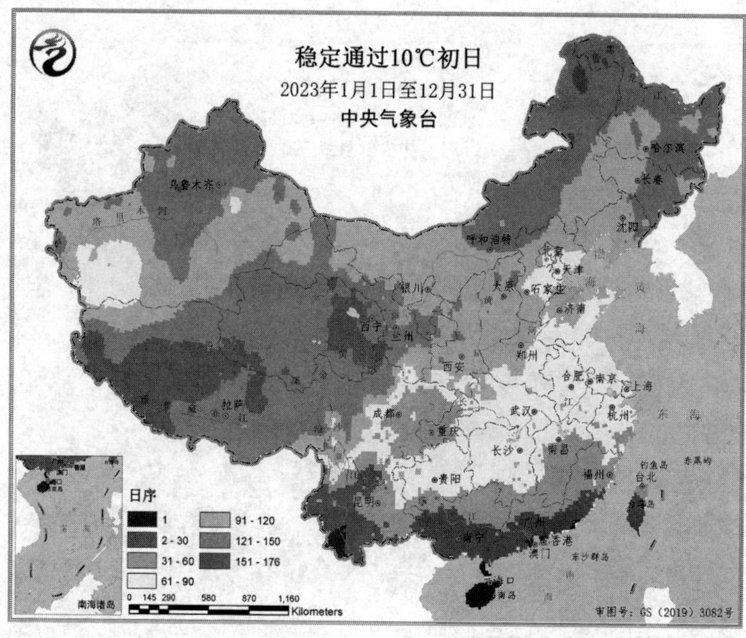

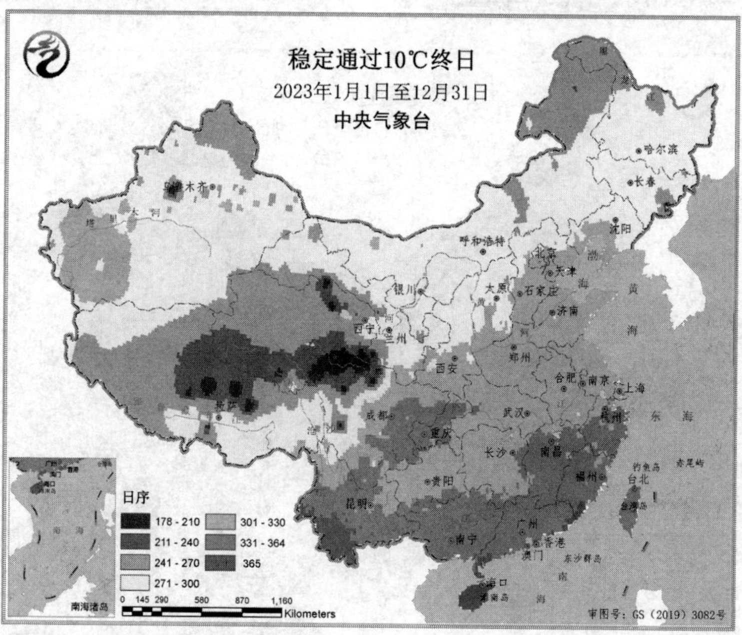

图6　2023年全国气温稳定通过10℃的初（上）终（下）日（日序）

2023年稳定通过10℃初终日期间，东北农区大部活动积温在2000～4000℃·d，辽宁南部在4000～5000℃·d。与常年同期相比，农区大部积温偏多100～400℃·d。东北农区大部降水量在400～800mm，内蒙古赤峰和通辽在200～400mm。与常年同期相比，黑龙江东南部和西南部、吉林西部偏多100～200mm，其余大部接近常年同期。东北农区东部日照时数在2000～2500h，西部大部在2500～3000h。与常年同期相比，大部农区日照接近常年同期略偏少，黑龙江东南部、内蒙古赤峰和通辽偏少100～400h。

（二）华北、黄淮农区

1. 稳定通过0℃初终日及期间的农业气候资源

2023年华北、黄淮农区稳定通过0℃初日在1月16日至3月1日之间。其中黄淮大部、华北南部在1月16日至3月1日之间，华北中北部、山东半岛在1月30日至3月1日之间（见图4，上）。稳定通过0℃终日黄淮大部在12月2～16日，河北中部、山西中部在11月17日至12月1日之间，河北北部、山西北部在11月2～16日（见图4，下）。

2023年稳定通过0℃初终日期间，黄淮大部、河北中南部活动积温在5000～6000℃·d，河北北部、山西大部在3000～5000℃·d。与常年同期相比，农区大部积温偏多200～400℃·d，河北东南部、山东大部、河南东部偏多400～600℃·d。华北、黄淮东部大部降水量在400～800mm，黄淮西部在800～1200mm。与常年同期相比，河北南部、河南大部偏多200～400mm，其余大部接近常年同期。华北北部大部日照时数在2500～3000h，华北南部、黄淮大部在2000～2500h。与常年同期相比，大部农区日照偏多100～400h。

2. 稳定通过10℃初终日及期间的农业气候资源

2023年华北、黄淮农区稳定通过10℃初日在3月2日至4月30日之间，其中华北大部、黄淮北部在3月2～31日，黄淮南部、河北中部在4月1～30日（见图6，上）。稳定通过10℃终日黄淮大部、华北东部和南部在10月28日至11月26日之间，华北西部和北部在9月28日至10月27日之间（见图6，下）。

2023年稳定通过10℃初终日期间，华北西部和北部活动积温在3000～4000℃·d，华北东部、黄淮大部活动积温在4000～5000℃·d，河南东部、山东西南部在5000～6000℃·d。与常年同期相比，华北东部、黄淮东部和南部积温偏多200~400℃·d，黄淮西部、华北西南部偏少100~600℃·d。华北、黄淮东部大部降水量在400~800mm，黄淮西部在800~1200mm。与常年同期相比，河北西部、河南大部偏多200~400mm，其余大部接近常年同期。华北北部、山东东北部日照时数在2500~3000h，华北西南部、黄淮大部在2000~2500h。与常年同期相比，大部农区日照偏多100~400h。

（三）西北农区

1. 稳定通过0℃初终日及期间的农业气候资源

2023年西北地区东南部农区稳定通过0℃初日在1月16~31日，西北地区东北部、新疆大部在1月31日至3月1日之间，甘肃大部、新疆北部在3月2日至4月15日之间（见图4，上）。西北地区东南部、新疆大部稳定通过0℃终日大部在11月11日至12月16日之间，西北地区东北部、甘肃、新疆北部在11月3日至12月1日之间（见图4，下）。

2023年稳定通过0℃初终日期间，西北农区大部活动积温在3000~5000℃·d，陕西南部、新疆西部在5000~6000℃·d。与常年同期相比，农区大部积温偏多100~400℃·d，陕西大部接近常年同期。农区大部降水量在100~400mm，甘肃南部、陕西北部在400~800mm，陕西南部在800~1200mm。与常年同期相比，陕西南部偏多100~400mm，其余大部接近常年同期。农区大部日照时数在2000~3000h，甘肃南部、陕西南部部分地区在1500~2000h。与常年同期相比，大部农区日照接近常年同期略偏少，陕西南部偏多200~800h。

2. 稳定通过5℃初终日及期间的农业气候资源

2023年西北地区东南部农区稳定通过5℃初日在1月31日至3月1日之间，西北地区东北部、新疆西部在3月2~31日，宁夏、甘肃大部、新疆东部在4月1~15日（见图5，上）。陕西南部稳定通过5℃终日大部在11月16日至12月16日之间，陕西北部、甘肃东部、宁夏、新疆大部在11月2日至12月1日（见图5，下）。

2023年稳定通过5℃初终日期间，西北农区大部活动积温在3000~5000℃·d，陕西南部、新疆西南部在5000~6000℃·d。与常年同期相比，农区大部积温偏多100~400℃·d，陕西北部偏少100~200℃·d。新疆大部、甘肃西部、宁夏大部降水量不足200mm，新疆北部、甘肃东部、陕西在200~800mm，陕西东南部在800~1200mm。与常年同期相比，陕西南部降水偏多

100~400mm，其余大部接近常年同期略偏少。农区大部日照时数在2500~3000h，甘肃东南部、宁夏南部、陕西大部在2000~2500h。与常年同期相比，大部农区日照接近常年同期略偏少，陕西南部偏多200~400h。

3. 稳定通过10℃初终日及期间的农业气候资源

2023年陕西、甘肃南部、宁夏北部、新疆大部稳定通过10℃初日在4月1~30日，宁夏南部、甘肃中西部、新疆北部在5月1~30日（见图6，上）。陕西南部、新疆西部稳定通过10℃终日大部在10月28日至11月26日之间，陕西北部、甘肃、宁夏、新疆大部在9月28日至10月27日之间（见图6，下）。

2023年稳定通过10℃初终日期间，西北农区大部活动积温在3000~4000℃·d，陕西南部、新疆西南部在4000~5000℃·d。与常年同期相比，陕西、新疆中部等地积温偏少100~400℃·d，其余大部地区接近常年同期。新疆大部、甘肃西部、宁夏大部降水量不足200mm，甘肃东部、陕西中北部在200~800mm，陕西东南部在800~1200mm。与常年同期相比，陕西南部降水偏多100~400mm，其余大部接近常年同期略偏少。农区大部日照时数在2500~3000h，甘肃东南部、宁夏南部、陕西大部在2000~2500h。与常年同期相比，大部农区日照接近常年同期略偏少，陕西南部偏多200~400h。

（四）长江中下游（江淮、江汉、江南）农区

1. 稳定通过10℃初终日及期间的农业气候资源

2023年长江中下游农区稳定通过10℃初日在3月2~31日，江西中部在1月31日至3月1日之间（见图6，上）。江淮、江汉、江南西部稳定通过10℃终日在10月28日至11月26日之间，江南东部在11月27日至12月30日之间（见图6，下）。

2023年稳定通过10℃初终日期间，大部农区活动积温在5000~6000℃·d，江南东南部在6000~7000℃·d。与常年同期相比，江汉偏少100~400℃·d，江南东南部偏多200~400℃·d，其余大部接近常年同期。大部降水量在1200~1600mm，江南西部在800~1200mm，江西中部在1600~2000mm。与常年同期相比，江汉北部偏多200~400mm，江南大部偏少200~700mm。农区大部日照时数在1500~2000h，江南西部在1000~1500h。与常年同期相比，大部农区日照接近常年同期。

2. 稳定通过20℃初终日及期间的农业气候资源

2023年长江中下游农区大部稳定通过20℃初日在5月1~30日，江汉西部在

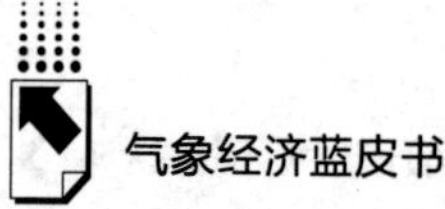

5月31日至6月27日之间（见图7，上）。稳定通过20℃终日大部在9月28日至10月27日之间，江汉大部、江淮西部在8月29日至9月27日（见图7，下）。

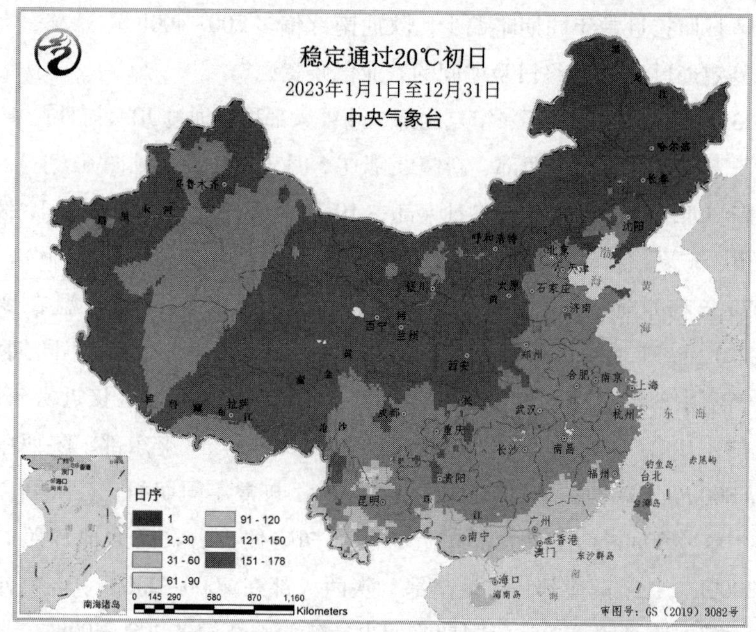

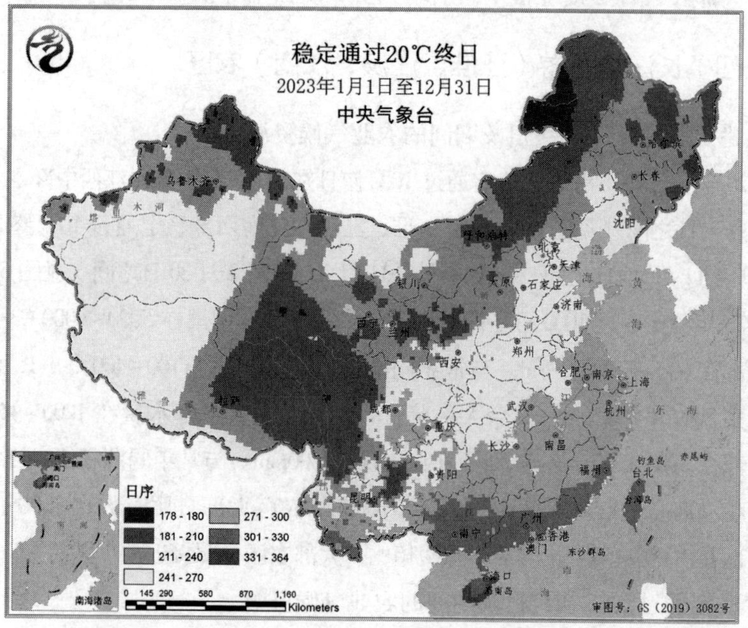

图7　2023年全国气温稳定通过20℃的初（上）终（下）日（日序）

2023年稳定通过20℃初终日期间，大部农区活动积温在3000~4000℃·d，江汉西部在2000~3000℃·d。与常年同期相比，江汉、江南西北部等地积温偏少200~400℃·d。农区大部降水量在800~1600mm，江西东部部分地区在1600~2000mm。与常年同期相比，江汉北部偏多200~400mm，江南大部偏少200~700mm。农区大部日照时数在1500~2000h，湖南大部在1000~1500h。与常年同期相比，大部农区日照接近常年同期。

（五）华南农区

1. 稳定通过10℃初终日及期间的农业气候资源

2023年华南北部稳定通过10℃初日在1月31日至3月1日之间，华南南部在1月2~30日（见图6，上）；大部稳定通过10℃终日在11月27日至12月30日之间。海南全年均稳定通过10℃（见图6，下）。

2023年稳定通过10℃初终日期间，华南大部农区活动积温在6000~8000℃·d，华南南部在8000~10000℃·d。与常年同期相比，大部偏多200~600℃·d。大部降水量在800~2000mm，两广南部有2000~2900mm。与常年同期相比，华南西北部偏少300~700mm，两广南部偏多400~900mm。农区大部日照时数在1500~2000h。大部农区日照接近常年同期，广西西北部偏多200~400h。

2. 稳定通过15℃初终日及期间的农业气候资源

2023年华南北部稳定通过15℃初日在3月2~31日，华南南部在1月31日至3月1日之间，海南在1月2~30日（见图8，上）。华南北部稳定通过15℃终日在10月28日至11月26日之间，华南南部在11月27日至12月30日之间（见图8，下）。

2023年稳定通过15℃初终日期间，华南大部农区活动积温在5000~7000℃·d，华南南部在7000~8000℃·d，海南在8000~10000℃·d。与常年同期相比，华南南部偏多400~1000℃·d。大部降水量在800~2000mm，两广南部有2000~2900mm。与常年同期相比，华南西北部偏少300~700mm，两广南部偏多400~900mm。农区大部日照时数在1500~2000h。大部农区日照接近常年同期，广西西北部偏多200~400h。

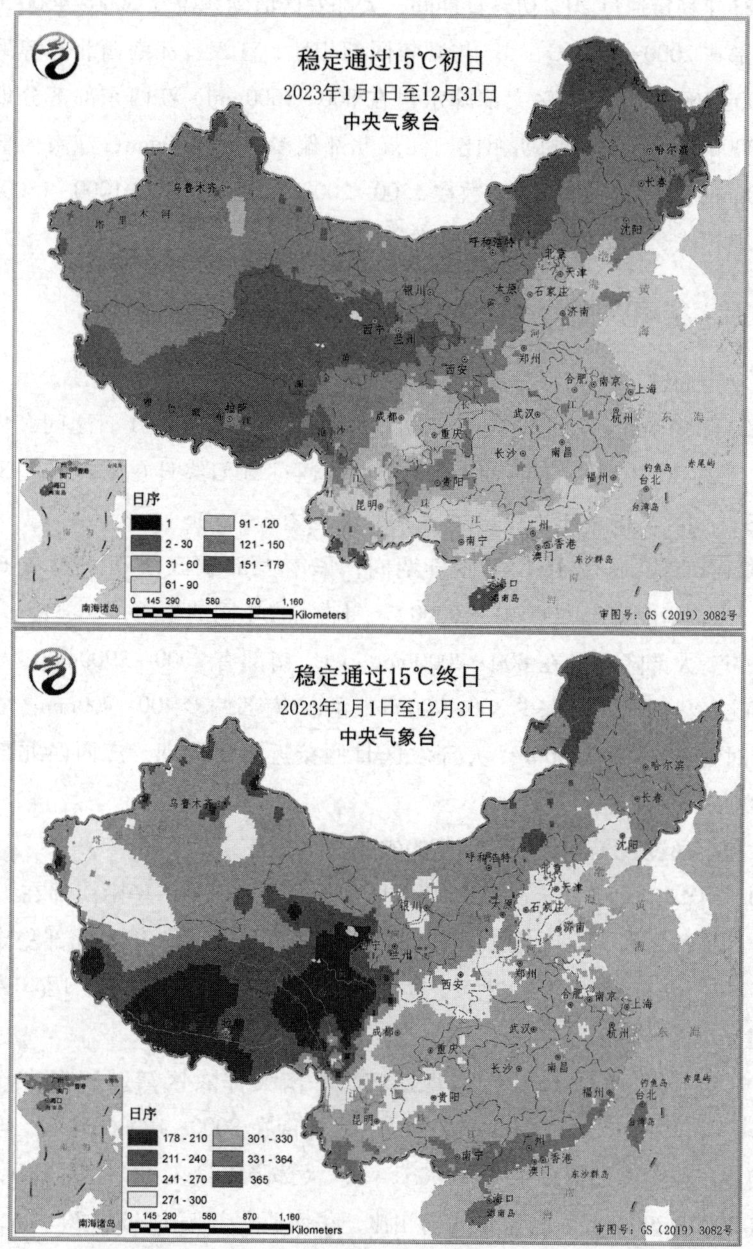

图 8　2023 年全国气温稳定通过 15℃的初（上）终（下）日

3. 稳定通过20℃初终日及期间的农业气候资源

2023年华南北部稳定通过20℃初日在5月1~30日，华南南部在4月1~30日，海南在1月31日至3月30日之间（见图7，上）。华南北部稳定通过20℃终日在9月28日至10月27日之间，华南大部在10月28日至11月26日之间，海南南部沿海在11月27日至12月18日之间（见图7，下）。

2023年稳定通过20℃初终日期间，华南大部农区活动积温在4000~6000℃·d，海南在7000~8000℃·d。与常年同期相比，华南北部大部偏少200~600℃·d。大部降水量在800~2000mm，两广南部有2000~2900mm。与常年同期相比，华南西北部偏少300~700mm，两广南部偏多400~900mm。农区大部日照时数在1500~2000h。大部农区日照接近常年同期，广西西北部偏多200~400h。

（六）西南农区

1. 稳定通过10℃初终日及期间的农业气候资源

2023年云南东北部、四川盆地稳定通过10℃的初日在1月2~30日，云南西南部在1月31日至3月1日之间，其余大部地区在3月2~31日（见图6，上）。西南大部稳定通过10℃终日在10月28日至12月31日之间（见图6，下）。

2023年稳定通过10℃初终日期间，西南农区大部活动积温在5000~7000℃·d，云南南部在7000~8000℃·d，贵州西部在4000~5000℃·d。与常年同期相比，农区大部积温偏多400~1100℃·d。西南地区东部、云南西部降水量在800~1200mm，重庆在1200~1600mm，云南东部、四川北部等地在400~800mm。与常年同期相比，西南地区南部大部偏少300~700mm，重庆中北部偏多200~400mm。西南地区东部大部日照时数在1000~1500h，西南地区南部在1500~2500h。与常年同期相比，西南地区东部日照时数偏多100~400h，云南南部偏少100~400h。

2. 稳定通过15℃初终日及期间的农业气候资源

2023年西南农区大部稳定通过15℃的初日在3月2日至4月30日之间，云南南部在1月31日至3月1日之间（见图8，上）。西南大部稳定通过15℃终日在9月28日至11月26日之间，云南南部在11月27日至12月30日之间（见图8，下）。

2023 年稳定通过 15℃初终日期间，西南农区大部活动积温在 4000~6000℃ · d，云南南部在 6000~7000℃ · d，贵州西部在 3000~4000℃ · d。与常年同期相比，农区大部积温偏多 400~1100℃ · d。西南地区东部、云南西部降水量在 800~1200mm，重庆平均降水量 1200~1600mm，云南东部、四川北部等地降水量 400~800mm。与常年同期相比，西南地区南部大部偏少 300~700mm，重庆中北部偏多 200~400mm。西南地区东部大部日照时数在 1000~1500h，西南地区南部在 1500~2500h。与常年同期相比，西南地区东部日照时数偏多 100~400h，云南南部偏少 100~400h。

3. 稳定通过20℃初终日及期间的农业气候资源

2023 年西南农区大部稳定通过 20℃的初日在 4 月 2 日至 5 月 30 日之间，云南南部部分地区在 4 月 1~30 日（见图 7，上）。西南大部稳定通过 20℃终日在 8 月 29 日至 10 月 27 日之间，云南东北部在 6 月 30 日至 8 月 28 日之间（见图 7，下）。

2023 年稳定通过 20℃初终日期间，西南农区大部活动积温在 2000~4000℃ · d，云南北部在 1000~2000℃ · d。与常年同期相比，农区大部积温偏多 200~600℃ · d，重庆偏少 200~600℃ · d。西南地区东部、云南西部降水量在 800~1200mm，重庆在 1200~1600mm，云南东部、四川北部等地在 400~800mm。与常年同期相比，西南地区南部大部偏少 200~700mm，重庆中北部偏多 200~400mm。西南地区东部大部日照时数在 1000~1500h，西南地区南部在 1500~2500h。与常年同期相比，西南地区东部日照时数偏多 100~400h，云南南部偏少 100~400h。

三　2023年全国农业气候资源开发利用建议

2023 年，全国大部农区热量资源良好、光照资源和降水资源接近常年，农业干旱、低温冷害和病虫害影响总体偏轻。河南、陕西等地麦收期间连阴雨（烂场雨）持续时间长、华北黄淮夏季高温极端性强、华北东北局地农田渍涝和华西秋雨偏重。全年粮食单产较 2022 年增加 0.8%。其中：夏粮生长期间产区大部光热充足、墒情适宜，但河南、陕西等地出现严重“烂场雨”天气，全国夏粮单产较 2022 年减少 1.1%。早稻产区大部光热匹配良好，全国早稻单产较 2022 年增加 1.2%。秋粮生产期间雨热同季，光温水等气候资源要素匹配均衡，尽管遭受京津冀和东北地区严重渍涝、华北黄淮等地极端性高温以及罕见华西秋雨等灾害影响，全国秋粮仍获得良好收成，平均单产较 2022 年增加 1.3%。

气候是农业生产自然环境中最基本、最重要的条件之一，气候为农业生产提供了光、热、水、空气等能量和物质资源。也可以说，农业生产过程就是人们开发利用气候资源的过程。因此，建议农业气候资源开发利用既要兼顾经济、社会和生态效益原则，也要兼顾当前利益与长远利益。必须优化配置农业气候资源要素，因地制宜、合理布局，保持生态平衡和综合利用。

农业气候资源具有鲜明的区域差异性、相互依存性和可改造性，以及有值无价性等特点①。在气候变化和中国社会经济高质量发展的背景下，农业生产的自然环境特别是气候环境、市场条件与社会需求、作物品种及其适应性都发生了巨大变化，传统的农业气候区划已不能与这些巨大变化相适应。因此建议，根据新的农业气候指标，基于空间数据和模型开展新的农业气候资源普查和精细化农业气候动态区划，准确把握中国农业气候资源的空间分布特征，探索农业气候资源新的开发利用途径，科学制定农业发展规划和布局，精准指挥农业生产和农业防灾减灾，充分合理地开发利用农业气候资源。

无论是 2023 年农业气候资源特征，还是不同界限温度下光温水农业气候资源要素的时空分布，不难看出，在一定时空范围内农业气候资源具有有限性、无限循环的可更新性、适度性、非线性、波动性和相对稳定性等特征②。因此，建议充分合理开发利用农业气候资源，要更加重视趋利避害。即充分利用光能、热量和水分等农业气候资源，科学合理地避减农业气候资源非线性波动带来的危害。具体措施包括调整种植结构、品种结构和作物播种期等。

从 2023 年中国不同界限温度下农业气候资源要素分布看，各农区作物生产还有巨大潜力。挖掘农业生产潜力，就是充分利用农业气候资源。因此要采取各种有效措施，增加作物光合面积，延长作物光合作用时间，减少农业环境

① 刘秀珍主编《农业自然资源》，中国农业科学技术出版社，2006。

② 王敬国主编《资源与环境概论》，中国农业大学出版社，2000。

包括土肥条件、温度和水分条件的制约，以及作物本身的制约，提高农业气候资源利用效率，比如调整农作物种植方式、加大密度、改良品种等。特别是改善农业生产环境条件，比如建设农田基础设施和灌溉工程，加大高标准农田建设力度，由“看天吃饭”到“知天而作”。

B.8

气候康养资源：概念内涵、分类体系及开发路径

黄 萍　张宇欣　秦 瑜　韩陶媛　张玉娟*

摘　要： 在政策推动、人口结构变化、市场需求增长的共同作用下，我国气候康养产业的巨大潜力正被加速激活。随着越来越多的气候康养资源被发掘和关注，亟待从理论上明晰气候康养资源的内涵、分类及其开发路径等关键问题。本文基于资源价值论，从融合发展的视角界定了气候康养资源的概念内涵，并依据宜居宜游与物候康养两大维度，构建了涵盖8个类型的气候康养资源分类体系。在全面归纳和识别气候康养产业发展现状及特征的基础上，本文从养生养老、旅游旅居、健康运动三大核心领域出发，提出了13种“气候康养+”的融合产业发展路径，旨在为我国气候康养产业的高质量发展提供理论支持和实践指导。

关键词： 气候康养资源　产业融合　高质量发展

一　气候康养资源的概念与分类

（一）气候康养资源的概念

随着我国大力推动康养产业的发展，“气候康养资源”概念应运而生。目

---

* 黄萍，博士，硕士生导师，成都信息工程大学二级教授，四川省学术和技术带头人，主要研究方向为数字文旅、气象旅游、文旅融合；张宇欣，博士，成都信息工程大学讲师，主要研究方向为生态系统服务、生态产品价值实现；秦瑜，成都信息工程大学旅游管理专业硕士研究生，主要研究方向为气象旅游、旅游大数据；韩陶媛，成都信息工程大学旅游管理专业硕士研究生，主要研究方向为气象旅游、旅游大数据；张玉娟，成都信息工程大学农业管理专业硕士研究生，主要研究方向为休闲农业与乡村旅游。

前学术界对气候康养资源尚无明确定义，学者们主要从气候资源、气候康养、康养旅游资源三个相关概念上做出了相应研究阐释。

在气候资源方面，葛全胜指出，气候资源是可以为人们所直接或间接利用、能够形成财富、具有使用价值的气候系统要素或气候现象的总体。① 孙卫国认为气候资源是在一定的经济技术条件下，能为人类生活和生产提供光、热、水、风、空气成分等物质和能量的总称。②《云南省气候资源保护和开发利用条例》中指出，气候资源是人类生产和生活中所能利用的太阳光照、热量、云水、风以及大气成分等自然物质和能量。③

气候康养是一个多维度、综合性的概念，学术界在对气候康养的阐释上，主要以宜人气候条件为基础，结合健康运动、养老养生、旅游旅居等活动而进行界定。在中国气象服务协会团体标准《气候康养旅居适宜度评价指数》（T/CMSA 0046—2023）中，专门对气候康养术语进行了定义，指出气候康养是以天气景观、气候环境、人文气象为主要资源，开展养生养老、健康疗养、旅居度假、休闲旅游等活动。原桂英等指出气候康养是让人处于积极保护和积极刺激状态的气候环境，避免消极压力气候环境，进而促进人体健康。④ 张磊磊等提出气候康养是以气候生态资源为依托，结合医疗、人文、景观、药食等资源，通过旅游（居）活动改善人们的身心状态。⑤ 苏伟认为气候康养是以地区和季节性宜人的自然气候条件作为康养资源，满足康养消费者对特殊环境气候需求的情况下配套各种相关产品和服务。⑥

对康养旅游资源的内涵阐释，学者们主要聚焦具有促进身心健康、提供休闲体验价值的自然和人文资源总和，这些资源不仅包括气候、山地、森林、沙漠等自然要素，也涵盖中草药、葡萄酒等物质资源及中国传统文化、饮食文化、民族医药等文化元素。在《国家康养旅游示范基地》标准（LB/T 051-

---

① 葛全胜主编《中国气候资源与可持续发展》，科学出版社，2007，第3页。

② 孙卫国：《气候资源学》，气象出版社，2008，第13页。

③《云南省气候资源保护和开发利用条例》，2019年。

④ 原桂英、彭贵康、王兰：《雅安市康养气候资源》，《绿色科技》2023年第12期。

⑤ 张磊磊、孙羽、尹立等：《人体舒适度与气候康养相关研究及应用进展》，《沙漠与绿洲气象》2023年第6期。

⑥ 郭鹏：《中国气候谈判首席代表苏伟：“气候康养”大有可为》，《民生周刊》2024年第2期。

2016）中，界定康养旅游资源是应具备与养生相关的、独特的自然或人文资源，并享有一定知名度。彭鹏认为在自然环境和人为环境中的对人体健康有益的要素即为康养旅游资源。[①] 沈嘉煜则从利益细分的角度出发，认为康养旅游资源是客观存在于一定地域空间的潜在财富形态，具有保持或优化身心健康的休闲体验价值。[②] 赵子帆指出，康养旅游资源不仅包括自然存在的气候、山地、森林等自然资源，还包括中草药、葡萄酒等人为创造的资源，以及中国传统文化、饮食文化、民族医药等文化元素。[③] 符丽美指出康养旅游资源是在具备丰富的养生自然资源、人文资源的基础上，依托完善的保健设施，为游客提供身心健康与精神愉悦的资源总和。[④]

尽管学术界尚未对气候康养资源概念作出专门定义，不过从字面上显然可以判断，气候康养资源是一个复合概念，其含义与气候资源、气候康养、康养旅游资源等概念相关。从其本质属性即内涵看，气候康养资源是指可供康养活动开展的适宜气候资源。而其外延特征至少包括三个方面的含义：一是具有促进人体健康的气候条件；二是具有提供人们健康生活的气候衍生物；三是具有提供人们开展有利于身心健康的旅游旅居等活动的气候生态环境。换句话说，气候康养资源是具有康养功能价值的气候要素或气候现象的总称。

（二）气候康养资源的分类

目前国内与气候康养资源分类相关的研究，主要局限于对气象旅游资源、养生气候、气候康养地的分类。在《气象旅游资源分类与编码》（T/CMSA 0001—2016）标准中，气象旅游资源被分为天气景观资源、气候环境资源和人文气象资源 3 大类、14 个亚类、84 个子类。[⑤] 在《养生气候类型划分》（T/CMSA 0008—2018）标准中，结合气候、养生和养生活动的特点，

---

① 彭鹏：《气-生体系康养旅游资源区的识别研究》，云南师范大学硕士学位论文，2020。

② 沈嘉煜：《基于利益细分的重庆康养旅游产品开发研究》，西南大学硕士学位论文，2022。

③ 赵子帆：《基于旅游气候舒适度分析的宁夏康养旅游资源开发研究》，宁夏大学硕士学位论文，2023。

④ 符丽美：《三亚市康养旅游资源评价与开发研究》，海南师范大学硕士学位论文，2023。

⑤ 《气象旅游资源分类与编码》（T/CMSA 0001—2016），2016。

养生气候类型被划分为季节养生气候、疗养养生气候、游赏养生气候3大主类11分类。① 另外，在《气候康养地评价》（T/CMSA 0019—2020）标准中，则根据不同类型的病症或亚健康人群需求，康养气候被分为夏季清凉型、冬季舒适型、日光疗养型、干爽调养型和湿润温和型5类。② 本文立足气候康养资源概念含义，结合上述相关分类研究，从气候康养产业开发利用资源角度，按照气候康养与物候康养2个分类依据，将气候康养资源分为8种主要类型（见表1）。

表1 气候康养资源类型和释义

分类依据	类型	基本释义
宜居宜游	夏季清凉避暑型	夏季（6~8月），平均气温18℃~26℃，体感温凉舒适，适宜开展夏季清凉避暑康养活动的气候资源
	冬季温暖避寒型	冬季（12月至翌年2月），平均气温16℃~25℃，体感温暖舒适，适宜开展冬季温暖避寒康养活动的气候资源
	四季如春温和型	四季宜人舒适，全年平均气温为15℃~18℃，适宜开展全年康养活动的气候资源
	阳光充足日光型	日照充足适宜，年平均日照时数1500小时以上，利于开展以日光浴为主要康养活动的气候资源
	空气清新富氧型	空气质量优良，年平均空气污染指数≤50，年平均负（氧）离子浓度≥1500个/cm^3，适宜开展以康复休养为主体康养活动的气候资源
	特殊气候医养型	具有特殊气候环境，配套医疗服务，适宜开展心血管疾病、风湿病、高血压、过敏性疾病、神经功能紊乱、情绪障碍、肺部感染、肿瘤等预防与治疗为主体康养活动的气候资源
物候康养	物候景观	动植物适应气候条件的周期性变化，形成与之相适应的生长发育节律，构造出独特景观
	物候物产	生物长期适应季节性变化而产生的可食、可补、可饮、可用等的物产资源

① 《养生气候类型划分》（T/CMSA 0008—2018），2018。

② 《气候康养地评价》（T/CMSA 0019—2020），2020。

二　我国气候康养产业发展现状

（一）产业基本现状

健康是幸福生活的重要标志。随着我国健康事业的不断发展，国家层面相继出台了大力促进康养产业发展的一系列政策。2016 年发布了《“健康中国 2030”规划纲要》，强调要积极促进健康与养老、旅游、互联网、健身休闲、食品融合，催生健康新产业、新业态、新模式的发展方向。2018 年，国务院办公厅在《关于促进全域旅游发展的指导意见》中，明确提出要推动旅游与气象融合发展，加快开发建设天然氧吧、气象公园等产品，大力开发避暑避寒旅游产品，推动建设一批避暑避寒度假目的地。2022 年，国务院印发了《气象高质量发展纲要（2022—2035 年）》，专门指出要促进气候康养产业发展。

随着我国人口老龄化程度的持续加深和都市生活节奏的加快，广大民众对健康的消费需求日益上升。据相关统计分析，我国康养市场消费规模已超过万亿元，平均城市常住居民年均花费超过 1000 元，其中年轻人群的消费占比高达 83.7%。《康养蓝皮书：中国康养产业发展报告（2022-2023）》指出，国内康养产业市场规模已超过 10 万亿元。[①] 根据《“十四五”国民健康规划》提出的目标，2025 年我国健康服务业总规模将超过 11.5 万亿元，有望在 2035 年前成为世界上最大的康养经济体。其中，与气候相关的旅游旅居、养生养老、健康运动等康养产业增长最快、最具活力，成为康养产业的新发展方向，给具备宜人气候条件的地方带来了前所未有的新发展机遇。

为了加快推动气候资源赋能产业经济发展，积极探索气候生态价值的有效转化路径，近年来在中国气象局、中国气象服务协会的大力推动下，各地依托“中国天然氧吧”“国家气象公园”“气候好产品”“中国气候宜居城市（县）”“避暑旅游目的地”等一批“叫得响”的气候生态品牌，拓宽了地方气候康养绿色经济的发展路径。截至 2023 年底，全国已有 313 个地区获得

① 何莽主编《康养蓝皮书：中国康养产业发展报告（2022～2023）》，社会科学文献出版社，2023。

“中国天然氧吧”称号，地区总面积已超过 90 万平方公里，约占中国国土总面积的 9.5%。部分地区在创建成为“中国天然氧吧”后，2020~2022 年的旅游人数和旅游收入平均增长了 35%和 41%①。

（二）产业发展特征

1. 业态发展多元化，产业模式特色化

业态多样性，体现在依托特定的气候资源和地理环境，通过叠加交融模式，形成丰富多样的康养产品和服务体系，主要涵盖了气候沐浴、温泉疗养、森林疗愈、滨水休闲、山地运动、农庄生活、自驾营地、文化体验等多元叠加业态和产品，为气候康养+旅游、气候康养+旅居、气候康养+体育、气候康养+研学等融合路径提供了重要基础。如四川攀枝花市，地处北纬 26°，平均海拔 1300 米，属于亚热带干热河谷气候，年日照时长 2700 小时，年均气温 20.7℃，森林覆盖率 62.38%，拥有丰富的自然资源和独特的气候条件。2010 年，攀枝花在全国较早地提出了发展康养产业的战略目标，十年来其围绕“日照”优势气候资源，以冬季阳光康养产业发展为切入点，着力推出“日光倾城”“遇见阳光”“一座没有冬天的城市”等宜游宜居品牌，将阳光康养与健康养生、运动休闲、医疗养老、旅游度假、候鸟旅居等相结合，取得了显著成效，已获评“中国气候宜居城市”，入选首批国家医养结合试点城市，在中国城市宜居竞争力排行榜中列入前 50 强。2022 年，康养产业增加值达到 151.17 亿元，占生产总值的 12.4%；2023 年，实现康养产业增加值 170 亿元，每年吸引超过 20 万的“候鸟”人群旅居康养。此外，攀枝花市还率先在全国发布康养产业地方标准，成为引领气候康养产业发展的排头兵，2023 年上榜“中国康养可持续发展 20 强市”榜单。从“一座‘三线’钢铁之城”到“一座以花命名的城市”，再到“一座没有冬天的城市”，攀枝花市生动诠释了从一座因钢铁而生却因气候而兴更因康养而旺的成功产业转型升级发展之路。当然，在攀枝花市积极构建一个全方位、多层次、高品质的“阳光”康养产业体系过程中，守正创新，引导钢铁、钒钛、机械加工制造业向康养制造延伸，推动医疗、康复辅助器具与工业制造融合，将果蔬特色农产品与旅游旅居服务

① 中国气象旅游发展研究院：《中国天然氧吧品牌效益指数评价报告》，2023。

相结合，实现了一二三产业的有机融合和无缝对接，开发出了“康养农业”“康养工业”“康养旅游”“康养医疗”“康养运动”五种特色阳光康养业态体系。

2. 空间格局大分散，局地呈现小集中

我国地域广阔，南北气候各异、东西气候差别，加之各地受各类自然人文资源禀赋和地理环境不同的影响，我国在气候康养产业发展布局上总体呈现大分散与小集中并存格局。首先，冬季阳光避寒区域客观上主要集中在南方，夏季避暑大范围区域在北方，但是夏季，南方各省也有局地呈现适宜避暑的凉爽气候环境，如四季如春的昆明、云南的西双版纳、爽爽的贵阳、中国凉都六盘水、成都市青城山、四川广元曾家山、重庆市秀山、黔江、酉阳及湖南边城、湖北恩施等小范围局地，都是夏季避暑的好地方。而在冬季，海南三亚则因其热带海洋性气候，成为我国避寒首选目的地。此外，四川攀枝花、西昌、石棉，云南腾冲、大理、丽江及广东、广西、福建等省局地，都是开展避寒度假的理想区域。值得指出的是，尽管冬季北方气温普遍较低，但相对而言，河南三门峡市却相对温暖，成为西伯利亚上万只天鹅的过冬栖息地。同时，各地利用温泉、森林、海洋、河湖、山林、乡村、美食、医疗等特色资源，与适宜的气候条件相叠加，积极推动发展各具特色的气候康养+融合产业，在大分散、小集中的发展格局下形成了冬夏各具特色和差异的新业态、新产品。如全国首个“气候康养示范基地”落户海南省保亭黎族苗族自治县，近年来该县依托连片面积最大的热带雨林国家公园和碧海蓝天、天然温泉等特色资源，大力发展基于气候治疗的康养医疗产业，按照“一院”（海南自由贸易港健康医学研究院）、“一园四区”（加茂医疗健康产业园及“旅游+”的三道旅游康养体验区、低碳农艺的六弓乡村休闲康养区、气候疗养的毛岸气候康养区、温泉养生的七仙岭温泉康养区）、“一论坛”（健康高峰论坛暨院士大讲堂）的气候康养产业发展体系进行全方位布局，并在加茂医疗健康产业园区建设上，推动雪茄烟发酵项目、睡眠治疗项目、生态修复和新能源项目、生物质能源项目等落地保亭，形成了独具特色的大健康产业基地。

3. 发展势头强劲，综合价值凸显

气候康养产业，是以宜人的气候条件为核心资源，结合各地在森林、温泉、河湖、滨海等资源优势，依托城乡建设条件，配套各种健康、养老、养生、医疗、运动、度假、休闲等相关产品和服务，形成融合性、多样性、综合性的跨界产业发展体系。近年来，随着我国大众对健康生活需求的快速日益增长，气候康养产业正在成为赋能地方经济发展和满足人民群众健康生活的新动能。位于贵州西部乌蒙山区的六盘水市，是国家“三线”建设时期拔地而起的一座煤炭能源工业城市，在产业升级转换中，六盘水立足于优越的凉爽气候条件及境内丰富的瀑布、溶洞、森林、峡谷、湖泊、温泉、冰雪、中药材及厚重的古夜郎文化、民族文化、“三线”文化等特色资源，围绕医、养、健、游、食，全力建设“春有百花秋有月，夏有凉风冬有雪”的四季气候康养全产业链条，连续举办“中国凉都·六盘水”消夏文化避暑旅游季活动及夏季国际马拉松赛等系列文体旅品牌活动，在玉舍国家级森林公园内建设了“玉舍雪山滑雪场”，全方位立体化地打响了“康养胜地中国凉都”城市新名片，成功实现了资源型城市的转型破局，从“黑城”变成了“绿城”，提升了城市形象，赋能了城市活力，增强了城市魅力。2022 年，六盘水市全年接待旅游总人数 8456.67 万人次，是 2016 年 1901.41 万人次的 4.45 倍；实现国内旅游总收入 849.9 亿元，是 2016 年旅游总收入（含入境旅游收入）124.65 亿元的 6.82 倍，旅游业增速在贵州多年排名第一，彰显出六盘水市气候康养产业的强劲发展影响力和巨大市场吸引力，堪称我国气候康养产业发展的缩影和典范。① 又如四川攀枝花米易县，立足“海拔、温度、湿度、洁净度、优产度、和谐度的“六度”气候康养资源禀赋，围绕省委对攀枝花“建设国际阳光康养旅游目的地”的发展定位，致力于将米易打造为成渝地区阳光康养度假旅游“后花园”，对标国家 5A 级旅游景区建设标准，在县城集中实施绿化、美化、亮化、净化工程，打造花道、花街、花园、花海“四花”景观，全面提升“花园县城”魅力，在城市建设、景区打造、医疗卫生和服务业升级等方面强基补短，构建了集“医、养、游、居、文、农、林”一体化的“阳光”康养产业体系，在打响“内陆三亚”阳光康养旅游品牌的同时，深度拓展“冬日暖阳、夏季清凉”的四季康养供给服务体系，高质量举办了“清凉度假在米易”“深呼吸在米易”等品牌文旅康养品牌活动，迅速提升了米易旅游旅居康养的综合价值。2023 年，米易县实现旅游收入 100 亿元，比 2018 年的

① 《六盘水年鉴（2023）》《六盘水市 2016 年国民经济和社会发展统计公报》。

62.98 亿元增长了 58.76%；接待游客 900 万人次，比 2018 年的 531.84 万人次增长了 69.22%，成为四川最富吸引力和影响力的阳光康养产业新高地。①

三　加快发展气候康养+产业融合路径

加快发掘利用气候康养资源，促进气候康养产业与其他相关产业的融合发展，是增强地方经济实力和提升居民生活质量的重要途径。理论上讲，“气候康养+”产业融合发展路径体系丰富多样，相对而言，可以从面对的客群对象的相对差异上，按照“气候康养+养老养生”“气候康养+旅游旅居”“气候康养+健康运动”三大路径进一步细分，形成气候康养+产业融合发展路径体系（见图 1）。

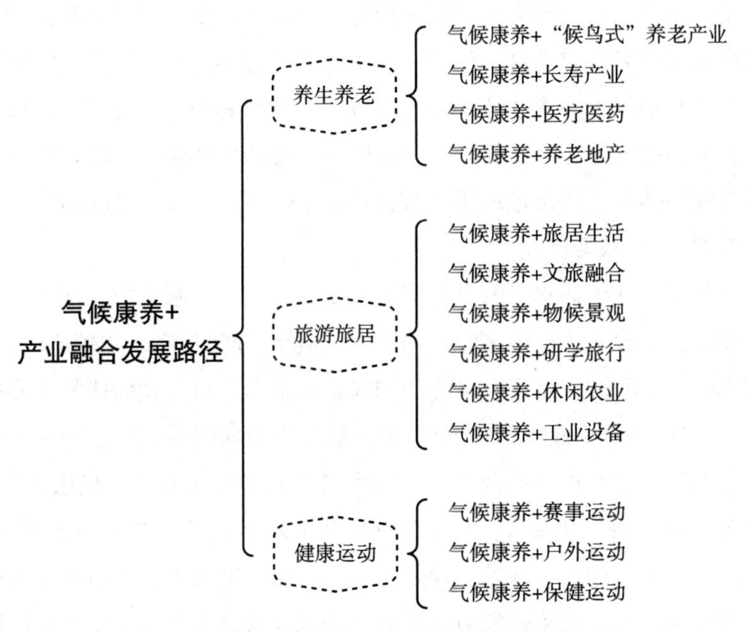

图 1　“气候康养+”产业融合发展路径体系

（一）气候康养+养老养生

“气候康养+养老养生”路径，旨在紧扣老年人的养老健康服务市场需求，

① 《攀枝花市米易县国民经济和社会发展统计公报》（2018 年、2023 年）。

构建集医养、养老、养生、旅居、度假、旅游、休闲等多功能于一体的气候康养+养老养生产业融合体系。在实践发展中，各地结合自身优势和特色，围绕发展需求，创新了跨界产业融合发展路径。

1. 气候康养+"候鸟式"养老产业

随着我国老龄化程度加深，在气候变化不断加剧影响下，老年人面临的健康风险更为严峻。适宜的气温是养老健康的重要气候因素，"冬南夏北""冬暖夏凉"的异地候鸟式养老市场正在全国大规模兴起，成为地方在"气候康养+养老产业"融合发展探索的重要路径。近年来，北京、黑龙江、海南等地出台了相关措施，如北京印发了《关于完善北京市养老服务体系的实施意见》，在异地养老上，依托京津冀养老服务协同机制和京琼养老服务合作机制，鼓励支持北京市老年人冬季到海南等南方地区、夏季到河北和内蒙古等北方地区候鸟式养老，以满足90%以上活力老人多层次、多样化养老服务需求。黑龙江省也与全国十多个省份、126座城市达成异地旅居养老联动合作意向，致力于打通和强化异地医疗服务、家政服务、情感关怀服务、心理咨询服务等养老服务保障体系，初步形成了"气候康养+N"的省际合作新模式。

2. 气候康养+长寿产业

随着我国大众生活水平的日益提高和生活质量的不断追求，老年人健康长寿已经成为普遍现象，据国家统计局数据，截至2023年底，我国60岁及以上人口为29697万人，占全国人口的21.1%。而中国人口与发展研究中心的研究预测显示，到2050年我国80岁以上老人数量将会翻两番。事实证明，适宜的气候与人的长寿存在正向耦合关系，也将成为长寿时代下"气候康养+长寿产业"兴起的新动能。客观看，长寿产业是基于老年人长寿健康生活消费需求，围绕旅游、文化、疗养、保健、理财、医疗、老年生活用品等衍生出来的养老经济。如中国广西，近年来致力于建设"中国长寿之乡"，2000年在广西柳州创办了"首届长寿产业博览会"，通过主题论坛、健康长寿领域前沿科技展示、健康产品展览、项目投资洽谈等多种形式，集成了长寿之乡的生态、工业等相关资源优势，呈现出以养老、旅游、医药医疗、健康管理等为主体的长寿产业经济形态。

3. 气候康养+医疗医药

在"气候康养+养老养生"发展上，医疗医药是健康养老、健康养生的重点发展领域。2024年，国家卫生健康委专门强调要支持为老年人提供包括中医药在内的医养结合服务，推动医养结合高质量发展。医疗医药相结合的养老养生产业，主要涉及健康教育、健康体检、健康管理、疾病诊治、慢病管理、康复护理、中医药保健、心理精神支持等方面的服务业态。如位于浙江中部的磐安县，是我国生态大县和“中国天然氧吧”，也是“中国药材之乡”。2021年4月，浙江省气象局联合磐安县人民医院医共体推出了全国首家气象医养中心——“磐安气象医养中心”，该中心主要依托磐安生态与气候资源、千年药乡等优势，通过布局衣食住行等服务业态，全面开展高血压等慢性病的调养和风险防控医养产业布局，加快推动形成“乡村慢生活+中医药健康养生”的主体业态，着力打造“身心两安、自在磐安”的气候康养品牌。

4. 气候康养+养老地产

“气候康养+养老地产”融合发展，是盘活地产存量、激活养老消费的重要途径，主要包括养老社区、老年公寓、城市核心区医养综合体、康养小镇、疗养综合体、养老院、养老康复中心等载体。近年来，我国不少房地产企业与保险、医疗机构联合，布局发展养老地产产业，为房地产业开辟了新发展空间。如2020年12月，中国人寿设立了大养老产业投资基金，总规模200亿元，主要专注于养老产业链上下游优质资源的开发投资，2023年投资建设了4个城心养老公寓和3个城郊养老社区。同时，太平洋寿险也在2023年建成普陀康养社区、山东青岛康养社区、厦门颐养社区、大理养老社区等多家“太保家园”高端养老社区。而泰康人寿则以“泰康之家”在全国34个城市建设了39个养老公寓。此外，在乡村振兴中，各地利用优越气候及相关康养资源优势，建设了一批各具特色的康养小镇。如浙江龙泉兰巨乡仙仁村，自然风光秀丽，空气水质优良，负氧离子含量平均达4466个/cm^3，其按照“一线一镇二区”的总体布局，规划总投资23亿元，分期打造集旅游集散、特色商业、休闲娱乐、养生养老、生态居住等多功能于一体的康养小镇。

（二）气候康养+旅游旅居

“气候康养+旅游旅居”路径，旨在满足大众旅游市场呈现出的观光、休闲、度假、旅居、体验等多样化的需求，构建以天气与气候景观观赏为特色，集医美、养生、研学、旅居、度假、旅游、休闲、运动等多功能于一体的

“气候康养+旅游旅居”产业融合体系。这类跨界路径在实践发展中特别活跃，也彰显出了各具魅力的典型范例。

1. 气候康养+旅居生活

“气候康养+旅居生活”的融合路径，主要依托城乡建设基础，配套旅居生活旅居服务形成新型生活方式。这种融合路径不仅能为旅居者提供适宜的气候环境以达到养生保健目的，提高旅居生活质量；而且能促进地方形成特色康养产业体系，增强经济实力。如2023年安徽黟县荣获我国首个“气候康养旅居示范区”。黟县地处皖南山区，属亚热带温湿性季风气候，四季温和，热量丰富，日照适宜，年平均气温16C°，年平均降水量1780.7mm，拥有夏能避暑、冬可避寒的季节性养生气候优势，且空气清新洁净，氧含量高。近年来，黟县整合气候、生态、文化等多样特色资源，大力发展气候康养旅居产业，持续开展康养配套服务建设，建成了一批康养小镇、旅居健康养老基地，打造了高水平的健康管理养生体验服务体系，拥有中国书画小镇等8家特色的疗休养基地，构筑起集康养度假、旅游观光、旅居养老、健康养生、休闲娱乐等于一体的养老养生综合产业体系。又如陕西商洛市，位于秦岭腹地，冬无严寒夏无酷暑，气象指数、温湿指数“最舒适期”全国第一。2021年，商洛市委、市政府抓住中国秦岭康养旅游度假目的地建设契机，提出了要将商洛建设成为“中国康养之都”的战略目标，依托气候生态优势，通过打造10个康养产业示范园区、10个旅游休闲度假区、10个系列健康产品、100家康养企业，建设一千家民宿、两万个房间、三万张床位，协同发展“医、养、游、体、药、食”康养产业体系，培育千亿级康养产业集群，做实国内一流康养产业发展高地目标，打响“商洛——中国康养之都”品牌。

2. 气候康养+文旅融合

“气候康养+文旅融合”，是各地最常见最普遍的跨界融合路径，既拓宽了文旅产业发展渠道，也丰富了旅游目的地供给体系，提升了大众旅游的体验满意度。如山西省拥有优越的气候条件、丰富的文化旅游资源、独特区位优势以及深厚的饮食文化底蕴，近年来，山西省政府立足特色优势资源，以打造文旅康养集聚区、文旅康养示范区为抓手，加快全力叫响“康养山西　夏养山西”的气候康养文旅品牌。为此，山西省文旅厅、省民政厅联合下发了《2024年加快推进文旅康养集聚区、文旅康养示范区建设实施方案》，明确提出要进一步加快10个县（市、区）文旅康养集聚区及50个文旅康养示范区建设，因地制宜开发一批避暑、温泉、乡村、森林、运动、中医药主题的康养产品，全力推进文旅康养产业全省域、全链条、全要素高质量发展。又如安徽黄山市，拥有高达82.9%的森林覆盖率，黄山风景区的空气负氧离子浓度长年稳定在每立方厘米2万个以上，其依托优越的空气质量和黄山5A级旅游景区、首批国家气象公园建设试点单位等核心吸引物，以及黟县、祁门县、歙县、徽州区等“中国天然氧吧”品牌资源，在全国乃至全球率先编制了《黄山气象旅游导则》，大力推动“景区+县域经济”“气象旅游+”等发展模式，成为我国“气候康养+文化旅游”融合发展的领头高地。

3. 气候康养+物候景观

物候景观是天气与气候景观中的重要资源，是指植物、动物（特别是鸟类）、水文、天气等随季节变化而呈现出具有观赏价值的景观现象，是康养旅游产业发展依托的主要资源，也通常是旅游目的地的核心吸引物。如内蒙古额济纳旗胡杨林国家森林公园总面积达5636公顷，海拔约950米，年降雨量38~49mm，年均气温为8.3℃，极端高温为42.2℃，极端低温为-37.6℃，其拥有全球面积最大、千年古树最多、景色最壮观的原生态胡杨林海，在季节变化中呈现四季独特景色，尤以秋季10月出现的壮观黄色叶片胡杨林景色独占鳌头，与沙漠、戈壁、草原、湖泊、文物古迹等融为一体，成为内蒙古著名的旅游目的地。内蒙古额济纳胡杨国家森林公园自2003年批准建立以来，每年接待游客逐年增加，额济纳旗政府抓住时机，加快配套布局吃住行游购娱要素体系建设，提升接待能力。新冠疫情前2019年额济纳旗接待游客达到了810万人次，是2016年160.1万人次的5倍；旅游总收入78亿元，是2016年22.4亿元的3.48倍。在旅游业的引领带动下，交通物流、餐饮住宿、商贸流通等服务业持续走热，实现了从过去单一景区门票经济转向全域产业融合发展共享旅游经济的新格局。

4. 气候康养+研学旅行

“气候康养+研学旅行”融合路径，主要是依托农业气象、气象科普、气象研究、天气与气候景观等资源，开展大中小学生研学旅行教育及亲子研学活动。目前，中国气象服务协会已经从北京、河北、山西、江苏、安徽、福建、贵州、新疆等省区市的气象局、高等院校、气象公司等遴选了30家气象研学

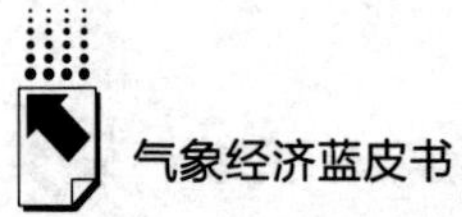

旅行营地，带动了景区、乡村、城市等相关业态的发展。2023 年 12 月，华山气象研学旅行营地入选，该营地地处华山之巅，海拔 2064.9 米，在特殊环境下形成了壮丽的日出日落、瑰丽的云海、梦幻的雨雾凇等天气与气候景观，给研学旅行者带来的不仅是观赏价值，还有认识自然了解气象原理的科普教育价值，真正实现“行万里路，读万卷书”的旅游真谛。

5. 气候康养+休闲农业

气候康养与休闲农业的融合发展，主要是指地方凭借依赖气候条件的地理标志农产品，以农业生产、农村风貌、农家生活、乡村文化为载体，提供采摘、观光、休闲、体验等服务，拓展农业价值链，促进乡村一二三产业融合发展的模式。近年来，在国家全面乡村振兴战略下，各地围绕加快乡村旅游与休闲农业发展持续强劲施策，在“气候康养+休闲农业”发展上取得显著成效。如广东荔枝种植面积和产量均超过全国 1/2、全球 1/3，其中茂名产量占广东1/2、全国 1/4，是世界最大的连片荔枝生产基地。广东省立足气候环境下独特的早中晚熟荔枝分区发展优势，着力打好产业、市场、科技、文化“四张牌”，通过荔枝农文旅融合及“荔枝+电商+旅游+直播带货+N”的荔枝推广模式，打响了“茂名荔枝”“从化荔枝”“增城荔枝”“高州荔枝”“镇隆荔枝”“东莞荔枝”等享誉全国的荔枝地理标志品牌，硬是把荔枝“小产业”做成了“气候康养+休闲农业+电商物流+科技+文化+”的富民兴村“大产业”。2023 年 7 月底，广东荔枝销售量 160 万吨，比上年增长 10%；荔农收入 160 亿元，比上年增长 5%。①

6. 气候康养+工业设备

“气候康养+工业设备”的融合路径，是推动我国设备制造业转型升级发展的新契机。随着气候康养产业的快速发展，适老化的生活设备、康复设备、智能设备及适应各类人群旅游旅居的户外露营设备、养生设备、医疗设备等需求日益增长，为地方设备制造业应对发展提供了方向。如攀枝花市是“中国钒钛之都”，钛保有储量位居世界第一，钛金属产能全国第一。2021 年，攀枝花政府利用钢铁和钒钛等资源优势及工业设备制造技术力量，立足打造国际阳光康养旅游目的地的战略目标，立足“阳光康养+工业”，打造康养钒钛经济，

① 《广东荔枝：“土特产”成就百亿富民兴村大产业》，中国日报网，2024 年 5 月 21 日，https：//ex. chinadaily. com. cn/exchange/partners/82/rss/channel/cn/columns/j3u3t6/stories/WS664c7bc8a3109f7860dded4c. html。

在攀枝花格里坪特色产业园区专门建设了“康复康养器具产业园”，围绕矫形、假肢、轮椅助行、生活洗浴、治疗训练、技能训练、操控自助、家务餐饮、休闲娱乐等康复康养器具的研发设计、生产制造、销售服务，吸引一批知名专业生产企业入驻园区，建设“全国首家以钛材为原料的示范性康复康养器具生产基地”。其中攀枝花市午跃科技公司在康复器具生产中，涵盖了钛及钛合金的标件、非标件生产，创生了具有地方特色的系列钛材康养文旅产品。

（三）气候康养+健康运动

“气候康养+健康运动”路径，旨在应对大健康市场呈现出的体育赛事、户外运动、强身健体的保健运动等多样化需求趋势，构建以气候舒适条件为基础，以赛事运动、户外运动、保健运动为主体，包括各类体育竞赛、赛事表演、赛事娱乐、体育用品、户外运动服务、运动场馆、运动培训等各类业态，集观赛、参赛、训练、锻炼、运动、度假、旅游、休闲等多功能于一体的“气候康养+健康运动”产业融合体系。这类跨界路径发展后劲十分强势，是城乡和户外景区极具发展力的融合产业。

1. 气候康养+赛事运动

“气候康养+赛事运动”的融合路径，主要依托适宜的气候条件和体育赛事发展基础，举办大众参与性强的各级各类赛事运动，带动场馆、设施、广告、流量、训练、捐赠、表演、品牌运营及相关配套服务的“体育+产业”集群发展，形成体育、康养、媒体、旅游、度假、休闲、娱乐、文创等融合一体的产业链。最引人瞩目的典型案例可谓火爆出圈的贵州“村超”“村 BA”等“村赛”。贵州是我国著名的山地公园省，爽爽气候养体，优越生态养生，美丽风景养眼，多彩文化养神。近年来，贵州将避暑旅游与康体运动发展相结合，立足自身传统体育基础，以方寸球场间人人都可参与的模式，通过新媒体“通道”，让名不见经传的小村小城冲出互联网的海洋被全世界看见，将黔东南州榕江的小足球、台江的小篮球分别演绎成世界瞩目的“大火球”。截至 2024 年 5 月，村 BA 和村超累计网络浏览量分别达到 450 亿人次和 580 亿人次，然而将流量变成经济发展的增量才是村 BA 和村超火爆出圈的本质。如台江县台盘村，是人口仅 1188 人的小山村，在一场村 BA 篮球赛决赛中就吸引了 10 万人到场参赛观赛，近 5 亿人次云观看，突然间产生巨大的线下吃住行游娱购消费需求和线上被关注被看见的流量资源，激发了地方政府、企业自觉走上农文体旅康融合发展道路，在加快与周边全域化协同共享民宿、美食、文旅活动等发展布局的同时，一方面将该县的“稻—鱼”全产业链生产产品，通过打造直播带货基地，搭建线上线下双向引流供应平台；另一方面打造文创IP品牌，使“村BA”联动业态已涵盖了主题室内篮球馆、研学基地、民宿、主题酒店、“村BA+品牌”、线下体验店等项目，而吉祥物“村宝宝”、“村BA”月饼、球衣、篮球、冷泡茶、冰箱贴、“村BA”茶叶礼盒、马克杯、充电宝、U盘、手拎包等一系列文创产品也应运而生，实现了一个“村BA”品牌带动一方增收的乡村振兴发展示范样本。目前贵州在“气候康养+赛事运动”产业融合路径上的“溢出效应”仍在持续放大，为地方经济社会发展注入了巨大新活力。值得指出的是，近年来，国内许多主要城市举办的马拉松赛事、全民健身运动赛事等活动，是极具潜力和后劲的“气候康养+赛事运动”融合发展领域。

2. 气候康养+户外运动

近年来，徒步、骑行、轮滑、攀岩、登山、速降、桨板、皮划艇、滑雪、滑翔伞等户外运动正逐渐成为我国大众走向自然、拥抱自然、乐享生活的新潮流新时尚。然而，不同的户外运动对气温、日光、风速、湿度等气候要素有相对苛刻的条件要求，也使得气候适宜地发展户外运动产业拥有了得天独厚的优势。如云南大理，巍峨苍山、秀美洱海，四季如诗如画、处处美景恒生，这是深入人们脑海中的“别样大理”，也是旅游人群心之所向的著名场景画像。2023年起，为了增强地方经济社会发展活力，当地政府立足当地独特的气候优势、自然美景和人文风情，抓住国内户外运动市场兴盛之机，提出打造“四季户外运动之城、全域旅游康养之地”的新战略，将旅游度假胜地向户外运动名城延伸联动发展，通过聚集与户外运动产业相关的资源要素，发展水上运动产业，举办“中国户外运动产业大会”，开展“中国万水千帆赛”“大理徒步行赛”“绿水青山中国休闲运动挑战赛”“环洱海自行车赛”“全国汽车（房产）露营集结赛”“七星国际越野挑战赛”“大理国际马拉松赛”“‘七彩云南’格兰芬多国际自行车节（大理站）”等活动及徒步、骑行、轮滑、攀岩、滑板、桨板等户外运动项目，让“有风的大理”在旅游度假胜地又掀起了户外运动的新热潮。2023年中国户外运动产业大会期间的信息超过8万条，信息浏览量累计超过 20 亿人次，抖音话题视频播放量超 2500 万次，仅三天会期就为云南省各行各业带来直接经济效益总计 3.37 亿元，为大理的旅游业带来 2.56 亿元的拉动作用。①

3. 气候康养+保健运动

保健运动是通过活动身体来实现维护健康、增强体质、延长寿命、延缓衰老的养生方法。气候康养与保健运动的融合路径，主要瞄准异地康养消费人群和当地民众休闲运动生活，在气候康养目的地布局发展主客共享的集运动体验、休闲生活于一体的相关设施及服务业体系，包括健身房、瑜伽馆、太极拳场馆、武术馆、游泳场馆、电子竞技运动场馆等，篮球、羽毛球、乒乓球、高尔夫球、保龄球、台球、网球、足球等场馆，城市体育公园、社区活动广场、绿道、骑行道等，成为各级城市普遍选择的发展路径，部分地方还通过融合特色文化与科技优势，创新举措推动“气候康养+保健运动”大融合，产生了不少新亮点。如河南焦作市将“太极+康养”打造成“世界太极城”的响亮品牌。广西桂林则将花炮、高脚等项目融入全民保健运动中，炫出了民族体育风。浙江发挥数字技术优势，在杭州、嘉兴等多个城市加速布局电子竞技运动产业，在杭州引进了许多知名的电竞赛事、峰会及电竞数娱企业，建造了国内首座亚运会赛事标准的专业电子竞技场馆，以“电竞弯道超越”为抓手，拟将杭州建设成为电竞名城；在嘉兴则推进了“世界电子竞技总部基地”项目落地。此外，山东济南市将体育活动与文体旅商相结合，将匹克球、飞盘、高尔夫、保龄球、射击、射箭、无线电定向等从场馆中移到市集上，开辟运动体验新场景，使其成为主客快乐共享的健康运动。

参考文献

何莽主编《中国康养产业发展报告（2022~2023）》，社会科学文献出版社，2023。

杨振之：《中国旅游发展笔谈——旅游与健康、养生》，《旅游学刊》2016 年第 11 期。

① 林锦屏、郭来喜：《中国南方十一座旅游名城避寒疗养气候旅游资源评估》《人文地理》2003 年第 6 期。

B.9

中国冰雪资源及其经济价值

李 宇*

摘 要： 随着2022年冬奥会的申办和“冰天雪地也是金山银山”国家战略的实施，中国冰雪经济进入快速发展阶段。冰雪资源高效开发利用，是践行“两山”理念、实现冰雪经济高质量发展的重要环节，也是落实全民健身国家战略、助力体育强国建设的重要手段。本文总结梳理了中国冰雪资源发展现状，基于冰雪资源底数不清、冰雪产业潜力未完全挖掘、冰雪场地设施建设滞后、冰雪旅游专业人才缺乏、政府配套政策支持不足等问题，提出系列政策建议。未来我国冰雪资源开发应以京津冀为引领，以东北地区稳步建设为基础，以西北、华北地区快速建设为支撑，以南方地区合理建设室内冰场雪场为拓展，科学研判，有序开发，促进冰雪资源高效利用，推动冰雪经济产业链不断完善。

关键词： 冰雪资源 经济价值 冰雪经济

引 言

我国华北、东北、西北等北方地区处于北半球重要的“黄金冰雪旅游带”，也是世界上最为重要和具有世界级开发潜力的冰雪旅游资源集聚区之一。科学定量识别冰雪资源空间分布特征、综合评价其开发条件是我国冰雪经济高质量发展的关键，是巩固我国3亿人上冰雪成果和实现冰雪强国战略目标的重要支撑条件。

我国冰雪经济起步于20世纪30年代，70~80年代处于缓慢成长期，90年代进入快速发展期，2022年冬奥会圆满收官带动我国冰雪经济跨越式发展，

* 李宇，博士、博士生导师，中国科学院地理科学与资源研究所研究员，主要研究方向为城市资源利用与生态环境效应、国土空间规划、冰雪产业规划。

成为全球最活跃的冰雪消费市场和冰雪经济发展新增长极。《中国冰雪产业发展研究报告（2023）》数据显示，我国冰雪产业总规模自2015年的2700亿元增长至2022年的8000亿元，预计2023年，将达8900亿元，2025年有望达到1万亿元。习近平总书记高度重视冰雪经济发展，先后提出了“绿水青山是金山银山，冰天雪地也是金山银山”“大力发展寒地冰雪经济”“冰雪产业是一个大产业，也是一个朝阳产业”“把发展冰雪经济作为新增长点”等系列论述。《关于以2022年北京冬奥会为契机大力发展冰雪运动的意见》《冰雪旅游发展行动计划（2021—2023年）》《冰雪运动发展规划（2016—2025年）》等系列政策和措施相继出台。我国成功举办北京2022年冬奥会“弹射器”效应和多行业冰雪产业政策引导，对我国冰雪资源场地保护与开发产生了深远的影响，冰雪资源开发初步形成“南展西扩东进”的空间格局。但是，必须清醒地看到，当前中国冰雪资源开发在快速发展的同时，也存在无序开发、产业链短小、产品雷同、冰雪经济效益低下等问题，深刻反映出当前冰雪资源开发利用体系尚不健全、冰雪资源开发亟须科学引导。本文梳理中国冰雪资源开发利用现状及问题，提出冰雪资源发展政策建议，为新时代中国冰雪经济快速、健康和高质量发展提供决策参考。

一　发展现状及问题分析

（一）滑雪资源开发现状

1. 在政策引导与冬奥会拉动下中国滑雪资源开发跃上新的台阶

中国成为全球滑雪市场的新兴增长极，滑雪旅游资源开发对标国际，赛事场馆实现全覆盖。冬奥会成功申报以来，国家体育总局、文化和旅游部等各部门颁布了一系列指导滑雪资源开发的相关政策，中国滑雪资源开发力度不断加大，滑雪市场不断扩容。从滑雪场地建设来看，中国滑雪场从2010年的270家增加到2023年的935家。[①] 北京2022年冬奥会和冬残奥会的成功举办，让中

① 国家体育总局：《2023年全国体育场地统计调查数据》，2024年3月11日，https：//www.sport.gov.cn/n315/n329/c27549770/content.html。

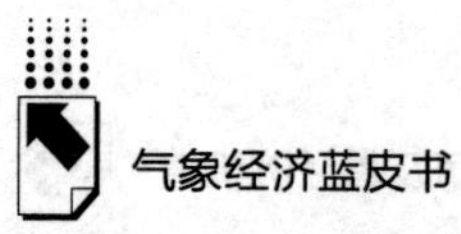

国奥运场馆全球瞩目，滑雪场地建设跃上新的台阶，实现了与国际标准的对接。从滑雪竞技角度来看，我国滑雪旅游不断普及，滑雪小项日见增多，各种滑雪赛事场地的建设也与这种发展相匹配。北京 2022 年冬奥会，我国实现了全项目参赛，其中滑雪包括越野滑雪、跳台滑雪、北欧两项滑雪、高山滑雪、自由式滑雪和单板滑雪以及冬季两项滑雪等两个大项 7 个分项。冬奥会赛事的备战和赛事的举办，使我国的滑雪赛事场地实现了全覆盖。

2. 国家级滑雪旅游度假地建设引领示范冰雪资源高质量保护和开发

截至 2024 年 3 月，文化和旅游部会同国家体育总局共同发布三批共 26 家国家级滑雪旅游度假地，三批国家级滑雪旅游度假地遵照《全国冰雪场地设施建设规划（2016—2022 年）》和《冰雪旅游发展行动计划（2021—2023 年）》中的建设滑雪旅游度假地和南展、西扩、东进战略的工作部署，依据滑雪旅游度假地等级划分标准，按照习近平总书记“冰天雪地也是金山银山”的发展理念，遵守自然本底规律，以优良的自然滑雪资源为根本，以良好滑雪设施设备为基础，以舒适完备的休闲度假设施为条件，实现建设布局，其中东北地区 8 家、华北地区 8 家、西北地区 7 家、中部和西南地区 3 家。

3. 中国室内滑雪场馆建设发展迅速，在全球具有一定优势

2022~2023 年雪季，国内开业的室内滑雪馆达到 50 家，中国室内滑雪场的数量远远多于世界其他国家。从室内滑雪场的发展来看，按雪区面积大小排名，全球前十位的室内滑雪场中，中国占据半数，遥遥领先于其他国家（见表 1）。

表 1　全球室内滑雪场雪区面积排名

排名	名称	国家	雪区面积(平方米)
1	哈尔滨热雪奇迹	中国	65000
2	广州热雪奇迹	中国	55700
3	成都热雪奇迹	中国	55000
4	Snow World Landgraaf	荷兰	35000
5	Alpincenter Hamburg-Wittenburg	德国	30000
6	长沙湘江欢乐城欢乐雪域	中国	30000
7	Ski Dubai	阿联酋	27870
8	SNORAS Snow Arena	立陶宛	25000
9	Xanadu	西班牙	24000
10	昆明热雪奇迹	中国	22000

资料来源：伍斌《2022—2023 中国滑雪产业白皮书》，2023，第 11 页。

4. 中国滑雪资源开发模式

目前中国滑雪资源开发主要有五种模式。

（1）国际赛事驱动型。以冬奥赛事举办为契机，迅速崛起滑雪场地。这类滑雪场地滑雪资源与配套设施完备先进，成为具有比较优势的第一梯队的滑雪场地，代表国内发展的先进水平，实现了滑雪场的跨越式发展，如河北崇礼各滑雪场地、河北涞源七山滑雪场、北京延庆区滑雪场地。

（2）传统滑雪资源驱动型。一般是国内较早建设的滑雪场，如黑龙江亚布力、新疆乌鲁木齐南山等，这类滑雪场地设施设备与第一梯队滑雪场地相比稍滞后，滑雪设施设备、配套旅游度假设施设备质量均需进一步提高。

（3）优势资本驱动型。典型的代表是吉林长白山滑雪旅游度假地和吉林丰满松花湖滑雪旅游度假地，其在万达、万科等优势资本注入下快速发展建设，旅游度假配套设施完备，旅游度假等业态丰富，滑雪旅游接待规模位于全国前列。

（4）区域优势驱动型。是具有区域影响的滑雪场地，如内蒙古扎兰屯滑雪场、四川大邑西岭雪山滑雪场、山西太白鳌山滑雪场等，上述滑雪场地在区域内具有相对较好的滑雪资源，在周边客源市场具有一定影响力，未来需要进一步扩大在全国范围的影响。

（5）政策驱动、科学规划型。该类滑雪场地迅速崛起，以新疆阿勒泰、新疆可可托海、新疆吉克普林等滑雪场为代表。新疆滑雪场地开发的成功模式，是未来我国滑雪场地建设可借鉴参考的重要的发展模式。

（二）冰上资源开发现状

1. 在冬奥会的拉动下，冰上资源开发速度快于滑雪资源开发速度

中国冰上资源开发起步晚。冬奥会带动中国冰上资源开发速度已超滑雪资源开发速度。在 2022 北京冬奥会的影响下和“北冰南展西扩东进”战略引导下，各地纷纷采取激励措施推动投资和开发冰上场地资源，使得我国冰上场地建设快速发展。截至 2021 年初，全国有 654 块标准冰场，相比于 2015 年增长 317%，提前完成了《全国冰雪场地设施建设规划（2016—2022 年）》中到 2022 年全国滑冰馆数量不少于 650 座的发展目标。截至 2023 年 12 月，全国滑

冰场地增长至1912个。① 中国冰上资源开发起步晚，但在冬奥会拉动下，中国冰上资源开发迅猛，开发速度已超滑雪资源开发速度。我国现在的冰上场地丰富、种类齐全、功能多样，能够满足开展大道速滑场地、冰球、短道滑冰、花样滑冰和冰壶等冰上国际赛事、旅游比赛、训练、健身等活动。

2. 我国大道速滑场地发展已居世界前列

我国大道速滑馆主要集中在北京、黑龙江、吉林、辽宁、新疆、内蒙古。大道速滑场地以专业比赛和训练使用为主，加之其场馆体量大，建设和运营成本都远高于其他冰上旅游场地，相比其他冰上场地数量不多，但我国现有大道速滑馆数量和质量都已居世界前列。我国大道速滑馆主要集中在北京、黑龙江、吉林、辽宁、新疆、内蒙古等几个省区市，其中黑龙江至少有3片大道速滑场地，分别位于哈尔滨、齐齐哈尔和大庆。北京在建的国家速滑馆（冰丝带）是2022冬奥会大道速滑项目的比赛场地，是2022冬奥会北京赛区唯一一个新建场馆，从立项到建设施工，汇聚了国内外多个领域的科研成果、多项产业的技术支撑、多名专家的参与献策，使其在科学技术、建筑规模、设施配备、布局规划上均达到国际一流水平。

3. 教学训练类冰场配套设施不断完善，商业滑冰场数量迅速增加

随着冬奥会成功申办，各地冰上场馆及其配套设施建设不断完善，服务水平快速提升。多数教学训练类冰场建有较多数量的固定看台，可以承办国际、国内单项协会赛事，场地设施先进，更衣室、卫生间、淋浴间等用房齐全，冰面积一般大于1250m^2，且以1830m^2为主，此类场馆日常为国家队、省队、地市队运动员提供专业训练服务，空闲时间免费或低收费向社会开放。政府主要投资在奥运比赛场馆和专业训练场馆，比如我国的国家大道速滑馆、首都体育馆等。企业等主要投资建设专业训练场馆和商业综合体中的商业滑冰场。社会方面（比如俱乐部）主要投资利用冰上场地进行培训、宣传。2000年后，随着我国城市大型购物中心建设的增加，商业滑冰场数量也迅速增加，以休闲娱乐为主，助力了我国冰上运动的普及。政府、企业、社会等纷纷投资建设冰上场地。目前有67.3%的冰上场地位于商业建筑内（主要指商场、商业综合体

① 国家体育总局：《2023年全国体育场地统计调查数据》，2024年3月11日，https：//www.sport.gov.cn/n315/n329/c27549770/content.html。

内），其他 32.7%的冰上场地位于体育中心、公园、校园内。

4. 冰上试车多种冰上资源，新兴业态发展迅速

汽车冬季冰上试验场是汽车高端服务产业链的新兴环节。世界上的汽车冬季试验场大多建立在高寒地区，为室外试验场，冬季最低气温可达-30℃，试验道路可建立在陆地上，亦可建立在冰面上。国外的冬季试验场起步较早，大多位于北极圈附近高寒地区，利用室外天然严寒温度进行测试。瑞典的阿杰洛格因拥有德国博世、奔驰、宝马、德国大陆等公司冬季试验场而闻名世界。国内的冬季试车场大多聚集在东北地区，这些地区结冰期较长，积雪天数占全年的 1/3，最低气温可达-38℃。目前德国大众、美国福特、韩国现代和中国一汽集团、二汽集团、北汽集团等 80 多家国内外汽车和零部件企业均在国内北方高寒地区设有冬季汽车试验场。目前，国内发展较早的有黑龙江黑河，已逐渐成为我国重要的寒区试车基地，试车成为该市新的经济增长点。经过十多年的探索与发展，目前黑河已建成 16 家低温场地。2019~2020 年，在黑河开展试车的企业有 131 家，试车车辆 2108 台，试验人员 3615 人。① 黑河试车产业聚集规模已经基本形成，黑河凭借试车经济的品牌效应，提升了城市的知名度。2018 年 3 月，黑河市还被授予“中国黑河汽车寒区试验基地”称号。

5. 冰上资源尤其是户外冰上资源的有序高质量开发仍有巨大空间，潜力无限

相比冰上运动发达国家，我国冰上资源开发相对滞后，冰场资源数量长期落后于滑雪资源数量。尤其是我国户外冰上资源的开发目前尚处于发展初期，标准规范的临时户外冰场建设与供给严重缺乏。如北京什刹海冰场，2023 年总经营面积为 16 万平方米。其中，前海全部区域及后海的东侧部分为综合区，冰场仅为游客提供了单人冰车、双人冰车、冰上自行车、冰鞋等娱乐设施及装备，但设施配备数量与质量都难以满足消费者需求。冰上运动由于专业性、投资额等门槛低，相比滑雪运动有着更强的大众参与性，冰上运动的普及对于大众冬季健身具有重要意义，中国的冰上资源尤其是户外冰上资源未来开发潜力巨大。

---

① 中汽协会会员服务部：《黑河寒区试车情况介绍》，2020 年 9 月 30 日，http：//www. caam. org. cn/chn/46/cate_ 260/con_ 5232031. html。

（三）冰雪资源开发存在的问题

1. 冰雪资源底数不清、状况不明

长期以来，我国面临冰雪资源底数不清、状况不明的困境。随着全球气候变暖的逐步加剧，冰雪资源的分布势必会受到影响而发生变化。然而，我国冰雪资源开发的适宜性国土空间总量、开发强度、环境容量等核心数据尚未明晰，导致冰雪场地选址和开发存在盲目性和随意性。

2. 冰雪产业潜力尚未完全挖掘

（1）高端智能技术还需突破，产业创新能力有限。冰雪产业经营主体以小型企业为主，整体规模偏小、自主创新的实力欠缺。高端智能技术并未在冰雪产业市场实现全方位覆盖，科技创新力在冰雪产业的作用未充分发挥。

（2）业态相对单一，产业链条延伸不够。当前我国冰雪装备对进口仍然依赖，冰雪运动服务设施的供给质量较低，缺乏完善的商服体系。冰雪旅游产品以观光为主导，休闲度假缓慢发展，亟待提升长期冰雪旅游客源的转化率。冰雪产业体系总体较为单一，新业态、新场景开发不足，难以拓展消费新模式和延伸产业链。

（3）大众市场普及不够，高端市场短板明显。我国冰雪产业在提升群众参与冰雪运动意识、满足群众就近就便参与、提升高端市场接待能力等方面还存在短板，如天山北坡乌鲁木齐—昌吉—博州—伊犁—阿勒泰的冰雪环线尚未形成，大众市场普及、开发不够；优质冰雪旅游产品供给、高端冰雪服务无法满足冰雪旅游消费升级的市场需求；早期建成的滑雪场存在中级滑道面积小且雪道长度短和高级道雪道短、坡度不大、难度不高等短板，而短期内又不可能有大的提高，难以满足有一定滑雪基础需提高水平的游客的需求，造成客源流失的局面。

（4）宣传营销力度不足，宣推效应仍需加强。冰雪旅游活动前期预热和后期持续推广营销工作不到位，宣传理念传统守旧，缺乏相应有效的手段和模式，导致影响力较小。各地各冰雪场馆和旅游点的协作意识不强，单打独斗宣传势必影响宣推效应的传播力和覆盖面。

3. 冰雪场地设施建设滞后，制度保障不足

（1）交通基础设施不配套，瓶颈短板突出。冰雪场地与机场、车站间的

干线交通体系待提升。滑雪场所处区位距离主要目标客源直线距离远，旅游者需在交通上花费大量时间，加上冬季区域交通压力较大、出行难度增大，游客出游意愿进一步被削弱。如新疆距离主要客源市场较远，“旅长游短”问题是制约全疆冰雪产业发展的主要因素之一；疆内互通航线少，且山岭、湿地、林区等敏感区域较大，造成交通项目前期使用土地和林草手续办理困难。全国85%的城市没有直接到内蒙古冰雪旅游资源富集城市目的地的航班，有的甚至需要中转三次以上。内蒙古距长三角、珠三角等冰雪旅游消费潜力巨大的城市较远，势必也会干扰游客的出行意愿，导致游客放弃到内蒙古旅行，而选择更为舒适的冰雪旅游线路。机场、口岸、铁路站点、国道等多离滑雪场较远，且地区分配不合理，支线机场、铁路等基础设施配套不完善，没有形成有效的旅游立体交通网络，冰雪场馆和旅游点的可进入性不高。

（2）冰雪场地设施存在同质化、低质化问题。一些滑雪场规模小、档次低，设施简陋，功能不全，不能满足日益增长的消费需求。部分场馆、赛道缺乏不同级别坡度的滑雪道与练习道，难以满足当前使用需求。部分冰雪旅游点基础配套设施的缺失和不完善，导致可进入性差、服务功能弱、标识导视系统不健全、交通组织不顺畅等诸多问题。

（3）滑雪场运营季节性明显，成本高、压力大。冰雪旅游依赖冬季和气候条件，非冬季期间资源利用效率相对较低。受气候、地理海拔等因素影响，滑雪场每年的经营周期在两个月左右，存在“一季养三季”的经营方式。滑雪场主要靠人工造雪，运营成本较高，且多数滑雪场主要建在野外山区，场地建设以及配套的缆车、索道、机电设备等造价高昂，加上维护成本高，仅依靠门票收入根本无法赢利。各省区市大部分滑雪场间隔距离较近，市场竞争压力较大。

（4）受生态环境政策制约大，用地保障不足。作为冰雪旅游产品重要承载空间的滑雪场的建设受生态环境政策限制影响较大，雪场建设用地多涉及国家林草等用地，在新建、改建、扩建时都面临用地局限。

（5）缺乏统一的行业规范，缺少法律法规。冰雪资源开发与建设缺乏统一的专业技术指导和上位政策法规作为支撑依据，部分滑雪场因设施安全标准不规范，导致安全事故频发。需要坚持标准引领，持续推动出台、修订国家标准、行业标准，持续完善冰雪产业智库体系。

4. 冰雪专业人才缺乏

面对日益增长的冰雪旅游市场，我国缺乏市场营销、冰雪经济、冰雪运动、产业规划等方面的高端人才。冰雪运动高水平教练员、运动员、裁判员队伍建设需要加强。多数冰雪旅游从业者并未接受过系统的冰雪旅游专业培训，缺乏冰雪运动、冰雪安全、冰雪环境保护等专业知识和技能，导致在提供服务和解决专业问题时存在明显的短板。随着冰雪产业的国际化趋势日益明显，与国际同行的交流与合作成为必不可少的环节。然而，受语言和文化差异的限制，许多从业者难以进行有效的跨文化交流与合作。

5. 各地政府配套政策支持不够

各地区冰雪产业的发展受资源转化、成本控制、金融环境变化等多方面制约，运营成本高、投资风险大，亟须政策突破。如滑雪场一般都建于高山或半高山区域，道路交通、水电、公共配套等基础设施较为薄弱，各地政府还未出台有关雪场建设和公共配套方面的扶持政策，尚不能满足当前滑雪企业的需要。

二　发展展望和决策建议

（一）优化布局，科学有序开发利用滑雪资源

充分考虑全球气候变化对国内外冰雪资源安全影响，统筹优化全国冰雪经济空间布局，以京津冀为引领，以东北地区稳步建设为基础，以西北、华北地区快速建设为支撑，以南方地区合理建设室内滑雪场为拓展，科学研判气候变化下滑雪旅游资源空间分布演变特征，鼓励新滑雪场选址高海拔积雪资源区，科学有序推进中国滑雪旅游场地开发。优先发展新疆阿勒泰地区、黑龙江亚布力、吉林长白山、新疆天山北麓；鼓励发展河北张承地区、北京北部山区、黑龙江大兴安岭与小兴安岭地区、吉林南部地区、山西吕梁山和太行山区；合理控制发展陕甘秦岭山区、六盘山区、甘肃祁连山北麓、国家级自然保护区内的资源区域等。

（二）科学研判，合理布局，全国形成“北冰南展”冰上资源开发空间格局

依托中国东北地区、华北地区、西北地区优质户外冰资源，科学研判结

冰线，遵循“西高东低”的资源分布特征，重点在东北地区的黑龙江省南部、吉林省北部、辽宁省大城市和旅游城市，西北地区新疆乌鲁木齐市、阿勒泰地区、伊犁州地区以及陕西、甘肃、宁夏省会（首府）城市、旅游城市等地区，充分利用江、河、湖等水域资源建设天然滑冰场。对重点区域深入调研户外冰资源，结合经济、人口、舒适度、区位、交通等经济社会发展等开发条件，合理布局，严格限制开发比例不超过18%，推进我国北方冰上资源高效开发利用，扩大其经济价值转化能力，拓展北方冬季全民健身活动的场地设施建设。打破冰上运动以北方为主的格局，室内冰场拓展布局上海、重庆、广州、成都、深圳等东南沿海发达城市、旅游城市，将冰雪文化与冰上运动不断向南方拓展，刺激南方消费市场的发育与完善，全国形成“北冰南展”的冰上消费空间格局。

（三）统筹资源，建立“南客北上、外客入境”冰雪消费市场双循环格局

依托东北地区的工业背景和滑雪资源，构建东北冰雪旅游—装备制造大产业体系；依托新疆天山和阿勒泰地区的冰雪资源，建设以新疆阿勒泰地区为龙头的丝绸之路冰雪度假大区；充分依托冬奥会遗产地资源，建设以张家口、延庆为核心的华北冰雪旅游—竞技旅游大区，建设冰雪主题类世界级旅游度假区；科学评估，坚持绿色低碳可持续发展建设室内滑雪场与滑冰场，科学研判，优先在我国人均GDP大于15万元、人口大于1000万、GDP大于1.5万亿元城市或著名旅游城市建设室内滑雪场与冰上场馆。如在区域性大城市（上海、广州、深圳、武汉等）、省会（首府）城市（南京、长沙、福州、南宁、杭州、南昌、合肥、海口等）、著名旅游城市（厦门、桂林、张家界等）等中心城市的边缘科学布局室内滑雪场与滑冰场，持续推进冰雪旅游南展，培育壮大客源市场，培育国际入境市场，建立“南客北上、外客入境”发展双循环格局。

（四）协同创新，挖掘冰雪文化，促进冰雪产业绿色高质量发展

以生态环境容量和资源承载力为前提，确定合理的开发规模，建设生态友好型冰雪场地设施，倡导低碳绿色发展，走可持续发展之路。充分挖掘资源，

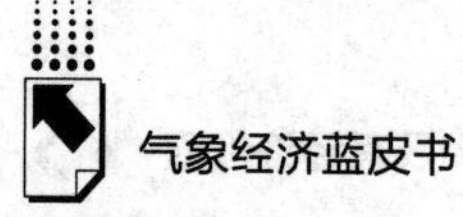

构建集冰雪体育竞技—冰雪赛事观看—冰雪旅游度假—冰雪休闲娱乐—冰雪装备制造—冰雪教育培训于一体的冰雪体育度假休闲产业链，推动冰雪旅游与体育、水利、装备制造、教育、医疗等产业联动发展与深度融合。建设融冰雪旅游、冰雪运动、冰雪文化、冰雪休闲、冰雪研学教育、冰雪装备制造等为一体的综合性滑雪场地设施，形成产业集聚，促进区域经济增长与社会发展。对标国际高水平滑雪旅游区，充分挖掘和弘扬我国冰雪文化，将地域特色历史文化和民俗文化有机结合，形成独具中国特色和地域色彩的滑雪旅游资源体系，打造中国冰雪文化品牌，发挥北京冬奥会效应推动我国冰雪强国建设。鼓励自然资源基础好的冰雪场地承办高质量的冰雪竞技活动，充分利用冰雪资源发展冰雪旅游业，面向青少年举办冰雪冬令营，鼓励滑雪场利用当地的山地、湖泊、河流等自然资源和地方特色民俗文化开发度假、休闲、娱乐、节庆、养生等复合旅游产品，实现四季旅游；采用“互联网+冰雪”掌握滑雪需求与市场动态，及时调整更新滑雪产品，提高滑雪产品供给品质。

（五）完善冰雪资源开发政策保障

加快优先开发、重点开发的滑雪场地资源的土地利用审批过程，将相关重大滑雪项目尽快纳入国土空间规划“一张图”，优先安排国家级滑雪旅游度假地等重大项目用地；总结推广法国滑雪道草地流转、新疆阿勒泰地区和伊犁州冬滑夏牧、北京和河北的冬季滑雪夏季种草恢复以及探索山区坡地“冬旅夏农”利用等模式，支持滑雪道使用草地或牧民草场按原地类管理；借鉴日本、韩国经验，雪道、索道占用林地以1∶5以上比例进行补植。加大政策支持力度，发展滑雪产业。处理好政府与市场的关系。鼓励旅游、体育企业参与其中，充分发挥市场主体活力，合理配置资源，提高运行效率，推动建立一批产业规模较大的滑雪产业聚集区，发展一批具有较高知名度和市场竞争力的滑雪产业企业。

（六）公益性与商业性双向发展，冰上事业与冰上产业并驾齐驱

贯彻落实《关于构建更高水平的全民健身公共服务体系的意见》《全民健身计划（2021—2025年）》，推动落实在河北崇礼、吉林长白山（非红线区）、黑龙江亚布力、新疆阿勒泰等地建设冰雪丝路带，巩固拓展“三亿人参与冰雪旅

游”成果，发展冰上事业，配建一批大众滑冰场，将冰上运动打造成为我国全民健身的重要体育活动，制定我国北方适宜地区冬季临时冰场开发建设的标准与规范，合理布局冬季冰上运动场地。推进商业性冰上场馆建设，提高对商业性冰上场馆的质量把控与安全监管，提高商业性冰场的公众利用效率，促进冰上事业与冰上产业融合创新。支持具有大于 50 平方千米的冰面户外冰上资源的北京、天津、乌鲁木齐、沈阳、呼和浩特、秦皇岛等旅游城市开发冰上运动、冰上休闲娱乐多种业态，促进冰上运动与冰上休闲娱乐发展。鼓励北方冬季处于淡季的 5A 级景区探索冬季冰上旅游项目，形成四季旅游发展模式。充分挖掘大中城市公园周边的冰上资源，创新发展模式，鼓励开发冰上节庆活动，推进冰上运动与冰上休闲娱乐的发展，使其成为群众冬季娱乐休闲旅游的重要空间。

参考文献

董锁成、李宇、厉静文等：《中国大冰雪旅游发展模式研究》，《中国生态旅游》2021 年第 6 期。

侯珂珂：《强化思想内涵引领社会风尚——光明日报北京冬奥会报道在融合中尽显思想文化特色》，《新闻战线》2022 年第 6 期。

韩旭、郑海燕：《新发展理念视角下黑龙江省冰雪旅游产业发展对策研究》，《对外经贸》2019 年第 11 期。

王会、姜雪梅、陈建成等：《“绿水青山”与“金山银山”关系的经济理论解析》，《中国农村经济》2017 年第 4 期。

蒋依依、张月、高洁等：《中国冰雪资源高质量开发：理论审视、实践转向与挑战应对》，《自然资源学报》2022 年第 9 期。

李凌：《体育消费链破解冰雪经济体多元困局的策略研究》，《北京体育大学学报》2021 年第 11 期。

崔佳琦、王文龙、邢金明：《新发展格局下我国冰雪体育旅游产业高质量发展困境与路径探索》，《体育文化导刊》2021 年第 8 期。

Li Yu，Zhao Minyan，Guo Peng，et al. “Comprehensive Evaluation of Ski Resort Development Conditions in Northern China” ［J］. *Chinese Geographical Science*，2016，26（3）.

李安娜：《北京 2022 年冬奥会背景下我国冰雪产业链现代化：机遇、挑战与路径》，《沈阳体育学院学报》2022 年第 1 期。

B.10

中国气象生态资源及其价值核算

——以安徽旌德为例

孙 维　姚叶青　杨 彬　江 春　王秀荣*

摘　要： 生态系统中各类与气象条件相关的要素诸如太阳辐射、降水、气温、风等，可为人类生存提供物质、能量，或为人类发展提供保障功能，均为气象生态资源。气象生态资源以其提供的各种物质财富直接体现经济价值，以其提供的各项服务功能间接体现生态价值。气象生态资源价值在一定程度上反映了一个地区气象资源的货币转化潜力，核算气象生态资源价值，可以为区域气象资源开发利用提供战略方向和精准决策建议。本文参考 GEP 核算体系，给出了气象生态资源价值核算框架、指标体系和核算方法，并基于该方法对安徽省旌德县2020年气象生态资源价值进行核算分析，结果表明，旌德县2020年气象生态资源价值总量为59.76亿元，略高于当年生产总值（54.92亿元），且在气象旅游资源等方面有较大开发利用潜力。

关键词： 气象生态资源　价值核算　安徽省旌德县

引　言

2012年，中国学者首次提出生态系统生产总值（Gross Ecosystem Product,

* 课题组成员：孙维，安徽省公共气象服务中心高级工程师，主要研究方向为生态气象服务；姚叶青，安徽省公共气象服务中心正研级高级工程师，主要研究方向为灾害性天气预报方法及服务关键技术；杨彬，安徽省公共气象服务中心正研级高级工程师，主要研究方向为生态气象服务；江春，安徽省公共气象服务中心高级工程师，主要研究方向为专业气象服务；侍永乐，安徽省公共气象服务中心工程师，主要研究方向为气象标准化；王秀荣，博士，中国气象局公共气象服务中心正研级高级工程师，主要研究方向为生态气候资源评价及气象灾害风险评估。

GEP）的概念，随后国内十余家研究机构的百余名学术人员在全国不同生态地理区，分别从不同维度、不同尺度行政单元和区域上开展了多项 GEP 核算研究。经过近十年的发展，GEP 核算技术已经趋于成熟，并在各地稳步推进，而作为其中重要组成部分的气象资源，却一直没有得到足够的重视，没有作为一个独立的核算指标被明确地提出来。

2021 年，中共中央办公厅、国务院办公厅印发《关于建立健全生态产品价值实现机制的意见》，提出到 2025 年，生态产品价值实现的制度框架初步形成，比较科学的生态产品价值核算体系初步建立。气象是自然生态系统的重要组成部分，与经济社会和人类可持续发展密切相关，与生态文明紧密相连。2022 年，国务院印发《气象高质量发展纲要（2022—2035 年）》，明确指出要推动气候生态产品价值实现机制建设。气候生态产品价值实现是指将气象生态资源的价值转化为经济价值，而价值实现的前提是对其进行较为客观准确的测算和评估。

生态系统中可以被人类合理开发利用的各种气象要素即气象生态资源。气象生态资源具有一定价值，如气象条件直接参与产出的各种农业、林业、牧业等物质产品，气象条件风光等参与转换的能源产品等，这些是以有形的物质形态提供价值；气象生态资源在参与生态系统循环时，还提供了支持、调节等作用，如空气质量调节、防灾减灾调节等，这些是以无形的功能提供价值。同时，气象生态资源还具有一定的文化服务功能，如气象公园、奇特的天气气候景观、物候景观、宜人舒适的气候条件等，为人类在科学知识学习、审美体验、旅游休闲等方面提供精神上的满足和启发，也具有无形的价值。本文在 GEP 核算体系的框架内，系统梳理气象条件在生态系统中参与循环的各个环节及其所发挥的作用，建立气象生态资源价值的评估框架和核算方法，实现其价值的系统核算评估，打破气象生态资源“难描述、难度量”的刻板印象，探索解决气象生态资源“难交易、难变现”的问题。在此基础上，以安徽省旌德县为例，核算其 2020 年气象生态资源价值，为当地政府开发优质气象生态资源提供技术依据，增强将气象生态优势转化为经济优势的能力，赋能地方社会经济发展。

一　核算体系及方法

根据气象生态资源提供产品和服务的类型与特点，将气象生态资源分为气象供给产品、气象调节服务和气象文化服务三个类别。其中气象供给产品是指可被人类直接或转化利用的气象产品（如淡水、食物、农林产品以及风电、光电能源等）；气象调节服务包括可对人类生活条件和生存环境产生惠益的气象产品或服务（如降水和风对空气的净化、人工影响调节服务等）；气象文化服务主要指可以满足人们文化兴趣和休闲娱乐、知识获取等方面需求的气象产品（如气象旅游等）。气象生态资源价值核算，即核算上述三大类产品和服务产生的总价值，以对应的货币价值量表示。气象生态资源价值核算框架见图 1。

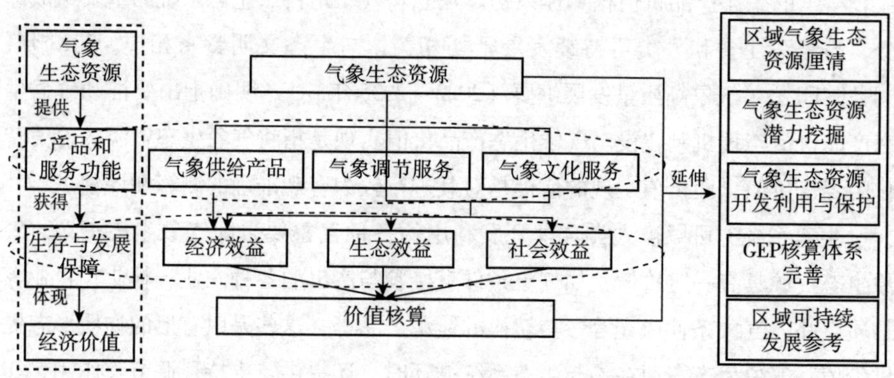

图 1　气象生态资源价值核算框架

根据气象要素参与生态系统循环的各个环节，建立气象生态资源价值核算的指标体系，由 3 个大类 8 个核算科目构成。气象生态资源价值核算指标及其内涵具体见表 1。

表 1　气象生态资源价值核算指标内涵

类别	核算科目	指标内涵
气象供给产品	淡水资源	核算地域内自然降水中可有效利用的淡水资源产生的价值
	气温资源	核算地域适宜的气温使得居民能源消耗降低，由此节省的电量价值
	气象能源转化产品	主要指人类将气象资源如太阳辐射、降水、风转化为能量的价值，包括光伏发电、水力发电、风能发电产生的价值
	农林畜牧产品	指农业（种植业）产品、林业产品、畜牧业产品价值中因日照、降水、气温等气象条件贡献的价值

续表

类别	核算科目	指标内涵
气象调节服务	降水和风对空气的净化	指降水和风通过对大气的沉降或稀释扩散,降低大气污染物中颗粒物的浓度,从而有效净化空气,改善大气环境功能所产生的价值
	人工影响天气对作物等防灾减灾的调节	指气象部门开展的人工防雹作业,起到减轻冰雹灾害对作物、重大基础设施等影响所产生的价值,对重大活动保障进行的人工消雨,以及开展的人工增雨作业,起到增加土壤湿度、解除或缓解旱情等产生的价值
	雷电防护对建筑物、轨道交通等的保护	指通过雷电防护作业,防止或者减少雷击对建筑物、轨道交通等带来的灾害所避免的损失或产生的价值
气象文化服务	气象旅游	指以气象旅游资源(气象公园、天气气候景观观赏地、气象博物馆等)为主导开展的旅游活动所产生的价值,和其他旅游目的地因气候条件间接吸引游客开展的旅游活动所产生的价值

气象生态资源价值核算的核心步骤有 3 个，即先核算产品与服务的物质量，然后确定各类产品与服务的价格，最后在此基础上核算出产品与服务的总经济价值。产品与服务的物质量核算，即统计核算区域在核算时间段内提供的各类产品的产量、调节功能量和文化功能量，如降水量、农林牧产品产量、风力发电量、光伏发电量等。产品与服务价格的确定，主要采用不同的经济学方法，来确定各类产品与服务的市场价格或者替代成本。最后在物质量核算和价格确定的基础上，核算气象生态资源产品和服务的总经济价值。气象生态资源物质量、价值量和价格确定方法见表 2。

表 2　气象生态资源物质量、价值量和价格确定方法

核算科目	物质量核算方法	价值量核算方法	定价方法
淡水资源	以降雨量为基础统计核算地域淡水资源总量	以居民用水价格来衡量区域淡水资源价值,同时考虑过多降水造成的洪涝灾害损失	市场价值法
气温资源	构建气温电量模型,统计核算地域气温电量与全国平均气温电量差值	以居民用电价格来衡量区域气温资源价值	市场价值法

续表

核算科目	物质量核算方法	价值量核算方法	定价方法
气象能源转化产品	统计核算地域光伏发电、风力发电和水力发电的并网电量	在气象因素贡献率的基础上,同时考虑运行成本,以电量并网价格衡量气象能源转化产品价值	专家打分法 市场价值法
农林畜牧产品	统计核算地域农林畜牧业产品产量	在气象因素贡献率的基础上,同时考虑产出成本,以相对应的市场价格衡量农林畜牧产品价值	专家打分法 市场价值法
降水和风对空气的净化	统计降水日和一定风速下当天大气颗粒物浓度的净化总量	以大气颗粒物治理成本或造成的健康危害经济损失来衡量空气质量调节价值	替代成本法
人工影响天气对作物等防灾减灾的调节	统计核算地域人工影响天气作业的总成本	以投入产出比的方法衡量人工影响天气的调节价值	投入产出比
雷电防护对建筑物、轨道交通等的保护	统计核算地域雷电防护作业的总成本	以投入产出比的方法衡量雷电防护的调节价值	投入产出比
气象旅游	统计气象旅游目的地的游客人次,以及因气象条件到访其他旅游景区的游客人次	以游客人均旅游消费水平衡量气象旅游价值	专家打分法 旅行费用法

二　案例应用

基于上述构建的价值核算指标和方法，选取安徽省旌德县开展气象生态资源价值核算案例研究。旌德县隶属安徽省宣城市，位于皖南腹地，地理位置为118°15′~118°44′E、30°07′~30°29′N，东依宁国市，西倚黄山，南临绩溪县，北接泾县。旌德县辖10镇，东西长42.3公里，南北宽33.6公里，总面积904.8平方公里，常住人口为112368人。旌德县属北亚热带湿润季风气候区，气候温和，雨量充沛，光照适中，季风明显。县内生态优良，生物多样性好，植被覆盖度高，水资源丰沛，污染负荷小，生态系统以森林、农田、草地为主。

（一）旌德县气象生态资源价值核算结果

通过调研及相关资料查询，参照《2021 宣城统计年鉴》及相关部门公布的数据，对旌德县 2020 年气象生态资源提供的产品和服务进行核算，核算结果表明，旌德县 2020 年气象生态资源提供产品和服务总价值为 59.76 亿元，具体见表 3。旌德县 2020 年气象生态资源价值分项见图 2。

表 3　旌德县 2020 年气象生态资源价值核算汇总

<table>
<tr><th>类别</th><th colspan="2">核算科目</th><th>核算细目</th><th>物质量</th><th>价值量(万元)</th></tr>
<tr><td rowspan="27">气象
供给产品</td><td colspan="3">淡水资源</td><td>115467.016 万吨</td><td>101332</td></tr>
<tr><td colspan="3">气温资源</td><td>1220264 千瓦·时</td><td>68.98</td></tr>
<tr><td colspan="2" rowspan="2">气象能源转化产品</td><td>光伏发电</td><td>307 万千瓦·时</td><td>7.77</td></tr>
<tr><td>水电</td><td>2621 万千瓦·时</td><td>247.21</td></tr>
<tr><td rowspan="20">农林蓄状
产品</td><td rowspan="11">农产品</td><td>粮食</td><td>53442 吨</td><td rowspan="11">10755.10</td></tr>
<tr><td>豆类</td><td>186 吨</td></tr>
<tr><td>薯类</td><td>449 吨</td></tr>
<tr><td>油料</td><td>1768 吨</td></tr>
<tr><td>棉花</td><td>3 吨</td></tr>
<tr><td>烟叶</td><td>597 吨</td></tr>
<tr><td>药材</td><td>50 吨</td></tr>
<tr><td>蔬菜</td><td>27979 吨</td></tr>
<tr><td>瓜果类</td><td>1215 吨</td></tr>
<tr><td>茶园</td><td>661 吨</td></tr>
<tr><td>果园作物</td><td>936 吨</td></tr>
<tr><td rowspan="9">林产品</td><td>针叶木材</td><td>31921 立方米</td><td rowspan="9">16975.00</td></tr>
<tr><td>茶叶</td><td>480 吨</td></tr>
<tr><td>毛竹</td><td>36500(根)</td></tr>
<tr><td>香榧</td><td>20 吨(鲜果)</td></tr>
<tr><td>山核桃</td><td>1260 吨(干重)</td></tr>
<tr><td>油茶</td><td>685 吨</td></tr>
<tr><td>黄精</td><td>525 吨</td></tr>
<tr><td>灵芝</td><td>300 吨</td></tr>
<tr><td>毛竹笋</td><td>1590 吨</td></tr>
</table>

续表

类别	核算科目		核算细目	物质量	价值量(万元)
气象供给产品	农林畜牧业产品	畜牧业产品	猪肉	3264 吨	4842.55
			牛肉	321 吨	
			羊肉	35 吨	
			家禽	2424 吨(禽蛋)	
			蜂蜜	18 吨	
气象调节服务	降水和风对空气的净化		降水和风净化 PM10	1058.765 吨	198.61
			降水和风净化 PM2.5	939.708 吨	462175
	人工影响天气对作物等防灾减灾的调节			2 次,投入 3 万元	150
	雷电防护对建筑物、轨道交通等的保护			60 次,投入 12 万元	600
气象文化服务	气象旅游			2 万人,人均消费 100 元	200
汇总					597552.22

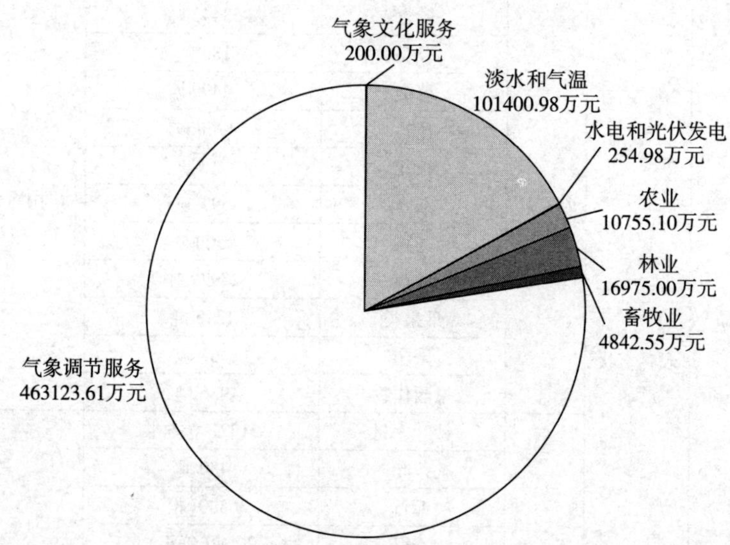

图 2　2020 年旌德县气象生态资源价值分项分布

1. 气象供给产品价值

由表 3 和图 2 可知，2020 年旌德县气象供给产品价值为 13.42 亿元，占总价值的 22.46%。其中淡水价值为 10.13 亿元，占比最大，为 16.96%；其次为林产品，林产品价值为 1.70 亿元，占比为 2.84%；农产品价值为 1.08 亿元，占比为1.80%；占比最小的为光伏发电，一方面是旌德县在太阳能发电的开发利用上还不够充分（根据2021年安徽省气候公报，安徽省太阳能资源为丰富及以上等级），另一方面与光伏电站的运营成本有关。同时根据气温价值核算，旌德山区的地形使得夏季炎热程度明显降低，山区乡镇气温比城区偏低2℃～3℃；冬季不太冷，冬季平均气温5.0℃，气温优势明显。

2. 气象调节服务价值

旌德县2020年气象调节服务价值为46.31亿元，占比77.50%。其中降水和风净化PM2.5的价值为46.22亿元，占比最大为77.34%；其次为雷电防护服务价值，为600万元；占比最小的是人影防灾减灾服务。

3. 气象文化服务价值

2020年，旌德县气象文化服务价值为200万元，占比较小。旌德县境内旅游资源丰富，气候舒适宜人，生态环境优越，拥有“安徽避暑旅游目的地”称号，夏季局地气温较周边低，适宜开展避暑旅游，具有较大的生态旅游发展潜力。

（二）旌德县气象生态价值开发潜力浅析

1. 气象供给产品

（1）淡水：一个地区的降水量年际变化不会太大，根据淡水资源价值量核算公式，若想提高淡水资源的利用价值，就要尽量减少其损益价值，即尽量减少暴雨洪涝灾害所造成的损失。一方面，要减少洪涝灾害发生的可能性，如做好洪水、天气的科学预报；另一方面，要尽可能把已发生的洪涝灾害损失降到最低，最大限度地提升地区淡水资源价值。

（2）气温：旌德县气温适宜，夏季平均气温为26.5℃，但旌德山区的地形使得夏季炎热程度明显降低，山区乡镇气温比城区偏低2℃～3℃。旌德县气温优势明显，且全县大部分地区为山区，有较大的海拔落差，具有发展反季节果蔬种植等的较大潜力。

（3）水电、风电和光伏：旌德县境内河流海拔相对落差达1176米，水资源十分丰富，但目前已开发利用的水资源尚不足可开发利用的20%，水电资源开发潜力巨大。旌德县太阳能资源等级为丰富，具有较好的开发潜力。目前旌德县境内无风力发电装置，对风能资源的开发较为薄弱。为了进一步探明旌德县风资源的开发价值，可结合地形、交通等因素，在旌德县内设立测风塔，开展短期风观测，获得更精准的风能资源情况，为今后旌德县风能资源的开发利用提供数据支撑。

2. 气象调节服务

（1）降水和风对空气质量的净化。旌德县2020年降水和风的调节服务价值占比最大，反映出旌德县生态环境好，大气自净能力强，降水和风对大气颗粒物的清除能力较强，具有一定的排污权交易潜力。

（2）人工防雹、增雨对作物等防灾减灾调节功能。旌德县可以在农业农村发展高效增雨、精准防雹的保障服务。在确保安全度汛的情况下，开发利用空中云水资源，开展水库增蓄水作业、常态化的人工增雨改善空气质量作业、森林火灾火险的人影应急作业，同时可以开展针对重大社会活动人工影响天气保障服务。

（3）雷电防护对建筑物、轨道交通等的保护作用。随着近几年旌德县社会经济的不断发展，旌德城市的规模也越来越大，根据《2021宣城统计年鉴》，2020年，旌德县房地产新开工房屋面积367930平方米，城市中的高层建筑、易燃易爆场所如油库、加油加气站、燃气供气场站、燃气储备站、城市燃气设施等不断涌现。在此背景下，加强雷电防护和防雷检测工作，有效降低雷击风险造成的损失，保障人民群众生命财产安全，可以让防雷防护为旌德县的发展发挥出巨大的经济效益和安全效益。

3. 气象文化服务

旌德县于2021年荣获“中国天然氧吧”称号，境内旅游资源丰富，气候舒适宜人，空气质量极佳，负氧离子含量高，生态环境优越，生态资源丰富，是适宜旅游、休闲、度假、养生的区域，尤其夏季局地气温较周边低，适宜开展避暑旅游，具有较大的生态旅游发展潜力。而旌德县2020年气象文化服务价值仅为200万元，占比较小，说明旌德县对气象文化服务、气象旅游等资源开发利用远远不够，因此，旌德县可以借助自身区位优势，充分挖掘自身气象旅游资源，打造精品旅游，加强线路串联，推动全域旅游发展。

三　结论与讨论

（1）本文给出了气象生态资源价值核算框架、指标体系和核算方法，为气象生态资源价值核算提供了一定的技术支撑。

（2）尝试将核算方法在安徽省旌德县示范应用，由核算结果可知，旌德县 2020 年生态气象资源价值总量为 59.76 亿元，略高于当年 GDP 值 54.92 亿元，表明气象生态资源提供的价值不容小觑且具有较大开发潜力。通过对旌德县 2020 年气象生态资源价值特征进行分析可知，旌德县光伏发电和水电贡献的价值较小，气象旅游价值在所有产品中占比最低。但在核算工作的实地调研和测算时发现，旌德县太阳能资源等级为丰富，具有较好的开发潜力和前景，同时旌德县的气温优势明显，夏季局地气温较周边低，适宜开展避暑旅游，具有发展生态气象旅游的潜力。目前光伏发电和气象旅游的气象生态价值较低，说明旌德县对上述两项的开发利用程度还不够，这也是旌德县政府今后挖掘利用气象生态资源可以参考的一个方向。

（3）本文在案例中使用的数据来自《2021 宣城统计年鉴》和农业、环保、气象等部门网站，参数上选取的是核算地域居民生活中广泛应用的价格参数，因此核算结果基本上可以反映该地域气象生态资源提供的价值，具有一定的科学意义和现实意义。同时核算结果在一定程度上反映了当地气象资源的开发利用程度，可以为当地决策者推荐开发利用方向，具有一定的参考意义。

参考文献

朱春全：《“以自然为本”推进生态文明，中国（聊城）生态文明建设国际论坛主旨演讲，生态文明看聊城》，中国社会科学出版社，2012。

欧阳志云、郑华：《生态系统服务的生态学机制研究进展》，《生态学报》2009 年第 11 期。

欧阳志云、朱春全、杨广斌等：《生态系统生产总值核算：概念、核算方法与案例研究》，《生态学报》2013 年第 21 期。

马国霞、於方、王金南等：《中国 2015 年陆地生态系统生产总值核算研究》，《中国环境科学》2017 年第 4 期。

欧阳志云、林亦晴、宋昌素：《生态系统生产总值（GEP）核算研究——以浙江省丽水市为例》，《环境可持续发展》2020 年第 6 期。

程翠云、葛察忠、杜艳春等：《浙江省衢州市绿金指数核算研究》，《生态学报》

2019 年第 1 期。

宋昌素、欧阳志云：《面向生态效益评估的生态系统生产总值 GEP 核算研究——以青海省为例》,《生态学报》2020 年第 10 期。

董天、张路、肖燚等：《鄂尔多斯市生态资产和生态系统生产总值评估》,《生态学报》2019 年第 9 期。

科技篇

B.11
气象人工智能技术进展与产业发展趋势研究

匡秋明　冯德财　刘　璇*

摘　要：　全球"沸腾时代"来临，天气对人们生产生活的不利影响加剧，各行各业急需更加精准、精细的气象技术和服务。在这样的背景下，大模型等人工智能技术的快速发展，为气象观测、预报和服务提供了新的科学研究范式，在气象观测、预报和服务上取得了一系列研究技术进展和实例成果。技术变革为气象带来新的产业发展趋势：气象观测逐步走向三维立体观测、气象及环境影响的观测；围绕大模型构建的观测和长序列数据集构架快速发展。大模型气象预报快速发展，预报要素不断扩展，预报时长不断延长，并快速成为新的天气预报途径。在自然语言类大模型的加持之下，基于人工智能大模型的智能化、个性化气象服务逐步发展，创新服务体验。气象大模型等人工智能技术有助于气象领域实现观测精密、预报精准和服务精细的目标，具有技术研究和产业变革推动作用，应用前景广阔。

* 匡秋明，博士，中科星图维天信科技股份有限公司高级副总裁，高级工程师，主要研究方向为气象人工智能技术与应用；冯德财，中科星图维天信科技股份有限公司总裁，主要研究方向为地理信息技术与产业发展、智慧气象；刘璇，中科星图维天信科技股份有限公司技术总师，主要研究方向为地理信息技术与应用。

关键词： 人工智能　气象大模型　产业变革

引　言

1. 气象人工智能

人工智能是研究、开发用于模拟、延伸和扩展人的智能的理论、方法、技术和应用系统的一门学科。气象人工智能则是研究将人工智能与气象领域融合形成的理论、方法、技术和应用系统等的统称。

2. 为什么需要气象人工智能

2023 年是全球有气象记录以来的最热年份，全球近地表平均温度比工业化前高出约 1.45℃。2023 年 7 月 27 日，联合国秘书长古特雷斯就 7 月全球气温创下新高发表声明。古特雷斯表示，对于整个地球来说，"全球变暖" 的时代已经结束了，"全球沸腾" 的时代到来了。全球沸腾时代，天气对人们生产生活的不利影响加剧，恶劣天气频发，局地灾害性天气监测和预报对准确性和分辨率提出了更高要求。气象信息的准确性和时效性对于社会经济发展、生态环境保护以及人民生命安全的重要性愈加凸显，亟须更加精准精细的气象技术和服务。在这一背景下，气象人工智能技术凭借其强大的数据处理能力和模式识别技术，将在气象预测和服务领域发挥重要作用。

另外，近年来，随着静止卫星、极轨卫星、小卫星、双偏振雷达、相控阵雷达等观测手段逐步增强，观测数据呈现体量大、增长快等明显的大数据特征，人力及传统的信息处理方式难以充分挖掘数据价值，急需新的、高效的信息挖掘方法。人工智能技术作为一种高效的数据处理和知识挖掘工具，在气象领域应势深入、交叉发力，具有广阔的应用前景。

几千年前，人们基于肉眼观察、凭借经验描述自然现象，属于经验证据范式；几百年前，人们基于理论和模型解释自然现象，属于理论科学范式；几十年前，人们基于计算技术，模拟复杂现象，属于计算科学范式；十年前，人们基于大数据触摸、理解，逼近复杂数据，属于数据科学范式；当今，人工智能与科学研究深度融合，人工智能 for Science 成为新的科学研究范式。人工智能技术在气象领域应用是科学研究范式演化发展的必然结果。

3. 气象人工智能解决什么问题

人工智能技术已经在计算机视觉、序列预测、自然语言处理等方面取得巨大进展，并在工业、农业、交通等众多行业领域取得显著应用成效。根据前期的实践总结，人工智能技术在气象领域的意义体现在以下几方面。

（1）观测方面，人工智能技术可以通过对气象数据的实时监测和分析，及时发现异常现象并做出预警，提高气象灾害预防的效率和准确性。在深度学习图像目标识别（计算机视觉）方面，可提升卫星观测自动识别云、雾、雪及地面目标等能力，提升雷达识别强对流天气能力，提升基于路面摄像头及手机视频图像识别天气的能力。

（2）预报方面，人工智能技术可以对海量的气象数据进行分析和学习，从而提高气象预报的精度和准确性。人工智能在时空序列建模方面的技术应用，可提升分钟级降水预报和冰雹、大风、强降水、低能见度等强对流短临预报能力；在集成方法方面，可提升多模式集成学习能力，以高概率从多模式预报中自动选择最优模式预报，为天气和气候预报进步提供新的技术方法。同时，人工智能在强化学习、Boosting、Transformer 等方面，可为快速融合实况观测、提高预报准确率提供新技术途径。

（3）气候变化预测方面，人工智能技术可以通过对全球气象数据进行分析和学习，探究气候变化的规律和趋势，以提供更准确的气候变化预测和应对方案。

（4）服务方面，人工智能在大数据分析、自然语言处理、自然语言交互会话等方面的技术进步，推动行业影响预报、自然服务稿件生成、智能场景化、个性化气象服务的发展。

（5）机理探究方面，人工智能技术可以通过对大量气象数据的学习，识别出气象现象之间的相关性和规律，以帮助科学家们深入探究气象现象背后的物理机理。

（6）此外，人工智能还将在数据质控、时空精细化提升等方面发挥重要作用。

随着大数据计算、信息技术和智能算法技术的不断突破，人工智能技术发展迅猛，具有巨大的开发潜力，在气象及相关应用领域获得高度关注。

4. 大模型在气象人工智能中的作用

2022~2023 年，气象预测大模型蓬勃发展，新技术基于 Transformer、GNN（图神经网络）等深度学习方法，利用ERA5等长序列再分析数据，训练气象预测大模型，实现主要气象要素三维场的分钟级中期预报（见表1）。实践证明，其中，高空气象要素预测结果优于数值天气预报，降水和风速等预报速度具有显著优势。

表1　7种人工智能气象大模型构建信息

模型名称	内核	模型分辨率和预报范围	预报时效	预报要素	训练数据
FourCast Net	数据驱动	0. 25°×0. 25° 6h,全球	中期(10d)	5个地表变量(含降水)、4个大气变量	ERA5 40y
Graph Cast	数据驱动	0. 25°×0. 25° 6h,全球	中期(10d)	5个地表变量(含降水)、6个大气变量	ERAS 39y
ClimaX	数据驱动	5. 625°(32×64)和1. 40625°(128×256)全球/区域	6h、中期(1、3、5、7、14d),S2S、年	中期:3个地表变量(不含降水)、6个大气变量	CMIP6 ERA5
盘古	数据驱动	0. 25°×0. 25° 1h,全球	中期(1h-7d)	4个地表变量(不含降水)、5个大气变量	ERA5 39y
风乌	数据驱动	0. 25°×0. 25° 6h,全球	中期(14d)	4个地表变量(不含降水)、5个大气变量	ERAS 39y
伏羲	数据驱动	0. 25°×0. 25° 6h,全球	中期(15d)	5个地表变量(含降水)、5个大气变量	ERAS 39y
NowcastNet	数据驱动+物理规律	20km×20km 10min,区域	临近(3h)	极端降水	雷达观测 6y

资料来源："20230727领略资讯-第52期-专刊：人工智能及其在气象中的应用"。

基于多种深度学习架构的人工智能大模型，依托强大的计算资源和海量的数据进行训练，能够以新的科学范式进行高效数值预报。目前，在气象领域取得突破的人工智能模型包括从卫星、雷达图像中识别天气现象等智能感知模型，人工智能短临、短期、中期、延伸期、气候预测等智能预报模型，ChatGPT等智慧问答模型。

随着英伟达、华为、谷歌、微软等，以及国内外高校如清华大学、复旦大学、密歇根大学等发布了多种涵盖临近预报、短时预报、中期预报和延伸期预报等气象大模型，并取得与欧洲中心高分辨率模式相仿或部分超越的天气预报性能，基于大模型的气象预报正逐步发展成为独立于数值模式预报的、新的气象预报途径。

5. 气象人工智能的产业价值

人工智能技术对解决诸多气象行业痛点具有重要价值。

（1）助力科研难题的研究突破。解决局地、多因素耦合、高度非线性相关、对流尺度微物理过程不清晰的问题；解决数值模式预报耗资源过多、生成预报时间过长、预报更新不能满足快速实况观测融合等难题。

（2）快速生成更加准确的气象服务，从而提高气象服务的效率和准确性。

（3）实时监测和分析灾害性天气，降低气象灾害造成的经济损失，例如：多源社会化观测资料天气现象智能识别、利用视频图像监测气象灾害，提升灾害性天气精密观测能力，降低灾害损失。

（4）帮助气象行业开发更多应用程序，促进规模化、个性化、交互式精细气象服务，有助于推动气象产业的发展。

6. 气象人工智能产业化发展趋势

技术变革将给气象带来新的产业发展趋势。

（1）观测方面发展趋势

1）从以地面观测为主，逐步走向三维立体观测。

2）从气象要素观测逐步发展为气象及环境影响的观测。

3）围绕大模型构建的观测和长序列数据集构架快速发展。

（2）气象预报方面的发展趋势

1）基于再分析技术的气象大模型预报，预报要素不断扩展，预报时长从短临、中期逐步向延伸期和季节预报发展。

2）不依赖数值模式预报，基于观测的全流程大模型天气预测逐步发展，并快速成为新的天气预报途径。

3）深度学习等非大模型类的人工智能技术方法仍然在天气短临预测、天气预测降尺度、误差订正等方面发挥重要作用。

（3）气象服务方面的发展趋势

1）在自然语言类大模型的加持之下，对用户需求理解和交互能力快速发展，基于人工智能大模型的智能化、个性化气象服务成为可能。

2）气象服务从气象要素服务逐步扩展到基于场景的风险与影响智能研判和精准推送服务。

3）多模态大模型技术与气象领域知识深度融合，气象服务垂类多模态大模型逐步发展，创新服务体验。

一 研究进展与问题

（一）人工智能技术研究进展概述

当前，深度学习方法的潜力得到极大发挥，人工智能也随之发展到一个新阶段。在“大数据+大算力+强算法”三珠合璧的推力下，大模型得到快速发展。在自然语言处理领域，以 BERT、GPT 系列为代表的预训练语言模型的诞生，拉开了大模型构建和预训练之幕。在计算机视觉领域，Transformer、生成对抗网络、扩散模型与自监督学习方法的结合，正持续地提升模型的规模。同时，基于大规模文本、图像、视频等多模态数据的多层次利用，对比图文预训练（Contrastive Language-Image Pretr ning，CLIP）模型的规模持续扩增，显著地改善了各类视觉理解任务的性能（见图 1）。

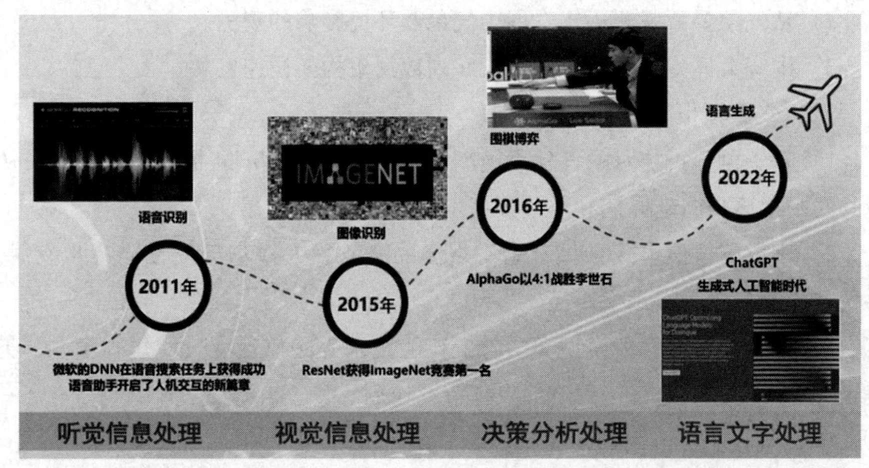

图 1 人工智能技术在多类任务处理中的性能超过人类智能

资料来源：重庆邮电大学王国胤教授 MLA 会议报告。

自 2018 年以来，国内外发布了多款大模型。在国外，Open 人工智能、DeepMind、Google、Meta、Nvidia 等公司发布了一系列著名的大模型，比如 BERT、T5、GPT 系列、RoBERTa、LLaMA、LaMDA、MT-NLG、Gopher、Chinchilla、PaLM、OPT、BLOOM、GLM-130B。尤其以 Open 人工智能公司的 GPT 系列

（GPT1.0、GPT2.0、GPT3.0、GPT3.5、GPT4.0）最为著名。其中，ChatGPT已达到175B以上的参数规模。2023年3月，Open人工智能公司发布了GPT4.0，其图像和语言的理解与生成能力达到了一个新的高度。另外，Google发布PaLM-E多模态语言大模型，参数量达到562B，可以根据语言指令控制机器人操作。最近，谷歌公司发布的多模态预训练大模型CoCa，在图像分类、看图说话、图文检索、视觉问答等多种任务中均取得了优异的性能。在国内，多家机构发布了不同规模的大模型，比如中国科学院自动化研究所的紫冬太初、复旦大学的MOSS、智谱人工智能公司和清华大学联合研制的GLM-130B大模型、百度公司的ERNIE 3.0和文心一言、华为公司的盘古大模型、阿里巴巴的通义千问、科大讯飞的星火大模型等。

当前，以ChatGPT为代表的大模型在文本生成、语音合成、语义理解、知识图谱构建、对话管理、语言翻译、语言校对、图像生成等方面具备强大的核心智能处理能力。大模型在搜索引擎、办公自动化、智慧教育、电子商务等众多垂直业务中获得了广泛应用，在能源、交通、农业、智能制造、公共安全等专业领域具备广阔的应用前景。

这些人工智能技术的发展，为气象领域技术的发展及应用服务提供了新的路径。

（二）人工智能在气象实况监测中的研究进展

随着人工智能技术的兴起，利用地面自动气象站、雷达、卫星等获取的观测数据越来越多，在气象大数据背景下，具有强大的数据学习能力和复杂结构特征刻画能力的深度学习有着十分广阔的应用场景。

人工智能方法在气象实况监测中的应用主要体现在非常规手段的气象智能监测中，主要包含基于多种智能模型，建立天气雷达质量问题数据集和雷达回波外推高质量、长序列数据集；开展天气雷达快速精细化扫描试点。基于“风云地球”开展台风、强对流等灾害性天气事件的智能监测等。例如，在台风监测领域，2019年国家气象中心联合北京邮电大学，提出了一种端到端的可视化智能台风定强模型，该模型就是以计算机视觉领域成熟的预训练CNN（卷积神经网络模型）深度学习模型为基础，比如：RESNET（Residual Network）、VGG（Visual Geometry Group）等，对卫星云图数据进行与台风强度相关的特征提取。

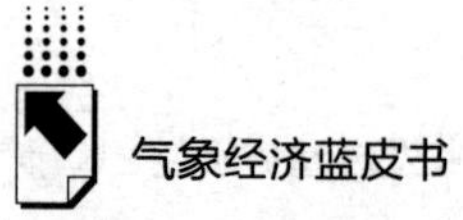

该模型已于2019年在中央气象台进行了业务测试，2020年正式投入实际的台风强度估测业务，基本上实现了基于气象卫星图像对台风强度的智能识别。

随着图像人工智能技术的发展，近年来，通过分析天气图像实现对极端天气的精准监控，成为人工智能技术在天气观测领域的又一应用。例如利用人工智能技术，优化已被占用的Ceph集群，通过分析天气信息需求的方式，确定完整的视频处理流程，完成监测系统的软件执行环境搭建，结合相关硬件设备结构，实现基于人工智能技术的天气现象视频监测系统的设计与应用。

此外，人工智能技术也被广泛应用于对观测数据的订正中。

数据订正的兴起可以追溯到气象观测和数据分析的早期阶段。随着气象观测网络的建立与发展、观测站点的不断增加，人们开始意识到观测数据中存在误差和偏差。随着统计学的发展，人们开始尝试使用统计插值和回归分析等方法进行气象数据的订正和补全，以减少观测误差和偏差。

20世纪后半期，随着计算机技术的发展，数据分析和处理能力大幅提高，人们开始利用计算机进行气象数据的订正。近年来，随着机器学习的兴起，K最近邻（K-Nearest Neighbor，KNN）、支持向量机（Support Vector Machine，SVM）、人工神经网络（Artificial Neural Network，ANN）等机器学习方法也逐渐应用到气象数据订正之中，利用海拔、相对湿度、风速、气温等因子进行数据订正。

相较于传统数据订正方法，人工智能方法有十分显著的优势。在气象数据订正中，人工智能方法可以通过学习气象数据中的空间和时间相关性，准确地预测和订正气象数据中的误差和不准确性。例如卷积神经网络如U形网络（UNet）可用于图像分割任务，在气象数据订正中使用卷积神经网络模型对图像数据如卫星图像、雷达图像等进行图像分割与特征提取，从而对气象数据的误差信息进行订正；循环神经网络对有序列特性的数据很有效，例如气温、风速、降水等时间序列数据。RNN（循环神经网络模型）的核心在于循环使用隐藏层的参数，不会随着时间步的增加而增大，在气温、降水等数据预测中发挥重要的作用，根据现有数据预测出未来的数据，根据模型的融合和优化补全预测数据。Transformer变换器用于处理时空序列数据，如气象格点数据和气象模拟数据。

具体优势主要体现在以下几个方面。

（1）自动特征提取。深度学习模型如 CNN 等取消了原有人工神经网络的手动提取，减少工作量，同时提高效率，也避免了人工提取的主观性和不确定性。

（2）非线性建模能力。面对强对流天气，气象数据中会存在大量非线性的数据，实际上非线性分布的数据很难处理，加入非线性的激活函数后，神经网络具备了非线性映射的学习能力。

（3）适应各类数据类型。对于非结构化的数据，如气象报告、卫星报告等文本数据，雷达音频、返回信号等音频信息，深度学习网络可以对其进行有效的预处理，这对于校正不同气象数据有重要意义。

（三）人工智能在气象预报中的研究进展

从 ChatGPT 到 Sora，从单模态到多模态，从单一智能到通用智能，全球人工智能创新在各行各业热潮迭起。

以气象业务的“龙头”——预报为例，人工智能技术的引入，带来的是更准的目标识别、更高的预测准确率和效率、更强的数据挖掘能力，这本质上还是通过算力、算法对大数据等信息进行挖掘整合继而实现的，是一种数据驱动的预报。

随着人工智能技术在气象行业的研究及应用，气象大模型不断涌现，基于多种深度学习架构的人工智能气象大模型，依托强大的计算资源和海量的数据进行训练，能够以新的科学范式进行高效数值预报。

主流的人工智能气象预报模型主要集中于强降水或者极端降水的临近、短中期预报。这些模型的核心是基于数据驱动，运用包括 Transformer、卷积神经网络（CNN）、图神经网络（GNN）以及 U-Net 等多种先进的编码算法进行预报，特别是在强对流临近预报领域，得到了广泛的应用并取得了显著的效果。国内外高校如清华大学、复旦大学、密歇根大学、莱斯大学等，均发布了自行研发的覆盖全预报时效的气象预报大模型。2020 年，中国气象局地球系统数值预报中心（以下简称“数值预报中心”）将人工智能技术引入数值模式的后处理中，进行预报偏差订正。通过对海量的天气预报模型预报数据和大量的气象观测数据进行“再解读”，从而实现对客观气象预报的“再订正”。自 2023 年起，数值预报中心通过自身发力和对外合作，建立了基于人工智能的集合同化框架；在数值模式方面，对于辐射等复杂的物理过程模块，通过人工

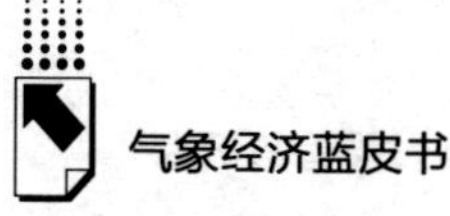

智能算法进行替换，以提高模式的计算效率及预报的时效性。此外，研发了基于生成式模型的超分辨率预报模型。

此外，人工智能技术在气候系统预测中也有着十分优异的表现。由于人类对复杂气候系统认识和技术条件的局限性，气候系统模式的不确定性将长期存在，其发展要仰赖气候科学的发展以及更高的计算效率。人工智能有较为强大的能力，可以从大数据当中找寻规律，增强对大气中某些现象的预测能力。比如对于高温热浪、极端降水等气象灾害，采用传统的数理方程或统计方法进行预测，但积累了大量的数据之后，还可以通过人工智能进行数据分析、推理和预测，充分发挥人工智能非线性拟合的能力，在传统数理方法的基础上进一步提高预测的准确性，未来还可能发现某些规律并给传统数理方法提供改进线索。

尽管机器学习等人工智能技术在气候系统模式中的应用尚处于起步阶段，但其在发现海量数据集中存在的复杂非线性关系方面表现强大，这对于研发地球系统模式至关重要。随着人工智能和物理建模相结合，气候和地球系统模式将得到改进。目前，美国国家大气研究中心（NCAR）、美国国家海洋和大气管理局（NOAA）已经开始用机器学习来替换气候模式中的部分模块；欧洲中期天气预报中心人工智能技术已覆盖数值天气预报业务的全流程，渗入预报中的各个环节（见图 2）。

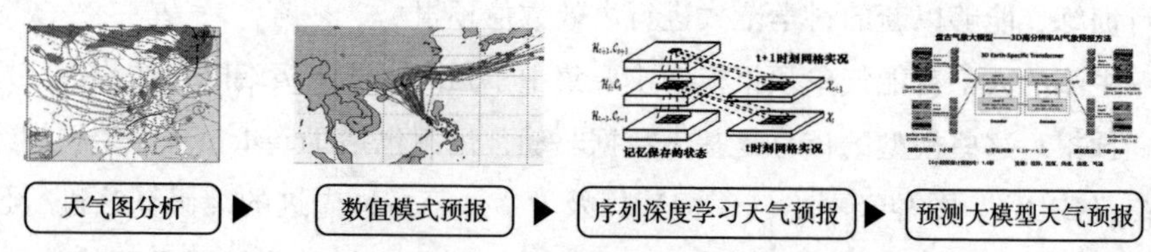

图 2　智能天气预报演进技术路径

在气象预报的商业应用领域，华为、英伟达、DeepMind、谷歌、微软等科技公司，近年来先后发布了多个涵盖临近预报、短时预报、中期预报和延伸期预报等不同领域的气象大模型，力图以终端用户需求为指引，开创人工智能行业预报服务，这标志着人工智能与气象领域的交叉融合已经达到新的高度。

（四）人工智能在气象服务应用中的研究进展

随着人工智能技术在气象领域的应用不断扩展，其在气象产品应用末端的优势也逐渐崭露头角。人工智能作为一种基础性、驱动性的技术力量，与气象领域深度融合，帮助气象服务产品和技术完成进一步的优化，创造出新的产品、服务和商业模式，从而推动行业的转型升级和社会经济结构的变革（见图 3）。

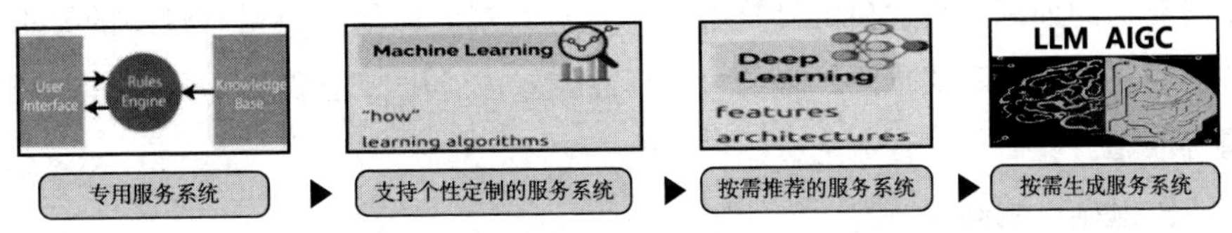

图 3　智慧气象服务演进技术路径

虽然人工智能技术介入气象服务较晚，但已经取得了一些业务化成果，例如利用超分辨率神经网络，完成精细化火场预报产品的生成和应用；基于机器学习多模型优选技术，开展风能太阳能多模式集成预报服务产品研发，在河北、广东等风光场站开展应用检验，集成后均方根误差较原始预报降低 20%~30%，有效提高风机轮毂高度风速和向下短波辐射等要素的预报准确率。

2023 年，中国气象局印发《人工智能气象应用工作方案（2023—2030 年）》，制定了一段时期内人工智能气象应用发展路线图，明确将锚定加强人工智能气象应用基础支撑能力建设、开展人工智能气象应用前沿科技研究、统筹推进人工智能研发和气象业务应用、优化气象人工智能应用政策环境等方面重点发展。

人工智能的引入，可能带来的是更准的目标识别、更强的预测能力、更快的预测效率、更优的从数据中挖掘的规律，同传统的数值模式预报方法形成互补方案，气象监测、预报预测、预警、服务等全流程或许都会被重塑，在搭建垂直化应用场景时，人工智能思维贯穿全程。

（五）问题分析

尽管气象人工智能技术取得了显著进展，但在实际应用过程中仍面临一些问题和挑战。

1. 数据问题

气象数据的复杂性和不确定性是制约气象人工智能技术发展的关键因素。准确获取、处理和分析这些数据，针对场景构建长序列机器学习样本集，是提高气象预测准确性和精细化水平的关键。

2. 技术问题

目前，人工智能技术在气象领域的应用还存在一些技术瓶颈。例如，深度学习算法的训练需要大量的计算资源，且对数据的质量和数量有较高的要求。此外，还有人工智能预测结果的可解释性较差、泛化与迁移难、预测结果过平滑等问题。

3. 基础设施问题

气象人工智能技术的研发和应用需要大量的计算资源和人才支持。然而，目前一些地区的气象基础设施建设相对滞后，无法满足人工智能技术的需求。此外，专业人才的缺乏也制约了气象人工智能技术的发展。

4. 伦理和法律问题

随着人工智能技术的不断发展，其应用也面临着一些伦理和法律问题。例如，如何确保人工智能技术的公正性和透明度，避免歧视和偏见；如何保护隐私和数据安全等。

针对以上问题，需要采取一系列措施来推动气象人工智能技术的进一步发展。首先，加强基础设施建设，提高气象数据的获取、处理和分析能力；其次，加强技术研发和人才培养，突破技术瓶颈；再次，加强伦理和法律监管，确保人工智能技术的公正性和透明度；最后，加强产学研用合作，加强国际合作和交流，共同推动气象人工智能技术的发展和应用。

二　对策建议

（一）加强数据开放共享，促进人工智能赋能场景应用

人工智能发展离不开场景和数据资源，应加快构建科学合理的数据开放共享机制，降低人工智能训练获取数据的门槛，从而进一步带动人工智能的算力使

用。大力推动数据开放、安全共享机制建设和实施，开放共享环境、生态、交通等各类数据，支撑基于场景的人工智能模式与算法研发，提升气象服务水平。

（二）多源资料融合高时空分辨率气象实况监测研究

随着各类观测手段如双偏振雷达、相控阵雷达、静止卫星、极轨卫星、小卫星等遥感观测、视频图像等社会化观测数量快速增加，如何高效地挖掘和利用好观测数据成为重要的研究课题。在此背景下，基于大模型等 AI 技术的多源数据融合技术必将在高效挖掘和利用气象观测数据中发挥重要作用。

（三）基于观测的大模型气象预报研究

最近研究表明，基于观测的大模型进行天气预报是完全可行的。主要有以下几种途径：一是直接从观测资料出发，建立基于图数据的气象预测大模型，实现格点的天气预报。二是直接从观测资料出发，建立基于图数据的气象预测大模型，实现基于站点的气象预报，再通过 AI 等方法基于站点气象预报生成格点气象预报。三是基于观测资料，通过 AI 方法或数值模式方法生成预报初始场，然后建立基于规则格点的气象预测大模型。还可以通过交互反馈等途径实现和提升气象预报性能。以上各条基于观测的气象预报技术路径均具有研发和应用前景。

（四）人工智能在延伸期预报和季节气候预测研究

延伸期预报和季节气候预报对自然灾害预测和防灾救援等具有重要意义，受计算资源限制，越来越高分辨率的气候预测需求给气候模式预报带来了难以逾越的困难，而深度学习等人工智能方法提供了一种高效的气候预测工具。有别于短临和中期预报，气候预测的影响因子更多，机理不确定性更大，可用数据样本较少，因此，考虑机理的人工智能方法将会在延伸期预报和季节气候预测中发挥重要作用，成为技术研究和业务应用的重点方向。

（五）基于多模态大模型的智慧气象服务研究

基于自然预报大模型的快速发展，大模型对用户需求的理解能力大大增强，为气象服务实现个性化的按需气象服务提供了条件，这种变革性的气象服务体验必将成为气象服务的重要发展方向。

参考文献

黄小猛，林岩銮，熊巍等：《数值预报国际发展动态研究》，《大气科学学报》（网络首发）2023 年 12 月 18 日。

蒋鸿儒、方巍：《深度学习在气象数据订正中的应用综述》，《计算机应用》（网络首发）2024 年 3 月 14 日。

周冠博、钱奇峰、吕心艳等：《人工智能在台风监测和预报中的探索与展望》，《气象研究与应用》2022 年第 2 期。

刘倩、叶奕宏：《“人工智能+气象”智联未来》，《中国气象报》2024 年 4 月 1 日。

吴灿、戴洋、何晓欢等：《气象和大气科学领域人工智能科学研究的国际态势分析》，《科学咨询》（教育科研）2021 年第 11 期。

仲夏：《可解释人工智能在气象预报中的应用和展望》，《软件》2024 年第 1 期。

孙艳云、丛郁、李东宇等：《基于人工智能技术的天气现象视频监测系统》，《电子设计工程》2023 年第 8 期。

张明禄：《基于人工智能的台风监测和预报系统初步建成》，《中国气象报》2023 年 6 月 6 日，第 003 版。

唐淼：《当人工智能用于数值预报，会带来哪些改变?》，《中国气象报》2024 年 4 月 24 日。

B.12

风云气象卫星支撑国家经济战略研究

关 敏 毛冬艳 李 云*

摘 要： 本文首先介绍了风云气象卫星在国家经济战略指导下取得的成就，阐述了风云气象卫星技术产业发展现状。其次，对风云气象卫星产业能力和社会经济效益进行了分析，提出可通过卫星制造和发射、地面运行及应用服务这条风云气象卫星产业链，从减灾和增效两方面实现对国家经济的贡献。最后，对风云气象卫星产业发展前景进行了预测，并提出初步建议：卫星系统应进一步提升观测能力、综合体系效能和卫星服务效益；地面系统应优化接收站网布局、加强星地同步建设；应用系统应加强统筹集约发展、国际合作以及应用效果评估。

关键词： 风云气象卫星 国家经济战略 社会经济效益

引 言

我国是世界上气象灾害最严重的国家之一，气象灾害约占各类自然灾害直接经济损失的70%以上。新中国气象事业70周年之际，习近平总书记作出重要指示：气象工作关系生命安全、生产发展、生活富裕、生态良好，做好气象工作意义重大、责任重大，要求广大气象工作者发扬优良传统，加快科技创新、做到监测精密、预报精准、服务精细，推动气象事业高质量发展，提高气象服务保障能力，发挥气象防灾减灾第一道防线作用，为实现“两个一百年”

---

* 关敏，国家卫星气象中心副研究员，主要研究方向为气象卫星工程管理、气象卫星工程社会经济效益、遥感数据应用；毛冬艳，国家卫星气象中心副主任，正研级高级工程师，主要研究方向为灾害性天气、气象卫星资料应用；李云，国家卫星气象中心科长，高级工程师，主要研究方向为气象卫星工程管理、气象卫星资料应用及效益评估。

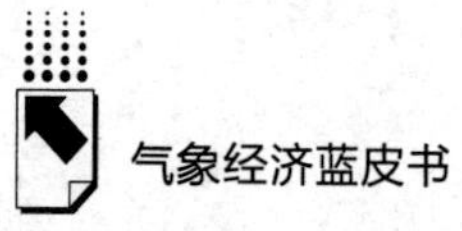

奋斗目标、实现中华民族伟大复兴的中国梦做出新的更大贡献。

受常规气象资料的局限，风云气象卫星日益成为气象防灾减灾的重要手段之一。自1970年2月周恩来总理正式下达研制气象卫星的任务以来，我国气象卫星产业一直受到党和国家高度重视与关心，发布了一系列国家战略和规划，指导风云气象卫星产业发展。1999年1月，国务院批准财政部《关于建立气象卫星专项资金的报告》，从国家经济战略层面明确了气象卫星专项资金的设立和用途。1999年12月，国务院批准《"九五"后两年至2010年我国气象卫星及其应用发展规划》。2006年1月，国务院印发《国务院关于加快气象事业发展的若干意见》，明确要求到2020年建成结构完善、功能先进的气象现代化体系，提出"要大力加强气候观测系统、气象卫星系统和天气雷达、雷电监测网、农村和重点林区及海域气象站网等基础设施建设，将其纳入经济社会发展规划"。2012年，国务院批复《我国气象卫星及其应用发展规划（2011—2020年）》。2015年10月，国家发展改革委、财政部、国防科工局联合印发《国家民用空间基础设施中长期发展规划（2015—2025年）》，提出"围绕气候变化、气象灾害、数值天气预报等常态化监测需求，发展全球覆盖、多手段综合观测能力，建设由上、下午星和晨昏星组成的气候观测卫星星座"。2017年6月，中国气象局发布《卫星遥感综合应用体系建设指导意见》，提出到2020年全国气象部门将建成布局合理、分工明确、运转高效的卫星遥感综合应用体系，形成功能完善、技术先进、规范标准的卫星遥感应用业务。2022年4月28日，国务院印发《气象高质量发展纲要（2022—2035年）》，为到2035年的风云气象卫星事业发展、建设世界一流的风云卫星综合观测星座和气象卫星应用体系高质量发展绘就了蓝图。这一系列国家战略规划，是风云气象卫星产业持续健康发展的重要保障。

经过50多年的发展，风云气象卫星按照国家相关经济战略和规划部署，已建成由卫星制造和发射、地面运行及应用服务构成的产业链。我国独立自主建立了极地轨道与地球静止轨道"2代4型"风云气象卫星系列，成功发射21颗气象卫星，实现了从跟跑国外卫星到并跑再到部分领跑的跨越，综合性能达世界先进水平。目前风云二号、风云三号以及风云四号系列共9颗卫星、22类设备、56台遥感仪器在轨稳定运行。极地轨道气象卫星和地球静止轨道气象卫星组成了中国气象卫星观测系统，120多个国家和地区接收使用风云气象卫星资料。中国风云气象卫星被世界气象组织列入国际气象卫星序列，凭借先进的技术水平、稳定可靠的业务运行和高质量的遥感数据服务，与美国、欧洲气象卫星一起，成为全球气象观测的主力卫星，是世界气象组织天基综合对地观测网的重要支柱。

风云气象卫星产业支撑了国家相关经济战略和规划，支撑了气象防灾减灾和国民经济发展。从国家战略需求层面，发展风云气象卫星是实现“两个一百年”奋斗目标和“一带一路”等重大任务、服务我国气象事业宏伟目标的需要；从社会经济发展层面，发展风云气象卫星是确保气象观测业务稳定，满足应对全球气候变化、防灾减灾，服务相关行业生产、人民日常生活，提升生态文明建设，保障国家安全的需要；从科技引领发展层面，发展风云气象卫星也是引领技术进步、补齐观测短板、提升体系观测能力的需要。

一　风云气象卫星技术产业发展现状

（一）风云气象卫星制造和发射产业现状

目前风云气象卫星代表我国气象卫星的最高技术水平，拥有三个世界唯一：唯一业务运行上午、下午、晨昏和倾斜 4 条近地轨道的民用气象卫星；唯一拥有地球静止轨道红外高光谱大气垂直廓线探测能力；唯一具备 250 米空间分辨率、区域 1 分钟连续观测能力。

我国气象卫星主要包括风云气象卫星的极地轨道气象卫星和静止轨道气象卫星两个系列。

1. 风云极轨气象卫星

我国共成功发射 11 颗极轨气象卫星，实现了极轨气象卫星系列化发展、业务化运行。

风云一号系列气象卫星是我国第一代极轨气象卫星，包括 4 颗卫星，主要任务是获取国内外大气、云、陆地、海洋资料，进行有关数据收集，用于天气预报、气候预测、自然灾害和全球环境监测等，星上遥感仪器是多光谱可见光红外扫描辐射仪（MVISR），目前卫星均已退役。风云一号气象卫星基本信息如表 1 所示。

表 1 风云一号气象卫星基本情况

卫星名称	发射时间	停用时间	轨道高度	运行状态	过赤道时间	仪器
FY-1A	1988 年 9 月	1988 年 10 月	900km	停止运行	15:30 升交点	MVISR
FY-1B	1990 年 9 月	1991 年 8 月	900km	停止运行	07:50 降交点	MVISR
FY-1C	1999 年 5 月	2004 年 4 月	862km	停止运行	07:00 降交点	MVISR
FY-1D	2002 年 5 月	2012 年 4 月	866km	停止运行	09:00 降交点	MVISR

风云三号系列气象卫星是我国第二代极轨气象卫星，包括 8 颗卫星，目标是获取地球大气环境的三维、全球、全天候、定量、高精度资料。星上主要遥感仪器有：中分辨率光谱成像仪（MERSI）、扫描辐射计（VIRR）、红外分光计（IRAS）、红外高光谱大气垂直探测仪（HIRAS）、近红外高光谱温室气体监测仪（GAS）、微波温度计（MWTS）、微波湿度计（MWHS）、微波成像仪（MWRI）、全球导航卫星掩星探测仪（GNOS）、风场测量雷达（WindRAD）、降水测量雷达（PMR）、紫外高光谱臭氧探测仪（OMS）、紫外臭氧总量探测仪（TOU）、紫外臭氧垂直探测仪（SBUS）、地球辐射监测仪（ERM）、太阳辐射监测仪（SIM）、太阳辐照度光谱仪（SSIM）、电离层光度计（IPM）、多角度电离层光度计（Tri-IPM）、广角极光成像仪（WAI）、太阳 X 射线极紫外成像仪（X-EUVI）、空间环境监测仪（SEM）等，风云三号气象卫星基本信息如表 2 所示。

表 2 风云三号气象卫星基本情况

卫星名称	发射时间	停用时间	轨道高度	运行状态	过赤道时间	仪器
FY-3A	2008 年 5 月	2018 年 2 月	836km	停止运行	09:05 降交点	MERSI-I, VIRR, IRAS, MWTS - I, MWHS - I, MWRI - I, TOU, SBUS, ERM-I, SIM-I, SEM
FY-3B	2010 年 11 月	2020 年 6 月	836km	停止运行	13:40 升交点	MERSI-I, VIRR, IRAS, MWTS - I, MWHS - I, MWRI - I, TOU, SBUS, ERM-I, SIM-I, SEM

续表

卫星名称	发射时间	停用时间	轨道高度	运行状态	过赤道时间	仪器
FY-3C	2013年9月	≥2025年	836km	运行于性能退化的状态下	10:15降交点	MERSI-I, VIRR, IRAS, MWTS-II, MWHS-II, MWRI-I, GNOS-I, TOU, SBUS, ERM-I, SIM-II, SEM
FY-3D	2017年11月	≥2025年	836km	正常运行	14:00升交点	MERSI-II, HIRAS-I, MWTS-II, MWHS-II, MWRI-I, GNOS-I, GAS, WAI, IPM, SEM
FY-3E	2021年7月	≥2027年	831km	正常运行	05:30降交点	MERSI-LL, HIRAS-II, MWTS-III, MWHS-II, GNOS-II, WindRAD, X-EUVI, SSIM, SIM-II, Tri-IPM, SEM
FY-3G	2023年4月	≥2029年	407km	正常运行	倾斜轨道	MERSI-RM, PMR, MWRI-RM, GNOS-II
FY-3F	2023年8月	≥2031年	836km	在轨测试	10:15降交点	MERSI-III, HIRAS-II, MWTS-III, MWHS-II, MWRI-II, GNOS-II, OMS-L, OMS-N, ERM-II, SIM-II
FY-3H	2025年	≥2033年	836km	计划	14:00升交点	

2. 风云静止气象卫星

风云静止气象卫星包括风云二号系列和风云四号系列，轨道高度35786km。

风云二号系列气象卫星是我国第一代静止气象卫星，包括8颗卫星，有两台遥感仪器：扫描辐射计（VISSR）和空间环境监测器（SEP），实现非汛期每小时、汛期每半小时获取覆盖地球表面约1/3的全圆盘图像。

风云四号系列气象卫星是我国第二代静止气象卫星，先进的静止轨道辐射成像仪（AGRI）辐射成像通道由VISSR的5个增加为14个，覆盖了可见光、短波红外、中波红外和长波红外等波段，接近欧美第三代静止轨道气象卫星的

16个通道。星上辐射定标精度 0.5K、灵敏度 0.2K、可见光空间分辨率 0.5km，与欧美第三代静止轨道气象卫星水平相当。风云四号卫星配置了全球首台静止轨道干涉式大气垂直探测仪（GIIRS），光谱分辨率 0.8cm~1cm，可在垂直方向上对大气结构实现高精度定量探测。风云四号卫星上还配置了快速成像仪（GHI）和闪电成像仪（LMI）。

目前风云二号 G\H 星、风云四号 B 星处于正常业务运行状态，风云四号 A 星降级运行，其余卫星都已停止运行。风云二号、四号卫星基本信息如表 3 所示。

表 3　风云静止气象卫星基本情况

卫星系列	卫星名称	发射时间	停用时间	运行状态	定点经度	仪器
风云二号	FY-2A	1997 年 6 月	1998 年 4 月	停止运行	105°E	VISSR-I
	FY-2B	2000 年 6 月	2004 年 9 月	停止运行	105°E	VISSR-I
	FY-2C	2004 年 10 月	2009 年 11 月	停止运行	123.5°E	VISSR-II
	FY-2D	2006 年 12 月	2015 年 6 月	停止运行	86.5°E	VISSR-II
	FY-2E	2008 年 12 月	2019 年 1 月	停止运行	86.5°E	VISSR-II
	FY-2F	2012 年 1 月	2022 年 4 月	停止运行	112.5°E	VISSR-II
	FY-2G	2014 年 12 月	≥2024 年	业务运行	99.2°E	VISSR-II
	FY-2H	2018 年 6 月	≥2027 年	业务运行	79°E	VISSR-II
风云四号	FY-4A	2016 年 12 月	≥2024 年	降级运行	86.5°E	AGRI, GIIRS, LMI, SEP
	FY-4B	2021 年 6 月	≥2029 年	业务运行	105°E	AGRI, GHI, GIIRS, SEP
	FY-4C	2025 年	≥2031 年	计划	待定	

（二）风云气象卫星地面运行产业现状

风云气象卫星地面运行产业包括接收风云气象卫星及国外其他遥感卫星的数据，传输和处理气象卫星数据，向用户提供多种级别的大气、陆地和海洋遥感图像与定量产品。

风云极轨气象卫星地面系统由数据处理和服务中心与地面接收站组成。风云静止气象卫星地面系统是集对地观测、卫星测控和信息处理于一体的高时效业务系统，同时还具有向我国及周边国家用户提供数据广播服务的能力。

地面系统每天实时接收处理国内外十多颗卫星的数据，生产几十种图像和定量产品，通过数据专线、互联网等方式实时分发给用户，为政府决策、行业应用及公众服务提供支持。

1. 接收站网

风云极轨气象卫星接收站网由北京、广州、乌鲁木齐和佳木斯 4 个接收站和 2 个高纬度极地站构成，实现极轨卫星数据接力接收，并传输至北京的资料处理和服务中心。

风云静止气象卫星接收站网由北京、乌兰察布和广州数据接收站、北京测距主站和位于广州、佳木斯、乌鲁木齐、腾冲、澳大利亚墨尔本的测距副站构成。

2. 数据处理

风云极轨气象卫星地面数据处理系统拥有数据接收、集成运行控制、数据预处理、统一标定与再处理、观测仿真与效能评估、产品生成、产品质量控制、计算机与网络、数据要素管理与服务、天地协同大型试验和产品挖掘及应用支撑等功能，已建成 170TFlops 的计算能力，磁盘存储总容量 4PB，3 分钟内完成数据预处理、15 分钟内完成中国及周边地区的监测产品生产。

风云静止气象卫星地面数据处理系统拥有卫星测控和测距、任务管理与控制、图像地理定位与导航配准、定标、产品生成、计算机与网络及数据存档管理等功能，已建成不低于 190TFlops 的计算能力，磁盘存储总容量 5. 15 PB，带库容量 4PB，作业响应时间小于 30 秒。

3. 产品体系

风云气象卫星数据及产品按处理过程分有 6 类：原始数据、0 级数据、1 级产品、2 级产品、3 级产品和 4 级产品。

目前，风云静止气象卫星地面处理系统生产风云四号 A 星 32 种产品、风云四号 B 星 57 种产品。风云极轨气象卫星地面产品处理系统根据仪器配置，生成 4 小时一次的大气、陆表和海表 L2 产品，5 分钟段、日投影以及候旬月等气候产品，主要包括陆地、海洋、大气和云、空间天气等 42 类产品。

4. 数据服务

风云气象卫星地面数据管理服务目前对 51 颗卫星数据归档管理，存档数据量31.7PB（双份），以数据湖、天擎、实时分发、网站等多种方式提供数据服务。目前风云遥感数据服务网注册用户数达14万，分布于129个国家和地区。

（三）风云气象卫星应用服务产业现状

在国家相关战略规划总体布局下，我国已初步建成气象卫星遥感综合应用体系，风云卫星遥感应用服务覆盖国、省、地、县四级。风云气象卫星数据广泛应用于天气预报、数值预报、应对气候变化、生态环境监测评估、农业遥感监测、人工影响天气和空间天气监测预警等领域，为气象、应急管理、农业农村、生态环境、水利、交通运输、能源等多个行业提供应用服务；还积极服务国际社会，为共建“一带一路”国家和地区提供精密、精准、精细化的天气、气候、气象灾害监测预警服务。

天气预报应用领域已建成台风、暴雨和强对流监测预报分析，青藏高原天气监测评估，航空气象应用等系统。数值预报应用领域已建成全球数值天气预报模式同化、区域数值模式同化、气候模式同化、大气环境要素同化等系统。应对气候变化应用领域已建成辐射、海冰、海温等关键气候要素监测，极端气候事件监测，短期气候预测应用，气候变化应用等系统，正逐步建立我国自主风云系列卫星全球关键气候变量长序列、均一性好的卫星专题气候数据集。生态环境监测评估领域已建成大气环境监测、水火冰雪等陆表环境监测、湖泊海洋生态环境监测、地质灾害、生态环境综合评价体系等系统。农业遥感监测应用领域目前已建成农作物长势、农作物分类、农作物估产、农业气象灾害监测等系统。人工影响天气应用领域已建成云降水特种参数处理、播云作业条件识别和作业效果分析等系统。依托风云气象卫星搭载的空间天气监测仪器，空间天气监测领域已建成太阳活动监测、磁层监测应用、电离层监测应用、极光监测、航天空间天气监测等系统。

行业气象应用方面，已建成面向行业应用的风能太阳能资源、交通、旅游气象服务等深度产品加工系统。

风云气象卫星在轨布局还充分考虑了共建“一带一路”国家和地区的气象防灾减灾需求，已建立天地一体化的风云卫星数据共享服务系统、面向共建“一带一路”国家和地区的定量化气象卫星定制产品研发等系统，形成了风云气象卫星全球监测和服务产品体系。

二 风云气象卫星技术产业能力与社会经济效益分析

（一）能力分析

1. 风云气象卫星制造和发射产业技术能力分析

在卫星平台制造产业方面，风云三号极轨气象卫星打造了我国第一个桁架式三轴稳定 SAST3000 平台，突破了多载荷共平台力热电磁兼容、复杂干扰多挠性高可靠卫星姿态控制、大幅宽扫描式载荷高精度图像定位等系列关键技术。风云四号静止气象卫星具备高时间分辨率、高空间分辨率、高定位精度、高辐射精度、高光谱精度，实现了国内首次星上实时补偿导航配准、首次高灵敏仪器多重微振动抑制和测量、首次高精度光谱定标与全谱段在轨辐射定标等多项技术突破，我国静止气象卫星从“国际并跑”迈向“国际领跑”。

在星载遥感仪器制造产业方面，风云气象卫星取得了多项技术创新。全球首颗晨昏轨道民用气象卫星风云三号 E 星装载的国内首台双频双极化主动海面风场探测雷达，海面风场测量精度 1.5m/s，在国际上首次实现风场测量雷达与 GNSS-R 同平台一体化主被动协同海面风场探测，首次实现太阳总辐照度、光谱辐照度及太阳成像多维同步全能谱太阳观测，填补多项国际和国内空白。我国首颗降水测量卫星风云三号 G 星采用 Ka、Ku 双频相控阵体制降水测量雷达，降水测量精度 1dB，提供全球中低纬度地区降水三维结构信息，用于灾害性天气系统强降水监测，尤其对台风、暴雨等极端灾害监测和预报提供有效支持。风云四号 A 星装载了全球首台静止轨道红外高光谱干涉式大气垂直探测仪，开启了地球静止轨道三维综合探测；全球首次成像辐射计、大气探测仪、闪电成像仪共平台装载、全天时工作；全球首次静止轨道微波探测技术验证 425GHz 频段探测。

在观测性能方面，组网观测的风云三号气象卫星使全球观测时效由 12 小时缩短至 4 小时；风云四号 B 星快速成像仪将静止轨道空间观测时间分辨率缩短到 1 分钟以内。在遥感定量化方面，微波谱段辐射定标精度由 1.5K 提高至 0.8K，灵敏度最高达到 0.03K。

风云气象卫星相比国际同类卫星在探测能力和探测产品方面，已达到国际先进水平，尤其其区域观测能力达到优于 1 分钟，超过国际 5 分钟水平；但是在探测精度方面，可见光、红外与微波定标误差还存在差距（见表 4）。

表 4　在轨风云气象卫星同国际同类卫星性能比较

功能/性能	内容	风云卫星	美、欧、日卫星
探测能力	全球数据接收能力	南北极布局	南北极布局
	全球数据获取时效	2 小时	美国:2 小时 欧洲:2.25 小时 日本:无
	区域观测能力	优于 5 分钟级	优于 5 分钟级
	综合探测能力	全谱段、多要素	全谱段、多要素
探测精度	可见光定标误差	5%	3%
	红外与微波定标误差	0.4K 0.8K	0.2K 0.4K
探测产品	大气—陆地—海洋—空间天气产品体系	完整但缺少产品精度信息	美国:完整 欧洲:完整 日本:部分

2. 风云气象卫星地面运行能力分析

目前风云极轨气象卫星地面系统每天接收风云三号 02 批 C\D 星、风云三号 03 批 E\F\G 星原始数据产品 2.5TB，生产 L0 级产品 2.3TB，L1 级产品 5TB，L2 级产品 6.5TB，L3 级产品 0.6TB。借助国内接收站和南北半球高纬度接收站组成的地面接收站网，卫星全球观测资料获取时间缩短至 2 小时以内。原始数据送达资料处理和服务中心处理服务器后 3 分钟内完成数据汇集。全球区域各类产品生成时效 5~30 分钟，最长不超过 100 分钟；中国及周边地区的灾情监测产品处理时效 10~15 分钟。每周、月或季生成质量检验报告。风云极轨卫星地面运行成功率由 97.5%提高到 98.5%。

风云静止气象卫星地面系统每天生产风云二号 G\H 星、风云四号 A\B 星 L0 级产品 2TB、L1 级产品 2.2TB、L2 级产品 2.5TB、L3 级产品 0.6TB。静止气象卫星测距精度优于 6 米，卫星定轨精度优于 20 米。L2 级产品处理时效为 5 分钟，L3 级产品处理时效 30 分钟，基于时间序列的日候旬月 L3 级产品在资料完备后 2 小时内完成。对风云四号 B 星 18 种 L2 级产品进行检验与应用验证。内网资源池服务数据平均共享时效 3 分钟，外网云端数据平均共享时效 10 分钟；数据检索与下载数据流量能力 15TB/日；服务平台支持 200 个用户同时在线使用；数据工厂加工支持 3 种以上 L2 及以上产品的实时加工处理。

3. 风云气象卫星应用服务能力分析

（1）风云气象卫星资料在数值预报模式中的占比稳步提升

10 年前，风云气象卫星只有云导风资料在我国全球数值预报系统中同化应用。近年来，风云卫星资料同化核心技术不断突破，越来越多的风云卫星数据进入数值预报系统，应用效益不断提升。风云气象卫星数据在数值预报系统中的占比逐年提高，从 2017 年的 6%提升至 2023 年的 15%，定量贡献也越来越大。我国在国际上首次实现了静止轨道风云四号 A 星红外高光谱大气垂直探测仪观测数据的业务同化，提高了台风、暴雨等灾害性天气预报精度。

目前我国全球数值天气预报系统中同化应用的卫星资料约占观测资料总量的 85%，但是相较于美国、欧洲气象业务中心数值预报卫星资料同化量超过 90%，在数据同化数量和质量上仍有差距。

（2）风云气象卫星资料在气象防灾减灾中的重要性日益凸显

风云气象卫星成为监测全球台风、暴雨天气最有效的手段。风云二号气象卫星自投入运行以来至今，监测西太平洋生成的台风和登陆我国的台风无一漏网。风云四号气象卫星投入业务运行后，我国对台风、暴雨等灾害天气监测识别时效从 15 分钟缩短到 5 分钟，强对流天气预警时间提前至 40 分钟，台风路径 24 小时预报平均误差从 95 公里减小到 71 公里，误差稳居国际先进行列。中国气象局初步建立世界一流的防灾减灾预警服务体系，被世界气象组织认定为世界气象中心之一。

“风云地球”卫星产品应用平台面向气象预报需求，将风云气象产品直接送达预报员桌面。该平台聚焦台风、强对流、暴雨等灾害性天气开发五大类产品，支撑基层精细化短临预报预警业务，并提升服务时效，确保高时空分辨率卫星产品无延迟到达国省市县预报员桌面。“风云地球”多次在重大天气服务保障、中央气象台及各省（区、市）天气会商中发挥作用，充分体现卫星资料在气象核心业务中的支柱作用。

但是，我国在对流初生识别监测、闪电资料应用、短临预报技术综合应用方面，以及卫星资料在台风业务应用的完善性、系统性和精准性等方面，与美国等国家还存在差距。

（3）风云气象卫星资料在气候及生态环境监测评估中的作用越来越大

风云气象卫星生态遥感服务已成为生态文明建设的重要抓手。各级气象部门利用以风云卫星为主的多源卫星资料，聚焦生态文明建设需求，开展城市热岛、水体洪涝、火情、植被等特色卫星遥感应用服务，在生态气象要素监测、生态环境灾害监测、生态红线保护、生态质量综合评价、生态变化气象贡献率评估等工作中发挥了重要作用，得到地方各级政府的认可。仅 2019 年，就有 18 个省（区、市）气象部门的卫星遥感服务获省委、省政府高度认可。

近年来，风云卫星数据在我国气候与气候变化业务中得到了一定应用。但风云卫星气候应用产品在时序、精度和稳定性等方面与美欧卫星数据仍有差距，尚不能满足气候和气候变化业务服务应用需求。

（4）风云气象卫星资料在专业气象中应用广泛

风云气象卫星数据和产品被广泛应用于海洋、农业、林业、环保、水利、交通、航空、通信、电力等行业部门，其中，基于风云三号气象卫星和风云四号气象卫星等多源卫星资料的综合火情监测服务，为林业、农业、环保和应急管理等多行业部门提供服务。2021 年，向自然资源部、生态环境部、交通运输部、工业和信息化部、中国科学院等部委和行业机构累计提供数据服务量达 141TB；向水利部太湖流域管理局提供太湖蓝藻水华监测信息 100 余次。国省联合开展长江流域、青藏高原等区域生态环境质量评价，发布科学评价报告 11 期。

（5）风云气象卫星为服务国际社会做出重要贡献

风云气象卫星国际服务成果显著。积极推动风云卫星支持联合国 2030 年可持续发展目标及全民早期预警倡议，将气象卫星支持共建“一带一路”国家和地区应用纳入国际卫星发展战略。截至 2023 年底，使用风云卫星数据的国家和地区增至 129 个，其中包含 96 个共建“一带一路”国家和地区。为 30 多个国家建成风云卫星数据直收站，42 个国家用户开通卫星数据绿色通道；为阿曼、吉尔吉斯斯坦、泰国、孟加拉国等国家建设风云二号 H 星数据直收站。2023 年，国际服务数据量 84TB，全年响应国际应急服务 31 次，对 44 个国家开展的风云卫星应用服务满意度调查结果达到 80%。

（6）风云气象卫星资料在空间天气监测预警中发挥重要作用

依托风云卫星天地一体化空间天气监测平台开展对太阳活动、行星际、电离层等区域关键要素的预报预警，先后完成了神舟系列气象保障、嫦娥工程保障等重大空间天气保障任务，为保障太空资产设施和太空活动安全提供有力支持。我国空间天气服务能力也得到了国际认可，2020 年，中俄联合空间天气监测预警中心被国际民用航空组织认定为四个全球空间天气中心之一。

（二）经济社会效益分析

风云气象卫星产业链根据上下游关系，主要分为卫星制造和发射、地面运行及应用服务三个环节。风云气象卫星社会经济效益实质是其数据和信息在产业链传递过程中所产生的社会经济价值。作为我国重要的民用空间基础设施，风云气象卫星的发展带动了整个产业链的发展，取得了显著的经济和社会效益。

1. 经济效益分析

气象卫星经济效益通常体现为所服务行业的产值增量或辅助行业用户决策所产生的收益。风云气象卫星产业可以通过减灾与增效两个主要方面体现对国民经济的贡献。

（1）气象卫星减灾效益

及时精确的卫星观测是提高气象预报预测准确率和气象灾害监测预警时效的关键。在全球气候变暖背景下，极端天气气候事件多发频发，气象灾害风险越来越大。风云气象卫星观测数据的获取时效、时空分辨率、光谱分辨率、辐射精度以及多角度、全天候、多极化、机动观测能力等，为精准气象预报预测和灵活机动的气象灾害监测预警提供了坚实支撑。据中国气象局应急减灾与公共服务司统计，中国气象灾害造成的人员伤亡和财产损失明显减少，我国因气象灾害造成的经济损失占 GDP 的比例，由 20 世纪 80 年代的 3%～6%下降到 2012～2017 年的 0. 38%～1. 02%。全国因气象灾害造成的死亡人员数由 20 世纪 90 年代平均每年 5000 人左右，下降到 21 世纪以来每年 2000 人左右。组网观测的风云气象卫星构建了更早、更快、更准的天基气象观测系统，形成的气象灾害预报预警体系，有效降低了我国因气象灾害导致的生命和财产损失。

（2）气象卫星增效效益

研究表明，单从经济角度来讲，全世界那些为国民提供天气、气候和水的服务的国家机构，都通过优质的服务增加了国民经济效益。美国极轨卫星系统

（JPSS）每年产生15亿~100亿美元经济效益；欧洲第二代极轨卫星系统（METOP-SG）年度经济效益最少为12亿欧元，最可能为50亿欧元，投入产出比为1∶5~1∶20。风云气象卫星2019年度经济效益值为313亿元人民币；对应于气象卫星专项资金每年投资，风云气象卫星工程的投入产出比为1∶30~1∶41。相较于欧美气象卫星，我国风云气象卫星取得了更大的经济效益。

此外，风云气象卫星产业还会产生各种间接经济效益。以农业气象保险为代表的风险转移产品正日益成为重要的天气风险管理金融工具。很多企业加大在金融保险领域的布局，已推出多款气象指数保险产品，服务于农业、能源和旅游行业，取得了一定的经济收益。利用风云气象卫星，对气象数据综合开发应用进行深度、有益探索，推进气象数据与保险行业和各行业客户深度融合，为天气指数保险以及相关金融衍生品的推广应用奠定坚实基础，加速气象经济发展进程。

2. 社会效益分析

（1）推动我国社会发展

风云气象卫星产业不断提高国产气象卫星制造、发射水平和丰富新业态，持续提升科技创新能力，打造应用服务新模式，同时培养了大批卫星火箭遥感仪器制造、卫星遥感应用领域的专业技术人才，创造了大量就业机会，还提升了国家竞争力和国际地位，助力我国社会可持续发展。

（2）筑牢气象防灾减灾第一道防线

中央广播电视总台一项关于收视率的调查显示，天气预报已成为我国收视率最高的栏目，包括风云卫星遥感信息在内的气象信息已成为广大公众日常生活不可缺少的信息。社会越发达，人们对与生活和经济活动密切相关的天气和环境信息越关注，各种灾害性天气和环境、气候事件对社会和公众安全所造成的损失和对整个社会产生的影响越大。例如台风登陆对沿海地区经济和社会活动产生很大影响，气象卫星在监测台风方面发挥着独一无二的作用，可将台风造成的灾害减至最小。每年汛期，我国长江、淮河流域的天气都受到高度关注，风云气象卫星已经成为天气预报员在汛期预报灾害性天气必不可少的高科技工具。风云气象卫星数据的深层次应用，是筑牢气象防灾减灾第一道防线的重要手段之一。

（3）为我国气候变化对策提供强大观测支撑

在过去几十年和几百年间，以全球变暖为主要特征，全球气候与环境发生了重大变化，对人类生存和社会经济发展构成了严重的威胁。根据政府间气候变化委员会第三次评估报告的预测，未来全球将以更快的速度持续变暖，未来100年全球还将升温1.4℃~5.8℃。这将给全球环境带来更严重的影响。风云气象卫星对气候要素和环境的监测，成为我国对全球和区域环境与气候变化对策决策的强大观测支持，对全球和我国区域的综合地球系统观测和对变化趋势的监测，为保护和恢复我国环境和生态系统提供支撑。同时，利用风云气象卫星遥感产品和模式预测技术，对我国周边国家的环境变化及其对我国的影响进行监测和评估，在全球环境保护的进程中争取主动，实现经济发展与环境保护的双赢。

（4）为我国生态文明建设气象保障提供支撑

风云气象卫星能够对整个地球环境进行综合观测，使人们更准确了解资源、环境的动态变化，为经济社会可持续发展提供服务。党的十八大把生态文明建设纳入中国特色社会主义事业“五位一体”总体布局，风云气象卫星以其大范围连续监测和多种遥感仪器结合的优势，提供生态环境气象要素的真实观测数据和实时监测服务，在植被、火情、水体环境、积雪、沙尘等监测方面发挥了巨大作用，为生态文明建设气象保障提供重要支撑。

（5）为“双碳”目标实现提供高科技支撑

在全球气候变化大背景下，我国提出碳达峰和碳中和的“双碳”目标，这一宏伟目标的实现离不开气象保障的有力支持。气象卫星通过高精度遥感监测，实时、准确地获取全球气候变化数据，为分析温室气体排放、评估碳汇潜力等提供科学依据。这些数据不仅有助于政府制定更为精准的气候政策，还能为企业和公众提供科学的碳排放参考。同时，气象卫星在新能源发展领域也发挥了重要作用。通过监测风能、太阳能等绿色能源资源的分布和变化情况，气象卫星为新能源电站的选址、建设和运行提供了关键数据支持。这不仅有助于提升新能源的利用效率，还能有效推动能源结构的转型和升级。

（6）为全球天基综合观测系统作出贡献

世界气象组织（WMO）已经正式将我国风云气象卫星和美国、欧洲气象卫星组织的业务气象卫星并列为全世界“三足鼎立”的全球业务气象卫星星座体系，并多次在国际场合赞扬中国对全世界的贡献。风云气象卫星的全球数据和产品，成为中国与国际上气象卫星拥有国进行数据交换和技术交流的重要基础。

三　发展前景预测与建议

（一）风云气象卫星制造和发射技术产业

随着卫星遥感应用需求的不断提高，单一卫星已无法满足高时效、全方位观测需求，发展高低轨协同、智慧化观测的风云气象卫星体系成为趋势。在我国新一轮气象卫星及其应用发展规划中明确了风云气象卫星未来发展方向，到2035年，形成自主可控极轨、静止星座的高低轨协同观测和稳定运行，发展风云气象卫星与各类卫星协同观测体系。

此外，随着商业航天的迅猛发展，要民商统筹、搭载建设，统筹集约发展，在一星多用的基础上，明确民商卫星的各自发展方向，互为补充、共同服务，实现社会经济效益最大化。

未来风云气象卫星制造和发射产业应关注如下内容。

1. 提升卫星系统观测能力

建立星地一体、互联互通的智慧观测体系，发展星上处理、星上存储，通过高低轨卫星智能协同处理，实现对气象灾害快速机动响应。

2. 提升卫星系统综合体系效能

建立开放、包容的风云卫星体系，允许具备不同规模和能力、符合标准门槛的卫星观测系统接入，实现体系综合观测效能不断补充完善。

3. 提升卫星服务效益

建立覆盖卫星上下游的风云生态系统，围绕卫星数据处理、数据高效分发和产品应用，集合用户公用平台资源，实现卫星“点对点”定制服务能力和灾害信息实时送达能力，推动风云卫星更广泛、更便捷、更高效益的应用服务。

（二）风云气象卫星地面运行技术产业

1. 锚定气象高质量发展目标

推进气象业务软件统筹集约发展，形成统一规划设计、严格技术标准、组件众创共享、功能高效迭代的气象业务软件发展新格局，支撑以智慧气象为主要特征的气象现代化建设。

2. 优化接收站网布局

继续优化风云气象卫星地面站网布局，全球卫星观测数据获取时间缩短到1小时以内，极轨气象卫星晨昏星、上午星、下午星、专用星组网观测；静止气象卫星“多星在轨、统筹运行、互为备份、适时加密”的业务模式稳定运行。此外，面向“一带一路”国家倡议，在共建“一带一路”国家和地区新建用户站。

3. 加强星地同步建设

地面系统具备星上处理算法的更新调度能力，可开展星上预处理算法开发及测试，实现对需要进行星上预处理的仪器开展预处理算法软件的地面开发和调试仿真。实现星上 L2 级应急产品算法开发与测试任务，为应急任务提供快速数据支撑。

（三）风云气象卫星应用服务产业

未来，风云卫星应用服务产业应对标国家重大战略需求和国际气象卫星发展前沿，着力提升气象灾害监测预警、增强防灾减灾快速响应、提升气候与气候变化监测评估、提高生态文明建设气象服务保障、提升空间天气监测预警等方面的应用能力，实现更大经济效益。

1. 加强统筹集约发展

统筹风云气象卫星应用系统建设，完善国家级、省级及以下和行业用户多层级的气象卫星遥感应用布局，聚焦应用关键核心技术的突破，提升共性应用支撑能力，集约气象卫星应用软件。

2. 加强国际合作和战略出海

应用服务产业不应局限于气象探测领域，加强地球观测领域国际合作已成为必然，及时交流与气象卫星有关的各种信息，协调相关国家气象卫星任务和产品，以保证全球观测的连续性和完整性。此外，加强卫星数据与应用产品战略出海，发展全球市场，服务国际社会。

3. 加强应用效益评估

气象卫星应用效益评估是国家公共资源配置决策的基本依据，也是气象卫

星系统提高应用效能和提升服务能力的重要评价手段。加强风云卫星应用效益评估，构建风云气象卫星应用效益评估体系，不仅是气象卫星长期健康发展、实现效益最大化和长期可持续发展的重要途径，也是中国风云气象卫星未来领跑世界、为全球用户提供更高数据服务的需要。

结　语

展望未来，随着航天和气象科技不断进步和应用的不断深化，风云气象卫星将继续在保障生命安全、生产发展、生活富裕、生态良好等方面发挥重要作用，持续为国家的经济战略研究贡献智慧观测与科技力量，助力我国在全球化竞争中占据更加有利的地位。

参考文献

董瑶海、陈文强、杨军：《星耀中国：我们的风云气象卫星》，人民邮电出版社，2022。

何兴伟、冯小虎、韩琦等：《世界各国静止气象卫星发展综述》，《气象科技进展》2020 年第 1 期。

沈学顺、王建捷、李泽椿等：《中国数值天气预报的自主创新发展》，《气象学报》2020 年第 3 期。

咸迪、李雪：《基于问卷调查的风云气象卫星效益分析》，《气象研究与应用》2021 年第 z1 期。

杨军、咸迪、唐世浩：《风云系列气象卫星最新进展及应用》，《卫星应用》2018 年第 11 期。

张海涛、靖继鹏：《信息价值链：内涵、模型、增值机制与策略》，《情报理论与实践》2009 年第 3 期。

张鹏、杨军、关敏等：《WMO 空间计划与风云气象卫星的国际化发展趋势》，《气象科技进展》2022 年第 5 期。

Grasso M.. Societal Benefits of NOAA Data [C]. 2016, 2016 STAR JPSS Annual Science Team Meeting.

Hallegatte S., Eyre J., McNally T, et al., The Case for the Eumetsat Polar System (EPS)/Metop Second-Generation Programme: Cost Benefit Analysis [A]. Yearbook on Space Policy 2011/2012: Space in Times of Financial Crisis, Springer-Verlag Wien 2014:

193-213.

Molly E. B. , Charles Wooldridge. "Identifying and Quantifying Benefits of Meteorological Satellites." [J] . *Bulletin of American Meteorological Society* 2016, 2: 182-185.

Laxminarayan R. , Macauley M. K. . *The Value of Information: Methodological Frontiers and New Applications in Environment and Health* [M] . 2012, Springer Verlag, 304.

Zhang Peng, Xu Zhe, Guan Min, Xie Lizi, Xian Di, Liu Chang. "Progress of Fengyun Meteorological Satellites Since 2020" [J] . *Chinese Journal of Space Science*, 2022, 42 (4): 724-732.

B.13

GEOVIS 数字地球在气象产业的应用与展望

张 凯 冯德财 刘 璇*

摘 要： 本文分析数字地球的历史演进与当前状态，明确划分了数字地球的四大类别，并逐一概述了各领域的代表性产品。针对当前数字地球产品的应用现状，本文详细探讨了建设过程中所面临的挑战与潜在机遇。在技术与应用层面，预测了数字地球在未来多行业技术融合、人工智能模型技术、开放共享服务模式以及可持续性发展等方面的发展趋势。特别以 GEOVIS 数字地球为例，回顾了其发展历程，并着重分析了其在全球气候变暖、灾害频发背景下，如何为特种领域、政府、企业、科研单位及社会公众提供高效的气象服务。文章基于“高分+北斗”的产品型态和应用模式，结合我国空天产业的战略和经济定位，提出了构建新一代智慧化数字地球在气象产业中的应用发展建议，旨在将 GEOVIS 数字地球打造成为支撑各类应用、提供稳固“数字底座”的高新技术平台。

关键词： 数字地球 GEOVIS 气象 时空大数据

一 GEOVIS 数字地球在气象产业的应用现状

（一）数字地球及其应用与发展现状

数字地球的概念在 1998 年由美国首先提出，这是一个与 GIS、网络、虚

* 张凯，中科星图维天信科技股份有限公司研究院副院长，主要研究方向为地理信息技术与应用；冯德财，中科星图维天信科技股份有限公司总裁，主要研究方向为地理信息技术与产业发展、智慧气象；刘璇，中科星图维天信科技股份有限公司技术总师，主要研究方向为地理信息技术与应用。

拟现实等高新技术密切相关的概念。数字地球是海量地理信息数据的载体，是对地球三维多分辨率的表示，是全球信息化的必然产物。

数字地球概念的提出，促使人们采用新的技术和方法去解决地球科学的问题，并着眼于以地球科学为基础，提出新的基于数字信息化的自然科学解决方案。数字地球所应用的相关专业技术及来自卫星的大量新地球观测数据，为数字地球学者及其他专业学者提供了地球科学与现代计算机技术相结合的可能性，并以此为基石，促进相关学科的研究人员更好地理解集成数字地球系统的海洋、大气、陆地和冰冻圈之间的相互作用。

自数字地球的概念被业界广泛传播后，出于科学研究及实际应用的需要，国内外众多地理信息、地球科学及其他专业的从业人员，积极开展数字地球的研究及相关产品的研发，通过多渠道获取陆地海洋数据，实现大量地理、气象、生态、经济、社会等领域的多维度、多尺度、多源头数据的处理，围绕地球现象规律进行数理分析，挖掘出其中的模式和规律，打造适用“圈层联动、计算密集、智能推演、量化验证”的数字地球，对地球的自然环境、社会经济、人类活动等方面进行全面、系统地研究。

典型的数字地球平台可以分为 4 类。

1. 综合数据平台，应用于地球科学问题

例如日本地球模拟器平台，使用 640 个超级计算机并行连接搭建数据处理平台，部分应用于地球科学。这类平台速度快、效率高，但由于其公用属性，仅能处理部分地球科学数据。

2. 针对特定问题的数字地球平台

例如澳大利亚 Bluelink 平台，对澳大利亚周围海洋进行观测模拟。这类平台开发成本较低，精度较高，但仅能解决单一领域问题。

3. 面向第一代数字地球的平台

例如美国航空航天局的 WorldWind 平台等，这类平台使用大量遥感影像，可以准确地对地球进行三维建模和数字化，并允许用户进一步开发。

4. 面向新一代数字地球的平台

例如中国科学院数字地球科学平台，具备了遥感影像接收、数据处理、图形编辑等功能，被认为是“世界上功能最全的数字地球系统”，提供了地球科学数据综合分析功能，在对地观测数据分析处理能力上尤其突出。

此外，经过多年的发展，国内外拥有一批具有代表性的数字地球商业平台。外国数字地球研究以美国和日本最为典型，其中美国有近30年的发展史，最具代表性的是谷歌地球引擎，它是全球最先进的遥感大数据计算、分析和可视化平台；在国内，中科星图的数字地球产品GEOVIS是当前应用最为广泛的数字地球产品之一，其立足“GEOVIS/GEOVIS+”双轮驱动的产品战略，不断拓展数字地球基础软件平台融合应用领域和场景，为特种领域、政府、企业、科研单位以及社会大众等各类用户提供前沿应用解决方案和数据支撑服务。

随着相关技术的发展及概念革新，数字地球在地理空间参照系统、地理信息系统、全球定位系统、虚拟现实、计算机技术、网络通信技术和遥感等多个学科领域均已取得长足的进步，在各行各业的应用已经对社会经济发展与人民生活产生了巨大的影响。近年来，数字地球研究已从地表空间扩展到地球的全域空间，涵盖固体地球、地球表层（陆、海、低层大气）、中高层大气、电离层、磁层及行星际，研究范围也从传统单一圈层扩展到地球系统研究，从第一代可视型数字地球发展到地球系统定量分析研究阶段。

（二）数字地球建设难点与机遇

1. 时空大数据管理

数字地球数据具备数量巨大、多样、准确度高和时效性强等特点，其对数据计算、数据管理、信息提取和知识发现等相关应用提出了新的要求。

在数字地球应用领域，地球科学只有通过融合各种地球观测和行业数据，以及来源广泛的额外信息，才能充分发挥其潜力。这些数据源包括以不同光谱和时空分辨率获得的观测结果，以及来自不同平台（例如卫星和原位）、轨道和传感器、物联网的观测结果。考虑到数字地球涉及的数据特点，需应用先进的图像和数据融合方法将空基、天基、地基，乃至于地下的地球观测数据相融合，并将这些日益庞大的数据依据通用标准转化成统一的可用标准样式，这是数据被大量应用的前提。

此外，为了研发适应数字地球海量数据的应用手段，在过去的数年内，云计算是数字地球数据处理、计算、管理的首选技术。并且，在未来相当长一段时间内，如何选择最佳计算模式并在不同的计算模式之间转换，以最好地利用每种模式来执行特定的数字地球任务，仍然是数字地球技术应用的聚焦问题。

2. 大规模数字地球平台的建设

数字地球平台是采集、存储、检索、处理、传输、转换、分析、可视化地球空间数据并服务科学研究、决策支持的系统。为更好地服务于大数据时代的跨学科、跨尺度、宏观的科学应用，使数字地球的发展及应用具有可持续性，大规模的数字地球平台的建设将越来越广泛。在数字地球平台的设计过程中，通过应用视角看待一切的时代即将结束，未来，在选择数字地球平台架构时，主要考虑的是如何应对激增的数据量和复杂的数据管理，而非如何支持应用程序。

在尺度涵盖上，数字地球将包括全球宏观尺度、国家区域尺度、目标精细尺度等；在时间方向上，基于过去、现在以及可能的将来的信息，构建全面反映位置本身及其与位置相关的各种特征、事件或事物的数字地图。并通过使用定量空间分析方法，使数字地球能够更深入地展示全球变化机制。

同时，在数字地球数据计算过程中，有效地把基于物理机理的计算和基于数据的计算相结合，构建一种全新的融合计算模式，处理不同类型的数字地球数据，以便更好地求解高维度的复杂问题。

3. 高性能计算的应用

由于数字地球主要基于高性能计算机平台来实现对全球大气、海洋、地质等演化的模拟，所以其性能很大程度上取决于并行计算技术。根据数字地球产品以往的研发经验，国内外数字地球的发展，离不开超级计算机技术的应用。

从 21 世纪初开始，世界主要超级计算大国中、美、日都在部署研制具有高精度计算能力的数字地球模拟装置。2002 年 3 月，日本科学技术厅研发的、当时全球最快超级计算机地球模拟器投入使用。地球模拟器通过在计算机内设置“虚拟地球”，能够满足多尺度的大气循环预测以及地壳变动等大规模计算需求等；2018 年，由 IBM 为美国能源部橡树岭国家实验室研制的 Summit（顶点）超级计算机，超过了中国太湖之光，登顶全球超算 TOP500 榜首。基于 Summit 超级计算机，美国劳伦斯伯克利国家实验室等研究机构，针对大气物理中的极端天气预报设计了“基于卷积神经网络的全球热带气旋识别方法”，并获得了 2018 年的“戈登 · 贝尔”奖；2021 年 11 月，美国 NVIDIA 公司宣布启动迄今为止人类历史上最大的超级计算机——Earth2 研发计划，旨在建立一个数字地球孪生系统来模拟和预测全球气候变化。

从上述数字地球计算技术的演变过程来看，高性能计算技术是构建数字地球必不可少的前沿技术，在未来，也将一直助力数字地球的建设，为数字地球解决大规模、高效的海量数据计算问题。

（三）GEOVIS 数字地球的发展现状

GEOVIS 作为打通天上卫星资源与地上行业应用的承载平台，是数字经济的基础底座，经过数年发展，已形成了独有的产品特征。

GEOVIS 实现了数据不动而信息流动，保证空天信息时效性成为行业焦点。时效性是空天信息的核心价值之一，空间监测能提高数据获取的时间分辨率，但数据应用能力与数据获取能力之间的矛盾日益突出，更高效的获取必然带来更严重的淤积，且数据价值随时间推移而递减。传统的数据分发模式，不仅消耗大量时间，数据的重复存储也将不堪重负；遥感数据处理环节长，数据规模在处理阶段会急速膨胀到原始数据的 8~10 倍，带来巨大的存储压力；必须改变传统的数据应用方式，只保存模型算法和最原始的数据，根据应用需求，依托强大的云平台进行后台实时处理，既节省存储空间，又节省处理时间，实现信息流动而数据不流动，为交通、农业、应急、智慧城市等提供时空底座支撑和智慧决策支持成为行业焦点。

GEOVIS 发力地球数据“去专业化”，大幅降低使用门槛成为空天信息价值发挥的关键。空天信息由军事用途开始，目前主要服务于科研和政府，并逐步向企业和公众渗透；业务不断扩展的过程，就是不断“去专业化”的过程。从前的空天数据深度应用过于依赖专家，而用户需要最终的业务信息，并非遥感数据和分析算法本身。去专业化就是要将跨界专家的高端能力，转化为触手可及的在线服务；将面向专业的遥感分析算法进行服务化和在线化改造，最终实现自动化。以空天信息应用为突破口，构建基于人工智能大模型的地球数据智能平台，纵向融汇空、天、地、网一体化的数据资源，横向贯通区域、产业之间的壁垒，促进空天信息服务发展。

GEOVIS 推动空天信息在线化和服务化，创新服务能力和服务模式成为行业竞争的核心。传统上，态势“一张图”应用较为普遍，即将不同时相的数据通过镶嵌、匀光匀色合并成“静态一张图”后切片发布，造成时间信息的混淆；“准实时”对地观测的到来，必须将“静态一张图”升级为“动态一张图”，以统一的时空框架进行数据管理，为用户端提供时相清晰且可回溯的多时相数据服务。数字地球作为地球空间环境集成平台，将不同时空的自然和人文信息，按照地理位置进行整合，进行信息化描述、表达和应用，涵盖陆地、海洋等范围，涉及测绘地理、地球物理、气象海洋、导航时频等领域，最大限度满足国防现代化建设和国民经济发展的需要。以范围划分，数字地球的应用包含全球层、国家层和区域层；以服务对象划分，数字地球的理论、技术和解决方案广泛服务于政府、科学、生活和行业。

GEOVIS 实现从地球现状描述向模拟决策能力的升级，识别全球资源与环境分布变化规律，推演预测未来变化趋势，服务决策支持成为责任担当。数字地球构建无缝覆盖全球的地球信息模型，把分散在地球各地的从各种不同渠道获取到的信息按地球的地理坐标组织起来，既能体现出地球上各种信息（自然、人文、社会）的内在有机联系，又便于按地理坐标进行检索和利用。然而，无论是谁和以怎样的方式提出数字地球的概念，与地球信息的集成和整体化有关的工作都是目前地球科学和信息技术发展的一个重要趋势。把地球系统作为一个整体来研究，模拟从前不可能观察到的现象，更准确地理解所观察到的数据，在大数据驱动下重建地球海洋、地理、物质和气候的演化轨迹，进而达到精确重建地球环境、进行地球信息共享与服务、支撑国家重大决策的重要目标。通过构建可计算的数字地球，实现数字化、并行化、语义化，将庞大、巨量、复杂的科学问题，分解转化为一系列的可计算问题，为各类超大规模的复杂问题提供创新解决方案。

GEOVIS 以用户为核心构建具备集聚效应、长尾效应的基础平台，形成难以转移的竞争优势成为产业良性发展的保障。数字地球产业应用因为用户数量的激增而扩大服务规模，由此而形成长尾效应，进一步充实和发展了平台服务、增强了平台的供应能力，使得平台的集聚效应和长尾效应得到充分发挥。数字地球以高分辨率对地观测及北斗导航系统等国家空间基础设施为感知手段，以统一时空基准地球框架为载体，面向多星多传感器数据高精度解译处理、境内外地物目标识别、区域性变化监测、三维场景精细重构、重要目标标注导引等市场受体，发挥着从卫星感知到空天信息投放的桥梁中枢作用，其生态链涵盖卫星测控、数据引接、高精处理、综合承载、行业应用、大众服务等上下游产品体系。以用户为核心构建具备集聚效应、长尾效应的基础平台，关

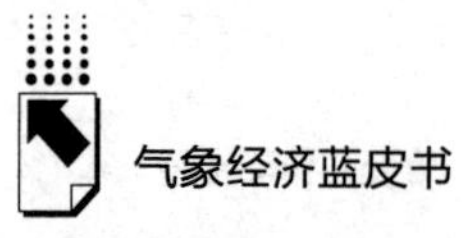

联上下游产业，服务更多的企业和民众，形成难以转移的竞争优势，成为产业发展的保障。

（四）GEOVIS 在气象产业中的应用现状

GEOVIS 立足“GEOVIS+”双轮驱动的产品战略，不断拓展数字地球基础软件平台融合应用领域和场景，为特种领域、政府、企业、科研单位以及社会大众等各类用户提供前沿应用解决方案和数据支撑服务。

近年来，全球气候变化加剧，导致冰川融化、海洋变暖、海平面上升，极端天气频发，给人类社会的生产、生活带来严峻挑战，气象对各领域的影响越发明显。如何应对气候变化，提高自然灾害防治能力，强化综合减灾、统筹抵御各种自然灾害，关系着民生福祉与社会建设水平。随着气象服务业务的扩展和深入，气象行业也成为 GEOVIS 应用布局的重点行业。

GEOVIS 在数字地球的基础框架之上，集成多源气象资料时空融合分析技术、AI 短临天气预报技术、大气环境遥感实时监测技术等，实现资源配置集约，并依托服务云平台提供气象产品服务。

目前，基于 GEOVIS 的气象应用已在生态环境部、中国气象局、国家卫星海洋应用中心以及部分省市气象、生态环保单位进行了推广，有效提升了气象服务的精细化、智能化水平，为政府相关部门应对极端天气变化、开展环境监测评估等提供全面的决策支撑服务。包含：采用多源气象资料融合分析技术，为局地强对流天气监测预报提供高精度数据支撑；根据不同用户需求，定制化输出区域高精度天气分析预报产品；基于深度学习技术，在雷达、卫星、地面自动观测站等多源数据的支持下，通过编码—解码（Encoder-Decoder）的框架设计及适用于降水预报的 ConvLSTM 算法嵌入，构建短临预报模型，实现 GEOVIS+AI 的深度融合，实现快速和智能化地监测预警强对流天气；采用神经网络、多元回归、上下文算法模型等遥感监测技术，提供对秸秆（火点）、火情、二氧化氮、二氧化硫、气溶胶、颗粒物等大气敏感要素的全区域、高频次的实时监测。

二　GEOVIS 数字地球在气象产业的应用展望

“十四五”规划纲要中提出的数字经济十大场景中，有七个与数字地球密切相关。以数字地球为索引，连接资源、能力、需求，构建全新价值网络，助力数字经济时代的产业升级已成为大势所趋。在这样的时代背景下，数字地球只有融合各种行业数据，才能充分发挥其潜力。

随着中国经济社会的快速发展和科学技术的不断进步，各领域、各部门对地球数据提出了更加多样化、精细化和高时效性的使用需求。只有以智能范式实现数字地球与行业的深度融合，挖掘出其中的应用规律，对地球的自然环境、社会经济、人类活动等方面进行全面、系统的研究和分析，才能更好地为行业决策和发展提供科学依据和支持。

（一）数字地球未来发展趋势

数字地球作为打通天上卫星资源与地上行业应用的承载平台，是数字经济的基础底座。数字地球科学已经成为全球最具挑战性和广泛带动性的前沿科技领域之一，不仅为宏观决策提供技术支撑，还可在全球气候变化、国际减灾、科技创新、社会经济、教育等领域发挥重大作用，对各行各业产生深刻的影响。

通过对数字地球过去发展规律的回顾、发展短板的总结，及对相关技术发展趋势的研判，本文对数字地球未来的发展方向做出判断。

1. 多行业多技术融合模式的构建

未来，数字地球的研究对象由局部区域向全球演变，由地表碎片向多圈层融合演变。通过地理学、测绘学、地质学、气象学、海洋学等地球科学的融合，以及空间遥感、导航定位等航空航天技术与高性能计算、互联网、大数据、人工智能、VR/AR 等新一代信息技术深度交叉融合，拓宽数字地球的研究方向，进一步助力地球系统研究达到新的高度。

在行业融合方面，数字地球与城市发展、应急管理、交通管理、航天领域等结合愈加紧密。数字地球建设可以促进传统城市向“智慧城市”发展，运用信息和通信技术手段感测、分析整合城市运行核心系统的各项关键信息，从而对包括民生、环保、公共安全、城市服务工商业活动在内的各种需求做出智能响应；可在城市交通、环境治理、城市规划、基础设施建设等公共服务领域辅助政府部门做出更合理的规划，优化城市发展；在卫星设备管理、卫星需求筹划、信息处理等方面提供技术支撑等。

可以想见，未来，以数字地球理论为牵引，融合不同学科与技术优势，体系化推进数字地球研发，搭建开放、协同、一体的科技创新生态体系成为数字地球的主要形式。

2. 人工智能模型的引入

数字地球利用海量、多分辨率、多时相、多类型对地观测数据和社会经济数据，其中涉及大量的数据分析计算及应用模型构建，随着人工智能技术的不断发展和大数据的渗透，地球智能大模型成为未来的发展趋势之一，展现了巨大发展潜力。

当前，OpenAI、Google、微软、英伟达、百度、华为等企业巨头纷纷发布面向多模态、计算机视觉、自然语言处理等不同领域的“大模型”，旨在打通面向跨域、异构、时序空天数据的感知与认知链路，构建异步异源异构、特性嵌入引导、群体关联建模、动向平行推演、对抗环境适应、任务场景泛化的全新智能框架。

而在感知方面，深入结合光学、SAR 等跨模态遥感数据的成像机理和目标特性，利用机器学习方法，在模型设计、模型训练、推理优化等方向开展技术创新，使其具备遥感数据理解、复原能力，可实现对跨模态遥感数据的共性语义空间表征；在认知方面，对时空多尺度遥感数据进行时间—空间—时空三元关联的解耦处理，分别学习空间位置关系、时序动态关系、时空交互关系，达到长时序稳定预测的目的，同时适应多种时空预测类任务、具备对抗变化环境约束下推理预测能力。

由此可见，“预训练大模型+下游任务微调”的新人工智能应用范式将成为业界主流发展方向，地球科学领域即将迎来大模型时代。

3. 数字地球可持续发展新应用

在社会经济不断发展的今天，政府和社会公众都充分认识到可持续发展的必要性，而可持续发展规划中一项重要的工作，就是应对气候变化带来的极端天气和灾害天气。数字地球作为构建全球多圈层环境的载体，能够为全球气候变化的研究提供平台，同时，随着大数据概念的不断深入，数字地球进入“地球大数据”时代。作为一种数据驱动范式，地球大数据正在成为认识地球的“新钥匙”和加速地球科学研究发展的“新引擎”，在社会及人类的可持续发展中起着重要作用。

当前，全球变化和社会可持续发展是世界各国极为关注的重要问题。数字地球为研究这些问题提供了良好的条件。数字地球的模拟和仿真技术可帮助人们更好地了解全球变化的过程、规律、影响和对策，进而提高人类应对全球变化的能力。另外，数字地球可广泛应用于城市化、全球气候变化、海平面变化、土地利用变化等方面的监测和研究。与此同时，数字地球还可以帮助人们深入了解人口增长和社会发展之间的相互作用，从而预测未来的人口趋势和社会需求，为城市规划和公共服务提供指导。我国是一个人口众多、土地资源有限、自然灾害频发的发展中国家，与农业息息相关的耕地变化、水利建设、自然灾害应急管理等问题也是数字地球关注的热点。

这是数字地球研究气候和环境变化在未来面临的挑战。在未来，数字地球将通过考虑愿景、技术、劳动力、政策和许多其他方面的因素，以可持续的方式发展。

4. 开放共享的服务模式探索

虽然现有的数字地球服务能力经过多年的发展已日臻成熟，但享用数字地球便利的方法仍在发展阶段。尤其是在“互联网+空天”的信息服务体系支撑下的空天信息新业态形势下，这是空天信息产业探索的新课题。

以线上数字地球作为载体，运用“互联网+”理念建立管理者、研究者、运营者、使用者与相关产业的共生业态。通过数字地球线上标准化服务与客户之间定制需求的碰撞，有效扩大用户多样化应用场景。

引入机器学习方法，提供基于机器学习的全新服务，并与相关服务和技术集成，例如导航、地理定位、人工智能、物联网、大地球数据、区块链等，从而提升服务精准性。机器学习等新技术的加入，将改变数字地球的应用模式。在技术、政府、科学和工业的交汇处，寻找解决行业服务方案的突破口。

同时，在未来，数字地球所连接的行业末梢，代表极其复杂和广阔领域的各种数字孪生，例如自然现象和社会过程等。这种方式将支持数字地球未来发展的愿景，即基于开放访问和跨多个技术平台参与的多个连接基础设施，以满足不同受众的需求。

（二）GEOVIS 数字地球的发展目标

日益革新的数字地球技术及海量地球观测数据，为促进大气、陆地、海洋

和冰冻圈之间的相互作用提供了直观表达，实现圈层联动、智能推演，给数字地球的发展带来了挑战和机遇，使得数字地球的概念从可计算的地球向智能地球演进，逐渐实现服务千行百业以及可持续发展的愿景。

由于当前新一代数字地球的内涵、技术架构等发生了深刻变化，数字地球进入了全球/区域、陆—海—空—天—地—电全域全时地球大数据时代。在此基础上，组合超强算力、跨专业算子库、人工智能大模型、地球系统模式，推动从数字地球到智慧地球的发展，成为数字地球发展的大势所趋，也是GEOVIS 数字地球的发展目标。

未来，GEOVIS 数字地球采用多学科交叉研究方式。以数字地球理论为牵引，融合不同学科与技术优势，体系化推进数字地球研究进展，搭建开放、协同、一体的科技创新生态体系成为数字地球科学研究的重点工作。

（三）GEOVIS 数字地球在气象行业中的应用目标

近年来，随着全球变暖的不断加剧，气候问题已成为一个关系人类社会生存、发展以及地球可居住性的重大战略问题，受到世界各国政府、机构及科学界的高度重视。为了预报和研究气候变化，各国从 20 世纪中叶就开始了对气候系统模式的研制。地球系统模式描述了地球各圈层的各种物理过程，目前已成为研究和预测气候变化的主要工具之一。

可在未来创新的 GEOVIS 数字地球产品上构建气象实时智能服务系统，基于国产高分遥感卫星和北斗卫星实现，强化高分遥感卫星应用服务能力的同时，拓展北斗导航定位卫星的应用服务能力，探索新的“高分+北斗”产品型态和应用模式下的气象服务，提供基于国产航空航天数据的多要素全球高精度三维气象产品服务，并通过推送、订阅等多种服务模式提升 GEOVIS 数字地球应用平台的气象产品面向个人终端用户运营能力，为政府、企业和个人用户提供自主可控的基于实时地理空间信息的气象服务。

（四）GEOVIS 数字地球在气象行业中的应用市场前景分析

1. 在气候变化研究方面提供核心数据支撑

气候变化是人类关心的共同话题，也是影响我国可持续发展的重要因素，而海洋是气候变化的关键因素，在海洋的众多服务、支撑功能中，开展气候变化预测技术研究，建立地球气候系统模式体系，能够为长期气候变化、季风、台风等的预测奠定数据基础，服务国家可持续发展战略。同时，CO_2 排放导致气候变暖是世界的热点问题，但如何科学定量评估各国碳排放的贡献仍是尚未解决的核心科学问题。利用气候模式，评估各国历史上累计排放贡献，能够为我国气候谈判提供核心数据支撑。

将历史水文、气象观测数据，包括季风、台风观测数据汇入 GEOVIS 空天数据库。在气候模式体系基础上，构建包含海洋模块、陆地模块、大气模块、海冰模块、碳循环模块、海浪模块在内的地球气候系统模式和区域海洋—海浪—大气耦合模式，开展长期气候变化预测技术研究和区域季风、台风预测预报技术研究，为长期气候变化预测和我国应对气候变化谈判提供科学数据支撑。

2. 遥感技术对农作物生长状况的分析

遥感信息因其信息量丰富、覆盖面大、实时性和现实性强、获取速度快、周期短和可靠准确性高以及省时、省力、费用低等优点，被广泛用于测定农业用地的数量和质量的动态变化。通过 GEOVIS 遥感卫星监测并记录下农作物覆盖面积数据，在此基础上可以对农作物进行分类，估算出每种作物的播种面积，并根据土地和作物情况确定播种、施肥和用药量，实现施肥及用药指导。

3. 自然灾害预警与监测

近年来，全球极端天气事件增多、自然灾害频发，给社会稳定和人民生命财产安全造成了极大危害。GEOVIS 有效利用云计算、物联网、大数据与数字地球等现代信息技术，聚合分析天空地多源多维异构数据，实现自然灾害精准预警和监测服务与指挥决策，支持共建“一带一路”国家发展。

以精准信息推送与实战应用为驱动，打破“海量信息漫灌式发放，应用端甄别”的现状，建立技术体系机制、数据获取方案、信息定制推送、多维聚合分析、实战示范检校的一体化链路，构建天空地协同遥感监测精准应急服务体系。同时，利用气象信息对泥石流、洪水等灾害进行预先估计，形成灾害预防信息提醒，从而减少灾害的发生、降低灾害损失。

4. 突发事件监测与预警

围绕应急服务需求，以遥感技术为核心，协同多种空间信息技术，研究空天协同遥感监测应急服务标准与规范，突破空天一体化协同观测、数据聚合分析和精准信息提取技术。GEOVIS 计划建立天空地多源遥感组网监测技术体系，构建应急服务与指挥调度平台，开展重点敏感区域的突发事件应急服务示范。

通过对空天一体化数据的获取和处理，针对典型突发事件的具体特点，细化和改进突发事件情景演化模型，研究突发事件的关联关系模型与关联要素，完善典型突发事件的应用机理。针对典型突发事件的特点，收集不同空间数据以及关联信息和资料，研究以事件为中心的主题聚焦、数据整合与信息快速提取方法。开展针对典型突发事件的精准应急服务定制与指挥实战型应用示范。通过示范研究对突发事件应急服务技术体系、规范标准进行个性化的修订；同时针对多层次用户需求，进一步完善指挥调度平台，研发典型突发事件个性化功能模块，实现精准的应急服务定制与指挥实战。

参考文献

薛丰昌、钱洪亮、计浩军等：《数字地球气象应用的基本问题探讨》，《南京信息工程大学学报》（自然科学版）2013 年第 2 期。

王婉、赵晓妮、卢健等：《气象科学探新路》，《中国气象报》2022 年 1 月 12 日。

郭华东、梁栋：《地球大数据缘起和进展》，《科学通报》2024 年第 1 期。

王传民：《捕捉瞬息风云，赋能防灾减灾——GEOVIS 气象数字地球应用平台》，《卫星应用》2021 年第 7 期。

《“北斗+高分”：“数字地球”打造时空新基建》，《发明与创新》（大科技）2021 年第 8 期。

吴科任、李媛媛：《聚生态智未来　数字地球应用场景不断拓展》，《中国证券报》2023 年 7 月 7 日。

吴科任、李媛媛：《中科星图总裁邵宗有：构建“四个自主”可计算数字地球》，《中国证券报》2023 年 7 月 7 日。

吴科任、李媛媛：《中科星图发布星图地球智脑引擎》，《中国证券报》2023 年 7 月 7 日。

孟培嘉：《中国科学院院士周成虎：数字地球是数字经济的技术底座》，《中国证券报》2023 年 11 月 24 日。

专题篇

B.14 中国“气象+旅游”资源融合发展研究

石培华 黄萍 孙健 侯晓飞 张卓*

摘　要： 旅游活动和旅游经济与气象天然密不可分，随着大众旅游和气象科技等的快速发展，两者关系日益紧密，“全方位、全时空、全过程、全要素、全领域”融合，相互双向赋能。“气象+旅游”，既关系游客生命安全，又关系旅游高质量发展，正在成为气象资源开发利用和气象服务不断创新中最活跃、人民群众最能直接感知的新领域，成为旅游经济中增长最快、最富活力的新业态和发展方向。“气象+旅游”的融合路径与体系，可以概括为“七色彩虹模型”，有七个主要路径相互融合构建融合发展体系，就如同彩虹的七个颜色，相互交织绘制美轮美奂的多彩世界。“气象+旅游”融合发展，强化顶层设计统筹推进，加大政府公共气象服务投入，加强交叉融合相关研究，推进重点领域的突破，提高行业服务能力和社会认知水平，早日形成七大产业集群，应成为未来公共气象服务的重点和新产业发展重点。

* 石培华，南开大学现代旅游业发展省部共建协同创新中心主任，A_1岗教授、博导，主要研究方向为旅游经济、文化和旅游融合、气象文化与气象旅游；黄萍，成都信息工程大学二级教授、硕士生导师，四川省学术和技术带头人，主要研究方向为气象旅游、数字文旅、文旅融合；孙健，中国气象服务协会常务副会长、正高级工程师、主要研究方向为公共气象经济、生态气象服务、预警信息发布服务；侯晓飞，南开大学旅游与服务学院博士研究生，主要研究方向为文旅融合、乡村文旅；张卓，南开大学旅游与服务学院博士研究生，主要研究方向为文旅融合、康养旅游。

关键词： “气象+旅游” 融合发展 公共气象服务

引 言

党的十八大以来，以习近平同志为核心的党中央进一步指明气象工作要“坚持服务国家服务人民”的根本方向，指出气象工作关系“生命安全、生产发展、生活富裕、生态良好”，强调把“发挥气象防灾减灾第一道防线作用”作为战略重点。2022 年北京冬奥会开幕式短片《最美中国：四季如歌》，以中国二十四节气为线索，展示了一年四季大美河山的季节变换和人类生活生产丰富场景，呈现中国传统气象文化的独特魅力。我国进入大众旅游时代，每年数十亿人次的国内旅游市场及占比高达70%以上的自驾自助游，对创新和丰富气象服务供给体系提出了更多更新要求，加快推进气象与旅游融合发展成为新时代重大课题。

由于旅游空间流动、回归自然生态环境、脱离“惯常环境”等特性，旅游与气象存在天然的耦合关系①，两者的融合是全方位和密不可分的，两者的融合发展问题引起了我国学术界的关注。气候具有造景和育景功能②，越来越多的观赏气象景观的景区得到开发利用，旅游活动过程中涉及的气象因素条件也越来越多；我国气象旅游资源非常丰富，具有极高的观赏、利用价值及广阔的开发前景；气象条件是影响旅游安全和旅游体验的重要因素，气象信息已成为公众旅游出行所必需的公共服务信息，成为旅游管理部门防范气象灾害、进行科学决策的重要参考依据。需要加强推动气象与旅游等重点行业领域的深度融合，提升我国专业气象服务的深度与精度③。气候变化正在给旅游业发展带来巨大影响，气候变化带来不利天气增多及人体舒适天气数量的减少，给公路、铁路、航空运输及人体健康造成不同程度的较大影响；气候变化、气象环

① 石培华、黄萍、孙健等：《“气象+旅游”融合发展的逻辑体系与路径措施》，《中国旅游报》2022 年 8 月 26 日。

② 李婧、黄萍：《“大旅游”时代背景下旅游与气象融合发展探析》，《安徽农业科学》2016 年第 13 期，第 233~235 页。

③ 方建华、任利平、李庆康等：《略论创立“旅游气象学”的目的意义》，中国地质学会旅游地学与地质公园研究分会第 33 届年会暨重庆万盛世界地质公园创建与旅游发展研讨会，2018。

境变化会影响游客的旅游决策，改变旅行计划、缩短旅程时间、减少旅游次数、改变旅游目的地等。另外，旅游业是低耗能、低排放、低碳产业，是应对气候变化和节能减排的优势产业，成为低碳发展的重要领域。目前，我国气象旅游研究主要集中在气象景观、天然氧吧、气象公园、避暑旅游、避寒旅游、气候变化对旅游的影响、气候舒适度及适宜性评价、气象旅游资源开发利用、气象服务与预警等方面，对气象与旅游融合发展的“融合体系、基本逻辑、现状特点、潜力方向、路径措施”等还缺乏系统深入研究，而这些是研究如何推进气象与旅游融合发展迫切需要解决的重大基础性问题。

一　“气象+旅游”资源融合发展的基本逻辑与融合体系

气象资源是旅游经济高质量发展的战略性资源，气象是新质生产力。旅游活动和旅游经济与气象天然密不可分，随着大众旅游和气象科技等的快速发展，两者关系日益紧密，两者全方位、全时空、全过程、全要素、全领域融合和相互双向赋能。气象服务在旅游发展全局中的地位越来越重要、作用越来越突出、要求越来越高，旅游业成为气象资源利用和气象服务不断创新中最活跃、人民群众最能直接感知的领域之一。“气象+旅游”的融合路径与体系，可以概括为“七色彩虹模型”，有七个主要路径相互融合构建融合发展体系，就如同彩虹的七个颜色，相互交织绘制美轮美奂的多彩世界。

（一）旅游与气象天然密不可分，而且随着发展关系日益紧密，两者全方位、全时空、全过程、全要素、全领域融合且相互双向赋能

旅游与气象天然密不可分。天气景观和气候环境也成为休闲度假、康养旅游、避暑避寒、冰雪旅游等热点旅游最重要的战略资源，相关的新业态成为市场热点和旅游经济发展新趋势。气象情况及时获取是旅游安全便捷舒适出行的重要保障，气象既是保障游客（人民群众）生命安全的底线，也是旅游创新发展和高质量发展的动力线，既是公共服务迫切需要加快发展的重要领域，更是推进旅游高质量发展的新引擎、重要新增长点。气象旅游资源利用和气象服务保障，既保障旅游者生命安全健康，又能很好地提升旅游质量和幸福感，是拓展旅游创新发展的战略新空间，能形成万亿元产业集群。特别是大众旅游全

域化发展，气象对旅游的支撑保障和创新拓展作用更是无所不在，对旅游形成全方位全要素的支撑。

气象资源本身就是旅游资源，而且是战略性旅游资源。气象旅游资源包括天气景观资源、气候环境资源和人文气象资源①。天气景观资源是由阴晴冷暖、风雨雷电天气变化幻化出的景观资源，具有多变性、速变性、局地性、附着性等特点。气候环境资源包括风、光、热、水等气候资源及其孕育的养生环境、物候生态、气候遗迹景观，具有季节性、相对稳定性、区域性、附着性等特点。首先，天气景观资源和气候环境资源是一种宝贵的自然资源。气象旅游资源能够直接转化为旅游生产力，有重塑旅游产业资源格局的潜力和能力。其次，气象及气候本身是旅游活动开展的重要条件，对地区旅游吸引物的形成起着重要的决定性作用。我国地域辽阔，气候条件南北有异、东西各别，气候条件的不同决定了地区间自然景观和人文环境的显著差异，是旅游业特色发展的重要条件。最后，人类的旅游活动本质上是追求回归自然、体验天然生态、以获得身心愉悦为目的的游憩活动，对自然生态的偏好性、依赖性很强，而天气气候是构成自然环境的主体，直接影响旅游者的旅游体验效果。

大众旅游活动的多样性、全域化和复杂性对气象服务保障提出更高要求。随着我国大众旅游的快速兴起与发展，非景区旅游消费已经超过旅游总消费的80%，旅游业发展呈现消费大众化、需求品质化、发展全域化趋势，旅游活动空间持续扩大，区域旅游环境日趋复杂和多样，使旅游活动对气象服务的依赖程度越来越高。一方面，需要为旅游目的地、景区及游客提供更加精准、及时的气象景观游览服务预报，另一方面，复杂多样的旅游环境也增加了气象灾害发生的可能性，需要提供高标准旅游气象预警与救援服务，为旅游安全保驾护航。气象科技发展、信息科技为“气象+旅游”融合突破时空边界创造更便利的条件。依托信息科技的赋能，气象服务的精准化、精细化水平不断提升，气象与旅游融合的广度和深度将不断突破，为气象旅游融合创新提供科技动能和更广阔空间，也反过来促进气象科技创新进步（见图1）。

---

① 张爱英、郭文利、闵晶晶：《我国旅游气象服务发展现状及问题的思考》，《第35届中国气象学会年会S22供给侧结构性改革与气象高质量发展中国气象学会会议论文集》，中国气象学会，2018。

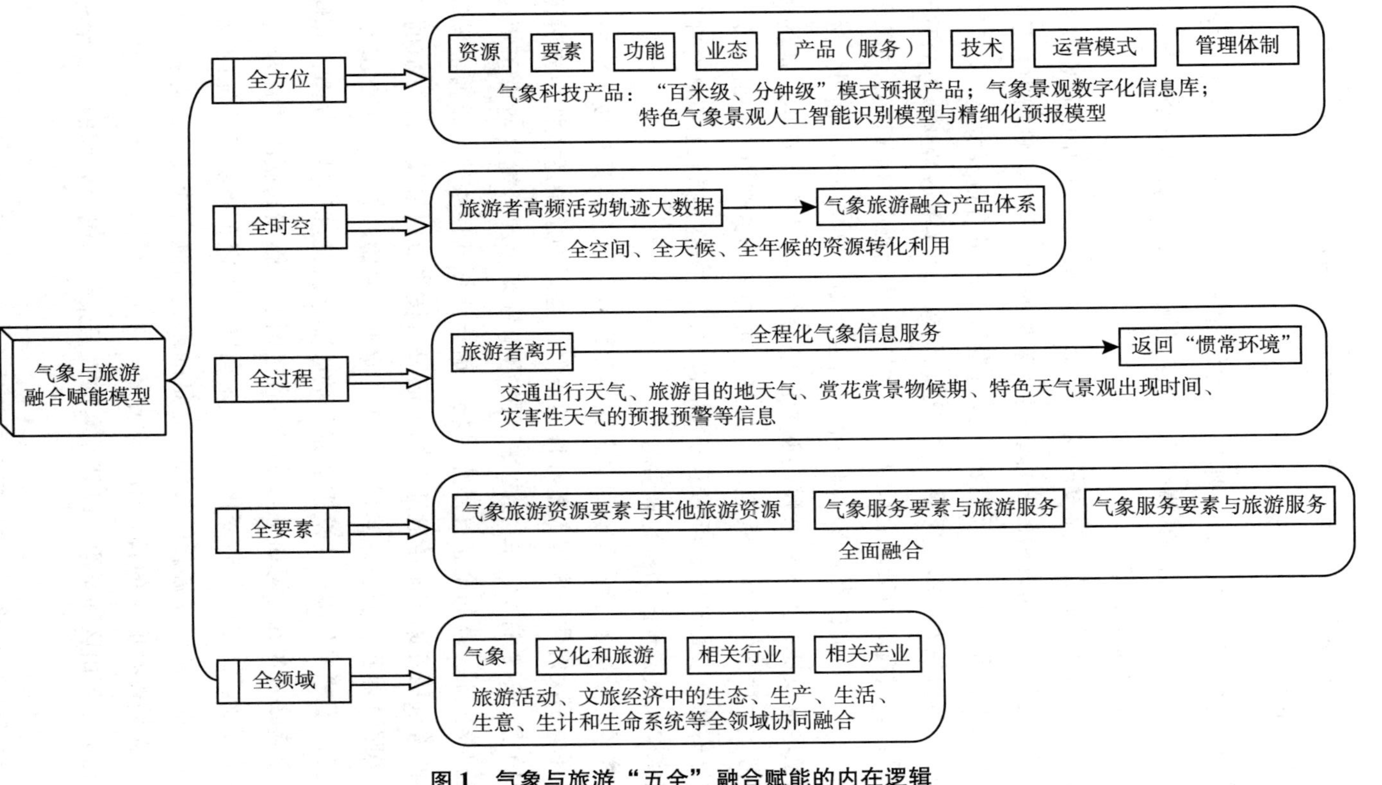

图 1　气象与旅游“五全”融合赋能的内在逻辑

资料来源：The Internal Logic of Integration and Empowerment of Meteorology and Tourism。

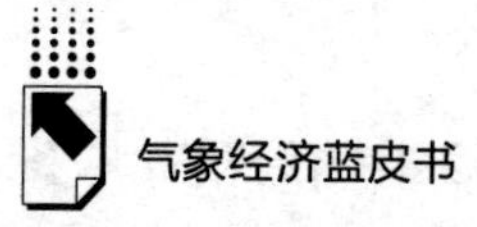

（二）"气象+旅游"融合发展主要有七个层次和路径，可概括为"七色彩虹模型"

"气象+旅游"融合发展，主要有七个方面的路径和融合发展体系，这一融合路径和融合体系，我们将其概括为"七色彩虹模型"，就如同彩虹七个颜色绘制美轮美奂的多彩世界。

一是天气景观赋能旅游业高质量发展。天气景观是景区点中的重要景观，为观光质量赋能提升，如黄山的云海日出、蓬莱的海市蜃楼、峨眉山金顶佛光、吉林雾凇等，开发天气景观资源对提升景区点质量有重要意义。不仅如此，气象奇观日益成为摄影、露营、自驾游、科考、研学等旅游新业态的重要旅游资源产品，日益成为最富变幻的核心吸引物，成为旅游的新时尚，如青海的"天空之镜"、四川甘孜的流星雨和蓝天白云等新的自然奇观。而且，随着大众旅游全域化发展，天气景观赋能旅游已经渗透到旅游各个要素，成为度假、景观餐饮、住宿的吸引要素之一。天气景观在各类景观中，是最富变化性、最具魔幻特征、最让游客可遇不可求的奇观，通常是支撑旅游景区存在的灵魂，直接构成旅游景区的核心吸引物。

二是气候环境赋能避暑避寒和生态康养旅游等新业态高质量发展。一方面，气候环境是决定休闲度假最基础性的条件，是影响旅游适宜性与旅游流向的重要因素。如被称为"阳光之城"的德国旨莱堡市，就打造成了集诊疗、康复和养生于一体的全息气候疗养场。瑞士依托气候条件，成为全世界高端人群的首选医疗康养旅游胜地。我国四川攀枝花市则依托冬暖夏凉的气候条件，按照"养身、养心、养智，避寒、避暑、避霾"理念，布局康养产业体系，打造了"冬日暖阳、夏季清凉"的康养旅游品牌。另一方面，气候舒适度是影响旅游客流时间和空间分布的直接因素，影响到旅游项目开发和旅游季节长短及客流量的年内变化，在一定程度上决定了旅游目的地的吸引力和竞争力。如三亚冬季温暖的气候、充足的阳光与海水沙滩，成为我国广大北方地区人们避寒度假的首选地。在夏季，贵阳、西宁、六盘水、甘孜、阿坝、呼伦贝尔等山区和草原，以其凉爽的气候条件又成为人们的避暑旅游胜地。

三是天气气候时空价值开发赋能旅游高质量发展。天气气候的四季变化创造了不同地域多彩的物候景观，如植物发芽、展叶、变色和落叶，为各地开展赏花、赏红叶、赏彩林等不同类型的旅游活动提供了底色支撑。如从古代的“烟花三月下扬州”到今日的“相约武汉赏樱花”、八月钱塘观潮等，都是天气、气候孕育的奇特物候景观。凭借物候景观，可开展踏青、赏花、观鸟、摄影、采摘、夜观星空、看流星雨等旅游活动，为开发淡季旅游市场和夜游市场提供了资源基础，也拓展了气象物候期预报服务新功能，提升旅游的时间和空间价值。

四是人文气象赋能旅游高质量发展。我国自古以来就是世界农业大国，在长期的农业生产中积淀起中国气象文化科普基因。如“春霜三夜白，晴到割大麦”等丰富的农业气象谚语，“朝霞不出门，晚霞行千里”等富含生存智慧的气象民俗文化，“好雨知时节，当春乃发生。随风潜入夜，润物细无声”（杜甫《春夜喜雨》）等生动有趣的气象诗词歌赋，“万物生长靠太阳，雨露滋润禾苗壮”“有收无收在于水，收多收少在于肥”“天有不测风云”等农业气象科普，以及气象行业在全国建立的2000多个国家级气象观测站点、30000多个区域自动气象站及已获批或授牌的8个“世界百年气象站”和659个“中国百年气象站”，新中国气象事业70年奋进历程、科技创新成就、气象现代化建设等现代气象文化和馆藏气象档案文献等，共同构筑了中国厚重而多彩的气象文化与科学遗产，具有科普教育、传播推广等重要价值，不仅在促进气象文化、设施和气象探测环境的长期保护、气象观测数据的抢救和应用研究、气象人文科技历史的传承发展等方面发挥重要作用，也为开展研学游学、党建团建、科考旅游等活动，开发气象文创旅游产品、促进旅游经济发展提供有力支撑。

五是“国家气候标志”品牌赋能旅游高质量发展。“国家气候标志”品牌，是中国气象局深入贯彻落实习近平生态文明思想、践行“绿水青山就是金山银山”生态发展理念和国家生态文明发展战略、加快气象现代化的具体举措，已相继推出中国天然氧吧、国家气象公园、中国气候好产品、中国气候宜居城市、避暑旅游目的地等创建活动。“国家气候标志”品牌具有优质、绿色、生态的本质特征，各类品牌创建为各地旅游发展在吸引客流、增强品牌效益、提升旅游市场竞争力、拓展产品市场等方面发挥了积极作用。如重庆“巫山脆李”2019年获评“中国气候好产品”国家气候标志，其售价从过去平均每斤不足3元上升为5~6元，当年，农民增收5.6亿元。如今，最高卖价达到每斤30元，创历史新高①。当地政府抓住机会全球同步发布"巫山脆李，李行天下"的品牌形象，成为当地农民增收的金字招牌。

六是气象科技装备用品和能源等赋能旅游高质量发展。气象可通过提供气象环境监测仪器装备、旅行户外服装装备、氧气装备，与各地气候相关的防晒、防紫外线、防冻、防高原反应、防蚊虫等药品用品、食品等为旅游高质量发展赋能。还可以通过采用太阳能、风能、水能等清洁能源、充分利用气候环境调节技术和装备等赋能旅游实现低碳绿色发展。积极应对气候变化，以经济社会发展全面绿色转型为引领，坚定不移走生态优先、绿色低碳的高质量发展道路，确保如期实现碳达峰、碳中和，是中国向世界作出的庄严承诺。在国家战略部署下，旅游业是绿色低碳产业，加快推动旅游与气象等融合发展、相互赋能，是助力中国应对气候变化、实现国家及区域和地方各级旅游目的地绿色低碳高质量发展的有效路径。

七是气象服务赋能旅游高质量发展。旅游气象服务是面向游客、旅游企业及政府提供趋利避害的相关服务，为旅游健康、安全发展保驾护航，须臾不可或缺。从游客出行的不同阶段，可以分为出行前的天气预报服务和出行中的气象预警安全服务两部分。出行前包括气温、晴雨天气、温湿指数、风寒指数、穿衣指数、大气现象预报、物候景观、平均日照时数、空气质量等天气信息预报服务，旨在为游客提供出行指南，供旅游决策参考。为旅行途中及旅游目的地的相关主体提供极端天气气候事件及低温冷冻、雪灾、冰雹、寒潮、高温、台风、暴雨、大雾等气象灾害预警预报服务，不仅为游客、旅游企业防灾避灾自救提供决策参考，也为政府相关部门组织防灾减灾救灾工作提供决策依据，全方位保驾护航旅游活动，守护旅游安全底线。随着大众旅游时代全域旅游发展，旅游活动空间不断扩展，游客及旅游企业可能面临的气象灾害类型也日趋多样和复杂，提供精准、及时的气象灾害预警服务，对于保护游客生命和财产安全，保持景区及旅游企业正常运转，维持旅游目的地的生态环境意义重大（见图2）。

---

① 李家启、郑箐舟、詹璐：《巫山脆李"中国气候好产品"品牌效益及价值提升途径分析》，《南方农业》2022年第7期，第36~40页。

图 2 气象与旅游深度融合路径的七色彩虹模型

资料来源：The Rainbow Mode of Integration and Empowerment of Meteorology and Tourism。

（三）旅游成为气象资源利用和气象服务创新最活跃的新场景、新领域

旅游为气象创造更加广阔活跃的市场空间。长期以来，我国气象行业作为一项公益性事业，主要服务国家国防战略与社会主义现代化建设，气象与市场之间更多是一种单向供给关系，即气象部门借助气象观测仪器获取气象数据，通过相关平台，将数据信息传达给公众。而旅游业是旅游产业与旅游事业相结合的行业，旅游产业是一个涉及面广、关联带动性强、市场化程度高的综合性产业，需求与供给体系多样，丰富了气象服务内容形式，游客个性化旅游决策对气象信息服务的高度依赖性，带动了气候指数、温湿指数、风效指数、紫外线指数、穿衣指数、洗车指数、室外活动适宜指数、钓鱼指数、感冒指数、过敏指数、负氧离子含量、空气质量指数、气候舒适度指数、赏花指数及各类气象景观、物候适宜期的预报服务等内容层出不穷，服务形式日新月异。同时随着全域旅游的广泛深度推进，旅游目的地在“旅游+”融合创新发展中，对各类大型节事活动和室外旅游产品的气象专业服务、旅游安全气象风险评估及预报预警服务等提出了越来越多的更高需求，给气象服务科技创新、拓展服务内

容和形式都赋予了巨大空间和发展机会。

“气象+旅游”，是在特定地理空间范围内，以天气景观、气候环境、人文气象资源为基础，以气象与旅游融合发展为方向，通过科学规划布局，开发旅游气候产品，开展旅游气象服务，提供观赏游览、休闲度假、养生（保健）疗养、文化研究、科普教育等功能的气象旅游供给体系。“气象+旅游”融合有非常丰富的内涵和多维特质：一是资源融合。气象旅游资源是气象与旅游融合发展依赖的重要基础，是指自然界和人类社会凡能对旅游者产生吸引力，可以为旅游业开发利用，并可产生经济效益、社会效益和环境效益的各种天气现象、气候条件及其衍生产物，包括自然气象旅游资源、人文气象旅游资源，其中自然气象旅游资源包括天气景观资源和气候环境资源。在气候环境资源中又包含“气候养生资源”，涵盖了避暑、避寒等气候资源①。二是功能融合。即气象与旅游叠加具有的双重功能，如景观功能（气象景观、物候景观等）、康养功能（避暑、避寒、避霾等）、文化功能、科普功能、低碳功能、服务功能等（见图 2）。三是产业融合。主要包括要素融合、产品融合、场景融合、业态融合、技术融合、装备融合、服务融合、管理融合、价值融合等多维融合，通过气象与旅游相互赋能、气象旅游+互联网、气象旅游+其他产业的跨界跨领域融合，打造气象经济和旅游经济的全新业态，创新经济、社会、生态综合价值效益。

“气象+旅游”，还有助于通过发展旅游促进气象文化传承弘扬。如四川率先完成了全省文化和旅游资源普查工作，为了充分发掘利用好此次普查工作中确定的 3114 处气象旅游资源，四川省要求各市（州）县充分应用资源普查成果，做好“十四五”文化和旅游发展规划与旅游产品开发宣传。峨眉山开发了“金顶峨眉山” AI 虚拟文创产品，制作了以突出日出、云海、佛光（宝光）、冬雪的《灵秀峨眉》旅游宣传片和《峨眉山宝光　不止峨眉山》等融媒体专题宣传资料等，通过旅游载体立体化、全方位传播气象文化，深度发掘和传承弘扬气象文化。

---

① 江春、杨彬、吴丹娃等：《发掘利用气候资源促进康养旅游发展》，《第 35 届中国气象学会年会 S17 气候环境变化与人体健康》，2018。

二　我国“气象+旅游”融合发展的主要进展与存在问题

我国气象与旅游融合发展（“气象+旅游”）取得快速发展，成为气象资源开发利用和气象服务创新最活跃的领域，避暑旅游、避寒旅游、天然氧吧、气象公园、气候康养旅游、冰雪旅游等气象旅游成为旅游发展热点。2022 年北京冬奥会开幕式的“一朵雪花”将我国传统的气象文化与艺术相融合，气象与节庆赛事融合，推出的冰墩墩、雪容融吉祥物更是受到国内外游客的青睐，出现了“一墩难求”的盛况。气象与旅游相互赋能、融合发展取得以下重要进展。

（一）“气象+旅游”融合发展受到相关部门和国际组织重视

2003 年，国家旅游局发布《旅游资源分类、调查与评价》国家标准，将旅游资源划分为 8 个主类，其中，把天象与气候景观作为一个主类。2010 年，国家旅游局与中国气象局联合签署《关于联合提升旅游气象服务能力的合作框架协议》，联合下发《关于做好旅游气象服务工作的通知》，从国家层面启动了气象与旅游合作发展。2016 年，中国气象服务协会发布《气象旅游资源分类与编码》，将气象旅游资源细分为天气景观资源、气候环境资源、人文气象资源 3 个大类、14 个亚类、84 个子类，为气象旅游资源普查和开发利用提供指引。2018 年，《国务院办公厅关于促进全域旅游发展的指导意见》明确提出，要推动旅游与气象等行业融合发展，开发建设天然氧吧、气象公园等产品，大力开发避暑避寒旅游产品，推动建设一批避暑避寒度假目的地。2019 年，全国评比达标表彰工作协调小组将“中国天然氧吧”避暑旅游目的地列为全国创建示范活动保留项目。2021 年印发的《全国气象发展“十四五”规划》提出，以满足人民日益增长的美好生活需要为根本目的，把推动气象向经济社会各领域融合、提高气象服务保障国家经济社会发展的能力和水平作为指导思想，把强化气候资源开发利用和保护、发展旅游气象服务、提高气象防灾减灾能力等作为重要任务。提出“十四五”气象发展的三大攻坚战，即数值预报、“气象+”赋能行动、气象大数据和人工智能应用，明确要将气象服务纳入旅游安全保障体系。2022 年 4 月，国务院印发的《气象高质量发展纲要（2022—2035年）》提出，强化旅游资源开发、旅游出行安全气象服务供给。疫情冲击下人们对优良气候生态环境的渴求更加强烈，气候变化对旅游的影响也早已从学术层面上升为国际组织或国家重大行动计划。特别是当前在中国实现碳达峰碳中和目标的战略部署下，气象和旅游部门之间的深度融合正在迸发出巨大的联动效应，发展前景广阔。2008年，世界旅游组织就将世界旅游日的主题确定为“旅游：应对气候变化挑战”。同年11月，国家旅游局也出台了《关于旅游业应对气候变化问题的若干意见》。

（二）中国天然氧吧品牌创建形成巨大社会影响

气象与生态结合打造“中国天然氧吧”，气象品牌效应显著。2016~2023年，中国气象局、中国气象服务协会共批复了8批共379个“中国天然氧吧”项目，项目遍及我国大陆地区的30个省（区、市），覆盖面高达96.8%。2020年，全国193个被授予“中国天然氧吧”称号的地区，年旅游人数较创建前平均增长35%，年旅游收入平均增长41%①。各地借助“中国天然氧吧”品牌创建，推出系列气象旅游产品，成为地区旅游快速发展助推器，品牌创建效应显著。“中国天然氧吧”是国内目前最具典型性和代表性的气象旅游景区，数量多，分布广，在地理空间上呈现典型空间集聚性，南方多、北方少，东部多、西部少；大部分“中国天然氧吧”分布在800毫米等降水量线东南部气候比较湿润的亚热带季风气候区，这些区域气候温和，降水量多，森林覆盖率高，空气清新，水质优良，气象旅游发展优势得天独厚。

（三）避暑避寒气候资源开发成效显著

2012年，中国气象局与国家旅游局签订战略合作协议，相关单位联合开展避暑旅游研究，建立了避暑旅游目的地评价模型，制定了《避暑旅游气候适宜度评价方法》《避暑旅游城市评价指标》等标准。自2013年始，每年发布《中国避暑旅游发展报告》、避暑旅游城市排行榜。自2015年始，连续5年举办中国避暑旅游产业峰会，推动避暑旅游产业发展。2018年，避暑旅游被

① 中国气象局：《中国气候公报（2021年）》。

写进国务院文件，获得第二批全国创建示范活动保留项目，避暑旅游已经上升为国家战略。在中国气象局与国家旅游局持续推动下，不少省份制定了避暑相关产业发展规划。2014 年，重庆市政府制定《重庆市避暑休闲地产规划（2014—2020 年）》。2018 年，吉林省委、省政府出台《关于推进避暑休闲产业创新发展的实施意见》。2020 年，贵州省文化和旅游厅与气象局联合发布《贵州避暑旅游气候优势分析报告》，指出避暑气候是贵州省最大的旅游气候优势。“南下避寒”亦是近些年我国气象旅游的一大热点领域，海南省凭借其热带海岛的独特气候优势，近几年一直是我国春节避寒旅游的热门目的地。2020 年，中国气象服务协会依据《避寒气候宜居地评价》标准，授予广东恩平市、云南华坪县、广西北海市“中国避寒宜居地”称号。

（四）气象公园创建体系初步形成

2015 年，中国气象服务协会启动创建国家气象公园工程，后制定《气象旅游资源分类与编码》《气象旅游资源评价》《国家气象公园试点建设管理办法（试行）》《国家气象公园评价指标（试行）》《国家气象公园建设指南（试行）》等气象旅游标准和规范。2019 年，经中国气象局授权，中国气象服务协会下发《关于确定首批国家气象公园试点建设地区的通知》，安徽黄山、重庆三峡和浙江丽水被确定为首批国家气象公园试点建设地区。经过三年的创建，黄山风景区建成了全国首个气象公园，在促进气象科学探索与交流、完善地球自然遗产保护体系、激发青少年对气象科学知识的好奇心、构建独具特色的气象景观游览模式、全新拓展气象服务旅游的方式等方面取得突破。如今，黄山成为全国首个气象研学示范区。

（五）“国家气候标志”品牌创建成效显著

党的十八大提出“生态产品”概念，开启了探索并挖掘气象资源优势和价值的历程，打造了由独特的气候条件决定的气候宜居、气候生态、农产品气候品质等优质气候品牌“国家气候标志”。60 个市县获得“国家气候标志”品牌，包括中国气候宜居城市（县）、中国冷极、农产品优质气候品质、中国气候休闲县、中国气候生态城市、中国冰雪之都、中国气候旅游县、中国避暑胜地、中国气候康养县、中国气候恒春县等 10 种类型的“国家气候标志”。

国内部分省份将气象旅游作为区域旅游发展的战略资源，列入全省旅游发展重点项目和主要发展方向。黑龙江省《“十四五”文化和旅游发展规划》中提出要建设冰雪旅游度假胜地，围绕2022年北京冬奥会，提出“冬奥在京张，冬游来龙江”的旅游口号。一系列政策规划的出台，标志着气象正在以新的形态走出幕后、走上舞台。

（六）旅游气象服务加快发展，服务内容日益精细化

中国气象局2011年发布《公共气象服务业务发展指导意见》，对公共气象服务重点任务进行了说明。旅游气象服务是公共气象服务的组成部分，主要面向旅游产业，利用专业气象预报技术、平台和方法，针对不同旅游景区特点，开发出各种旅游气象信息服务产品①。旅游气象服务是介于气象服务与旅游服务之间的交叉领域，以满足公众的气象旅游需求为目的的一种不以盈利为目标，以社会效益为主的公益性服务。在现有气象服务内容的基础上，构成了气象服务体系，共包括4个板块：旅游气象指数预报、旅游景观预报、旅游景区气候评价、旅游气象安全预警服务等②。目前，旅游气象服务已经进入“旅游+气象”场景化服务阶段，从趋利和避害两个维度，根据游客出行的不同需要，提供针对性的气象服务。一是气象预报服务，即针对不同季节的不同景色，向游客预报最佳观赏时间并推荐最佳观赏地点，游客可以获得什么时候最适合赏花、什么时候可以看到流星、什么时候的枫叶最好看、什么时候最适合滑雪等各类气象服务。二是常规气象服务。目前手机各类气象服务App结合气温、降雨等实时天气情况，给游客提供穿衣、护肤、空气质量、防晒、紫外线等十多类指数服务。三是安全预警服务。根据区域内发生气象灾害的特点提供相应的预警服务。还包括过敏预报、流感预报、中暑预报、台风预报、灾害天气预警等出游提示。四是专项的气象服务系统。如冬奥会期间的专项气象服务，各地马拉松赛事期间的气象服务，还有景区的专项定制服务。根据国家气象“十四

① 刘耀龙、崔方南、栗继祖等：《旅游气象服务评价与旅游风险感知调查研究》，《防灾科技学院学报》2016年第2期。

② 吴普、席建超、葛全胜：《中国旅游气候学研究综述》，《地理科学进展》2010年第2期，第131~137页。

五”规划，将推动3A级以上旅游景区建设灾害性天气监测站网和预报预警信息传播设施（见表1）。

表1　气象旅游服务的内容及服务模式

类型	服务项目	内容	气象服务模式
旅游安全服务	旅游安全提示、气象灾害预警、保险	旅游目的地台风、暴雨、暴雪、寒潮、道路结冰等气象灾害监测预警与安全提示	气象部门提供公益气象服务，由气象部门或景区提供给游客和旅游企业
旅游环境评价	提供气候舒适度指标：中国天然氧吧项目创建，负氧离子空气清新度	气象五参数（风力风向、温湿度、大气压）、AQI六参数（PM2.5、PM10、NO_2、CO、SO_2、O_3）、光照、负离子等	气象部门提供公益气象服务
旅游天气预报	为游客旅游活动提供实时天气预报服务	为游客提供交通指数、出行指数、天气指数、穿衣指数、体感温度、运动指数等	气象部门提供公益气象服务
旅游景观预报	为旅游企业和游客提供的景观预报	云海、日出、雾凇、花期、红叶等气象景观预报	气象部门为旅游企业提供有偿服务
专项气象服务	为体育赛事，如冬奥会、马拉松体育赛事，还有啤酒节、牡丹节等活动提供的专项气象服务	运动指数、啤酒指数、观花指数、赏叶指数、体感指数等	气象部门为旅游企业提供有偿服务

（七）气象文化价值开始受到关注

2022年冬奥会开幕式就是一场高质量的气象文化视觉盛宴，从一朵雪花到二十四节气展示，再到赛事期间的“百米级”“分钟级”等气象科技的应用，充分彰显了气象文化的价值。尚永年认为气象文化是指气象工作者在发展气象事业过程中所创造的气象科学技术成果、业务服务能力，以及与之相适应的管理理念、创新意识、法制观念、道德标准、思想文化建设以及气象人的精神风貌等①。吴效刚认为气象文化泛指人类在认识气候现

① 尚永年：《关于建设中国气象文化的思考》，《内蒙古气象》2003年第1期。

象和开展气象事业中创造的一切物质的和非物质的成果①。经梳理气象文化的文献和资料发现，气象文化是一个动态的概念，其边界会随着时代的发展不断地拓展。目前气象文化主要包括气象民俗文化、气象行业文化、气象制度文化、气象档案文化、气象文学文化等五个方面②（见表2）。早在2009年，北京市就建造了以二十四节气为主题的开放式公园，山西依托省内陶寺古观象台、历山“七十二候历”、云丘山“二分二至”、绵山“天象”等气象历史文化资源，探索文旅融合背景下的气象文化旅游发展模式③。华风气象传媒集团专门成立“二十四节气研究院”，发掘推广“二十四节气”文化。但气象文化与旅游的融合发展进展较慢，尚未形成典型的气象文化旅游品牌。重庆挖掘与天文地理、水文气象有关的历史文化遗迹，将经典诗篇中的气象文化融入旅游活动中，打造重庆旅游的“四季歌”“二十四节气歌”④。

表2　气象文化内涵体系

气象文化类型	气象文化内容及代表	发展现状
气象民俗文化	气象与民俗结合形成的气象民俗文化包括气象谚语、气象俗语等，与农业生产紧密联系的	“二十四节气”就是典型代表，被列入世界非物质文化遗产名录，被国际气象界誉为“中国的第五大发明”，还有日常生活中的农业气象文化等
气象行业文化	气象科学知识、气象技术知识、气象经验知识、气象历史文化、地理气候奇观等	所有气象网站都设置了气象科普板块，提供各类气象科学知识；气象数据获取技术和标准等；我国气象精神“准确、及时、创新、奉献”

① 吴效刚：《气象文化建设：理论创新与实践变革》，《阅江学刊》2010年第6期。

② 刘立成、胡睿：《气象文化研究综述》，《气象科技进展》2011年第2期，第46~50页。

③ 中国气象局：《“气象+”加出文化旅游“新看点”——山西省气象历史文化和旅游产业融合发展纪实》2019年9月19日，https://www.cma.gov.cn/2011xwzx/2011xgzdt/201909/t20190919_535669.html。

④ 中国气象局：《重庆：气象与旅游部门联手打造全域旅游发展升级版》2018年8月3日。

续表

气象文化类型	气象文化内容及代表	发展现状
气象制度文化	国家和地方制定的各类与气象相关的法律、制度等	《中华人民共和国气象法》《气象设施和气象探测环境保护条例》《气象灾害防御条例》《人工影响天气管理条例》《气象高质量发展纲要(2022—2035年)》《气象信息服务管理办法》等
气象档案文化	气象历史记载,用来分析气象规律和科学研究	各地气象志、气象百科全书-业务技术篇、气象档案纸质和光盘电子资料
气象文学文化	把社会生活体验与气象现象结合,形成的丰富的文学气象文化,大量出现在诗歌、散文当中	如毛泽东《咏梅》《沁园春·雪》及“上有天堂,下有苏杭”“天府之国”等都与气象有密切关系,气象文学中的很多表述都成为人们气象旅游的重要部分

（八）“气象+旅游”发展存在的主要问题

一是还缺乏系统顶层设计和统筹规划。目前，我国还没有专门的气象旅游产业发展规划，大多数是以一种侨郡的形式渗透在其他专项规划当中，如公共气象服务规划、生态旅游规划、气象事业发展规划当中，还缺乏对“气象+旅游”融合发展的统筹规划，不能更好地统筹整合各方面资源系统推进“气象+旅游”融合发展。二是对“气象+旅游”融合发展还缺乏深入系统研究，对内在逻辑、机制路径、基本规律等还缺乏系统深刻认识，实践发展缺乏有效的理论支撑。三是各类“气象+旅游”品牌创建规模还比较小，整体影响力还不足，各类气象和气候资源的旅游化利用还不足，巨大的潜力还有待释放。四是“气象+旅游”服务体制机制还需要改革，服务模式有待创新，气象旅游服务多样化、精准化和个性化不足。五是“气象+旅游”的人才科技教育支撑不足，气象旅游开发配套设施落后。六是“气象+旅游”经济聚力不强，产业融合深度不足，多数的气象旅游资源开发还处于浅层次开发状态，社会投融资缺乏政策引导，尚未形成融合产业体系。

三　“气象+旅游”融合发展的目标任务与发展重点

旅游是气象敏感行业，也是潜力巨大、面向国计民生的“气象+”重点行业。“气象+旅游”融合发展，要按照“需求导向、目标导向、问题导向”，以满足人民对旅游大众化多样化美好生活需要为根本目的，不断创新体制机制和服务模式，重点目标任务主要包括以下三个层面。

（一）加快完善旅游迫切需要的气象服务体系，确保游客生命健康安全和旅游安全运行

我国进入大众旅游时代，应将服务游客和旅游发展纳入气象公共服务，在《“十四五”公共气象服务发展规划》和相关项目投入中，加大对旅游的公共气象服务建设投入，进一步深化和拓展旅游所需的服务内容，加强旅游相关气象服务保障，提升高质量发展的整体性和协同性，推动观测、预报、服务等各环节有效衔接和高效协同，构建服务旅游基本需求的“智慧精细、开放融合、普惠共享”的现代旅游气象服务体系，确保游客生命健康安全。

将气象服务融入综合防灾减灾体系，紧贴百姓对高品质旅游的需求，探索开展基于各类旅游场景和各类游客需求的，定制式、个性化的旅游气象服务，充分发挥气象在旅游发展中的保障支撑作用、在气象等各类灾害中的预警先导作用。强化公共服务，做到监测精密、预报精准、服务精细，提高服务保障能力，发挥气象防灾减灾、确保旅游安全第一道防线作用。加强与旅游相关气象灾情收集上报评估，完善面向防灾减灾的旅游气象服务，建立完善旅游相关气象灾情调查收集网络，完善气象灾情收集热线、气象灾情直报系统、升级灾情直报系统，建立气象灾情现场调查和评估制度，开展旅游气象灾害普查、气象灾害风险评估，如制定规避、降低气象风险的对策与措施，制定保护或转移气象灾害风险影响人群的对策与措施，制定转移风险、风险共担（如政策保险）等措施。加强旅游相关气象灾害监测预警与分析服务，增强旅游相关气象气候风险评估，加强气象灾害预警信息发布，加强气象灾害应急处置，加强开展旅游相关气象灾害防御科普宣传，提高公众对气象灾害的认识。

创新构建旅游高质量发展特色气象服务体系，创新旅游气象服务的体制机制和模式，提升旅游体验和促进旅游高质量发展。坚持问题导向和目标导向，补短板、强弱项、夯基础，推进旅游气象服务基础能力建设，构建数字化、专业化的旅游气象服务体系。从天气对人们旅游的影响考虑，提供旅游城市和景区景点天气预报，提供旅游交通沿线天气预报，方便公众旅游出行计划安排；根据灾害发生情况和天气适宜程度，提供全国旅游适宜地区图和适宜旅游的季

节等信息，方便用户迅速、直观地发现适宜旅游的地区。开展突发公共卫生事件的气象应急保障服务，开展人体健康指数预报服务，提供人体舒适度、风寒指数、高温中暑指数、紫外线指数、花粉浓度等预报服务。加强对旅游相关重大活动等专项气象服务。

充分利用新一轮科技革命和产业变革机遇为气象旅游服务催生新动能新模式。充分利用人工智能、移动通信、物联网等新一代信息技术在旅游气象服务中的应用，创造新的服务模式，催生新业态。社会公众对高品质大众旅游的气象服务需求日益旺盛，日益多样化、个性化，需要不断创新旅游气象服务的数字化、精细化和智能化，为多样化的大众旅游提供高质量的气象服务。进一步强化大数据、人工智能等信息技术在旅游气象服务中的广泛应用，提升旅游气象服务需求智能感知、服务定制供给能力，以用户为核心，实现用户画像管理，提供基于用户位置和应用场景的旅游气象服务。探索利用网络机器人等为旅游发展和游客需求提供个性化、定制式服务，让公众随时可以便捷获取所需的旅游气象服务。

（二）加快培育“气象+旅游”融合发展七大产业集群，早日形成万亿元规模新兴产业

“气象+旅游”是潜力巨大的蓝海，气象对旅游业及相关产业全面赋能拓展，可以形成万亿级新兴产业集群。加快发展“气象+旅游”产业体系，加快培育新业态，形成七大融合产业集群。

一是避暑、避寒、天然氧吧等康养旅游产业群。以气候资源环境为依托、大力发展避暑旅游和避寒旅游，并与养老、医疗康养产业、房地产等相关产业融合发展，形成产业群。将气象作为战略资源，推动“气象+旅游”和“旅游+气象”发展，打造一批高质量旅游目的地。我国避寒避暑康养旅游目的地品牌不断凸显，空间格局不断拓展，形成大康养产业集群。

二是天气气候景观产业群。天气气候景观在各类景观中，是最富变化性，最具魔幻特征、最让游客可遇不可求的奇观，以气象公园、天气气候景观观赏地建设为抓手，开发气象景观旅游目的地，建设一批高质量气象景区景点，推出一批高质量景区产品，形成天气气候景观旅游新业态。

三是冰雪旅游产业群。中共中央办公厅、国务院办公厅印发《关于以

2022年北京冬奥会为契机大力发展冰雪运动的意见》，提出“推动冰雪旅游产业发展，促进冰雪产业与相关产业深度融合”。国务院办公厅《关于促进全民健身和体育消费推动体育产业高质量发展的意见》，提出“支持新疆、内蒙古、东北三省等地区大力发展寒地冰雪经济”。随着我国冰雪旅游大众化演进和政策红利持续释放，冰雪旅游产业发展呈现大众化、规模化、多元化特征，冰雪旅游正在成为时尚生活方式。

四是“气候好产品”产业集群。利用“气候好产品”发展具有各地鲜明特色的优质旅游商品，农产品产地气候条件是影响其品质的重要因素之一，我国制定了气象行业标准《农产品气候品质认证技术规范》，为天气气候条件对各地农产品品质影响的优劣等级做评定。

五是旅游气象服务的相关科技装备和用品产业集群。“气象+旅游”还能激活相应的气象环境监测仪器装备、旅行户外服装装备、氧气装备，与各地气候相关的防晒、防冻、防止高原反应、防蚊虫等相关的药品、用品和食品等，形成具有鲜明气象特征的科技装备用品产业集群。

六是气象文化科技创意产业集群。气象有丰富的文化和科技内涵，2022年北京冬奥会开幕式用一朵雪花、二十四节气，用现代科技完美诠释了气象文化的独特魅力。唐诗宋词各种艺术作品、各种民族民俗文化节庆活动、建筑等无不蕴含着丰富的气象文化和科技内涵，通过深度挖掘和创意表达，在旅游各要素和服务中创意实现气象文化科技内涵的价值转化。

七是与旅游相关的气象服务产业群。在拓展旅游气象服务内容、服务方式、服务渠道上下功夫，为旅游及相关活动和相关产业发展提供全方位、覆盖旅游全过程全要素的精细化和智能化服务。充分发挥市场机制的重要作用，创新旅游气象服务机制，创新服务模式，促进旅游气象服务提供主体多元化，强化气象与旅游行业系统的有机融合、正向互动和共生发展。推进旅游气象服务的社会化，构建和谐共生的旅游气象服务生态圈和特色旅游气象服务。

（三）加强和完善旅游气象服务与融合发展的保障支撑体系

加快推进“气象+旅游”融合发展，迫切需要加快完善“气象+旅游”融合发展的政策法规体系等顶层制度设计，加强资金保障，加大和落实各级财政投入，加强对“气象+旅游”融合发展的统筹领导和组织，推进各层次、各领域、各区域旅游气象服务协同发展，形成强大合力。需要提升两者融合高质量发展的整体性和协同性，推动观测、预报、服务等各环节有效衔接和高效协同，发挥好中央、地方和各方面积极性，统筹推进气象资源的合理配置和高效利用。鼓励社会资本进入气象旅游新兴产业。发挥改革的开路先锋、示范引领和突破攻坚作用，破除制约融合发展的体制机制障碍，深化业务技术、服务、管理体制重点领域改革，构建规范有序、协调发展的“气象+旅游”治理体系。根据各地的实际，因地制宜，因用制宜，突出特色，梯次推进，鼓励有条件的地区先行先试，形成“气象+旅游”发展可复制、可推广的经验，进而推动全国“气象+旅游”服务水平整体发展。

建设完善“气象+旅游”融合发展的科教支撑体系，构建“气象+旅游”开放协同的科技创新体系，瞄准监测精密、预报精准、服务精细，组织实施关键核心技术攻关，完善国家“气象+旅游”相关科技创新体系，建设高水平跨学科人才队伍，“练内功、提实力”提高“气象+旅游”服务的能力和水平。发展数字智能、无缝隙全覆盖的精准旅游气象预报业务，发展自动感知、智能制作、及时供给的智慧气象服务业务，发展集约开放、安全智能的旅游气象信息业务。优化“气象+旅游”服务科技人才梯队和学科结构，加大跨学科、跨行业、跨领域等复合型人才培养。健全与“气象+旅游”相关的法规标准，完善旅游气象服务标准体系，建立标准化工作机制。探索建立稳定多元的投入渠道，统筹各类资源，加强对基础建设、科学研究等方面的支持。

加强“气象+旅游”的服务能力建设。提升突发公共事件的气象保障服务能力，建立起权威、畅通、有效的覆盖全国的突发公共事件预警信息发布渠道，开展突发公共事件事发点气象条件监测服务。提高决策气象服务针对性、敏感性、综合性和时效性，建立与相关部门的多渠道沟通协作机制。实现公众气象服务多样性、精细化、高频次和广覆盖，实现公众气象服务多样性，不断满足用户精细化和个性化需求，拓展专业专项气象服务领域、延伸服务链条、提升科技水平。建立功能比较完备的公共气象服务业务体系，包括公共气象服务基础业务系统、气象灾害防御业务系统、决策气象服务业务系统、公众气象服务业务系统、专业气象服务业务系统等。建立旅游气象服务效益评估系统，对服务的经济效益、社会效益进行评估。

建立健全“气象+旅游”相关技术规范标准和法律法规。完善决策与旅游气象服务相关的业务规定和技术规范，制定相应的标准和气象服务指南，建立科学、分类的气象服务目标考核与评价机制，出台服务质量考核办法，制定“气象+旅游”所涉及的完善的法律法规，健全服务标准，加快制定服务用语、服务手段、服务质量等行业和国家标准，做好相关专项规划。

四　推进“气象+旅游”融合发展的主要对策与措施建议

针对气象与旅游融合发展存在问题、面临机遇、发展重点和方向，在现有基础上，建议从以下五个方面促进两者融合发展，更好地发挥气象对旅游高质量发展的支撑保障作用。

（一）强化顶层设计统筹推进，研究出台气象与旅游融合发展规划和指导（实施）意见，完善相关法律法规和标准，开展旅游气象资源普查，召开气象与旅游融合发展大会

一是建议中国气象局联合发改、文旅等相关部门研究编制全国气象与旅游融合发展规划，研究出台促进气象与旅游发展的意见，实施融合发展系列重点工程、出台系列重大举措，召开促进气象与旅游融合发展大会，整合各方面资源统筹推进气象与旅游融合发展，形成强大合力。二是制定完善利用各类气象数据和大数据服务旅游的相关法律法规，确保国家安全和个人隐私，制定各项服务的相关标准和技术规范，推进标准化。三是开展试点示范。选择有条件的省、市、县级政府和相关部门编制区域气象与旅游融合发展规划，编制国家气象公园、中国天然氧吧、中国气候宜居城市、避暑旅游、避寒旅游等各类专项规划，形成多层次的气象和旅游融合发展规划体系。四是组织开展全国和区域各层面气象（气候）旅游资源普查工作，进一步摸清气象与旅游融合发展家底，夯实气象保障支撑旅游发展的资源本底。

（二）加大与政府旅游相关气象公共服务投入，创新服务的体制机制和服务模式，有效整合气象数据资源，创新完善面向旅游的气象服务，建设智慧气象旅游服务体系和平台

一是将旅游气象公共服务作为新时期气象公共服务新重点，加大各级政

府投入实施旅游气象公共服务专项力度，改革完善气象数据资源共建共享体制机制，建设形成互联互通和开放共享的旅游气象服务云平台和云生态。二是创新旅游的气象服务模式，加强气象与阿里、腾讯、百度、美团、携程等平台的合作，建设专业化智慧化旅游气象服务平台，挖掘气象数据价值，实现有效规避气象灾害风险和旅游需求的综合性服务。三是鼓励引导专精特旅游气象服务企业机构发展，创新旅游需求的定制化气象服务，提供旅游企业和旅游者需要的个性化的专业气象旅游服务，发展气候景观、花期，漂流指数、滑雪指数等预报和服务。四是鼓励引导和支持保险公司、救援机构、旅游集团等开展与旅游气象灾害等相关的保险和救援服务，开辟相关的服务险种。五是提升面向旅游多样化服务的气象服务科技水平，将北京冬奥会气象服务的“百米级”“分钟级”气象系统与旅游景观预报等气象旅游服务系统相结合，对气象景观、物候景观等实施精准预报，高质量发展智慧精准的、旅游所需的气象服务。

（三）强力推进气象与旅游融合发展重点领域突破，持续加大气象与旅游融合品牌创建力度，创新和持续培育发展壮大气象与旅游融合发展的七大产业集群，加快形成气象与旅游融合发展的新业态

大力推进避暑避寒旅游、气候康养旅游、气象景观旅游、冰雪旅游、气候好产品、气象旅游装备科技产业等特色优势产业发展，推进气象与旅游融合发展重点领域形成产业集群和产业链。持续推进国家气象公园、中国天然氧吧、中国气候宜居城市、避暑旅游目的地、避寒旅游目的地、国家气候标志品牌等创建，打造多层次多类型气象旅游品牌体系，扩大规模和提升质量，扩大影响力、号召力和牵引力，提升品牌效益。创新打造我国百强气象旅游目的地、精品气象旅游线路，形成百亿元、千亿元和万亿元气象旅游产业集群等。打造一批气象景观游、气候体验游、气象文化游、气象科普游以及气候养生游景区景点和产品，创新推进避暑避寒避霾旅游、气候康养旅游、冰雪旅游、阳光旅游等旅游新产品新业态，通过与地方习俗、四季物候变化与节气、康养度假旅游、中医药养生等实体资源深度融合，提升气象旅游的价值体系。

（四）加强气象与旅游交叉融合相关研究，支持交叉机构平台建设发展，加强交叉人才培养和科技创新，全面推进创新体系建设，提升气象与旅游融合发展的创新能力

一是鼓励支持中国气象服务协会气象旅游专业委员会、中国气象旅游研究院、天然氧吧经济研究院、二十四节气研究院等智库平台建设，并鼓励支持发起成立气象与旅游融合发展的协同创新平台、交叉研究中心、联盟等，构建融合发展协同创新网络。二是支持争取国家重点研发计划、973、国家自然科学基金、国家社科基金、国家艺术基金等设立气象与旅游融合发展、气象旅游、气象文化等相关课题特别是重大项目，加强对两者融合发展的系统性和理论性研究。三是中国气象局、文化和旅游部等在部级课题中设立相关项目推进研究，并鼓励引导相关省、自治区、直辖市设立相关课题，从不同角度推进融合交叉研究。四是鼓励引导有条件的院校和科研机构，创新培养“旅游+气象”方面的硕士研究生、博士研究生、旅游管理专业硕士（MTA）和博士后等，培养复合型创新型专业人才。五是支持鼓励出版一批旅游与气象融合发展的相关成果，鼓励支持协调在中国气象报、中国旅游报等设立专栏，在气象学报等设立旅游与气象融合发展专栏等。

（五）加大旅游与气象融合发展的社会宣传，扩大社会影响，加强各类专业培训，提高行业服务能力和社会认知水平，加强国际合作交流，提高中国在该领域的国际话语权

一是建议中国发起在世界气象组织成立气象旅游专业委员会，在世界推动气象与旅游融合发展相关事业，如推动旅游的气象服务、世界气象公园等。二是推进召开世界气象旅游发展大会，推出相关国际标准和倡议，推荐世界旅游气象服务、气象与旅游融合发展优秀案例等。三是鼓励支持在中央电视台等权威媒体策划举办类似“中华好诗词”之类的“气象万千（气象旅游与气象文化）”知识大赛等各类相关比赛，扩大全社会影响力和提高关注度。四是鼓励支持遴选推广一批气象与旅游融合发展的典型案例、气象服务旅游的典型案例，推广经验和开展示范引导发展。五是鼓励支持开展各类气象与旅游融合发

展的培训班，提高两个行业交叉融合的发展水平。六是充分利用中央电视台和各地电视台天气预报黄金时段，创意策划做好气象与旅游融合发展、气象文化等的宣传，特别是公益广告宣传。

参考文献

李先维：《中国天气景观旅游资源的类型与成因分析》，《云南地理环境研究》2005年第5期。

孙健、潘进军、裴顺强等：《发挥引领作用　推进国家级气象服务业务现代化》，《气象科技进展》2017年第1期。

马丽君：《中国典型城市旅游气候舒适度及其与客流量相关性分析》，陕西师范大学博士学位论文，2012。

中国气象局公共气象服务中心、中国气象服务协会、成都信息工程大学、携程研究院：《2021中国天然氧吧绿皮书》，2021。

B.15

中国气象文化与科普教育发展研究

石培华　孙　健　黄　萍　董丹蒙　张　卓*

摘　要：　该报告系统梳理了气象文化和气象科普教育发展情况，特别是对气象文化产业和气象科普产业发展进行了分析。同时，首次概括了气象文化的内涵体系包含气象与哲学和生态文明、人类历史文明演进、人类生命健康、人居环境建筑、科技、安全、气象行业精神等12个维度的“时光年轮模型”（或“十二月模型”）；分别梳理了气象文化与科普教育事业和产业的发展进展、现状和问题，总结了成功的经验和不足；提出了从顶层设计到创新机制、从宣传推广到“互联网+”等促进气象文化和气象科普事业与产业发展的“6+6”条对策建议。本报告为我国气象文化与气象科普教育事业及产业的发展梳理了清晰的发展脉络，提出了具有实践意义的前进方向。

关键词：　气象文化　气象科普　气象文化产业　气象科普产业

气象文化作为一种独特的文化现象，是一种母体性、源流性文化，包含了12个维度的内涵，反映了人类对天气、气候、自然灾害等气象现象的认知与理解。当今公众对气象知识的需求与日俱增，而传统的气象科普教育已经无法满足新时代需求。该文系统分析了中国气象文化和科普教育发展情况，提出发展对策。

---

* 石培华，南开大学现代旅游业发展省部共建协同创新中心主任、A1岗教授、博导，主要研究方向为旅游经济、气象文化与气象旅游；孙健，中国气象服务协会常务副会长、正高级工程师，主要研究领域为公共气象服务、生态气象服务、预警信息发布服务；黄萍，博士，成都信息工程大学二级教授、硕士生导师，四川省学术和技术带头人，主要研究方向为气象旅游、数字文旅、文旅融合；董丹蒙，中国气象服务协会副秘书长、会员部主任；张卓，南开大学旅游与服务学院博士研究生，主要研究方向为文旅融合、康养旅游。

一　气象文化和气象科普教育概述

气象文化是气象事业发展的软实力，气象文化和气象科普教育在助推中国式现代化和高质量发展中有日益重要的意义。气象文化和气象科普教育作为一项事业开始受到气象系统高度重视，但潜力巨大的气象文化经济和气象科普经济还需引起更多关注和加快发展。狭义的气象文化指气象行业各种精神财富和物质财富的总和，广义的气象文化是人类在长期了解气象、利用气象、发展气象、协调共生的过程中建立的多维度全方位联系和各种关系的总和，气象与气候是人类文化的母体性环境，气象文化是一种源流性文化，全面贯穿和渗透到人类社会发展的全过程和各个方面，在气象与哲学和生态文明、人类历史文明演进、人类生命健康、人居环境建筑、文化艺术、美食、生活艺术、民俗节庆、人类自然和文化遗产、科技、安全、气象行业精神等 12 个维度，内涵体系概括为“时光年轮模型”（或“十二月模型”）。气象文化是一把了解自然和生命的金钥匙，是理解贯彻习近平生态文明思想的一扇重要窗口、践行“两山理论”和推进美丽中国建设的一条重要路径，是发掘传播弘扬中华优秀传统文化的一把钥匙，是提升人们审美情趣、美学教育的生动课堂，为应对全球气候变化提供气象智慧，更好地认知健康规律，为人类的生命健康和幸福生活赋能，赋能地方和产业发展，也是弘扬气象行业精神、提升社会影响力和加强国际交流的重要窗口。

气象科普教育指的是普及气象知识、提高公众对气象现象理解的活动，旨在通过教育和传播活动，让广大人民理解天气预报的重要性，以及气候变化对我们生活环境的潜在影响。气象科普的发展源于对抗自然灾害的迫切需要和对气候环境变化的广泛关注，随着工业化进程的加速和全球气候变化的显著影响，气象知识的普及成为国际社会普遍关注的问题，是全球气象组织和各国政府的重点任务之一。气象科普的内容通常包括天气预报、基础气象知识、气象预报技术、气候变化教育、灾害预防与应对、国际气象合作等内容。从而实现增强公众的气象意识和灾害防范能力，有效地减少因气象灾害造成的人员伤亡和财产损失，增强环保意识，激发公众参与气候变化对策讨论的积极性，从而推动可持续发展策略的实施。

二　发展现状及问题分析

（一）气象文化发展现状与问题分析

我国气象文化事业发展受到高度重视，主要进展如下。

一是国家气象部门高度重视从顶层系统推进气象文化建设。中国气象局出台实施《2024 年气象文化建设行动方案》，深入贯彻落实习近平文化思想和党的二十大关于宣传思想文化工作重要部署，明确重点开展气象文化传承、弘扬、培植、传播四项行动。之前，2002 年中国气象局提出了加强气象文化建设，2003 年中国气象局印发《中国气象文化建设纲要》，2012 年印发《中共中国气象局党组关于推进气象文化发展的意见》。

二是几个具有世界影响力的标志性事件极大彰显了气象文化的魅力。2016 年，“二十四节气”被列入联合国教科文组织人类非物质文化遗产代表作名录。2022 年，北京冬奥会开幕式倒计时以中国二十四节气推进，最后一秒留给立春，点火将最后一棒火炬嵌入雪花中央。2023 年，杭州亚运会开幕日选在了二十四节气秋分之日，呈现了水墨入诗画、烟雨染江南的唯美画卷。

三是二十四节气受到高度关注，组建气象文化研究平台。2019 年，中国气象局华风气象传媒集团同气象宣传与科普中心共建“中国天气·二十四节气研究院”，推动气象事业融入优秀传统文化传承体系建设，中国气象服务协会正在筹建气象文化技术委员会。

四是国际上发起气象文化特色项目。2019 年联合国气候峰会，联合国气候规划署发起“玩游戏，救地球”倡议。自 2020 年起，谷歌艺术与文化实验室和《联合国气候变化框架公约》发起《地球的心跳》项目。Refik Anadol 利用 IPCC 全球变暖数据，发起《地球核磁共振成像》艺术项目。Olafur Eliasson 2003 年创作《气候计划》。Refik Anadol 通过 AI、机器学习以及气候数据研究了冰川地址和美学构成，发起《冰川之梦》展览项目。

五是我国媒体制作播放了系列有影响力的气象文化作品。包括专题片《中国二十四节气》《中国好时节》《四季中国》《节气：四季的交响》、纪录片《24 节气生活》《节气：时间里的中国智慧》《国之大雅——24 节气》《聆听24节气之声》《大美中国 · 家国清明》、微纪录片《节气里的大美中国》、“中国节气”系列节目《春分》《秋分》《冬至》等、“奇妙游”国风系列节目《节气畅游记》《乘风2024》《清明奇妙游》《端午奇妙游》《中秋奇妙游》等。

六是各地探索气象文化创意产品和服务。如：福建省发布了“福袋”+萌宠“天气宝宝”的福建气象IP“福天天”，衍生出具有福建特色的“福天、福地、福山、福水、福气”的“气候五福”。江苏推出“天气的味道”——气象科普移动甜品站，将天气符号、预警信号等气象知识与甜品、饮品等美食相结合，增添DIY环节，既可动手做又可动口尝，还配有预警信号手册。江西省创立“奇象风云”品牌，推出“奇小象”数字卡通形象，打造“奇象风云甄选”“奇象风云旅游”等直播平台，推荐江西好山好水和优质农副特色产品。

气象文化发展还存在的问题主要有三个方面。一是气象文化发展出现了许多亮点，但气象文化经济发展尚属起步，还未形成产业规模和系统化推进发展格局。二是气象文化发展目前仍以政府推动为主，产业化和市场化严重不足，尚未形成创新活跃的气象文化相关企业和市场主体。三是气象文化发展目前仍以气象系统和新闻宣传推进为主，气象文化的经济价值和为产业和区域发展赋能的作用尚未得到真正释放，有待形成气象文化的全社会影响力和强大推进合作。

（二）气象科普教育发展现状与问题分析

气象科普教育备受重视，主要进展有以下几方面。一是气象科普顶层设计日趋完善，气象科普社会化格局初步形成。《中华人民共和国气象法》中要求将气象科普教育作为气象服务重要工作之一，2018年印发了《气象科普发展规划（2019—2025年）》，2019年中国气象局与科技部联合印发《国家气象科普基地管理办法》，2023年中国气象局办公室印发《气象科普宣传教育高质量发展行动计划（2023—2025年）》，以加深公众对气象科学的了解和认识，提升他们的科学素养，同时重点加大气象科普教育的力度。应致力于推动气象科普活动向更广泛的社会领域、更专业的方向发展，并努力打造具有影响力的气象科普品牌。将气象科普纳入全民科学素质行动计划纲要，融入国家科普发展体系，“政府推动、部门协作、社会参与”的社会化格局基本建立。中国气象局与中国科协签订战略合作协议，联合相关部委和地方党委宣传部建立气象灾害防御科普宣传机制，将气象科普融入国家科技、文化、卫生“三下乡”等活动。中国气象服务协会系统推进气象研学发展，积极探索政府主导的气象科普社会化机制。组建中国气象服务协会气象研学专业委员会，遴选推进气象研学旅行营地建设，与高途联合推出气象研学产品“风语乐途”等，气象科普载体不断创新。600余家社团与百度、腾讯、新浪等大型互联网企业积极参与气象科普工作。

二是推进全国气象科普教育基地、校园气象站和气象科普馆体系建设。截至2023年底，国家级别的气象科普教育场所已达到461处，包括由中宣部、科技部、教育部和中国科协共同认定的“全国青少年科技教育基地”共17处，中国科协单独认定的“全国科普教育基地”有44处，教育部单独认定的“全国中小学生研学实践教育基地”11处，以及中国气象局与科技部联合认定的“国家气象科普基地”16处。这些基地对于传播和普及气象知识、提升公众气象科学素养具有重要意义。20世纪30年代，我国著名的气象学家竺可桢先生便开始积极倡导气象站进校园，新中国成立后特别是改革开放后校园气象站如雨后春笋般建立，2014年，全国已建立校园气象站1150个。近年来，校园气象站再度兴起，建设示范校园气象站145个，打造全国中小学气象科技活动联盟，根据需求导向探索推进校园精细化气象科普分层教育模式。国家级“1+N”特色气象科普示范场馆矩阵初步建成。“1”是指中国气象科技展馆，“N”是指国家级单位结合自身特色建设具备科普功能的展示空间。各地建设了众多特色鲜明、主题丰富的气象科普馆。全国已建成“国家—省—市—县—乡”五级实体气象科普场馆体系。

三是形成线上线下气象科普全宣传矩阵。建成中国气象科普网、中国气象网（科普频道）、中国天气网等宣传平台，以及中国天气频道、《农业气象》等气象节目，推出“抖音达人团谈气象局”“名家讲科普”“大运有晴天”“俗话节气”等专栏，《气象知识》杂志、《中国气象报》、中国天气频道以及气象出版书籍等深度融入气象服务和气象科普业务，科普图书、动画、微视频、图解、漫画、H5、游戏、课件、VR、AR等传统媒体和新媒体科普产品融合发展，有效提升了气象科普的社会覆盖面。举办全国气象短视频发展论坛暨第四届全国气象短视频创作观摩活动和首届“名家讲科普”活动、全国气象科普讲解大赛等。通过气象开放日、气象科普讲座、在线科普平台等多种方式，活跃气象科普的社会氛围。

四是围绕重大战略需求和重大专项开展气候变化科普。利用世界气象日、科技活动周、全国防灾减灾日、科技工作者日等关键时期，开展一系列具有全国影响力的气象科普主题活动。围绕国家碳达峰碳中和重大战略，多渠道加强气候变化科普，提升重点人群气候变化科学知识水平。组建碳达峰、碳中和科普产品研发小组，持续创作气候变化、生态文明主题科普作品。面向社会公众，制作《气候变化中的海洋》《如果气温上升 1.5℃，地球会怎样》等科普视频；邀请专家学者出版发行《碳达峰、碳中和 100 问》等科普丛书；面向政府管理人员和科研工作者，组织气候变化专家进机关进校园做科普宣讲，开展 IPCC 评估报告解读、媒体访谈、发表《人民日报》署名文章等活动。以中华人民共和国成立 70 周年、澳门回归 20 周年、风云四号气象卫星发射、G20 峰会、北京冬奥会和冬残奥会等重大活动气象服务保障为契机，扩大气象科普影响力。《冬奥气象 100 问》科普视频平均观看量超百万次/集；与腾讯公司合作策划“微信开机画面变脸，庆祝风云四号交付”主题活动，将微信启动页替换成风云四号全圆盘影像图，相关科普文章被 200 余家网站报道或转载，新媒体平台原创稿件被近千个新媒体平台转发。

五是打造气象科普创作精品、面向重点人群举办有针对性的气象科普活动。《气候变化与粮食安全》获得第 28 届电影金鸡奖最佳科教片奖。《变暖的地球》获得第 15 届华表奖最佳科教片奖。中国气象局系列形象宣传片《有你陪伴的日子》实现五大国际奖项大满贯。《气象知识》杂志入选 2020 年度“中国优秀科普期刊目录”及“庆祝中华人民共和国成立 70 周年精品期刊展”。《中国气象百科全书》（全书共六卷）获中华优秀出版物奖图书提名奖。《图个明白　画说气象Ⅱ》《我们的天气丛书》等获评全国优秀科普作品。《走进智慧气象》《寒潮那些事儿》等获评全国优秀科普微视频作品。《一眼万米，从星辰到大海》被 200 多家媒体转载，《中国日报》翻译为英文版后登录海外媒体平台国际传播。面向青少年举办全国青少年气象夏令营、宝贝报（画）天气、小小减灾官、校园气象科普嘉年华等活动，开发共享校园气象课程。面向农民持续举办“气象科技下乡活动”和“流动气象科普万里行”活动，充

分发挥气象助力精准脱贫、乡村振兴的作用。广西壮族自治区气象局开展气象山歌特色科普活动宣传践行民族团结进步。面向领导干部和公务员，通过多平台开办领导干部和公务员科学素质培训课程，举办气象服务创意竞赛，开展IPCC宣讲；制播中组部全国党员干部远程教育《气象万千》节目影片330部，其中16部在全国党员教育电视片观摩交流活动中获奖。

六是气象科普人才队伍不断壮大。中国气象局推进建立气象科普业务和管理人才激励机制，将气象科普人才培养纳入人才工程计划，开展高层次气象科普队伍培养工程，组建高层次气象科普专家团队，制定《气象科普专家管理办法（试行）》，鼓励科研、业务人员从事科普作品创作和产品研发，全国专职从事气象宣传科普人员近400人，兼职4260余人。组建气象科学传播队伍，已有气象学、气候与气候变化、卫星气象、气象防灾减灾等科学传播专家团队。气象科技活动周开展以来，走进1732个社区、2249个乡镇和2197所学校，开放科研院所、试验基地、科普基地1493个，组织科学报告会977场，在全国各地共计开展科普活动1957项，为农牧民提供科技服务7421次，参与公众逾500万人次。全国气象部门年均出版发行气象科普图书超过100万册，发表气象科普文章近2万篇，制播气象科普教育片超过1000部。

气象科普教育发展存在的主要问题有以下几方面。一是对气象科普工作的意义和价值的认识需要进一步提升，特别是对气象科普的经济价值目前重视严重不足，需要真正把气象科学普及与气象业务科研服务放到同等重要的位置，实现气象科普工作由“软任务”向“硬措施”转变。二是现代化气象科普体系不够完善，气象科普主要由政府部门推动，缺乏采用市场化和社会化方式激发气象科普的机制，产业化和市场化严重不足，尚未形成创新活跃的气象文化相关企业和市场主体，亟待优化社会广泛参与、部门充分联动、业务运行顺畅、开放合作高效、组织管理科学的气象科普格局；气象科普相应管理制度不健全，气象科普创新动力欠缺，常态化的人才培养和激励举措缺乏，气象科学普及经费难以得到稳定保障。三是适应新时代新需求的高质量科普供给不足，科技人员参与科普的比例不高，科研成果转化为科普产品的数量较少，气象科普基础研究和理论研究支撑不够，科普对成果转化的促进作用没有发挥。四是精准化的气象科普服务能力有待提升，有针对性的气象科普宣传不够，公众对气象科学的认识有盲区，领导干部应用气象科学开展防灾减灾工作的知识储备不足；气象科普不够深入浅出、形象生动；气象科普形式不够丰富。有待形成气象文化的全社会影响力和强大推进合作。

三　发展展望和决策建议

（一）加快推进气象文化和气象文化经济发展的对策建议

一是深化对气象文化重要意义的认识，强化顶层设计系统推进。贯彻落实中国气象局《2024 年气象文化建设行动方案》，系统推进气象文化传承、弘扬、培植、传播四项行动的推动。研究编制“十五五”气象文化建设方案时建议拓展气象文化内涵，将深入挖掘气象文化与生态文明建设、优秀传统文化传承弘扬、提升艺术审美、健康、生活美学等丰富内容，推进大气象文化体系建设。

二是加强对气象文化的深入研究，建设气象文化协同创新平台。建议在中国气象局设立气象文化建设相关软科学课题，争取在国家自然和社科基金中设立相关项目，对气象文化开展深入系统研究。推进在中国气象服务协会建立气象文化技术委员会，集聚多学科交叉协同创新的气象文化研究队伍，全面系统深度挖掘气象文化，为中国式现代化和高质量发展提供丰富的气象文化资源宝库和智慧。集聚气象文化相关企业，形成推动气象文化经济协同创新联盟。

三是重视发展气象文化经济，推进气象文化赋能高质量发展。在注重气象文化事业发展基础上，重视以市场化产业化思路加快发展气象文化经济，并加快推进气象文化赋能产业和区域高质量发展。引导开发富有气象文化内涵特色的音乐、影视、游戏、动漫、演艺、活动等各类节目和产品，形成具有标志性引领性的气象文化产品。加强气象文创产品设计研发，挖掘打造有影响的特色气象文化 IP。推进气象文化赋能食品、服饰等关系密切的产业，创意推出独具气象文化魅力的创意产品。鼓励引导气象文化资源丰富和有特色的地区深度挖掘气象文化和赋能区域高质量发展，探索建设试点示范。

四是加强气象文化宣传推广，提升对气象文化价值的认识。在电视台策划举办“气象万千、风云际会——气象文化大会”、组织气象文化论坛和创新创

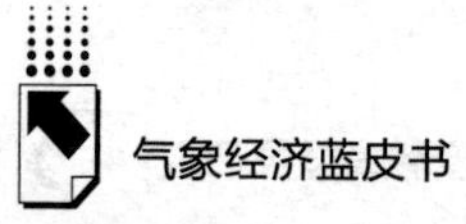

意创业竞赛等活动，出版与气象文化相关的书籍，并利用新媒体和自媒体渠道扩大宣传力度，从而增强气象文化的社会影响力。整合气象文化资源，构建数字气象文化平台，加速气象媒体的融合发展，积极拓展新媒体业务，并举办气象文化短视频竞赛等活动。

五是传承弘扬气象精神、加强气象文化遗产保护利用。弘扬气象领域的红色传统和独特文化，与文化遗产保护机构携手，共同推进气象文化财产的保护行动。弘扬新时代气象科学家精神，开展多形式、多载体的宣传教育活动。积极开展百年气象站的认证工作，讲述这些历史悠久的气象站背后的故事，深入挖掘和整理台站的重要历史事件以及其独特的气候特征，并加强对这些信息的宣传。组织气象科学家和大国工匠进入校园，向全国气象机构征集杰出人物的事迹。进一步深化气象文化的交流，展示中国现代化进程中气象领域的国际传播案例。

六是完善创新体制机制，形成气象文化发展强大合力。发挥国家气象部门的统筹引领作用，与相关国家部门合作推进“气象文化+”，发挥地方政府挖掘和统筹整合各地气象文化的作用，充分发挥中国气象服务协会调动整合社会各方面资源和力量的平台作用，与相关领域头部企业和机构合作推动标志性气象文化项目，形成强大合力。

（二）推进气象科普教育与产业化发展的政策建议

一是加强气象科普宣传。加大宣传力度、拓宽宣传途径和创新宣传方式，提高公众对气象科普的认知，提高全民气象科学素质。继续深化实施气象科普活动提升工程，将世界气象日、气象科技活动周和全国科普日气象主题活动等打造成为公众认可、社会满意的全国性气象科普品牌活动。继续实施专题气象科普活动提升工程，创新“气象防灾减灾宣传志愿者中国行”活动，促进有条件的学校学生社团增加气象类实践活动，探索开展气象观测志愿者活动。拓展与主流社会媒体传播渠道合作，进一步将“直击天气”、“绿镜头·发现中国”和“应对气候变化·记录中国”等品牌活动打造成名牌。

二是创新机制统筹整合气象科普资源。树立和强化气象科普成果也是科技创新成果的理念，将气象科普纳入国家气象现代化业务体系，创新推进国家、省、市、县四级气象科普业务体系建设，创新推进建立气象科普资源共建共享机制，保护科普作品、产品知识产权，形成气象科普资源汇聚和分享的新格局新机制。开展重点领域气象科技创新和气候变化成果的科普作品创作，进一步发挥科普对于科技成果转化的促进作用。将气象科普纳入各级气象科技计划项目、重大工程项目、专项任务以及气象标准规范建设、气象教育培训中，并在科技成果评价和科技人才评价中增加科普工作要求。进一步充分发挥科研院所、实验室、野外科学试验基地和气象台等载体的科普功能，鼓励更多气象科研人员经常性参加科普活动。

三是创新推进气象科普产业化发展。探索气象科普市场化运作模式，鼓励引导企业参与气象科普产品的研发、生产和推广，逐步形成气象科普产业链，推动气象科普产业发展。在保持气象科普公益性为主基础上，创新引入市场运作机制，针对不同的受众，探索分级分类的新时代气象科普服务体系，打造特色的气象科普品牌。探索开创气象科普教育等产业市场，创新产业业务模式，构建产业链生态，创建产业生态链联盟，打造市场化服务平台，集聚生态产业链中优质的生态产品、服务产品，整合相关资源和服务，整合相关资源打造气象科普研学等生态产业链，完善产业链保障服务体系。

四是鼓励发展气象研学旅行，发挥气象系统独特优势构建科普研学旅行平台。鼓励引导发展气象研学旅行，传播气象科学知识、推广气象科学技术，并完善相关配套服务。积极推进建设一批与气象研学旅行规模相适应的特色课程、教学场地、设施和器材，并配有研学导师、整套研学线路且能承担研学期间各项服务的气象研学旅行营地，鼓励组织开发一批气象研学精品课程和精品研学线路。发挥气象系统国家、省、市、县四级一体化的系统优势，发挥气象科普研学的平台作用，整合与旅游景区、科普场馆、文化场所、红色教育、实践基地等相关的资源，形成气象研学基地和路线。鼓励引导发展气象研学旅行推广机构，加快建设专业化气象研学旅行导师队伍，发挥协会对气象研学旅行的监督管理作用。实施校园气象科普活动提升工程，把校园气象站建设与学校气象科技教育相结合，创造性地开展校园气象科普嘉年华、气象知识竞赛、宝贝报天气、小小减灾官全国科普大赛、气象研学等活动。组建气象科技教育联盟，形成针对不同年龄段的校园气象科普体系和气象科技教育解决方案。

五是创新科普形式、完善气象科普体系。推动和支持各级气象部门在地方博物馆、科技馆、展览馆或其他公共文化场馆中建设气象科普展区以及气象科普公园、气象防灾减灾示范社区和气象科普示范村。在国家、省、市、县层面上，因地制宜、创新思路、精准分类、突出特点、高标准规范建设气象科普实体场馆，逐步形成多样化、特色化的气象科普场馆体系。探索“气象部门建设、地方政府管理”的气象科普基地社会化发展新模式。设立气象科普基金，加强支持气象科普项目研发实施，推进将气象科普纳入中小学教育课程。利用大型网站和网络社交平台，创新气象科普内容、方式、表现力、互动性、娱乐性、服务性、实用性，持续优化气象灾害预警服务，创新提供与健康、居家生活、饮食、旅行等相关的气象服务。创新拓宽移动互联网传播渠道，实现气象科普内容一次创作、多次开发，全媒体展示、多渠道分发，作为气象科普内容传播的策略，激励气象科研成果转化为科普产品，吸引文学、艺术、教育、传媒等领域的专业人士参与，共同丰富气象科普作品的创作。通过这种方式，我们可以不断推出原创且高质量的气象科普作品。倡导媒体、广告等社会行业及各类组织加大对气象科学知识、重大科研成果以及热点事件和人物的宣传力度，以此增强气象科普的品牌影响力和传播效果。

六是促进“互联网+”气象科普发展。以气象科普信息化建设为核心，带动气象科普理念、内容创作、表达方式、传播方式、运行机制、服务模式、业务平台等全面创新，依托大数据、云计算、移动互联网等，洞察和感知公众气象科普需求，创新气象科普精准、定向、定制服务模式。运用新技术完善气象宣传科普业务系统，建设众创、众包、众扶、众筹、众享的气象科普生态圈。气象是信息科技课程优质案例，气象科技包含“互联网、智能传感、物联网、云计算、大数据、人工智能、大模型”等现代信息技术发展成果，能够融入“编程、数据统计、数学建模”等各类信息技能，是集成各类信息科技教育的绝佳载体。充分发挥气象与学生生活联系紧密的优势，广泛挖掘气象领域科技成果转化为课程，开发典型应用案例、教学数据包、教材模块和系列特色课程。以教育信息化建设为主线，积极探索在新课标理念下气象信息技术与信息科技课程整合的教学方案，将气象元素有机融入信息科技课程中。

参考文献

宛霞：《开展气象文化传承、弘扬、培植、传播四项行动》，《中国气象报》2024 年

4 月 11 日。

张娟:《“中国天气・二十四节气研究院”成立》,《声屏世界・广告人》2019 年第8 期。

王若嘉:《传播气象好声音　提升公众科学素养》,《中国气象报》2022 年 10 月 26 日。

赵真真:《农业防灾减灾中气象科普宣传的作用与策略》,《农业灾害研究》2023 年第 4 期。

简菊芳:《气象科普发展规划发布》,《中国气象报》2019 年 1 月 4 日。

B.16 气候旅游产业发展实践与思考

吴 普 杨晓燕 李长顺*

摘 要： 在全球气候变化与旅游高质量发展的趋势下，气候旅游日益成为满足多样化旅游需求的热点。从产业发展视角，本文系统描绘气候旅游与气候旅游产业发展的内涵与全景，分析气候旅游产业发展现状，厘清气候旅游发展的瓶颈与问题，为助力气候旅游的可持续发展，从供需驱动、链群驱动、新质驱动、多元驱动、战略驱动和顶层统筹出发，为我国气候旅游产业的孕育和发展护航，助力气候旅游产业的战略新发展，为支撑我国气候旅游产业的前瞻性布局提供对策建议。

关键词： 气候旅游 气候旅游产业 新质生产力 交叉融合

引 言

自然气候的区域性、海拔性与季节性的差异和变化，形成丰富多样的自然气候资源，避暑避寒避霾健康游、海洋冰雪经纬游、赏百花观候鸟踏春游、赏红叶摘时果秋收游、跨气候区的自驾游等成为气候旅游热点。中国传统气候文化底蕴深厚，气候农耕文明与气候生活嵌入民众的日常生活中，2016 年 11 月，二十四节气文化被列入联合国教科文组织人类非物质文化遗产代表作名录，标志着中国传统气候文化获得国际认可，同时，传统气候文化的传承与活

* 吴普，博士，中国旅游研究院（文化和旅游部数据中心）战略所所长，研究员，主要研究方向为气候旅游、避暑旅游；杨晓燕，博士，闽江学院副教授，中国科学院地理科学与资源研究所博士后，主要研究方向为气候旅游、气象旅游；李长顺，博士，福建省气象服务中心，高级工程师，硕士生导师，主要研究方向生态旅游气象服务。

化，日益成为旅游高质量发展研究与实践的焦点①②。

2015年11月，习近平参加巴黎气候大会，发表《携手构建合作共赢、公平合理的气候变化治理机制》重要讲话，引领中国积极参与全球气候治理③。2020年9月，习近平在第75届联合国大会上宣布，力争2030年前二氧化碳排放达到峰值，努力争取2060年前实现碳中和目标④。2020年12月，习近平在气候雄心峰会上倡议开创合作共赢的气候治理新局面，形成各尽所能的气候治理新体系，坚持绿色复苏的气候治理新思路，宣布中国将自主贡献一系列新举措。中国应对全球气候变化的行动与实践，引领气候旅游跳出传统发展路径，探索与国家战略协同发展的新方向⑤。

为此，本文立足交叉融合视角，在中国式现代化高速发展过程中，厘清气候旅游产业发展现状，梳理当前存在的问题，提出气候旅游产业高质量发展的展望与对策。培育气候旅游新质生产力，引领中国特色气候旅游产业不断迭代升级，谱写中国特色气候文明篇章，为应对全球气候变化和建构人类气候命运共同体，提供中国方案与中国智慧。

一　气候旅游与气候旅游产业

（一）气候旅游与气候旅游产业

1. 气候旅游

气候旅游植根于特定区域的气候资源、气候文化、气候技术、气候数据、气候智慧、气候政策、人类的气候行为与气候行动。气候旅游的发展奠基于旅游的高质量发展，更孕育于产业交融互动创新发展的重要历史契机，以气候旅游产业交叉融合创新、供需协同发展、产业体系建构、数字智慧迭代等，激活和培育气候旅游新质生产力，满足新时代国家战略发展和全球协同繁荣的多重需求（见图1）。

① 刘宗迪：《二十四节气制度的历史及其现代传承》，《文化遗产》2017年第2期，第12~14页。
② 周红：《二十四节气民俗文化特征》，《沈阳师范大学学报》（社会科学版）2015年第3期，第145~147页。
③ 习近平：《携手构建合作共赢、公平合理的气候变化治理机制》，《人民日报》2015年12月1日。
④ 倪斌：《国家“双碳”战略的思考与实践》，《上海节能》2021年第9期，第930~937页。
⑤ 阮云志、涂丹丹：《气候雄心峰会彰显全球雄心》，《生态经济》2021年第2期，第1~4页。

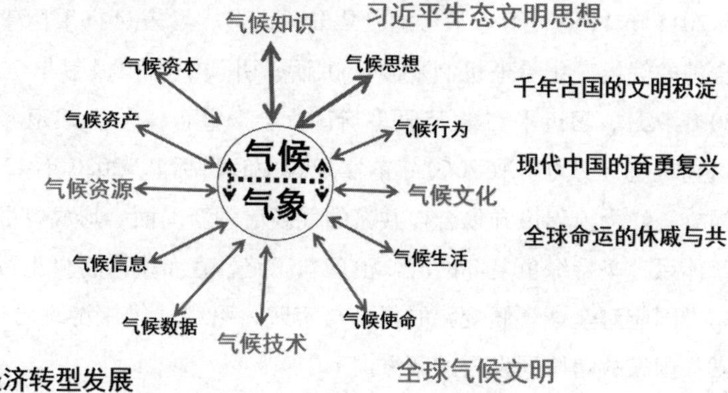

图1　气候旅游植根于中国气候文明的纵深发展

资料来源：研究团队绘制，下同。

2. 气候旅游产业

气候旅游产业是气象产业、旅游产业和国民经济中多元化的产业交叉互动所形成的产业体系，是气候经济同气候产业与旅游产业深度融合发展的产物，更是社会发展不断深化与国家和区域发展战略协同推进的结果。

气候旅游产业的发展涵盖“一二三”产业在气候旅游领域的行业内和跨行业协同发展，也涉及产业链条的“增链、补链、串链”式发展，助力气候旅游产业链条的不断延伸与壮大①，助力“高科技、高效能和高质量”的气候旅游新质生产力的孕育与转型升级，系统推进气候旅游产业孕育、萌发与高质量发展，激活旅游新业态创新，引领中国气候经济新发展。

（二）气候旅游产业链

1. 气候旅游产业链全景

气候旅游产业链包含气候旅游资源端、气候旅游渠道端和气候旅游消费端等相关领域，产业链条尚处于初步建构阶段，参与的市场主体在不断探索和逐步进入。

① 张功让、王伟伟：《论旅游产业链的构建与整合》，《商业时代》2010年第20期，第115～116页。

（1）上游气候旅游资源端。包含传统气候旅游交通（飞机、高铁、航运、公路、自驾、租车等）、气候旅游住宿（酒店、度假村、民宿和客栈等）、气候旅游景区景点（自然性气候旅游景区景点和人文性气候旅游景区景点等）、气候旅游餐饮（气候旅游美食、餐饮、酒水、饮品等）。

（2）中游气候旅游渠道端。包含传统线下渠道如气候旅游相关的旅行社和地接社，新兴线上渠道如 OTA 平台、自媒体平台等。

（3）下游气候旅游消费端。包含气候旅游的企业客户、气候旅游商旅客户、气候旅游团队客户和气候旅游自由行客户等，同时也包含不同偏好需求和不同年龄特征的气候旅游消费群体（见图 2）。

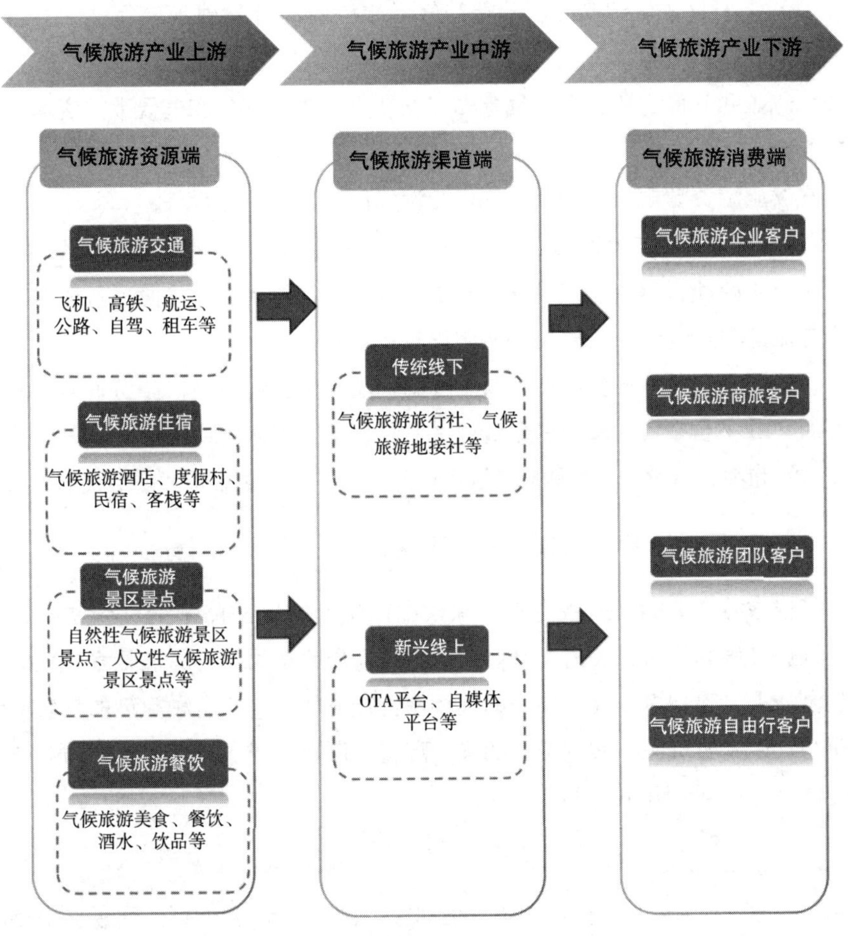

图 2　气候旅游产业链全景示意

2. 气候旅游资源产业链

气候旅游区别于传统旅游是由气候旅游资源作为核心旅游吸引物的特质决定的。气候旅游资源是气象和气候自然资源、气象和气候国土资源、气象和气候产业资源、气象和气候文化资源等与旅游相结合，拥有一定的品质与基础，从而能被旅游产业开发和利用的资源。因此，气候旅游产业链的上游是气象和气候资源端与旅游资源端的有机衔接，也是气候旅游高质量发展的前提基础。

气候旅游资源产业链包含上游气候旅游资源基础端和气候旅游资源开发建设端，中游气候旅游资源项目运营端，下游气候旅游资源产品与服务销售端（见图 3）。

（1）上游气候旅游资源基础端和气候旅游资源开发建设端。其中气候旅游资源基础包括气象和气候自然资源、气象和气候国土资源、气象和气候产业资源、气象和气候文化资源、气象和气候技术资源、气象和气候数据资源、应对气候变化的实践资源等。气候旅游资源开发建设端主要包括气候旅游资源开发、气候旅游资源规划与设计、气候旅游资源开发项目建设等。

（2）中游气候旅游资源项目运营端。主要包括气候避暑旅游项目运营、气候避寒旅游项目运营、气候冰雪旅游项目运营、气候研学旅游项目运营、气候康养旅游项目运营、气候度假旅游项目运营等。

（3）下游气候旅游资源产品与服务销售端。主要包括气候旅游资源产品与服务的 B2B 平台销售、B2C 平台销售、平台直销、媒体营销等，针对气候旅游消费偏好和细分市场，对气候旅游资源产品和服务进行多渠道和多形式的销售。

（三）气候旅游产业发展的时代意义

气候旅游产业的发展将有利于探索中国生态文明战略下的气候文明新方向，推进气候和旅游相关的交叉要素融合与新质生产力培育，满足多样化的气候旅游需求，建构多维度多层次的气候旅游产业体系，将各种类型的气候资源转化为气候旅游资源，实现资源的优化配置，深化气候旅游跨界融合与多产融合发展（见图 4、图 5、图 6）。[①]

① 刘英基、韩元军：《要素结构变动、制度环境与旅游经济高质量发展》，《旅游学刊》2020 年第 3 期，第 28~38 页。

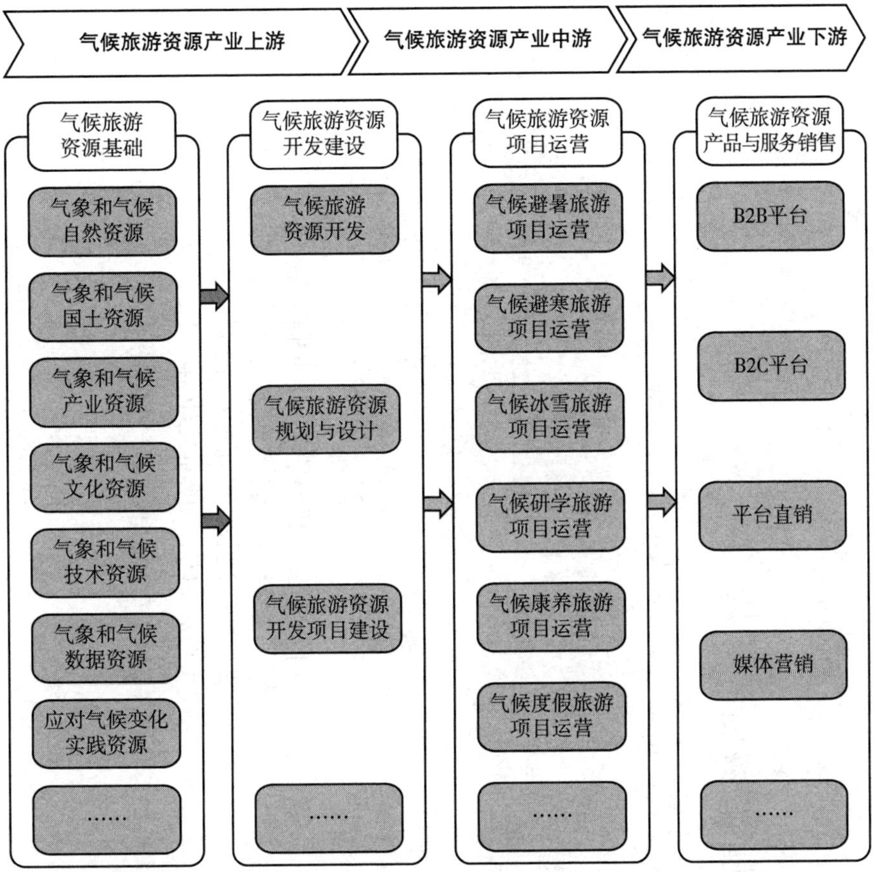

气候旅游资源产业上游	气候旅游资源产业中游		气候旅游资源产业下游
气候旅游资源基础	气候旅游资源开发建设	气候旅游资源项目运营	气候旅游资源产品与服务销售
气象和气候自然资源	气候旅游资源开发	气候避暑旅游项目运营	B2B平台
气象和气候国土资源	气候旅游资源规划与设计	气候避寒旅游项目运营	B2C平台
气象和气候产业资源	气候旅游资源开发项目建设	气候冰雪旅游项目运营	平台直销
气象和气候文化资源	……	气候研学旅游项目运营	媒体营销
气象和气候技术资源		气候康养旅游项目运营	……
气象和气候数据资源		气候度假旅游项目运营	
应对气候变化实践资源		……	
……			

图3　气候旅游资源产业链

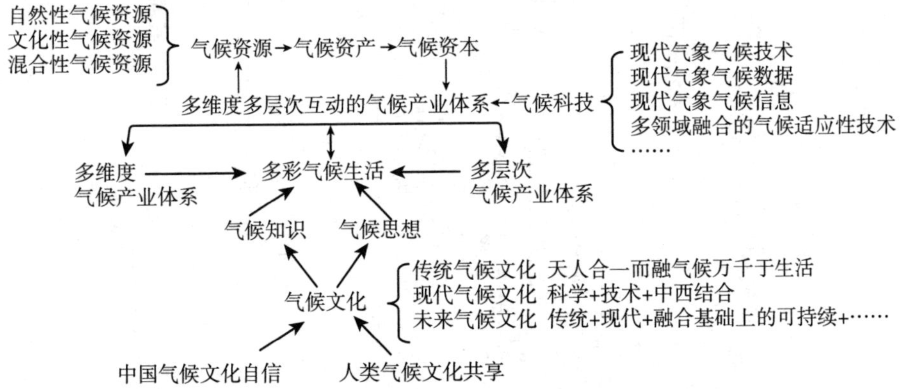

图4　气候旅游产业植根于多维度多层次互动的气候产业体系

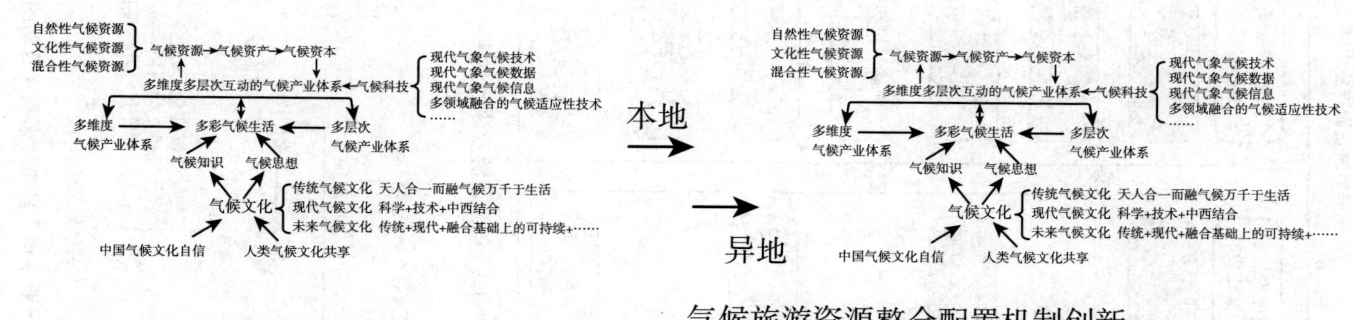

图 5 气候旅游驱动产业交叉融合创新建构新的气候旅游产业体系

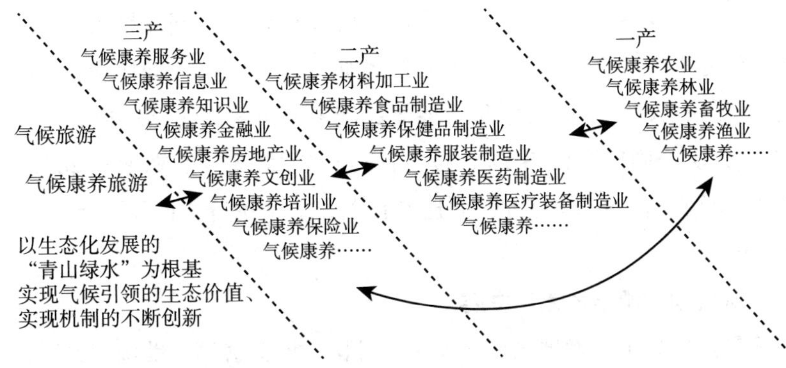

图6　气候旅游促进一、二、三产业交融发展

二　气候旅游产业发展现状

（一）气候旅游产业整体呈增势发展

1. 全球气候旅游市场潜力大

全球旅游市场处于快速增长周期，气候旅游市场规模潜力较大。《2024世界旅游经济趋势报告》数据显示，2023年全球旅游恢复至2019年的九成左右。2023年全球旅游总人次达126.73亿，同比增长41.6%，恢复至2019年的87.4%；全球旅游总收入达5.54万亿美元，同比增长21.5%，恢复至2019年的94.8%。[①] 全球旅游业有望形成国内旅游、国际旅游双增长格局，总体营收规模将突破2019年高值，超越历史最高水平。全球旅游业正在进入中长期的增长周期，将成为拉动全球经济增长的重要动力，也为全球气候旅游市场的发展奠定规模优势。[②]

2. 国内气候旅游市场走势强

国内气候旅游市场增势走强，为气候旅游市场的发展奠定了基础。2023

① 魏彪：《〈2024世界旅游经济趋势报告〉：今年全球旅游业营收或将创新高》，《中国旅游报》2024年4月26日。

② 张岩：《中国旅游业的复苏有望提振全球经济增长》，《中国对外贸易》2023年第6期，第78~80页。

年，国内出游人次 48.91 亿，比上年同期增加 23.61 亿，同比增长 93.2%。国内游客出游总花费 4.91 万亿元，比上年增加 2.87 万亿元，同比增长 140.7%。2024 年“五一”假期，据文化和旅游部数据中心测算，全国国内旅游出游合计 2.95 亿人次，同比增长 7.6%，按可比口径较 2019 年同期增长 28.2%；国内游客出游总花费 1668.9 亿元，同比增长 12.7%，按可比口径较 2019 年同期增长 13.5%。

3. 区域气候旅游市场差异发展

国际气候旅游市场发展区域多集中于韩国、欧洲各国、美国、泰国、地中海和各种岛屿地区等（见图 7），是全球气候旅游发展较为突出的地区，游客多被其区域气候旅游资源特色所吸引。我国气候旅游市场呈现区域发展差异，多集中于中西部和南部地区。① 云南、贵州、新疆、西藏、重庆、江西、湖南、海南、福建等地的气候旅游发展被关注度较高，是气候旅游发展较为突出的地区。②③

（二）气候旅游典型市场特色发展

1. 气候避暑旅游

2022~2023 年，我国气候避暑旅游市场中高纬度避暑，如黑龙江省、吉林省、内蒙古自治区等地，夏季避暑旅游高速增长（见表 1）；山地气候避暑游，如贵州省，夏季避暑游订单同比增长超 50%以上（见表 2），六盘水市 5~7 月，过夜游客量达到 147.12 万人次，同比增长 22%以上。滨海、滨水和峡谷气候避暑旅游市场亦呈现火爆场景，如山东青岛崂山区的石老人海水浴场，夏季日游客量可达到 8 万人次以上；辽宁老虎滩海洋公园日游客量可达 2 万人次；湖北恩施大峡谷避暑旅游日游客量亦可以突破 2 万人次；广州和海南等地滨水景区景点的日游客量在夏季避暑期飙升，日游客量多突破 2.5 万人次（见表 3）。

---

① 吴普、周志斌、慕建利：《避暑旅游指数概念模型及评价指标体系构建》，《人文地理》2014 年第 3 期，第 128~134 页。

② 陈慧、闫业超、岳书平等：《中国避暑型气候的地域类型及其时空分布特征》，《地理科学进展》2015 年第 2 期，第 175~184 页。

③ 杨俊、张永恒、席建超：《中国避暑旅游基地适宜性综合评价研究》，《资源科学》2016 年第 12 期，第 2210~2220 页。

图 7　全球气候旅游地区关键词

表 1　气候旅游区域市场规模与趋势——高纬度气候避暑旅游

年份	地区	气候旅游市场规模与趋势	气候旅游类型	市场规模方向
2023 年	黑龙江省	黑龙江省文化和旅游厅数据显示，黑龙江省夏季避暑旅游“百日行动”自 6 月 20 日启动实施以来，全省夏季旅游实现了快速增长、强劲上升。6 月份，全省接待游客 1450.42 万人次，同比增长 1.2%；旅游收入 106.75 亿元，同比增长 63.4%。7 月份，全省接待游客 2001.8 万人次，同比增长 16.4%；旅游收入 147.33 亿元，同比增长 88%。在旅游业快速增长的牵动下，上半年，全省社消零增速 9.6%，增速居全国第六位，为近年来最高水平	气候避暑旅游	↑

续表

年份	地区	气候旅游市场规模与趋势	气候旅游类型	市场规模方向
2023 年	吉林省	据文旅部数据中心测算，2023 年 7~8 月暑期，吉林省接待国内游客 7899.42 万人次，同比增长 167.19%，较 2019 年同期增长 53.36%；实现国内旅游收入 1335.58 亿元，同比增长 235.94%，较 2019 年同期增长 29.14%。近年来，依托特色资源优势，吉林省对标“万亿级”旅游产业目标，以持续举办消夏避暑全民休闲季为牵引，深耕避暑市场，打造休闲避暑新体验、新玩法、新场景，“清爽吉林 · 22℃ 的夏天”品牌越叫越响，“清爽”招牌越擦越亮	气候避暑旅游	↑
2022 年	吉林省	2022 年，随着全国陆续进入高温模式，人们感觉酷暑难耐的时候，长白山却有舒适的“22℃ 的夏天”，吸引了无数游客前来消夏避暑，8 月 6 日的旅游人数再创 2022 年新高。8 月 6 日，长白山碧空如洗，湛蓝的天池清晰可见，全国游客慕名前往。据悉，8 月 6 日，长白山全域旅游接待游客 5.8 万人次，其中长白山主景区接待游客 2.4 万人次，均创 2022 年旅游人数新高，长白山地区酒店满房率达到 95%，主景区也正式开启旅游高峰期限流模式	气候避暑旅游	↑
2023 年	内蒙古自治区	上榜中国“2023 避暑旅游优选地”的呼伦贝尔，迎来了来自世界各地的游客，旅游市场呈现一派繁荣景象。2023 年 7 月 1~8 日，呼伦贝尔机场共保障运输起降 954 架次，完成旅客吞吐量 129374 人次，分别恢复至 2019 年的 136.3%、143.2%。1 月 1 日至 7 月 8 日，共保障运输起降 9800 架次，完成旅客吞吐量 1140382 人次，分别恢复至 2019 年的 113.3%、106%。7 月 8 日，呼伦贝尔机场再次刷新运输生产纪录，单日共保障运输起降 126 架次，完成旅客吞吐量 18061 人次，单日旅客吞吐量成功突破 1.8 万人次	气候避暑旅游	↑

表 2　气候旅游区域市场规模与趋势——山地气候避暑旅游

年份	地区	气候旅游市场规模与趋势	气候旅游类型	市场规模方向
2023 年	贵州省	根据携程数据，进入 7 月以来，贵州省的贵阳、六盘水、安顺三地旅游整体订单量同比分别增长 70%、50%和 81%；三地的避暑类度假产品订单量均呈现倍数级增长，其中贵阳的避暑度假产品订单量同比增长 15 倍	气候避暑旅游	↑
2023 年	贵州省	六盘水市 7、8 月通过铁路到达的旅客平均每天超 2 万人次。根据省公安厅提供的数据，1～7 月全市接待国内过夜游客 316.11 万人次，与 2022 年同期相比增长 20.44%，恢复到 2019 年可比口径的 118.49%。其中，消夏文化避暑旅游季（5 月 1 日至 7 月 31 日）期间，接待国内过夜游客 147.12 万人次，同比增长 22.26%	气候避暑旅游	↑
2023 年	湖北省	7 月 15 日是 2023 年夏入伏以来首个周末，神农架景区游客日接待量超过 3 万人次，带来综合收入近 200 万元	气候避暑旅游	↑
2020 年	湖南省	雪峰山避暑游的客人已达 63 万人次，比 2019 年同期增加 10 万人次，营业额增长 16%以上	气候避暑旅游	↑

表 3　气候旅游区域市场规模与趋势——滨海滨水峡谷气候避暑旅游

年份	地区	气候旅游市场规模与趋势	气候旅游类型	市场规模方向
2023 年	辽宁省	在大连老虎滩海洋公园，从早上 8 点开园，一直到中午，游客一直络绎不绝地往里进。每天游客入园量最高可达 2 万多人，以外地游客为主	气候避暑旅游	↑
2023 年	山东省	在山东青岛崂山区的石老人海水浴场，大批的本地市民和外地游客都会选择来到这里游玩戏水。在夏季高峰期，石老人海水浴场平均每天的客流量可以达到 8 万人次。浴场后台大数据监测，游客的日最高峰达到了将近 9 万人次。进入暑期以来，酒店预订比较火爆，整个假期到现在为止，平均出租率都维持在 90%以上。沿着海岸线往东走，进入崂山风景区，这里凭借独特的自然风光、新兴业态，吸引了大量游客前来度假休闲。7 月以来，日均接待游客约 2 万人次	气候避暑旅游	↑

续表

年份	地区	气候旅游市场规模与趋势	气候旅游类型	市场规模方向
2023 年	湖北省	恩施大峡谷景区游客单日接待量突破 2 万人次，同比 2019 年增长 60%	气候避暑旅游	↑
2022 年	四川省	7 月 9 日下午，九寨沟景区公布当日共接待游客 22435 人次，本年度单日游客首次突破 2 万人次。同样，来自阿坝旅游网的数据显示，黄龙、四姑娘山景区 2022 年单日接待游客也突破 1 万人次	气候避暑旅游	↑
2021 年	广东省	三伏天骄阳似火，广东网红景区有“浪尖上的过山车”之誉的清远古龙峡漂流迎来暑期高峰。7 月 17 日、18 日和 7 月 24 日、25 日暑期两个双休日每天接待游客超过 25000 人次，四天合计接待游客超过 10 万人次，创下了该景区 7 月中下旬的接客历史纪录，同比增长 20%	气候避暑旅游	↑
2017 年	海南省	得益于 2017 年夏舒适凉爽的天气，琼岛“避暑经济”增长明显。海南省旅游委发布数据显示，2017 年 6 月，海南省接待游客总人数达 411 万人次，同比增长 12.9%，旅游总收入同比增长 25.6%。携程旅游发布数据表明，7 月以来，三亚自由行、跟团游预订出行的人数环比增长 55%，预计 2017 年暑期通过其网站报名赴三亚避暑游客将超过 10 万人次	气候避暑旅游	↑

2. 气候避寒旅游

气候避寒旅游市场亦呈快速上涨趋势。2024 年，从目的地来看，飞猪数据显示，春节假日期间，飞猪平台上飞往广东、海南、福建等温暖南方地区过年的“避寒游”，以及飞往黑龙江、吉林、河北等北方地区的“过雪年”最为火爆，预订量同比 2023 年增长 105%。如 2023 年，广西壮族自治区冬季避寒旅游的一周订单增长 15%；2024 年 1 月 25 日，海口美兰国际机场冬季避寒游客量单日高达 10 万人次以上；2023 年元旦期间，云南避寒旅游游客量高达 51 万人次，同比 2022 年增长远超 2999.76%（见表 4）。

表4 气候旅游区域市场规模与趋势——避寒旅游

年份	地区	气候旅游市场规模与趋势	气候旅游类型	市场规模方向
2023年	广西壮族自治区	零售平台美团数据显示，近一周，广西整体旅游订单环比前两周分别增长了10%、15%。广西成为广东游客冬季最爱的旅游目的地之一。除省内游客，来自广州、深圳、佛山等异地城市的游客最多，其次是重庆、成都、贵阳等地	气候避寒旅游	↑
2024	海南省	海口美兰国际机场1月26日消息，该机场已连续10天单日客流量保持9万人次以上，1月25日首次客流量突破10万人次	气候避寒旅游	↑
2023年	海南省	三亚市作为“避寒”首选热门城市，近期订单量和客流量骤增。三亚旅游大数据平台显示，2022年12月31日三亚市进港旅客量为4.34万人次，2023年元旦当天三亚全市经营性住宿设施平均入住率为76.18%。公开数据显示，2023年元旦期间海南的三家机场共执行航班2300余架次，运送旅客近32万人次	气候避寒旅游	↑
2023年	云南省	2023年元旦假期，前往西双版纳的机票预订量同比增长高达71%，增幅全国第一。假期期间，当地接待游客51.01万人次，同比增长2999.76%；旅游总收入3.11亿元，同比增长215.42%。即使和2019年对比，旅游热度的增长也十分明显。2019年元旦小长假期间，西双版纳接待游客21.75万人次，收入1.63亿元。值得注意的是，2019年西双版纳接待游客4853.21万人次。这也意味着，2023年前三季度西双版纳游客总量已经高于2019年整年	气候避寒旅游	↑

3. 气候康养旅游

气候康养旅游多伴生于气候避暑和避寒旅游的发展过程中，随着气候避暑和避寒旅游市场的扩大而不断增长。如2023年，海南保亭黎族苗族自治县气候康养旅游市场飙升，“五一”期间，接待游客量超过13万人次，同比增长超过237%；贵州省黔西南州推进气候康养旅游发展，油菜花期间，万峰林景区气候康养日游客量超过10万人次；湖北利川市系统深化气候康养地产发展，2023年

1~6月，气候康养地产销售商品房近2700套，销售额超过16亿元。同时，气候康养旅游市场亦呈现特色发展。河北承德“温泉+气候康养旅游”发展格局凸显，2023年，接待温泉气候康养游客量超出190万人次，温泉气候康养旅游收入达到16.55亿元（见表5）。

表5　气候旅游区域市场规模与趋势——气候康养旅游

年份	地区	气候旅游市场规模与趋势	气候旅游类型	市场规模方向
2023年	海南省	在刚刚过去的“五一”假期，得益于“大健康+旅游”的深度融合，海南保亭黎族苗族自治县旅游市场呈现“狂飙”状态，接待游客13.41万人次，同比增长236.88%，旅游收入同比增长323.01%	气候康养旅游	↑
2024年	贵州省	黔西南州持续做强“康养胜地、人文兴义”城市品牌，大力发展文化旅游、休闲度假、户外运动等康养产业，成功举办国际山地旅游大会、万峰林马拉松系列赛事等活动，推动“旅游+”多业态协同发展。凭借良好的气候条件、丰富的自然旅游资源和生态康养产业，兴义正吸引越来越多的外地人前来定居。2024年油菜花开季，万峰林景区最高单日游客接待量达10万人次	气候康养旅游	↑
2023年	湖北省	利川市探索“气候+康养”模式，培育宜居乐居旅游地产。实行基础设施政府配套、康养地产企业开发、生态环境共同保护，大力培育纳凉康养地产，建立刺激房地产政策清单和权责清单，科学调配旅游地产、康养地产新增住宅用地供应量，调优小户型商品房结构比例，配套实施下调住房贷款利率、“公积金+商业贷款”组合贷、房地产项目信贷支持等措施，连续五年举办“凉产品交易博览会”展销避暑房，以康养地产引领房地产转型升级，1~6月，销售商品房2682套、面积28.9万平方米，实现销售额16.1亿元	气候康养旅游	↑
2023年	河北省	近两年来，承德围绕构建大旅游格局，坚持以温泉赋能文旅产业发展，深入实施“温泉+”战略，助推文旅产业实现转型升级，打响了“皇家避暑地·热河温泉城”品牌，各项工作取得显著成效。2023年共接待温泉康养游客198.49万人次，实现温泉旅游收入16.55亿元，温泉旅游产业已经成为承德旅游的亮丽名片	气候康养旅游	↑

（三）气候旅游产业区域差异凸显

1. 气候避暑旅游

百度搜索“避暑旅游”关键词数据显示，气候避暑旅游地区多分布于四川、重庆、贵州、九寨沟、东北、承德避暑山庄、北京、广西、河北、成都、张家界、安徽、长白山、昆明、霍山、甘肃、湖南、莫干山、长沙、贵阳、内蒙古、丽江、宜昌、秦皇岛、云南、长岛、天津等地，不仅包括气候避暑旅游需求较为强烈的地区，也包括气候避暑资源优势较好的地区，传统高纬度、山地、滨海等气候避暑资源较为丰富的目的地备受关注（见表6、图8）。

表6 气候避暑旅游地点关键词

序号	单词	词性	次数	条数	词频	TF-IDF
1	四川	地名	350	210	0. 055066079	0. 038938657
2	重庆	地名	93	63	0. 014631844	0. 017927352
3	贵州	地名	54	45	0. 008495909	0. 011627932
4	九寨沟	地名	45	23	0. 007079924	0. 011690352
5	东北	地名	30	27	0. 00471995	0. 007477582
6	四川省	地名	28	28	0. 004405286	0. 00691194
7	承德避暑山庄	地名	26	22	0. 004090623	0. 006830034
8	北京	地名	15	11	0. 002359975	0. 004607207
9	广西	地名	13	13	0. 002045312	0. 003855986
10	河北	地名	12	7	0. 00188798	0. 004018222
11	成都	地名	9	9	0. 001415985	0. 002876444
12	避暑山庄	地名	9	8	0. 001415985	0. 002941236
13	张家界	地名	7	7	0. 001101322	0. 002343963
14	安徽	地名	7	7	0. 001101322	0. 002343963
15	长白山	地名	6	6	0. 00094399	0. 002063855
16	昆明	地名	6	4	0. 00094399	0. 002201798
17	承德	地名	6	6	0. 00094399	0. 002063855
18	霍山	地名	6	6	0. 00094399	0. 002063855
19	甘肃	地名	5	5	0. 000786658	0. 001772543
20	湖南	地名	5	5	0. 000786658	0. 001772543

续表

序号	单词	词性	次数	条数	词频	TF-IDF
21	莫干山	地名	5	5	0.000786658	0.001772543
22	长沙	地名	5	5	0.000786658	0.001772543
23	贵阳	地名	5	5	0.000786658	0.001772543
24	内蒙古	地名	4	4	0.000629327	0.001467866
25	丽江	地名	4	4	0.000629327	0.001467866
26	宜昌	地名	4	3	0.000629327	0.001528854
27	秦皇岛	地名	4	4	0.000629327	0.001467866
28	云南	地名	4	4	0.000629327	0.001467866
29	长岛	地名	4	4	0.000629327	0.001467866
30	天津	地名	4	3	0.000629327	0.001528854

图 8　气候避暑旅游地区关键词词云分布情况

2. 气候避寒旅游

百度搜索“避寒旅游”关键词数据显示，气候避寒旅游地区多分布于贵州、四川、三亚、九寨沟、成都、云南、海南、昆明、广西、西双版纳、湛江、广东、北海、重庆、攀枝花、南昌、杭州、西昌、邛海等地，包括省级、城市级、县级气候避寒旅游地，同时也包括各种景区级避寒旅游地，这些地区逐渐成为关注的焦点（见表7），也揭示了当前气候避寒旅游发展的区域分布差异。

表7　气候避寒旅游地点关键词

序号	单词	词性	次数	条数	词频	TF-IDF
1	贵州	地名	159	71	0. 025815879	0. 029157467
2	四川	地名	101	61	0. 016398766	0. 019586359
3	三亚	地名	59	55	0. 009579477	0. 011864984
4	九寨沟	地名	42	21	0. 006819289	0. 011213291
5	成都	地名	41	41	0. 006656925	0. 009076866
6	云南	地名	34	31	0. 005520377	0. 00817911
7	海南	地名	33	28	0. 005358013	0. 008167614
8	昆明	地名	18	18	0. 002922552	0. 004991772
9	广西	地名	13	12	0. 002110732	0. 003953039
10	西双版纳	地名	12	10	0. 001948368	0. 003790315
11	湛江	地名	12	10	0. 001948368	0. 003790315
12	广东	地名	11	10	0. 001786004	0. 003474455
13	北海	地名	10	9	0. 00162364	0. 003225803
14	重庆	地名	9	7	0. 001461276	0. 003044835
15	攀枝花	地名	5	5	0. 00081182	0. 001793003
16	南昌	地名	5	5	0. 00081182	0. 001793003
17	杭州	地名	4	4	0. 000649456	0. 001485827
18	西昌	地名	4	4	0. 000649456	0. 001485827
19	邛海	地名	4	4	0. 000649456	0. 001485827
20	江西	地名	4	4	0. 000649456	0. 001485827
21	大西北	地名	3	3	0. 000487092	0. 001161574
22	厦门	地名	3	2	0. 000487092	0. 001222431
23	上海	地名	3	3	0. 000487092	0. 001161574
24	云南省	地名	3	3	0. 000487092	0. 001161574
25	恩平	地名	3	3	0. 000487092	0. 001161574

续表

序号	单词	词性	次数	条数	词频	TF-IDF
26	江门市	地名	3	3	0.000487092	0.001161574
27	大城市	地名	3	3	0.000487092	0.001161574
28	雨林	地名	3	3	0.000487092	0.001161574
29	湖南	地名	3	3	0.000487092	0.001161574
30	湖北	地名	3	3	0.000487092	0.001161574

3. 气候康养旅游

百度搜索“气候康养旅游”关键词数据显示，气候康养旅游地区多分布于海南、福州、商洛、攀枝花、浙江省、五指山、罗甸、保亭、陕西、黔西南、安徽、德昌、重庆、利川、巴中、四川省、松阳县、龙里县、贵阳、黟县、秦岭、巴蜀、安顺、平湖市、福建等地（见表8、图9、图10），同时亦凸显以上地区的气候康养旅游发展在旅游市场中不断壮大。

表8　气候康养旅游地点关键词

序号	单词	词性	次数	条数	词频	TF-IDF
1	海南	地名	36	30	0.016483516	0.017017331
2	福州	地名	32	31	0.014652015	0.014924491
3	商洛	地名	12	11	0.005494505	0.007937172
4	攀枝花	地名	7	7	0.003205128	0.005194412
5	浙江省	地名	7	7	0.003205128	0.005194412
6	五指山	地名	7	7	0.003205128	0.005194412
7	罗甸	地名	6	5	0.002747253	0.004795591
8	保亭	地名	6	6	0.002747253	0.004611672
9	陕西	地名	6	5	0.002747253	0.004795591
10	黔西南	地名	5	5	0.002289377	0.003996326
11	安徽	地名	5	5	0.002289377	0.003996326
12	浙江	地名	5	5	0.002289377	0.003996326
13	德昌	地名	5	5	0.002289377	0.003996326
14	重庆	地名	5	5	0.002289377	0.003996326
15	利川	地名	4	3	0.001831502	0.003519572
16	巴中	地名	4	4	0.001831502	0.003342081

续表

序号	单词	词性	次数	条数	词频	TF-IDF
17	四川省	地名	4	4	0. 001831502	0. 003342081
18	松阳县	地名	4	2	0. 001831502	0. 003748398
19	巴中市	地名	3	3	0. 001373626	0. 002639679
20	重庆市	地名	3	3	0. 001373626	0. 002639679
21	龙里县	地名	3	3	0. 001373626	0. 002639679
22	贵阳	地名	2	2	0. 000915751	0. 001874199
23	黟县	地名	2	2	0. 000915751	0. 001874199
24	秦岭	地名	2	2	0. 000915751	0. 001874199
25	巴蜀	地名	2	2	0. 000915751	0. 001874199
26	四川	地名	2	2	0. 000915751	0. 001874199
27	海南岛	地名	2	2	0. 000915751	0. 001874199
28	安顺	地名	2	2	0. 000915751	0. 001874199
29	平湖市	地名	2	2	0. 000915751	0. 001874199
30	福建	地名	2	2	0. 000915751	0. 001874199

图 9　气候康养旅游地区关键词词云分布情况

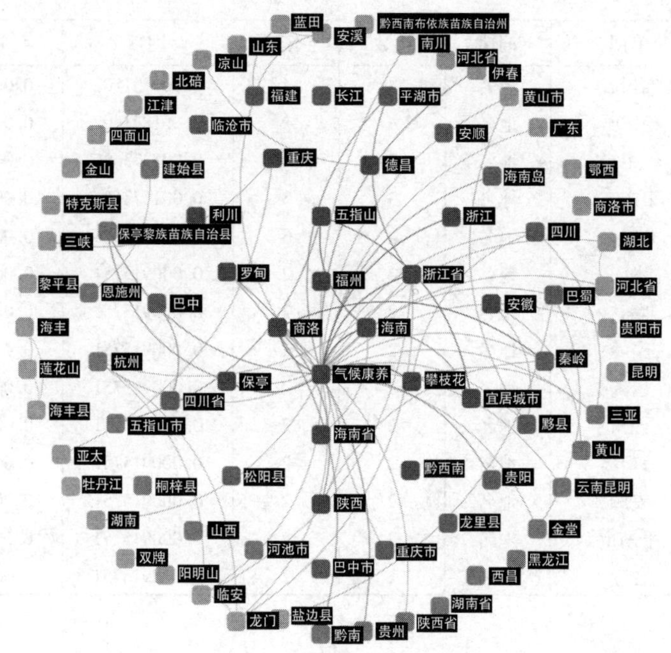

图 10　气候康养与地区相关性

（四）气候旅游需求呈多元化趋势

1. 气候旅游需求呈多元细分

夏季高温地区，人们避暑休闲和康养需求激增，出游意愿较强。2023 年，文化和旅游部数据中心对传统高温城市避暑旅游市场调查数据显示，第三季度传统高温城市的整体出游意愿达到 94.6%。暑期 38.4%的居民计划出游 2 次，35.1%的居民计划出游 3 次。冬季气候差异所形成的气候自然景观和人文生活，成为吸引游客的热点，南方游客纷纷涌入北方，感受冰雪气候文化之旅。北方高纬度严寒地区的游客到南方和滨海暖冬地区的避寒康养旅游激增。因此，避暑避寒避霾健康游、海洋冰雪经纬游、赏百花观候鸟踏春游、赏红叶摘时果秋收游、跨气候区的自驾游等成为热点，气候旅游需求呈多样化细分发展趋势（见图 11）。

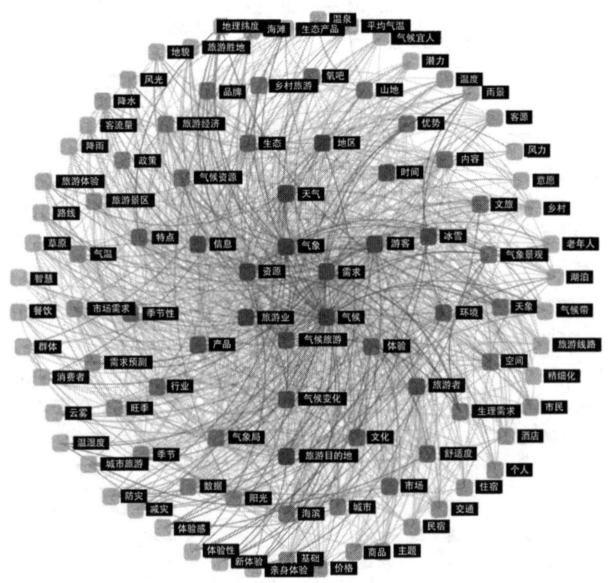

图 11　气候旅游需求关键词共性情况

2. 气候旅游群体需求特征显著

针对不同年龄段的群体而言，青少年气候研学科普游、气候文化游（农耕气候文化、海洋气候文化、山地气候文化、沙漠气候文化、高原气候文化等）、气候与低碳行动游，中青年气候休闲游、亲子气候互动游、闺蜜气候度假游，老年气候康养游和区域性空气疗愈游等的需求日益增长。针对特定群体，如孕妇群体的气候养胎游，特定疾病群体（如呼吸道疾病、心血管疾病、高血压疾病等）的气候疗愈游、温泉气候疗愈游和中医药气候疗愈游、气候美食养生游等，日益成为高品质生活与高层次需求游客群体的气候旅游细分偏好市场（见图 12）。

（五）气候旅游供给传统与创新并举

1. “气候+旅游”供给不断创新

在传统旅游供给高质量发展的基础上，气候被纳入旅游系统，探索“旅游+气候”和“气候+旅游”的供给路径，不断推出满足多样化需求的气候旅游产品与服务（见图 13、图 14）。

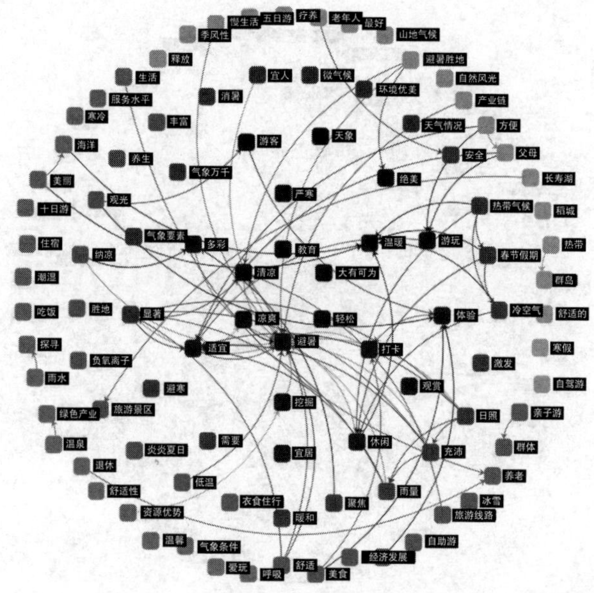

图 12　气候旅游需求多元且细分较多

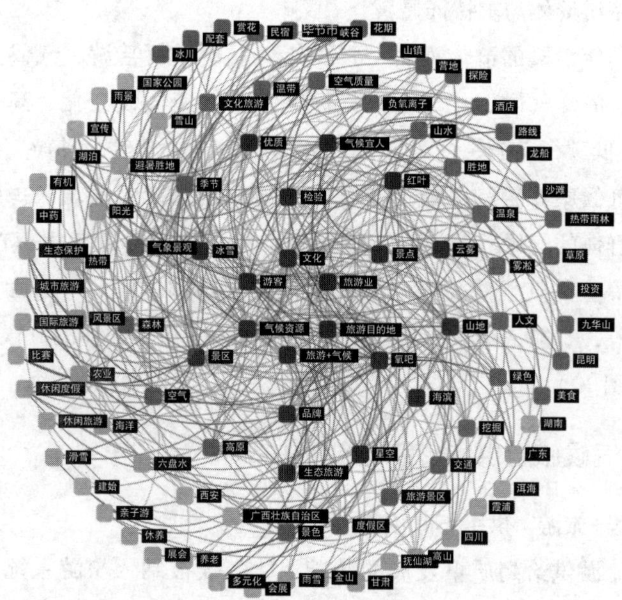

图 13　“旅游+气候”供给不断创新

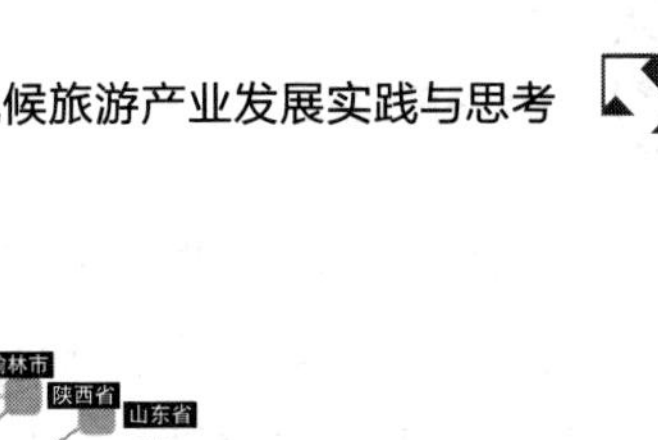

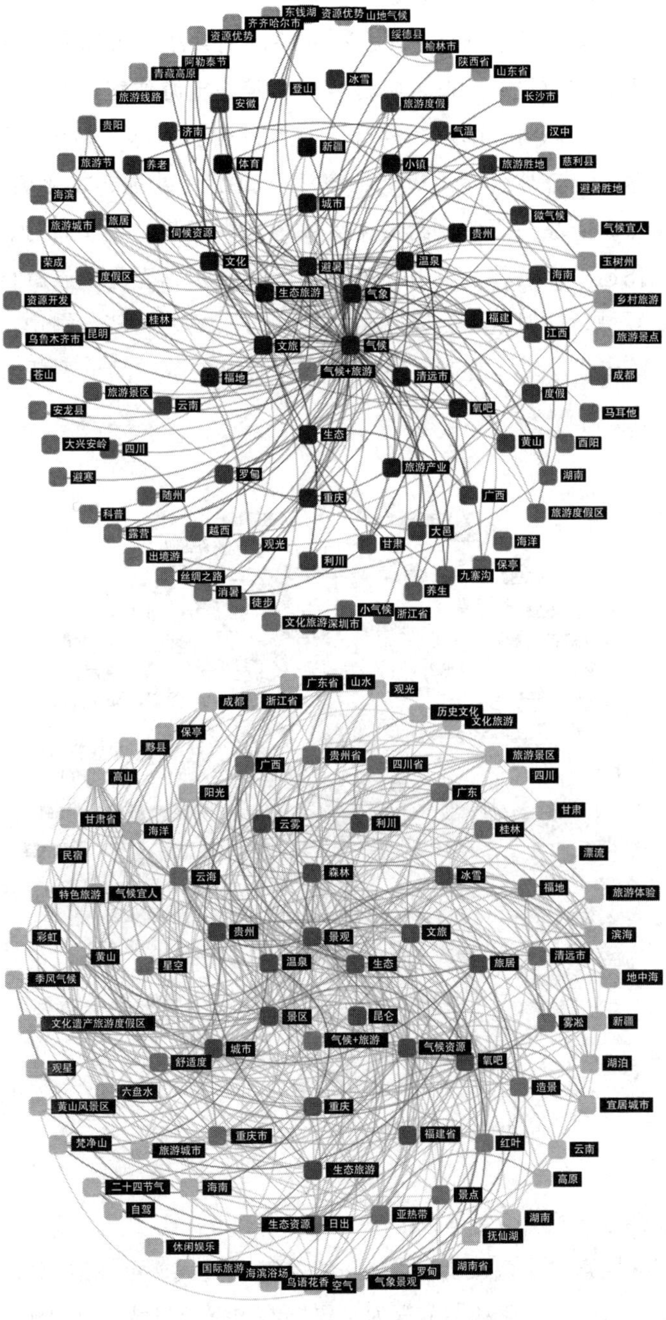

图 14　“气候+旅游”供给不断创新

2. 气候避暑旅游供给不断涌现

根据百度搜索“避暑旅游+供给”的关键词共线，可知避暑旅游供给以避暑胜地、避暑旅游景点、避暑旅游美食、避暑旅游住宿、避暑旅游购物景区等为核心供给，同时，围绕气候避暑的大自然、文化、草原、山水、神农架、公园、瀑布、森林公园、氧吧、海滨、旅游目的地、文化名城、亲水、峡谷等避暑旅游产品与服务供给占据重要地位。避暑湖泊、竹海、崖洞、地质公园、文化遗产、园林、高山等避暑产品供给亦成为避暑旅游目的地供给创新的重要领域，同时水上公园、水源地、狩猎场、村寨、雪山、山野、大海、风洞、茶卡、小城、禅寺、主题公园等避暑旅游产品也不断增多（见图15）。

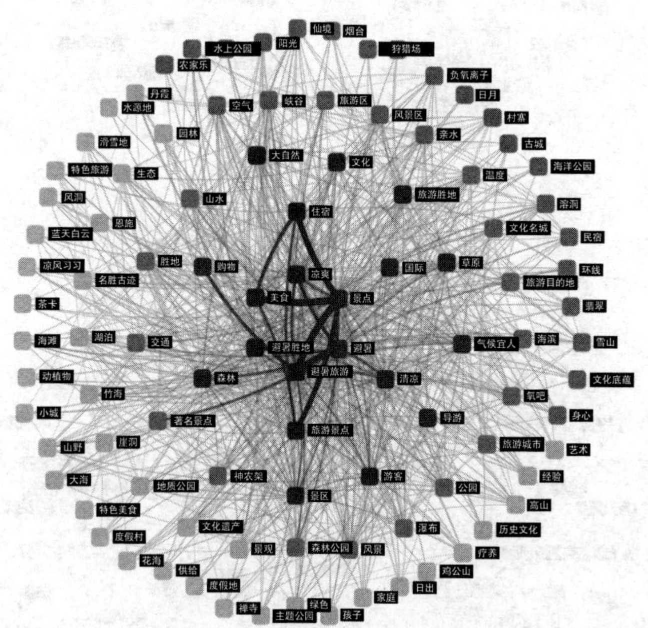

图 15　气候避暑旅游供给不断涌现

3. 气候避寒旅游供给聚焦深化

根据百度搜索“避寒旅游+供给”的关键词共线，可知避寒旅游以三亚、四川、海南、云南、昆明和湖南等为主要供给的省份与城市目的地，气候避寒旅游以阳光、温泉、美食、景点为核心供给产品，聚焦热带雨林、旅游区、小城、酒店、旅游胜地、亚热带、海岛、海滨、沙滩、景区、住宿等避寒旅游供给区域与供给偏向，同时，老年群体的避寒旅游供给较为突出，以度假区、民宿、古镇、河谷、植物园、公园等的供给形式为主。在此基础上，乡村旅游、度假村、小镇、潜水、矿山、花海、温泉、梯田、阳光沙滩等产品与服务供给不断深化与拓展（见图 16）。

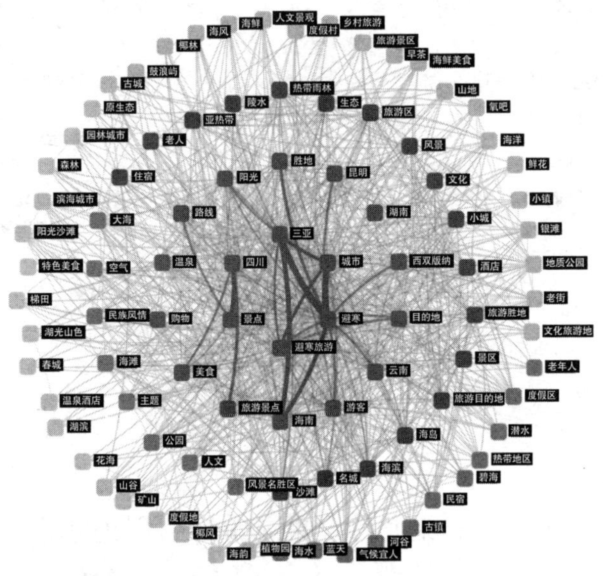

图 16 气候避寒旅游供给不断涌现

4. 气候康养旅游供给多类探索

根据百度搜索“气候康养旅游+供给”的关键词共线，可知气候康养旅游多围绕气候、医院、温泉、生态、健康、护理、旅居、疗养、森林、乡村、城市等基础和资源推出旅游产品与服务，同时以阳光、空气、温度、购物、山地、医疗、文旅、舒适型、生态资源、避暑胜地、公园、试验区、主题等资源为核心，聚焦患者和老年人的气候康养产品与服务供给呈多元格局，各类型疾病，如心脑血管、精神、骨科、神经等疾病类的气候康养产品与服务供给逐渐增多，食疗、冥想、静心、养心特色气候康养产品也成为供给创新的方式（见图 17）。

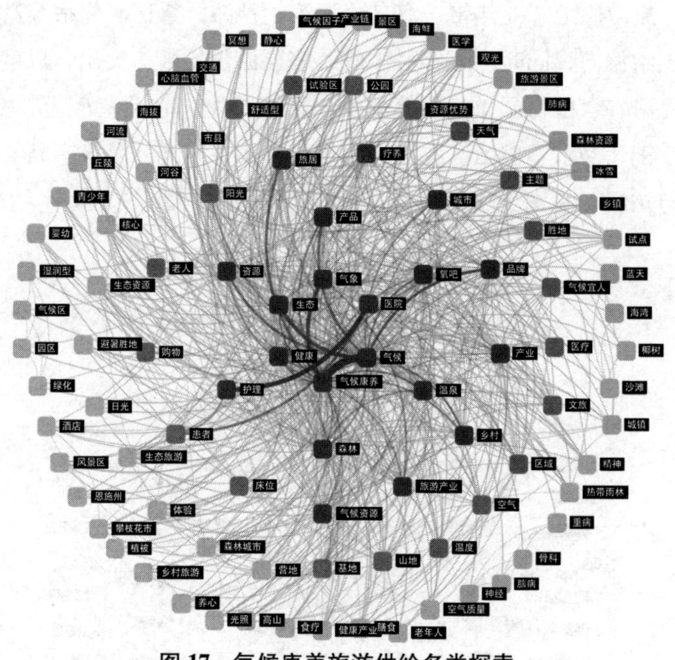

图 17　气候康养旅游供给多类探索

三　气候旅游产业发展存在的问题

气候旅游发展虽呈现快速增长与多元推进的格局，但我国气候旅游产业发展尚存以下问题。

（一）气候旅游产业发展尚处于初期

我国气候旅游产业发展尚处于将自然性的气候资源作为要素纳入旅游系统中，聚焦传统气候避暑、气候避寒、气候康养等产品的“自然馈赠式”供给的初期阶段，对气候旅游资源的界定较为粗浅，对气候旅游资源的深层次挖掘、运用、创新与开发尚未形成产业发展的核心，其纵深发展有待进一步推进。①

① 刘佳、安珂珂、赵青华等：《中国旅游产业链发展格局演变及空间效应研究》，《地理与地理信息科学》2024 年第 3 期。

（二）气候旅游产业间深度合作不足

我国气候旅游产业的发展主要以“旅游+气候”的发展模式推进，主要依托传统旅游产业间“食住行游购娱”的合作与互动为基础（见图 18），对于自然性气候产业、人文性气候产业与服务性气候产业的了解与探索不足，尚未挖掘和拓展“气候产业+旅游产业”间的深度合作空间，因此，基于气候旅游产业内部与产业间的深度合作较弱。①

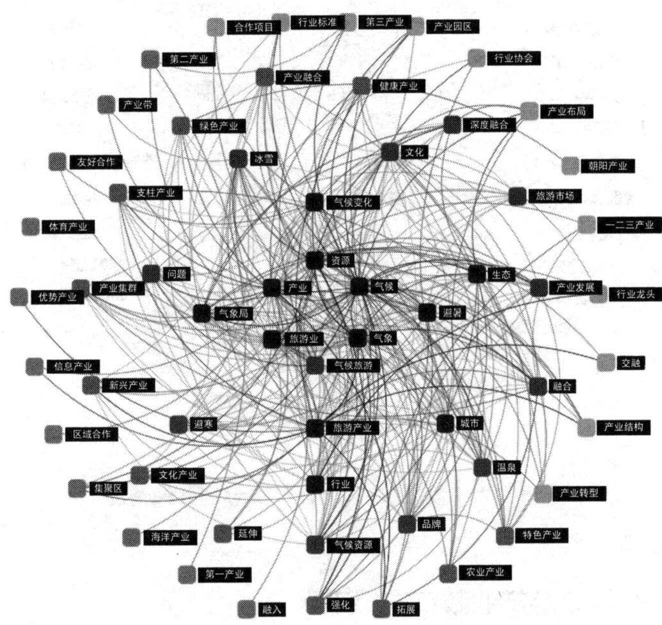

图 18　“气候旅游+产业”关键词共线情况

（三）气候旅游产业链条尚不完善

我国气候旅游产业发展尚处于初期阶段，气候旅游产业链条的培育与发展较为简易初级，多以“资源+开发+销售+消费者”的短链条发展模式为主（见图

① 高凌江、夏杰长：《中国旅游产业融合的动力机制、路径及政策选择》，《首都经济贸易大学学报》2012 年第 2 期，第 52~57 页。

19），气候旅游产业链体系尚未完善，缺少一、二、三产业融合的供应链、价值链和产业链协同发展，对产业集群与产业集聚发展的关注度不足，第三产业如文创、设计、策划、艺术、影视、金融等相关产业链条与气候旅游产业链的深度介入不足，存在“短链、缺链、缺环、断链”等问题，气候旅游产业链条尚不完善。①

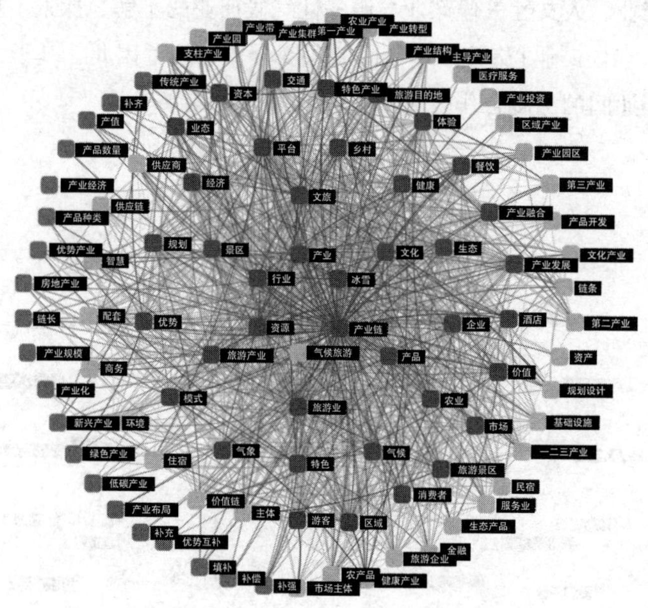

图 19　“气候旅游+产业链”关键词共线情况

（四）气候旅游产业政策支撑不足

当前关于气候旅游产业发展的政策多依托于中国气象局、地方气象局和各地政府颁布的支持“气象+旅游”融合发展的相关政策，多以行业部门视角和区域地方特色视角出发进行政策供给与支撑。然而，气候旅游的发展属于交叉融合的产业新方向，与传统产业政策供给条块分割的现实不同，气候旅游产业政策的供给需要多产业、多部门、多地区、多领域协同发展与互相支撑，也存在因政策供给主体不确定与模糊，导致引领气候旅游产业系统高质量发展的专

① 罗冬晖：《旅游产业链供应链韧性衡量和提升路径》，《旅游研究》2023 年第 3 期，第 16～27 页。

门性政策供给不足的现象（见图 20），区域性和战略性的气候旅游产业发展规划与指导性文件缺乏，不利于气候旅游产业的培育与纵深发展。①

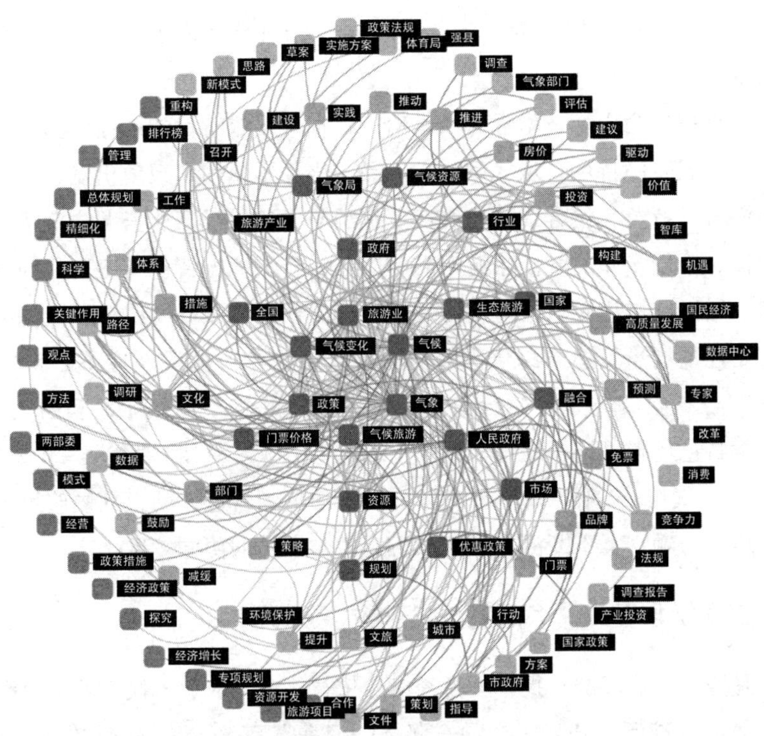

图 20　“气候旅游+政策”关键词共线情况

四　气候旅游产业展望与对策

（一）供需驱动：气候旅游产业协同发展

一是精耕细分市场，满足多样需求。气候旅游产业的发展需要聚焦需求

① 生延超、谭左思、李金婧等：《旅游产业政策内容组态及其绩效生产路径——基于 31 份省级规划文本的 fsQCA 方法》，《中国生态旅游》2024 年第 1 期，第 213~229 页。

侧的多样化特点，从气候避暑、气候避寒、气候康养、气候研学等细分市场不同游客群体的需求、偏好和消费行为出发，了解区域性和地方性气候旅游消费趋向，为气候旅游的发展奠定需求侧的深度解读基础，也为后续定制化气候旅游产品与服务的供给，奠定“气候+旅游+特色需求+定制”的发展路径基础。

二是聚焦生命周期，增强有效供给。根据气候旅游目的地经济基础与气候旅游产业发展阶段特色，从气候旅游产品与服务生命周期视角出发，深度挖掘气候旅游资源特色，整合优势旅游产业资源与气象气候产业资源，对接气候旅游需求侧，开发多元的气候旅游产品与服务，打造地方特色或定制化的气候旅游线路，增强气候旅游目的地的有效气候旅游产品与服务供给。

三是注重场景打造，深化供需协同。气候旅游产业发展应不断探索“气候场景”与“旅游场景”融合打造，结合独特的气象气候旅游资源与文化，注重气候特色场景设计，增强“气候+文化”“气候+科技”“气候+节庆”“气候+展会”“气候+音乐”等沉浸式体验场景的氛围营造，助力气候旅游产业的多场景培育与融合，不断深化气候旅游需求与供给的协同发展。

（二）链群驱动：气候旅游产业体系建设

一是增补产业环链，提升规模经济。依托气象产业、气候产业、旅游产业基础，强化“资源—开发—产品—服务—消费”等环节的资源整合与链接，通过加强行业间和产业间合作，强化气候旅游产业链“增链、补链、强链、延链”等产业合作模式创新，拓展产业链规模经济，理顺跨产业间的价值链共创机制，建构气候旅游产业供应链和价值链协同共创体系，助力气候旅游产业规模增长与品质提升，系统提升气候旅游产业规模经济。

二是强化产业集群，释放范围经济。结合地区气候旅游资源优势区域，积极培育“食住行游购娱”各个环节的产业布局，深化对气象气候资源、气象气候文化、气象气候技术、气象气候产业、气象气候科普等资源的开发与利用，系统推进气候旅游产业集群建设与发展，如避暑气候产业集群、避寒气候产业集群、气候康养产业集群、气候研学产业集群，释放气候旅游产业集群的协同发展与范围经济优势。

三是产业链+集群，夯实产业体系。依托气候旅游产业链的“增环、补链和创链”基础，增强气候旅游产品与服务的开发，同时，围绕一定的产业集群，不断增强气候旅游产业间的合作与互动，引导气候旅游教育、研究、金融、设计、艺术、展会、电商贸易等企业的落户，积极培育气候旅游新业态，系统推进避暑旅游产业体系、避寒旅游产业体系、气候康养产业体系、气候研学产业体系、气候教育产业体系的培育与发展（见图 21、图 22、图 23）。

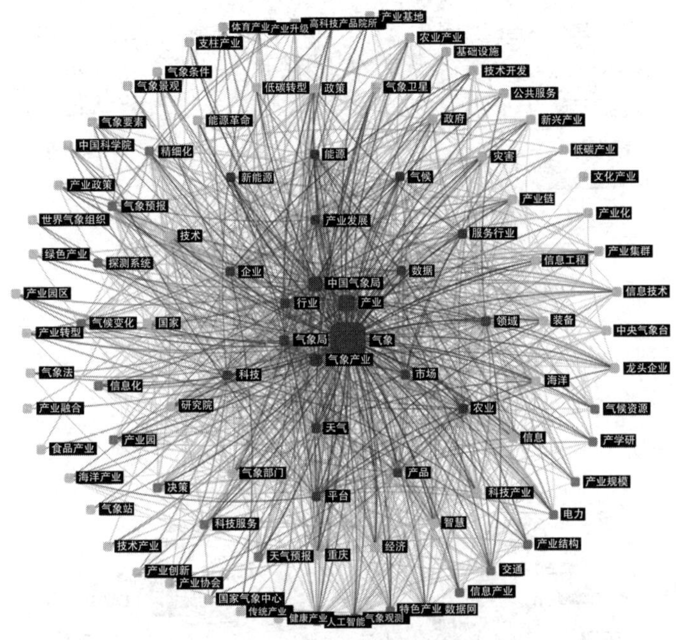

图 21　气象产业关键词共线情况

（三）新质驱动：气候旅游创新体系建构

一是强化技术创新，引领气候旅游新突破。紧随时代技术创新趋势，深化气象技术加持的气候旅游产业的观测技术创新、预测模型优化创新、数据分析方法创新、灾害预警系统创新、气候变化研究创新、信息化技术应用创新等突破，深化气候技术如可再生能源技术、节能与能源管理技术、碳捕获与储存技术、智能电网技术、气候智能农业技术、生态修复技术、清洁交通技术以及气候监测与预测技术在气候旅游场景和环境中的技术应用，系统推进气候旅游产业发展的技术创新体系建构。

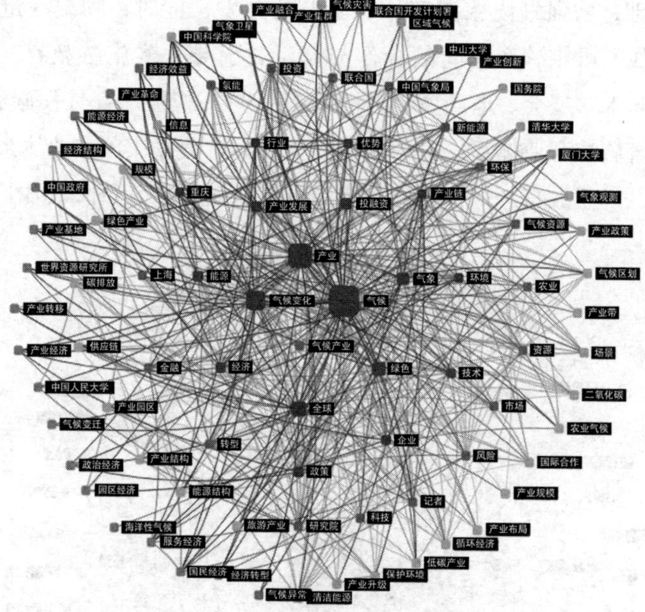

图 22　气候产业关键词共线情况

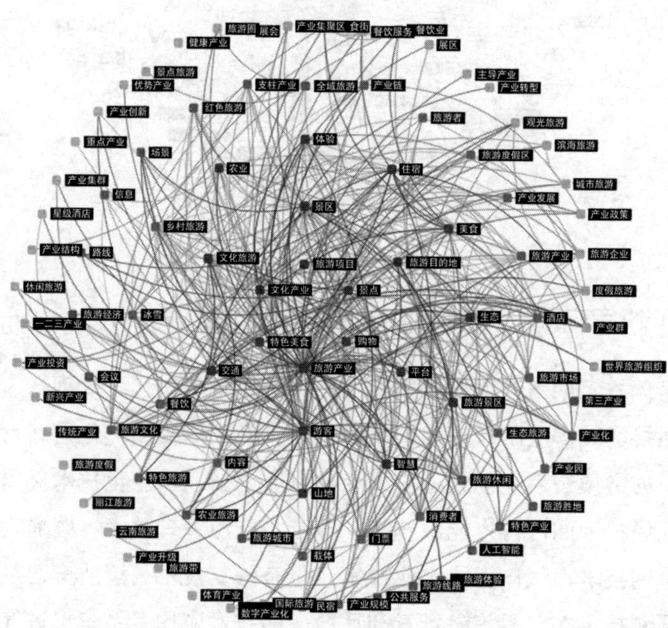

图 23　旅游产业关键词共线情况

二是推进数字创新，夯实气候旅游新基底。气候旅游产业的创新立基于数字化和智慧化变革的潮流，系统推进卫星遥感、无人机航拍对气候旅游资源的全面、快速、准确获取，建构气候旅游资源数字监控系统与气候旅游服务品质数字监控系统，搭建气候旅游公共数字平台和企业数字平台，运用大数据和人工智能，助力气候旅游资源整合与产品化服务化开发，精准把握气候旅游需求，实现气候旅游产品个性化定制和精准营销。同时，加强数字仿真系统建设，优化气候旅游产品与服务的全流程管控与追溯，推进气候旅游服务质量的数字化管理。

三是增强融合创新，深耕气候旅游新方向。依托技术创新与数字化智慧化场景应用，推进气象产业、气候产业和旅游产业的深度融合，增强气象技术、气候技术、气象气候文化旅游资源的挖掘与产品化开发，夯实气候旅游产业融合发展的基础。同时，探索气候旅游与文化产业和文创产业的融合，开发特色气候旅游文化产品、文创产品、艺术演艺产品与服务；探索气候旅游产业与体育产业、健康产业、教育产业、金融产业等的跨界融合，探索丰富多元的气候旅游产品内涵与体验，持续拓展气候旅游产业与其他产业的深度融合，为气候旅游的纵深发展开拓新方向。

（四）多元驱动：气候旅游治理体系共建

一是推进业界共治，培育气候旅游治理体系。积极推进政府、产业界、企业界、学术界和非政府组织等多元主体参与气候旅游产业治理体系建构，搭建气候旅游产业共治平台与共治共享机制，探索举办年度气候旅游产业峰会和高端论坛，创办产学研气候旅游产业研究机构，积极吸引与国际气候旅游产业相关的政府、企业、NGO 等主体的参与，搭建“线上+线下”多元主体对话平台，共同制定、执行、反馈、优化气候旅游相关政策，助力气候旅游产业的共治系统可持续发展。

二是鼓励竞争中性，培育气候旅游共治主体。竞争中性原则强调在市场准入、资源分配和监管标准等方面，对所有主体一视同仁，避免不公平的竞争优势或劣势。在气候旅游领域，鼓励竞争中性不仅可以促进市场活力，还能推动各主体积极参与共治，形成多元、协同的治理格局。依托气候旅游产业发展基础和气候旅游治理体系建设契机，进一步构建开放、公平的气候旅游市场环境，减少政府对市场的干预，制定助推气候旅游产业发展的政策法规，保障各类主体在市场中的平等地位。同时，降低进入门槛，鼓励和支持民营企业、社会组织和公众参与气候旅游治理，持续提升治理能力和健全监管机制，形成多元化的共治新格局。

（五）战略驱动：气候旅游政策体系支撑

一是存量政策统筹，厘清气候旅游政策底盘。全面梳理现有的气候旅游相关政策，明确政策的适用范围、优惠措施和执行标准，厘清“缺—弱”政策情况，为后续的政策优化和完善提供基础。推进多个部门和多个层面的沟通协调，强化政策之间的互补效应，避免政策之间的冲突和矛盾，提高政策执行的效果和效率。整合气象产业、气候产业和旅游产业相关政策，打造气候旅游存量政策底盘，为完善气候旅游政策体系奠定基础。

二是增量政策创新，加强气候旅游政策供给。结合存量政策基础，进一步推进气候旅游发展政策供给，细化气候旅游资源普查、气候旅游景区景点、气候旅游优质产品与服务牌照制度等制度新突破与新供给。依托产业发展基础，制定《气候旅游产业发展指导意见》，增强区域性和典型气候旅游集聚区发展政策，如《避暑旅游产业发展支持措施》《关于支持避寒旅游产业发展的主要措施》《气候康养产业发展建议》等，加大气候旅游产业内互动发展所需的政策供给。同时，针对气候旅游产业结构、产业布局、产业链建构等，不断增强政策引导与支持。

三是政策体系建构，提升气候旅游政策张力。结合气候旅游产业发展需要，制定气候旅游产业发展战略、强化气候旅游产业法规支持、加大气候旅游产业资金投入、推广气候旅游发展与气候旅游产业体系建构理念、建立气候旅游产业发展监测预警机制、加强气候旅游产业发展所需的国际合作与交流以及评估优化政策效果等措施的实施，构建科学、合理、有效的气候旅游政策体系，为气候旅游产业的可持续发展不断提升政策张力。

（六）顶层统筹：开拓气候旅游发展新格局

一是聚焦顶层设计，引领气候旅游发展大局。积极推进全面、系统的顶层规划与设计，注重气候避暑旅游、气候避寒旅游、气候康养旅游、气候研学旅游和气候旅游研究等领域的顶层设计与发展规划，同时，对标国际应对全球气候变化和建设人类气候命运共同体的发展需要，制定《气候旅游驱动的中国气候行动方案》《传统气候非物质文化遗产的传承、活化与保护》《人类气候命运共同体—中国气候旅游发展路径》等顶层设计研究与发展规划，制定20~30年的长远发展目标和短期5年发展行动计划，为气候旅游指明国家层面和区域层面的重要发展方向。

二是强化战略统筹，把握气候旅游发展前瞻。依托习近平生态文明思想，结合乡村振兴、健康中国、数字中国、创新中国等国家战略，深度挖掘我国气候旅游资源基础及其文化根基，紧密围绕“传统+现在+未来”的气候文明发展新格局，以气候旅游创新发展为突破口，前瞻布局中国特色的气候文明发展战略，驱动中国气候旅游发展战略方向，打造气候旅游践行生态文明与深耕气候文明的新路径，以气候避暑避寒旅游统筹乡村振兴战略，以气候康养和气候疗愈旅游，夯实健康中国战略；以气候旅游数字化和智慧化创新发展，开辟数字中国与创新中国战略的新场景，引领全球人类气候命运共同体建设与发展路径探索。

三是深化协同布局，拓展气候旅游区域合作。依托区域气候旅游资源特色，明确区域气候旅游发展定位与优势，确定发展方向和重点，深入挖掘和整合本地气候旅游资源，打造具有地方特色的气候旅游产品，提升区域气候旅游的吸引力和竞争力。建立气候旅游区域合作机制，加强政策沟通、信息共享和市场联动，推动各区域在气候旅游规划、产品开发、市场营销等方面开展深度合作。通过联合举办气候旅游节庆活动、共同开发旅游线路和产品，实现资源共享和互利共赢。加强与国际气候旅游组织的联系与交流，学习借鉴国际先进经验和技术，推动国内气候旅游与国际接轨。同时，积极参与国际气候旅游市场的竞争与合作，提升中国气候旅游的国际影响力和竞争力。持续深化区域内和区域间气候旅游资源共享和优势互补，推动气候旅游产业的协同发展。

B.17
极端天气气候事件对经济社会影响分析

张小锋　李佳英　孙林海　吕明辉　王晓晨*

摘　要：　中国是全球气候变化的敏感区，气候变暖导致气候系统的不稳定加剧，极端天气气候事件呈现复杂多变的趋势和新的时空分布变化特征，极端天气气候事件的影响涉及自然环境的广泛领域、渗透到经济社会方方面面，已成为影响经济社会发展和国家安全的重要因素。本文通过分析极端天气气候事件对农业、交通、能源、人体健康以及生态系统等领域的影响，预估未来极端天气气候事件风险发生概率以及重大经济战略区风险发生概率，针对我国应对和防范极端天气气候事件存在的体制机制不够健全、风险管理能力不足等主要问题，提出科学应对极端天气气候事件的对策建议，旨在形成具有中国特色的“统一领导、综合协调、分类管理、分级负责、属地管理为主”的应急管理体制，筑牢防灾减灾第一线，推动自然灾害防治体系和防治能力现代化。

关键词：　极端天气　气候风险　防灾减灾

极端天气气候事件是历史重现率低于10%或打破历史极值，并造成显著灾害性影响的天气气候现象的统称，主要表现为三个特征：发生频率小、事件

* 张小锋，中国气象局气象发展与规划院政策研究室主任，高级工程师，主要研究方向为气象经济效益评估、气象政策和智库战略；李佳英，国家气象中心决策服务首席，高级工程师，主要研究方向为气象灾害风险评估与决策服务；孙林海，国家气候中心高级工程师，主要研究方向为气候监测诊断、预测和气候服务；吕明辉，博士，中国气象局公共气象服务中心正高级工程师，主要研究方向为气象服务评价、气象灾害风险管理和气象信息传播；王晓晨，博士，中国气象局气象发展与规划院工程师，主要研究方向为气候变化适应、气象政策和战略决策。

强度强、社会影响大。

我国因气象灾害造成经济损失占GDP比重高于其他经济体量相当的国家。1984~2021年，我国因气象灾害平均每年3474人死亡失踪，直接经济损失2175亿元，约占GDP的1.7%，进入21世纪呈逐年下降趋势，至最近5年死亡失踪人口年均降至611人、直接经济损失占GDP的比重年均降至0.29%。① 但综观全球，我国因气象灾害造成的直接经济损失占GDP的比重仍高于总经济体量相当的美国、日本等发达国家，也高于人均GDP相当的秘鲁、哥伦比亚等发展中国家。

一 极端天气气候事件影响与风险

（一）极端天气气候事件对经济社会的影响

随着气候变暖的持续，一些领域和行业的影响已经十分明显，另一些领域和行业的影响正在呈现。总体看，气候变化及极端气候事件影响的广度和深度不断扩大，长期和持续的风险愈加显著，并以“风险级联”方式由自然系统向经济社会系统不断渗透蔓延，给可持续发展和气候安全带来重大挑战。

1. 对农业的影响

中国每年因各种气象灾害造成农作物受灾面积高达5000万公顷。干旱、洪涝、高温和低温灾害、连阴雨、雪灾等极端天气气候事件的发生不仅破坏了农业生态系统，减弱了农业生产能力，而且直接影响了农作物的品质，并对农业耕地资源等造成重大影响。极端干旱灾害对农业生产影响范围最广、影响面积最大、发生频率最高，在各种气象灾害造成的损失中，旱灾造成的损失高达62%。暴雨洪涝灾害可导致作物减产或绝收，在农业产量损失中占24%左右。现阶段，我国长江、黄淮河流域的洪涝问题较为突出。此外，高温热害、干热风、低温冷害、连阴雨等气象灾害对作物生长、作物品质、作物产量以及耕地资源等不同农业生产环节都造成不同程度的危害和影响。气候变暖东北地区积温增幅5~120℃·d/（10a），春玉米、水稻可种植北界北移，可种植面积增

① 《中国统计年鉴》（1984~2021年）。

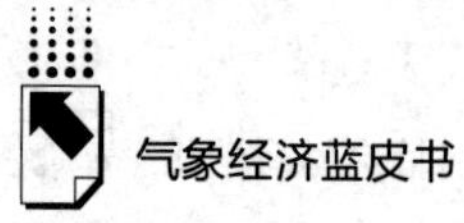

加；极端低温冷害事件强度和频率降低，农业病虫害损失加重。1950 年以来，华北平原气候总体趋向于暖干化，加剧了水资源供需矛盾，干旱及水分亏缺制约华北地区农业生产。2023 年 5 月下旬，北方冬麦区出现大范围持续降雨天气过程，局地出现短时强降雨、大风、冰雹等强对流天气，部分地区发生“烂场雨”，导致局部麦田倒伏或被淹、部分成熟小麦发芽霉变。

2. 对水资源的影响

1961~2022 年，中国平均年降水量呈微弱的增加趋势，极端降雨事件和干旱天数显著增加；气候变化影响水资源时空分布格局，导致我国大部分地区地表水资源减少。从空间分布看，我国东部季风区北方地表径流主要呈减少趋势，而南方流域变化不显著，其中，东北地区的松花江流域、辽河流域干旱化趋势明显，地表径流量和水资源量减少；华北降水年际变化大、易旱且涝、极端干旱和洪涝灾害时有发生，海河流域的径流显著减少；华中地区降水减少和高温造成径流减少，极端干旱事件增加和河流径流量减少改变通江湖泊与长江干流的依存关系；西北地区多数河流径流呈增加趋势，青藏高原区除长江源径流显著增加以外其余流域径流变化不显著。气候变化对水资源的级联影响主要通过增大工业需水量、改变农业需水量、加大水资源时空分布不均匀性和影响生活用水质量等途径，从而给水资源管理造成压力。以华北地区为例，气候变化显著影响华北平原农业需水量，而京津冀城市群生活用水和生态用水增加，导致海河流域水资源供需矛盾大。

3. 对交通运输的影响

极端天气气候事件降低了交通运输能力，增加了交通安全隐患，甚至形成灾害。在众多影响我国交通安全的因素中，影响最大的是强降雨，其特点是范围广、时间长、损失大。强降雨可能造成地面设施和交通运输设备受到极大的破坏。极端高温天气影响驾驶员的正常驾驶，再加上酷热条件下车辆部件容易受损，因此极易引发交通事故。降雪、浓雾、干旱、热带风暴、大风等可能对交通运行安全和基础设施产生严重影响，进而影响交通运输。低温雨雪冰冻天气是冬季诱发道路交通事故的主要因素之一，尤其是在中高纬度国家或地区；2008 年，我国南方发生大范围低温雨雪冰冻天气，冰冻雪灾通过影响公路、铁路等交通基础设施，导致南方交通瘫痪。

4. 对能源供应的影响

极端天气气候事件及其引起的次生灾害给能源电力安全带来严峻挑战。随着我国新型电力系统建设的推进，风能、太阳能、水能等自然能源占比逐年提升，这些新能源发电易受天气影响而产生较大波动。极端天气气候事件的增加将对电力生产、调度、设备等造成多方面不安全影响，影响电力系统的稳定性。据统计，覆冰、雷击、暴雨等气象因素导致的故障占电网总故障的60%以上。其中，重度干旱可能造成发电水资源严重不足；低温雨雪易造成电线覆冰，进而引发杆塔倒塌和电网停电；极端高温使电网负荷激增，电力供不应求导致拉闸限电，还会缩短电力设备的使用寿命或导致组件的突然失效；暴雨及其引发的洪水、泥石流等次生灾害，冲毁设施设备或造成短路等故障。

5. 对人体健康的影响

气候变化会通过直接和间接两种途径影响人体健康。直接影响是以气候驱动为主的健康暴露风险，包括高温热浪、低温严寒、洪水以及干旱等威胁公众健康，甚至影响到心脑血管系统和呼吸系统，可引起某一区域死亡率显著上升或某些传染性疾病传播及慢性非传染病复发。间接影响通过包括损毁住所、人口迁移、水源污染、粮食减产（导致饥饿和营养不良）等损坏健康服务设施来影响人体健康，增加了居民不同类型传染性疾病和慢性非传染性疾病的发病率及死亡率等。2000~2019 年，全球不适宜的室外气温造成每年超过 500 万例额外死亡，占全球总死因的9. 43%。其中低温所致的死亡占 8. 52%，高温所致的死亡占 0. 91%。①

6. 对生态系统的影响

气候变化增加生态系统风险，加剧了水土流失、荒漠化、石漠化、盐渍化，高温、热浪、干旱、洪涝等极端气候事件，及伴随的火灾、病虫害等，严重制约中国生态系统服务。因气候变化，许多动植物物种分布已经发生了改变，一些种质资源脆弱性已经显现；自 20 世纪 60 年代以来，塔里木盆地荒漠和人工绿洲面积扩大，荒漠—绿洲过渡带面积减小，物种多样性减少，生态功能下降。气候变化使中国湿地面临退化风险和海平面上升威胁，其中，东北地

① Qi Z. , Yuming G. , Tingting Y. , et al. "Global, Regional, and National Burden of Mortality Associated with Non-optimal Ambient Temperatures from 2000 to 2019: A Three-stage Modelling Study." [J] . *The Lancet. Planetary Health*, 2021, 5 (7): e415-e425.

区湿地植被退化较为明显，长江中上游湖泊和湿地面积萎缩、生态退化，长江口生物多样性降低；野生种质资源大量丧失，并通过选择作用改变种质资源性状；中国近海升温，影响海洋生态系统物种、结构和功能；海水层化加剧，使盐分向表层输送减少，影响海洋生态系统生产力；中国海平面上升，加剧了海岸侵蚀、海水（咸潮）入侵的影响和土壤盐渍化。

（二）未来极端天气气候事件风险预估

1. 未来极端事件与复合型气象灾害发生概率

随着全球变暖加剧，许多地区发生复合灾害事件的可能性增加，特别是高温干旱复合型极端事件发生概率已经增加并将持续。根据 IPCC AR6 评估结果，预计到 21 世纪末，全球地表平均温度可能升高 1.1℃～6.4℃，其中以陆地和北半球高纬地区增暖最为显著。欧亚大陆北部、欧洲、澳大利亚东南部、美国大部分地区、中国西北部和印度未来高温干旱复合型极端事件都将增加。极端降水增加和海平面上升将导致洪水发生的可能性加剧，特别是大西洋沿岸和北海地区。从全球平均来看，到 2100 年，高排放情景下复合洪水发生的概率将增加 25%以上，且由于海平面继续上升，其与风暴潮以及河流洪水之间的相互作用将导致沿海地区发生更频繁且更严重的复合洪水事件。

2. 未来我国气候风险预判

气候的进一步变暖将加剧中国区域性气候风险。未来中国平均气温将继续上升，总体看，增幅从东南向西北逐渐变大，北方增温幅度大于南方，青藏高原、新疆北部及东北部分地区增温较为明显。极端强降水和重大干旱事件仍呈增加态势。未来我国高温、干旱、暴雨洪涝、强台风等极端天气气候事件频发，风险增加的地区几乎全部位于我国东部人口、经济稠密地区，社会暴露度高、脆弱性大，经济社会安全受极端天气事件影响加重。

3. 未来极端天气气候事件加剧对自然环境和社会系统的风险

（1）洪涝灾害。在全球变暖背景下，未来中国区域极端降水将增加，由此引发的洪涝灾害也将增加。21 世纪近期、中期和末期三个时段内，洪涝灾害风险较高地区主要位于中国中东部地区。其中，四川东部、重庆以及长江中下游地区的湖南、江西、湖北、安徽、浙江、上海、江苏、河南、河北以及向北扩展到京津地区为洪涝灾害极高风险区域。东北地区的各大省会城市、陕西和山西的部分地区以及东南沿海地区是洪涝灾害的高风险区。

（2）高温灾害。在全球变暖背景下，未来中国区域极端暖事件将增加，极端冷事件将减少。其中 21 世纪末中国区域日最高气温最大值和日最低气温最小值在高排放情景下将分别升高 6.1℃和 6.8℃。与此相对应，未来中国高温灾害风险将逐渐升高，并有向周围延伸的趋势；相比于当代，东北三省、内蒙古、陕西、宁夏、贵州、福建等省份高温风险增加明显。其中中等以上风险区在基准期占全国格点的比例为 4.0%，在 21 世纪近期、中期和末期将分别达到全国格点面积的 13.5%、21.1%、33.8%，呈现逐步增加的趋势。高风险区 21 世纪近期主要出现在山东、河北、河南、安徽，中期和末期将扩展到江苏、湖南、湖北、江西、四川、广西和广东等省份。

（3）干旱灾害。干旱灾害影响因素复杂，涉及面广。随着全球变暖，陆地降水分布差异增大，未来区域乃至全球尺度干旱强度和持续时间都将增加，农业干旱的风险增加。在高排放情景下，预估干旱灾害风险主要集中在中国华北、华东、东北中部以及四川盆地等地区。到 21 世纪中期和末期，干旱灾害高风险区面积同样显著增大。

（4）雨雪冰冻灾害。未来中国南方地区强降雪事件明显减少，而北方地区为先增加后减少。在中等排放情景下，中国地区积雪日数在 21 世纪中期和末期相对当代分别减少 10~20 天和 20~40 天，减少最显著的区域为青藏高原地区。

4. 未来极端事件对重大经济战略区气候风险预估

（1）京津冀地区未来气候风险预估。目前京津冀绝大多数地区的暴雨灾害风险等级为低风险，面积占比为 88.2%，中等及以上风险主要位于平原地区的各中心城区，较低风险区位于中心城区周边及县城。到 21 世纪近期，较低及以上等级暴雨灾害风险的面积占比都在增大，扩大到覆盖绝大多数平原地区；中等及以上风险等级范围随着城市扩张而逐渐增大，北部城市张家口和承德的灾害风险变化不大。当代京津冀高温灾害风险区域主要集中在北京、天津、保定、石家庄等人口聚集、GDP 高的城市地区，中等以上风险面积比例为 4.3%，高风险等级主要出现在北京、天津等一线城市。到 21 世纪近期，海河平原沿太行山脉以东地区将呈现中等风险区，中等及以上风险等级区占整个区域的面积比例扩大到 19.5%，其中较高风险面积比例由 1%增加到 2%，高风险面积比例由 0.3%增加到 0.9%。总体看，高温灾害高风险区空间分布变化不大，面积有所扩大。

（2）粤港澳大湾区未来气候风险预估。21 世纪中期，粤港澳大湾区暴雨风险为最高等级的区域集中在广州、佛山、东莞、深圳、香港和中山的北部，且与当代相比，其占整个区域面积百分比的增幅最大，从 2.6%增加到 20.7%；低和较低风险等级的总面积是缩小的；其余等级中，较高风险区的面积比例在增加，中等风险区面积比例在缩小，但是他们的变幅都较小。21 世纪中期，粤港澳大湾区高温风险为最高等级的区域主要位于除去肇庆和惠州多数区域以及江门西部外的粤港澳大湾区中部地区，且与当代相比，高风险区域占整个区域面积百分比的增幅最大，从基准期的 3.7%增加到 21 世纪中期的 41.5%；低风险区域是缩小的，减少幅度与高风险区的增加幅度相近；其余等级中，中等和较高风险区的面积比例是增加的，而较低风险区的面积比例在缩小，但是增加和减少幅度都较小。

（3）长江经济带未来气候风险预估。当代暴雨洪涝灾害高风险区在整个长江经济带的面积占比为 15.3%，主要分布在四川盆地、湖南和湖北的长江沿岸、江西和安徽北部以及江苏和上海大部；到 21 世纪中期，高风险区的面积明显增大，比例增加到接近 25%，但空间分布与当代类似，同时较高及更低等级风险的面积都在减少。当代高温灾害高风险区在整个长江经济带的面积占比为 5.7%，主要分布在四川盆地、武汉、南昌、南京和上海周边，也有部分高风险区分布在安徽的各主要城市。较高风险区的分布比高风险区更广，覆盖了四川盆地、湖南、湖北、江西、安徽和江苏的主要高温区，总面积占比为 21.3%。到 21 世纪中期，高风险区的面积明显增大，其在整个长江经济带的比例增加到超过 25%，中等风险区的面积也有所增加。

（4）黄淮海流域未来气候风险预估。当代暴雨灾害 GDP 暴露度主要分布在京津冀东南部、河南、山东、安徽北部和江苏大部分地区，大值区主要处于城市和乡镇等人口聚集的区域。1.5℃升温阈值下，暴雨灾害 GDP 暴露度大值区扩张，黄淮海地区东南部和陕西南部都将达到 2 亿元以上，GDP 暴露度大于 20 亿元的地区集中在北京、天津、山东南部和陕西南部。2℃升温阈值下，大于 20 亿元的区域扩大到河北南部、河南北部、安徽东部和北部、山东西部和江苏西部等地。当代暴雨灾害人口暴露度大值区主要位于黄淮海地区东南部和陕西南部大部分地区，达 1000 人以上；1.5℃升温阈值下上述大值区扩大，大于 2000 人的区域覆盖黄淮海东南部、山西和陕西南部部分地区，东部各城市城区可达 3000 人以上；2℃升温阈值下以上区域仍为大值区，江苏东部和安徽东部的人口暴露度大值区范围有所减小，但河北和山东东部的大值区扩大。

5. 未来极端事件对重大基础工程气候风险预估

（1）川藏铁路沿线区域未来灾害风险预估。21 世纪中期，川藏铁路沿线大部分地区每年大于 10mm 降雨日数将明显增加，尤其是中部和西部区域，最大增幅在中部地区，超过 150%，该区域多山区和谷地，河流密布，未来出现山洪和泥石流的可能性大；东北部和东部个别地区将减少，尤其以东部减少最为显著，减少值在 10%以上。21 世纪中期，川藏铁路沿线 5 日最大降水量在西部、中南部和东部大部分地区呈现增加趋势，增幅最显著的位于中南部和东部，超过 100%，中南部地区地处高山峡谷地带，未来发生强降水导致的山洪、滑坡、泥石流等灾害可能性大；减少最显著的区域位于东北部和东部部分地区，减少值超过 20%。21 世纪中期，川藏铁路沿线大部分地区 10m/s 最大风速呈增加趋势，最大增幅出现在西部和中西部地区（波密、洛隆一带），超过 15%，西部为高山河谷地区，多草场，未来发生大风灾害的可能性大，可带来列车脱轨、颠覆等事故。

（2）青藏铁路沿线区域未来灾害风险预估。21 世纪中期，在中等和高温室气体排放情景下，整个区域极端暖事件呈明显增多趋势，极端冷事件呈减少趋势，极端降水指数呈增加趋势，其中，50 年一遇的年大于 10mm 降雨日数增多和 5 日最大降水量将明显增加，最大增幅在西藏东部地区，数值超过 150%，西藏个别地区将减少。总体看，未来青藏铁路沿线会变得更加湿润，冰川融化水源增多，多年冻土区减少，应谨防冻土变化带来的路基风险以及春夏冰川融水可能导致的洪涝灾害。21 世纪中期，青藏铁路沿线区域大部分地区 10m/s 最大风速呈现增加趋势，最大增幅出现在青海南部、西藏东北部和东部，数值超过 15%，青藏铁路沿线的北部和东部高山连绵，地势起伏大，地形对风影响显著，未来应预防峡谷大风对铁路电气化工程的负面影响，警惕强风等极端条件下，因大风振动引起的桥梁构件受损导致安全事故增多。

6. 未来极端事件对不同行业气候风险预估

（1）农业。未来气候变化背景下，农业气象灾害事件和病虫害增多，原产地农产品品质下降，农业生态系统的脆弱性增加。未来全球升温 1.5℃和 2.5℃情景下，如果不考虑 CO_2的肥料效应，中国小麦产量相对于历史时段（2006~2015 年）将分别增加 1.2%和减少 0.9%，玉米产量将分别下降 0.1%和 2.6%；如果考虑 CO_2的肥料效应，中国小麦产量将增加 3.9%和 8.6%，玉米产量将分别增加 0.2%和减少 1.7%。在高排放情景下，21 世纪末与 1981~2010 年相比，我国小麦产量增加超过 10%的地区主要位于东北北部、青海北部、云南北部，这些地区小麦生产具有较强的气候恢复力；玉米产量则以减少为主。

（2）水资源。未来气候变化背景下极端降水事件、洪水和干旱灾害发生频率将呈现一定上升趋势，加上快速的城市化进程，将促使水资源系统风险和脆弱性的上升。未来极端降水增加、海平面上升、冰川消融等将可能使洪涝等极端事件增多增强。升温可能引起湖泊富营养化，恶化水质。城市热岛效应不仅使得暴雨概率增高，而且因其下垫面渗水差、汇流速度快，会增加洪涝风险。气候变化对水资源的级联影响主要通过增大工业需水量、改变农业需水量、加大水资源时空分布不均匀性和影响生活用水质量等途径，给水资源管理造成压力。

（3）能源供应。未来影响能源供应的主要气象因素包括高温、干旱、强降雨、强对流等。在全球变暖背景下，未来取暖能耗将降低，制冷能耗会增加，能源的总体需求呈上升趋势。随着新能源发电占比升高，未来极端天气气候事件对电网稳定性的冲击强度将增强。其中，连续干旱可能影响到水电站的发电能力；极端高温可能降低组件发电效率；极端降雨对电力设施等造成破坏、引发短路；强对流天气，如雷暴大风可能导致电力设施损坏，中断电力供应。

（4）交通行业。以公路交通为例，影响因素包括高温、暴雨、台风、强浓雾、低温等。未来极端天气气候条件下，路面高温引发的车辆爆胎概率可能会增加；强浓雾造成的低能见度会导致车辆追尾事故增加；强烈的风雨可能导致道路损坏或者封闭概率增加。

（5）森林火险。主要的气象影响因素是高温、干旱、强风等。其中，气候变化产生的连续干旱，以及高温天气会增加森林火灾的发生风险，导致火险期提前或延长；高温、干旱形成的干燥环境会使地表可燃物更易燃烧，而强风则可能使火势迅速蔓延。

（6）旅游行业。极端天气气候主要影响旅游安全，其主要的气象影响因素有台风、暴雨、雷暴以及引发的次生灾害，如地质灾害、山洪等。露营旅游、渔旅、高山旅游、自驾旅游、漂流、索道等旅游项目可能因灾害性天气和次生灾害而引发安全事故，也会导致旅游景点关闭，影响游客的旅行计划；气候变化也可能对旅游景点的自然环境造成破坏，影响其吸引力。近年来，一些民宿（农家乐）集中在山区、中小河流域周边，暴雨、山洪等气象灾害多发易发重发，气象灾害引发的安全事故和赔偿事例亦逐年增多，成为影响旅游行业的严重隐患。

（7）人体健康。未来气候变化情景下的高温相关健康风险会显著升高，且城市化和人口老龄化将进一步加剧该风险。气候变化还会对登革热、感染性腹泻以及古老传染病菌复活造成的传染病控制产生不利影响。

二　我国应对和防范极端天气气候事件存在的主要问题

（一）应对和防范体制机制不够健全

一是气象灾害预警和应急响应联动机制尚待完善。气象灾害预警与应急响应还存在信息传导不畅、沟通不足、影响灾害防御和应对的情况。同时，极端事件的应急响应联动机制需要通过实践来磨合，有的基层政府、企事业单位与广大群众缺少应对极端事件的经验，很难理解极端天气气候事件Ⅰ级应急响应与特别工作状态。二是防灾减灾救灾统筹协调机制尚待健全。未来天气气候异常复杂，气象灾害的多样性、突发性、极端性、不可预见性日益突出，多变性、关联性和难以预见性更加明显，气象灾害发生发展规律越来越难以把握，灾害破坏性已超过以往的经验认识。灾害事前事中事后全面管理、防灾减灾救灾统筹协调机制尚待健全，特别是应急救灾指挥能力、调度机制和物资储备善后恢复措施还需加强。三是分级负责的保障衔接机制尚不健全。在极端天气气候事件引发的应急救灾工作中，应急救灾分级责任主体保障能力不一样，救灾过程中存在缺漏。如北京“23·7”极端降水遇灾火车不归北京段管理，分级负责下的保障衔接亟须集中谋划。

（二）全社会的应对防范能力有待提升

一是基层领导干部风险意识和底线思维有待加强。部分基层领导干部临场指挥存在经验主义倾向，对极端天气气候灾害的冲击性、衍生性、叠加性认识不足，缺乏对重大灾害与危机的警惕，风险意识和底线思维不足。实际过程中，决策者的关注点"失焦"，导致应急处置不及时、不得当，错失有效防范时机。二是灾害应对融入基层治理体系还存在短板。较多地方政府对村（社区）、市场和社会主体组建社会救援队伍支持引导力度不足，常备应急救援队伍的专业能力建设不均衡，应急物资保障水平不够优化，应急系统与灾害探测系统、导航系统、信息通信等仪器手段覆盖面不足。基层难以做到科学高效响应、分层分级处置、有力有序应对。三是城乡居民防灾避险自救意识和能力不足。部分地区基层群众防灾减灾意识不足，对极端天气气候事件影响了解较少，对预警信息内容认知不足，缺乏临灾避险技能。尤其是北方地区对极端降水的危险认识不足，存在侥幸心理，在面临灾害时往往是被动受灾，自救、互救能力也较为缺乏。四是城乡发展规划对灾害承载力评估不足。结合自然灾害综合风险普查成果，分析城乡房屋建筑、设施等承灾体的抗灾能力和综合减灾水平不够。定期对城乡重点区域、重要部位和重要设施开展极端天气应对能力评估，增强城乡重要生命线抵御极端天气的韧性建设准备不足。

（三）气象灾害监测预报预警能力亟待提升

一是部分地区气象灾害观测建设标准低。山洪地质灾害易发区观测台站建设标准低，应灾能力弱。部分台站紧靠水患易发地区，布局有待优化，气象观测仪器共建共享共用的标准综合考虑不足。二是极端天气事件的应急服务需要优化。长中短临期结合的气象灾害递进式监测预报预警服务机制有待完善和常态化，分时段、分区域、分强度的精细化预报预警，针对不同灾种的影响阈值服务指标有待细化，极端天气气候事件的精细化服务能力有待提升。三是气象灾害预警警示性和覆盖面仍需提高。预警的警示性亟待增强，气象灾害预警与实际"险情""灾情"关联的紧密性有待进一步加强。预警覆盖面亟待进一步扩大，在通信基础较差，且灾害频发的偏远农村、山区、牧区和海区预警信息覆盖还存在盲区。

（四）风险管理能力不足

一是全民预警的风险研判与评估亟待提升。多领域、多部门的信息资源共享不足，较难反映气象灾害“灾害链”和社会关联性影响特征，尚未建立可以业务化运行的气象灾害风险研判和评估系统。二是风险转移机制还不够普及。巨灾保险等风险转移机制基础薄弱，普及率低，尚未建立起成熟完备的保障体系。除少数地方外，一些地方政府对巨灾保险等灾害风险转移机制中的作用认识不够。气象部门针对气象灾害的巨灾保险产品研制给予地方政府以及保险公司的技术支撑有限。三是气象灾害风险普查不够、结果应用不够。普查工作未覆盖全部灾种以及气象相关行业，风险普查数据资料未在气象部门内部形成较好的共享机制，不利于气象灾害风险评估。对于风险普查各类数据、图件、文字报告、标准规范、软件系统等成果的深入挖掘提炼不够，与地方政府以及相关部门的信息互通、联动协作较少。

（五）法律体系有待完善

一是现行法律法规执行不到位。《中华人民共和国气象法》《气象灾害防御条例》等法律法规执行存在不到位的问题。在政府机构改革后，《中华人民共和国突发事件应对法》《突发事件应急预案管理办法》未及时根据履职主体变化、经济社会发展、极端天气气候事件影响及时修订，特别在实际执行中部分地方缺乏有针对性、可操作性的细则规定。二是气象预警信号强制性和约束力不够。《气象灾害防御条例》《气象灾害预警信号发布与传播办法》规定气象部门发布预警信号，但这些规定的法律效力有限，难以规范和动员全社会力量依法有效防御和治理气象灾害。此外，降雨天气过程、暴雨等级等标准在不同部门间存在冲突，不利于提升防减灾的有效性。三是省级及以下应急预案的可操作性亟待增强。许多省、市、县气象灾害应急预案存在“上下一般粗”的问题。部分地区未结合本地区气象灾害发生发展特点，未根据本地实际易发多发极端天气，建立完善可操作的预案体系，应急预案与本地实际情况不吻合，应急预案缺乏针对性、有效性，应对措施不具体，缺乏可操作性，实用性不强。

三 科学应对极端天气气候事件的对策建议

我国形成了具有中国特色的“统一领导、综合协调、分类管理、分级负责、属地管理为主”的应急管理体制，经受住了实践的检验，在重大自然灾害风险防范应对、自然灾害防治体系和防治能力现代化推进中发挥了重要作用。

（一）加快完善应对极端天气气候事件体制机制建设

一是强化以气象灾害预警为先导的应急联动机制建设。健全以气象灾害预警为先导、具有政府法规约束性的部门联动响应机制，推进气象灾害多部门风险研判和综合调度，完善重大灾害性天气“叫应”服务。二是健全防灾减灾组织机制。构建与属地责任相适应的气象防灾减灾救灾责任体系，健全气象监测预报预警在部门间的组织部署、应急指挥、舆情应对等联动协同机制。推动将气象灾害应急指挥和统筹协调职能纳入地方综合防灾减灾救灾领导机构职责。三是健全分灾种、分影响的气象灾害监测预报预警机制。建立多行业、多部门联合参与的极端灾害风险预报影响阈值学科研究和业务运行机制。建立健全基于影响的分灾种、分重点行业的气象灾害监测预报预警机制，构建分灾种、分区域、分时段、分强度、分影响的极端天气监测预警服务体系，提高极端天气气候事件气象风险预报预警能力。四是建立极端天气防灾避险制度和气象灾害防御水平评估制度。对重大自然灾害过程进行复盘分析，形成定量化成果向社会发出权威声音，对监测和预报等上游业务形成有效反馈，形成“业务—服务—检验—反馈—改进”的良性循环。

（二）强化社会气象防灾减灾能力建设

一是加强领导干部培训，提升风险意识和底线思维。加强组织专班开展领导干部气象防灾减灾能力培训，重点推动各级党委、政府领导干部树牢人民至上、生命至上理念，把各级主要领导和分管领导灾防知识培训纳入考核，以增强风险意识和底线思维。二是加快推进基层气象防灾减灾基础建设和能力提升。建立市县级和街道乡镇级基层高危重大灾害性天气“叫应”服务标准，强化全社会气象灾害防范应对能力。动员气象信息员与社区网格员、灾害信息员、地质灾害群测群防员等共建共享共用，建立和实施“防灾型社区”“防灾重点生产单位”评价制度。三是加大气象防灾减灾科普力度，提高公众灾害防范意识。加强气象科普宣传，提高全民的气象防灾减灾意识，建设气象防灾减灾志愿者队伍，提升社会公众防灾避灾和自救互救能力。四是促进地方政府建立完善气象防灾减灾防控与指挥机制。推动地方政府建立定期气象灾害风险普查和风险区划制度、气象灾害风险评估制度，以及气象灾害防御重点单位管理制度。构建立体化的预警信息发布网络，消除预警信息接收“盲区”。五是完善公共安全体系和风险监测预警体系。根据气象灾害影响和气候安全因素，修订基础设施标准、优化防御措施，提升重点区域、敏感行业基础设施设防水平和承灾能力，强化气候韧性和安全。

（三）持续提升防灾减灾气象应对能力

一是提升气象灾害监测预警先导能力。加快陆海空天一体化综合观测业务体系建设，强化雷达、卫星等对气象灾害监测分析和在基层的应用。二是建立完善气象灾害递进式监测预警服务机制。建立覆盖“灾前—临灾—灾中—灾后”全链条服务，在气象灾害发展的不同阶段，按照不同需求供给预报预警服务产品，并分级别、分区域精细化联动相关力量，使气象监测预报预警信息快速转化为各级政府和社会公众的防灾减灾行动力。三是构建广覆盖高时效的突发事件预警信息发布体系。加快推进重大灾害预警信息发布全面接入当地广播、电视、政府网传播体系，融入地方网格化社会服务管理。对接农业农村和海事等部门，扩展海上信息发布渠道。

（四）提升极端天气气候事件风险管理能力

一是增强气候安全意识，积极应对气候变化。针对气候承载力、防洪排水设计、气候环境容量、城市通风廊道、工业园区区域评估、城市热岛效应评估等方面，加强气候影响评估和气候可行性论证。开展气候和气候变化的早期预警研究，建立定期发布制度。二是强化极端天气气候事件的风险研判能力。加强应对气候变化与国民经济重点领域关系研究，提升决策服务能力。发展极端天气气候事件监测评估业务，建立风险区划图，大力提升灾害风险管理与应对能力，推动公共安全治理模式向事前预防转变。三是推进金融衍生产品的研发和应用。建设金融、保险、期货气象服务系统，发展台风、干旱、洪涝等巨灾保险气象服务，加强政策性农业保险和商业保险气象服务。引领气象巨灾保险顶层设计及费率厘定，探索建立气象巨灾保险等风险转移保障机制。四是加强全国气象灾害风险成果的转化应用。建立普查成果快速服务于地方政府决策统筹机制，加强成果应用与共享，推动气象服务深度融入规划、建设、生产、流通、消费等环节。

（五）完善防减救灾法律体系

一是健全和完善气象防灾减灾法律法规和规划，依法界定应对和防范职责。加强应对和防范极端天气气候事件立法顶层设计，加快应对和防范极端天气气候事件地方性法规建设。二是加强应对和防范极端天气气候事件标准规范建设，提升应对和防范的规范性。制定应对和防范极端天气气候事件标准化建设方案，加强极端天气气候事件预报预警、应急管理、风险管理等标准制（修）订，建立高危极端天气防灾避险制度，发挥预警信息强制触发作用，实现高危预警信息由“消息树”向“发令枪”的转变，推动政府责任部门建立高危极端天气高级别气象预警信号“叫应”机制。三是推进应对和防范极端天气气候事件预案的制修订，明确气象预警发布主体地位。加强应急预案的动态管理，适时对预案进行修订和更新。对地方现行气象灾害应急预案的科学性、可行性、可操作性等进行评估，推动省市县级修订完善本地气象灾害防御法规和气象灾害应急预案。建立社会应急联动机制，定期开展应急演练和隐患排查。

参考文献

黄丹青：《极端天气气候事件频发：基本规律与科学应对》，《国家治理》2023 年第 17 期。

周佰铨、翟盘茂：《未来的极端天气气候与水文事件预估及其应对》，《气象》2023 年第 3 期。

张君枝、梁雅楠、王冀等：《气候变化背景下京津冀极端高温事件变化特征研究》，

《灾害学》2023 年第 4 期。

杨久栋、关仕新：《气候变化和极端天气增多，如何保障粮食生产安全?》，《记者观察》2023 年第 28 期。

孔锋：《统筹推动全球气候治理　助力极端高温天气灾害应对》，《防灾博览》2023 年第 4 期。

方建、陶凯、牟莎等：《复合极端事件及其危险性评估研究进展》，《地理科学进展》2023 年第 3 期。

孙景博、王阳、杨晓帆等：《中国风光资源气候风险时空变化特征分析》，《中国电力》2023 年第 5 期。

吴杨、彭俊文、何雨璐等：《极端天气气候与空气质量对健康影响》，《四川生理科学杂志》2024 年第 3 期。

李明、陈琛：《优化制度设计　提升极端天气气候事件治理能力》，《中国减灾》2021 年第 15 期。

吴建南、高小平、钟开斌等：《增强极端天气下城市治理的韧性》，《探索与争鸣》2022 年第 12 期。

B.18

人工影响天气助力生态经济发展研究

苏海周　丁德平　张晋广　李培仁*

摘　要：　近年来，我国人工影响天气工作得到快速发展，在水资源开发、生态修复与保护、森林草原防灭火等方面取得显著成效，得到党中央、国务院高度重视。本文主要针对我国人工影响天气"十三五"发展现状进行总结，梳理人工影响天气助力生态经济发展取得的成就，全面分析存在的短板和不足，结合国家需求、行业发展的新形势深入研究，提出人工影响天气为国家生态建设、生态经济发展提供保障服务的思路举措：一是加强能力建设，提升常态化精准生态修复型人工影响天气业务水平；二是加强关键技术攻关，提升常态化生态修复型人工影响天气科技支撑；三是加强组织保障，确保人工影响天气助力生态经济可持续发展。

关键词：　人工影响天气　生态经济　生态修复

引　言

生态文明建设是习近平新时代中国特色社会主义思想"五位一体"总体布局和"四个全面"战略布局的重要组成部分。气象环境是影响自然生态系统的最活跃因素，气候变化直接或间接影响生态环境。气象工作在生态文明建

* 苏海周，国家人影中心专项服务室主任，主要研究方向为专项领域、重点行业与重大服务人影保障和成果转化；丁德平，北京市气象局正研级高级工程师，硕士生导师，科技部首席科学家，主要研究方向为气溶胶—云降水物理；张晋广，辽宁省气象局正研级高级工程师，主要研究方向为人工影响天气业务和应用技术；李培仁，山西省气象局正研级高级工程师，主要研究方向为大气物理和人工影响天气业务。

设总体布局中发挥着基础性科技保障作用，适应气候变化规律、科学有效防御气象灾害、不断提升生态保护和修复的气象保障支撑能力，是推进生态文明建设的内在要求。

人工影响天气是气象工作的重要组成部分，是通过科技手段对局部大气中的物理过程施加人为影响，达到趋利避害的目的。如果说科学研究的目的是认识自然和改造自然的话，人工影响天气就是在认识自然的基础上合理利用自然。人工影响天气以人工增雨和人工防雹为主，还包括人工消云减雨、人工消雾、人工防霜冻等，人工影响天气在农业抗旱减灾、服务乡村振兴、河流水库蓄水、人工消雾、重大应急保障等方面发挥着重要作用，并随着经济社会发展与防灾减灾需求加大，人工影响天气逐渐在高山增雪、净化空气、城市降温等方面拓展。在水资源开发、生态环境建设、生态修复与保护、森林草原防灭火等方面也取得了显著成效，得到党中央、国务院的高度重视。

早在 1958 年 8 月，为缓解东北严重干旱，吉林省首次开展飞机人工增雨试验，开启了我国现代人工影响天气工作的序幕。经历了 65 年发展历程，大致分三个发展阶段：第一个时期（1958～1980 年）——顺势起步阶段，外场作业规模不断扩大，实现了我国人工影响天气工作的从无到有；第二个时期（1981～2012 年）——调整、改革、整顿、提高阶段，国务院批准建立“人工影响天气协调会议制度”，印发《国务院关于加快气象事业发展的若干意见》（国发〔2006〕3 号），加强科学试验和安全监管，相关法律法规相继颁布实施，出台了第一部全国人工影响天气发展规划，实现了我国人工影响天气工作的从小到大；第三个时期（2012 年党的十八大以来）——高质量发展阶段，国务院印发《气象高质量发展纲要（2022—2035 年）》（国发〔2022〕11 号），《国务院办公厅关于进一步加强人工影响天气工作的意见》（国办发〔2012〕44 号）和《国务院办公厅关于推进人工影响天气工作高质量发展的意见》（国办发〔2020〕47 号）印发，一系列政策措施有力推动了人工影响天气事业持续快速发展。实施《全国人工影响天气发展规划（2014—2020 年）》，人工影响天气业务现代化建设迈上新台阶，我国人工影响天气工作从弱到强，正努力赶超世界先进水平。

受全球气候变化影响，降水不足，干旱与水资源缺乏日益严重，引发河流流量减少、水库蓄水量下降、地下水水位降低等水文干旱，致使土地墒情下降，土壤沙化、盐碱化严重，树木枯死，植被破坏，生态环境遭到严重破坏。

为避免或者减轻气象灾害，合理利用气候资源，在适当条件下通过科技手段对局部大气的物理过程进行人工影响，实现增雨雪、防雹、消雨、消雾、防霜等目的。具体地说，就是在适当的天气条件下，采用飞机和高炮、火箭、地面燃烧器等作业方式，通过向大气合适的云层中适量播撒相应的催化剂，对局部天气施加影响，使云物理结构和云的发展过程发生变化，从而达到天气向人们所希望的方向变化的效果，为生态文明建设和生态经济发展提供保障服务。

一　人工影响天气发展现状及问题分析

近年来，各省（区、市）党委政府、各部门坚持以习近平新时代中国特色社会主义思想为指导，深入贯彻落实习近平总书记关于气象工作和防灾减灾救灾的重要指示精神，不断完善体制机制，增强服务意识，加快科技创新，强化能力建设，扎实推进人工影响天气工作高质量发展，取得明显成效。

（一）人工影响天气现代化建设成果丰硕

1. 人工影响天气作业基础能力提升取得新进展

在国家发展改革委、财政部支持下，实施国家级和东北、西北、中部、西南区域人工影响天气建设项目，人工影响天气基础业务能力大幅提升，形成了天—空—地协同的人工影响天气作业力量。截至 2023 年 6 月，全国共有人工影响天气作业飞机 54 架，地面作业站点 15592 个，高炮 5241 门，火箭发射架 7674 部，地面远程高山碘化银发生器 1727 部，地面作业人员 38159 人。① 现代化装备实现跨越式发展，关键技术装备逐步实现自主可控，建成 10 架高性能人工影响天气作业飞机，搭载先进机载探测设备和多种催化装备，形成了世界先进的增雨飞机机群，实现反应迅速、协同高效的跨区域作业能力。在甘肃、四川、贵州、西藏等地探索新技术应用，开展大型无人机人工增雨（雪）试验。

2. 人工影响天气作业指挥体系建设迈上新台阶

依托 8 颗风云气象卫星、242 部新一代天气雷达和近 7 万个地面气象观测站组成的立体探测网络，逐步建成监测精密、技术先进的云水资源立体探测系

---

①　资料来源：《“十三五”以来全国人工影响天气工作总结》。

统。通过实施国家级和区域人工影响天气工程，构建了国家（区域）、省、市、县以及作业点五级有机衔接的组织领导体系和逐级指导的作业指挥体系，创新建立“四级业务纵向到底、五段流程横向到边”的特色业务体系。国家级云降水精细化分析系统、作业指挥系统、视频会商平台等业务系统实现国省两级全覆盖。卫星、雷达、数值预报等作业指导产品覆盖率达100%，人工影响天气作业精确指挥、精准调度水平大幅提升（见图1）。

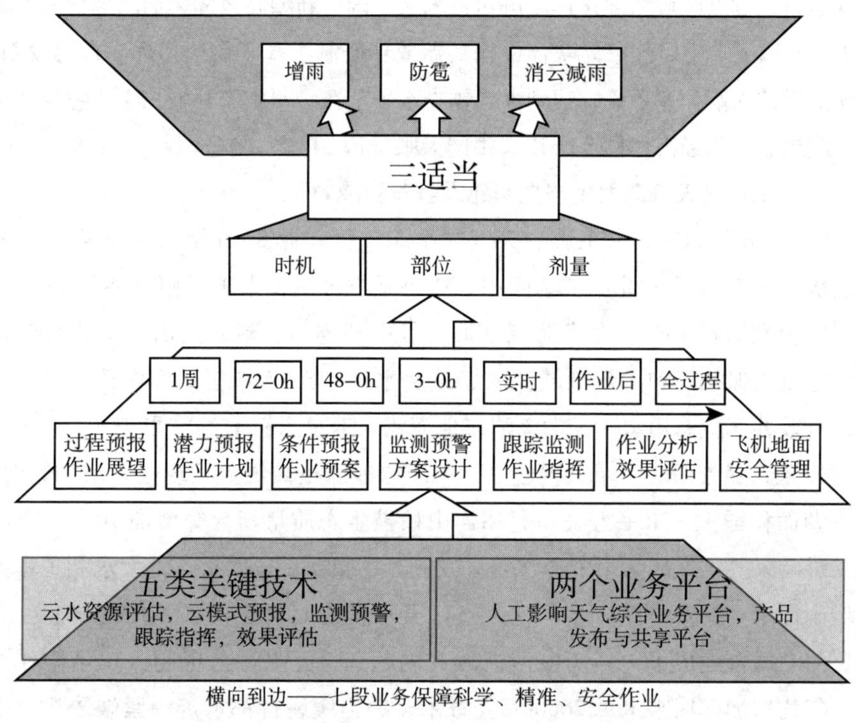

图1　全国人工影响天气特色业务体系

3. 人工影响天气关键核心技术攻关实现新突破

人工影响天气基础研究项目实现量的增长和质的提升。科技部、自然科学基金委将人工影响天气关键核心技术研发纳入“十四五”国家重点研发计划实施方案。中国科学院和有关高校加大基础理论和应用研究力度，与气象局联合开展科学试验，深化云水资源评估理论、技术方法和云雾降水物理过程研究。中国气象局在全国建设了7个不同地理条件、不同气候背景、不同科研方向的人工影响天气试验示范基地，包括高原增雨（雪）/补冰—祁连山、三江源、天山增雨（雪）试验基地；飞机技术—河北机载人影探测设备保障基地；消云减雨—华北重大服务人影保障试验基地；室内试验—北京平谷云雾物理室内试验基地；汇水区水库增蓄—丹江口水库增蓄试验基地；南方暖云增雨—江西庐山南方暖云增雨试验基地；南方冰雹—贵州威宁南方人工防雹试验基地。组建了人工影响天气领域创新团队。我国自主研发的3公里水平分辨率云降水数值预报系统投入业务运行，重点区域精细化程度可达百米级。国产新型高效催化剂的催化效率提高100倍以上。中国气象局联合中国兵器成功研制了基于雷达指挥、自动发射、立体播撒的火箭作业系统，达到世界领先水平。在贵州威宁开展人工防雹外场试验，成果服务于经济作物生产和“中国天眼（FAST）”防雹。

4. 人工影响天气助力生态文明建设收获新成效

“十三五”以来，人工影响天气共组织飞机作业8326架次，地面作业36万余次，人工增雨（雪）影响面积522万平方公里，人工增雨（雪）较“十二五”分别增长18%。在青海三江源、甘肃祁连山、新疆天山、湖北丹江口等生态重点保护区和主要流域源头、重要水库，常年实施人工增雨（雪）作业，有效补充生态用水，扩大湖泊湿地面积。卫星遥感监测结果表明，“十三五”以来，随着西北区域工程建设，三江源地区植被覆盖呈现逐渐增加趋势，青海湖面积增大371平方公里，祁连山植被生态质量指数等增加10%~30%。人工影响天气已经成为水资源综合开发利用的重要手段。根据重大水利工程蓄水增雨需求，针对丹江口水源地生态区开展固定目标区的人工增雨试验。北京、河北联合建成了包括潮白河流域在内的3.5万平方公里的人工增雨作业网，年均增加库区来水量2600万立方米，助力缓解首都水资源紧缺矛盾。多地开展人工增雨净化空气作业试验，探索改善城市空气质量（见图2）。

在2018年大兴安岭呼中自然保护区森林火灾扑救中，中国气象局紧急调派3架增雨飞机、8部车载增雨火箭、500多名人工影响天气指挥和作业人员投入扑火工作，对全线扑灭林火发挥重要作用。2022年下半年，为应对南方多地罕见的高温干旱，中国气象局紧急调派4架国家高性能增雨飞机、协调2架大型无人机和1架军机支援抗旱，有力缓解旱情，得到各级政府、社会公众和媒体的广泛赞誉。

中国气象局《2022年全国生态气象公报》表明：2022年全国植被生态质量指数为68.3，较常年偏高6.2%，为2000年以来第三高，2022年全国热量

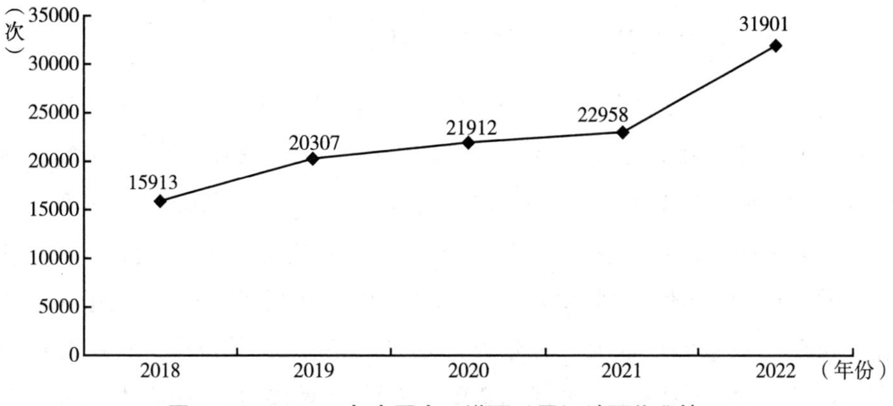

图 2　2018～2022 年全国人工增雨（雪）地面作业情况

资料来源：《“十三五”以来全国人工影响天气工作总结》。

条件较好，大部地区降水量接近常年，气象条件对全国植被生长有利的程度总体好于常年。

黄河流域大部 2000～2022 年植被生态改善明显，涵养水量、土壤保持量呈增加趋势，防风固沙功能增强。2000 年以来，气温呈升高、降水呈增加趋势，有利于植被生长和生态改善；祁连山区 2000～2022 年有 97.5%的区域植被生态质量呈上升趋势，青土湖、青海湖等主要水体面积 2022 年维持高位。祁连山区 2022 年降水偏少，但 2000 年以来降水呈增多趋势，利于区域生态向好发展；三江源地区 2000～2022 年有 92.1%的区域植被生态质量改善，主要湖泊面积增大。三江源地区 2022 年降水量为平水年型，但 2000 年以来降水呈增加趋势，气温呈升高趋势，利于植被生长和湖泊蓄水，但升温不利冰川稳定；东北林区 2000～2022 年涵养水量平均每年增加 2～6 毫米，土壤保持量增加 1～3 吨/公顷。2022 年呼伦湖和扎龙湿地水体面积维持高位，2022 年东北地区降水“西少、东多”，2000～2022 年降水增多，气温升高，利于林区植被生长和湿地湖泊生态功能提升；海河流域大部 2000～2022 年水土保持量呈增加趋势，加之南水北调、引黄补水等工程生态补水，2022 年密云、官厅水库面积分别达 2000 年以来第二大和最大，流域 2022 年降水量多于常年。2000 年以来降水增多、气温升高，有利于植被生长和蓄水；长江流域大部 2022 年植被长势明显差于常年和 2021 年，不利植被生长；西南石漠化区 2002 年植被生态质量较 2021 年略有下降，但仍为 2000 年以来第三高。

（二）人工影响天气发展面临的新形势

国家发展改革委、自然资源部印发《全国重要生态系统保护和修复重大工程总体规划（2021—2035 年）》（发改农经〔2020〕837 号），中国气象局印发《“十四五”全国人工影响天气发展规划》（气发〔2021〕145 号）和《国务院办公厅关于推进人工影响天气工作高质量发展的意见》（国办发〔2020〕47 号）对生态修复型人工影响天气能力都提出明确要求。其中《生态保护和修复支撑体系重大工程建设规划（2021—2035 年）》（发改农经〔2021〕1812 号）明确要求要逐步提升生态气象保障能力，指出要加强人工影响天气能力建设，提高生态修复型作业能力。

评估表明：中国大陆上空云水年输入量和输出量的多年平均值分别为 1.04 万亿吨（约 110.8mm）和 1.07 万亿吨（约 113.4mm），全年参与中国大陆大气水循环的云水总量平均为 7.91 万亿吨（水深 838.1mm），其中有 6.24 万亿吨（水深 661.7mm）云水可以及时通过云物理过程增大为雨滴，形成地面降水，云降水效率 78.9%，其余 21%又被蒸发掉或从边界上流出。扣除已经形成的地面降水，剩余留在空中的云水资源年总量平均 1.67 万亿吨（水深 176mm），是生态修复与保护可以开发利用的重要资源（见图 3）。

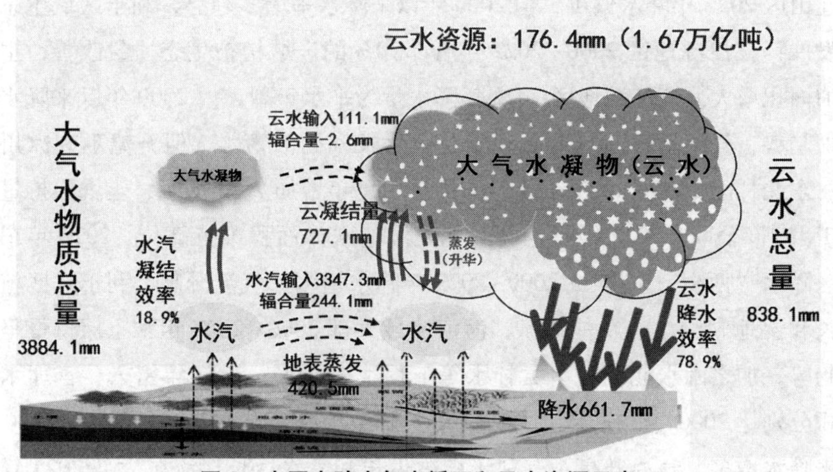

图 3　中国大陆大气水循环和云水资源示意

资料来源：《国家重点研发计划“全球变化及应对”重点专项“云水资源评估研究与利用示范”项目》。

面对新的战略需求，针对生态脆弱区、水源和汇水区、湖泊湿地等特定目标区提高常态化作业技术能力和水平；针对气候变化引发的西部冰川退缩，需要开展冬季增雪补冰人工影响天气作业；针对南方重点生态区水源涵养、湿地恢复等，需要开展暖云增雨催化作业；针对森林火险、中小尺度灾害性天气、异常高温干旱等重大灾害或突发事件，需要及时开展人工影响天气重大应急保障服务；针对人工增雨改善空气质量等需求，需要开展人工增雨对大气颗粒物的清除作用试验，助力大气污染防治，同时研究探索改善空气质量等其他新技术新方法。

1. 国家需求愈加增多

党的十八大以来，以习近平同志为核心的党中央把生态文明建设作为统筹推进“五位一体”总体布局和协调推进“四个全面”战略布局的重要内容，提出一系列新理念、新思想、新战略，形成了习近平生态文明思想，为新时代大力推进生态文明建设提供了根本遵循。党的十九大将“坚持人与自然和谐共生”作为新时代坚持和发展中国特色社会主义的基本方略，提出加大生态系统保护力度，实施重要生态系统保护和修复重大工程。党的十九届五中全会进一步提出 2035 年美丽中国建设目标基本实现的宏伟目标及全球气候变暖对我国承受力脆弱地区影响的观测等要求。习近平总书记提出的力争 2030 年前实现碳达峰、2060 年前实现碳中和的战略决策，为我国应对气候变化、提升生态保护和修复的人工影响天气服务提出明确需求，指明了方向。

2. 发展要求愈加迫切

2019 年 12 月，习近平总书记在庆祝新中国气象事业 70 周年之际作出重要指示，特别强调气象工作关系生命安全、生产发展、生活富裕、生态良好，要求广大气象工作者发扬优良传统，加快科技创新，做到监测精密、预报精准、服务精细。

围绕中共中央、国务院关于生态文明建设方面的系列重大决策，中国气象局积极谋划“十四五”生态气象和气候变化业务发展，从应对气候变化、生态保护和修复及生态修复型人工影响天气等方面做出全面发展部署，先后印发了《“十四五”中国气象局应对气候变化发展规划（2021—2025 年）》《生态气象服务保障规划（2021—2025 年）》《“十四五”全国人工影响天气发展规划》；为强化重点区域、重要领域气象对生态保护和修复的支撑保障能力，还

印发了《长江经济带气象保障能力提升工作方案（2021—2025 年）》《中国气象局气候变化监测评估工作方案》《黄河流域生态保护和高质量发展气象保障工作方案（2021—2025 年）》《淮河流域气象保障能力提升工作方案（2021—2023 年）》《珠江流域气象保障能力提升工作方案（2021—2023 年）》《中国气象局加强青藏高原气候变化工作方案（2021—2025 年）》等工作方案和行动计划，为我国生态保护重点区域、气象重点服务方向和人工影响天气重点发展目标做出全面工作部署。

3. 部门定位愈加明确

《中华人民共和国气象法》《中华人民共和国大气污染防治法》等法律文件赋予气象部门生态文明建设气象保障服务工作职责，“在中华人民共和国领域和中华人民共和国管辖的其他海域从事气象探测、预报、服务和气象灾害防御、气候资源利用、气象科学技术研究等活动”。

2022 年 4 月，国务院印发《气象高质量发展纲要（2022—2035 年）》，明确要求“强化生态文明建设气象支撑：强化应对气候变化科技支撑、气候资源合理开发利用、生态系统保护和修复气象保障等”。

2021 年 11 月，国家发展改革委和中国气象局编制印发《全国气象发展“十四五”规划》，明确提出要加强生态气象保障与气候变化监测评估，加强气候变化、极端气候事件、气象灾害对我国重点生态功能区及生态脆弱敏感区的影响评估；提升气候资源合理开发利用能力，为气候承载力评价、气候可行性评估、碳中和评估提供气象服务。

2021 年 12 月，国家发展改革委联合九部委印发《生态保护和修复支撑体系重大工程建设规划（2021—2035 年）》，进一步提出生态气象与气候变化监测评估、预报预警和服务等方面能力建设任务，为生态气象保障能力提升与气候变化监测评估工程建设提出了更加明确的规划设计要求。

生态文明建设对我国人工影响天气工作提出新的要求，针对生态脆弱区、水源和汇水区、湖泊湿地等特定目标区，需要提高常态化作业技术能力和水平。针对气候变化引发的西部冰川退缩，需要开展冬季增雪、人工补冰等人工影响天气作业。需要开展人工增雨作业改善空气质量，同时研究探索改善空气质量的其他新技术和新方法。

（三）存在的主要问题

人工影响天气工作虽然取得了一些成绩，但对标高质量发展要求、生态经济发展需求，还存在一些短板，如生态环境保护修复人工影响天气作业能力有待加强、科技支撑依然不足、统筹能力较弱、安全监管体系尚不完善。

1. 服务国家重大战略的能力仍然不足

在服务生态文明建设方面，针对森林草原增湿、高山积雪增厚、湿地涵养保护、江河径流和湖库增水以及地下水补给等生态修复需求，特定地区高效利用空中云水资源的能力和布局仍待进一步加强。在季节性干旱、森林草原火灾等突发事件应对保障中，人工影响天气现有技术、保障服务能力仍有欠缺。

（1）常态化精准生态修复人工影响天气作业能力欠缺。我国生态保护和修复区域多处于边远、复杂地形中，常规的飞机和高炮、火箭等往往不能运动到位或飞到云层的指定部位，使得作业失败或效果不佳，亟须开发智能探测、作业装备，如：无人机作业系统和可远程遥控、自动化、智能化的新型地面作业设备等，满足可在高寒、偏远、复杂天气和地形下开展精准作业的需求。

（2）面向重点生态区的智能精细人工影响天气指挥能力欠缺。目前尚未建立与生态保护和修复耦合的精细化人影作业监测指挥系统，不仅需要在国家和省级指挥中心的技术系统中强化生态保障的指挥能力，还需建设机动能力强、集成度高的前方人工影响天气作业指挥平台来满足应急救灾的需求，形成国家、省、市县、示范基地和作业站点及机动力量的可迅速联动的高质量一体化人工影响天气保障体系。

（3）人工影响天气作业效果评估和效益评价技术方法欠缺。效果评估是人工影响天气作业中一个必须进行的重要环节。对人工增雨等作业效果评估主要分为物理评估、统计评估、数值模式，目前国内外学者主要采用经典非随机化效果评估方法、区域比较方法、对比区历史回归方法等手段来实施对人影作业的效果评估工作。就当前人影发展情况来看，效果评估应该是相关学科亟待解决的一项科学难题。

（4）针对生态修复型人工影响天气关键核心技术仍需加强。目前我国的人工增雨主要目标云系为层状冷云，对于暖云催化、对流云催化等技术尚不成熟，针对重点生态区不同需求的高效催化技术和作业能力不足，亟待发展面向

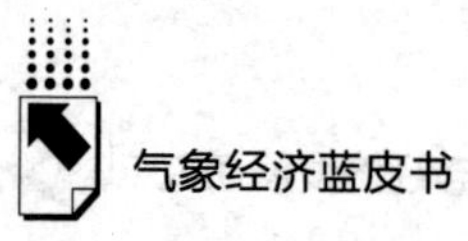

不同生态修复需求的新型高效、安全、绿色的冷云、暖云催化剂和新型安全高效的作业技术。

2. 科技支撑和自主创新能力依然薄弱

在云降水机理研究、催化作业技术、效果检验等方面还存在科技难题亟待突破，迫切需要从规模发展向创新驱动的高质量发展转变。跨学科的国家级人工影响天气基础研究尚未被纳入重大科学计划，缺乏用于基础研究的大型实验室和关键技术装备，尚未完全建立激发相关企业发挥创新主体积极性的机制。亟须开展多方面的基础研究，突破跨学科理论和技术瓶颈，增强特殊目的人工影响天气的能力响应和技术储备，研发特种作业设备，建立配套业务体制机制，力争做到在关键时刻、关键地点发挥关键作用。

3. 主动防范安全风险的能力亟待提升

人工影响天气尚未完全被纳入地方政府安全保障体系，多部门联合监管机制有待进一步健全。基层作业队伍建设主体责任不够明确，保障不够到位，作业人员的安全和职业健康防护装备不足、有待统一提高标准。高安全性作业催化弹药装备尚未全面普及，高炮等作业装备老化、安全性能下降。部分作业飞机抵御恶劣飞行环境的能力不足。作业空域管理的自动化规范化尚需完善，电子围栏等新安全技术尚未推广应用。

4. 体制机制和投入保障仍需完善加强

新时期人工影响天气服务保障范围更加宽广，国家生态、环境、水资源等重点保障区域超出了目前的全国人工影响天气重点作业区布局，亟须建立跨区域的人工影响天气体制机制，强化国家层面创新驱动、集中统一协调指挥功能。全国统一布局建设高性能作业飞机、科研设施和外场试验基地、作业指挥平台等新增重要业务，需要进一步加大人工影响天气投入力度，才能使其更好地发挥作用。

二　人工影响天气发展展望和决策建议

按照《国务院办公厅关于推进人工影响天气工作高质量发展的意见》要求，对接《全国重要生态系统保护和修复重大工程总体规划（2021—2035年）》《国家乡村振兴战略规划（2018—2022 年）》等规划，聚焦生态经济发展、生态保护修复等需求，在《全国人工影响天气发展规划（2014—2020年）》六大区域布局基础上，进一步调整优化人工影响天气重点保障区布局。强化科技创新，科学布设重大科研基础设施，统分结合部署现代化作业装备，聚焦科学作业、精准作业、安全作业，通过集约化、研究型、融入式、安全性转型发展，提高人工影响天气作业数字化、智能化、现代化水平，推进人工影响天气高质量发展，发展人工影响天气新质生产力，为国家生态文明建设、生态保护和修复、生态经济发展提供人影保障服务。

（一）加强能力建设，提升常态化精准生态修复型人工影响天气业务水平

根据《全国重要生态系统保护和修复重大工程总体规划（2021—2035年）》核心生态保护和修复区的服务需求，结合重点区域和各省份生态服务要求，设立人工增雨（雪）重点保障区。基于现有卫星资料、人影专项观测资料及其他多源资料等，应用数值模拟、大数据、AI 智能识别技术，开发“三区四带”生态区和区域、省级重点生态区的云水资源监测评估和预报功能，开发针对水库增蓄湿地涵养、森林草原植被增湿防灭火和高山冰川增雪补冰等不同类别的生态修复型人工影响天气业务服务功能，实现作业过程从作业条件识别、作业目标判断和锁定，到催化作业全过程智能化和科学精准，为生态修复型人工影响天气服务提供支撑；在秦岭及丹江口汇水区、三江源、“新安江—千岛湖”等地开展水库增蓄湿地涵养型人影服务示范，在大小兴安岭、阴山等地开展森林草原植被增湿防灭火型人影服务示范，在祁连山、天山、六盘山等地开展高山冰川增雪补冰人影服务示范。为支撑新作业装备能力建设，先期开展无人机作业能力建设先行示范。

（二）加强关键技术攻关，提升常态化生态修复型人工影响天气科技支撑

依托已建和在建的区域人影工程试验基地，针对东北、西北、中部、西南等区域生态修复作业需求和综合防控需要，重点关注青藏高原生态屏障区（青藏高原、祁连山、三江源）、长江重点生态区（秦岭、丹江口）、东北森林带（大小兴安岭）、北方防沙带（天山、六盘山、贺兰山、阴山）作为重点区

域，在云降水机理研究、催化作业技术、效果检验等方面开展科技攻关，开展区域性云降水物理特征观测试验、人影作业关键技术研发、室内外科学试验、数值模拟实验检验、研发新型和特种作业设备等，突破人工影响天气跨学科理论和技术瓶颈，增强特殊目的人工影响天气的能力响应和技术储备，为加强生态修复型人工影响天气能力提供科技支撑。

（三）加强组织保障，确保人工影响天气助力生态经济可持续发展

1. 进一步发挥协调会议制度作用

气象部门要联合各部门按照党中央、国务院的决策部署，立足协调会议分工职责、分兵把口，把人工影响天气纳入相关领域工作规划，共同推动。各地要着眼于服务保障国家战略大局，按照总体布局分工，因地制宜组织开展人工影响天气服务保障，形成推动高质量发展合力，助力生态经济可持续发展。

2. 稳步提升基础业务能力

有效推进完成国家级和区域级人工影响天气能力提升工程建设任务，加快推动华北区域人影工程和东南区域人影工程建设。进一步完善云降水立体综合监测网，加强以高性能飞机和无人机为代表的先进作业能力建设，提高地面作业装备现代化水平，加快建设标准化作业站点。

3. 持续强化科技创新和人才支撑

建立国家级业务龙头引领、区域级组织协调、省市县三级组织实施的人工影响天气业务布局。加强人影关键技术和新型装备、绿色弹药、智能化指挥系统研发。充分激发人影装备制造企业的积极性和创新活力，支持研发更安全、更高效的新型作业装备。加快高水平人才队伍建设，逐步壮大高层次科技人才队伍。

4. 不断加强安全监管体系建设

安全生产是人工影响天气工作的底线要求。要紧盯关键领域和薄弱环节，落实属地监管责任，加强部门合作，实现人影重点环节常态化检查，把安全监管措施逐一落实到位。强化人影安全技术防范和信息化管理，推广物联网、芯片、信息安全等技术的人影应用，不断提高“人防物防技防”水平。提升人工影响天气飞机保障能力，规范飞机探测、作业、通信和任务集成系统维护维修。

B.19
雷电灾害防御产业发展研究

宋海岩　丁 谊*

摘　要： 据2009年4月9日《中国气象报》报道，全球每年因雷击造成财产损失达数百亿美元，对社会经济发展影响严重。一系列重大政策改革后，市场规模逐年扩大，特别是新能源系统、古建筑防雷、危化品行业防雷安全需求旺盛，雷电监测预警、防雷产品制造、防雷工程服务等呈智能化、系统化、一体化发展趋势。对于雷电灾害防御产业未来发展，本报告建议深入开展雷电灾害机理研究和新技术应用，重点推进农村等基础设施薄弱区域和重点行业防雷工作，强化行业监管、完善政策支持、扩大国际合作，逐步建立防雷产业新业态。本文重点分析了雷电灾害对我国经济的影响、政策变化和市场需求、技术发展创新以及对行业未来展望，为我国雷电灾害防御产业发展思路提供科学参考。

关键词： 防雷标准　防雷技术　防雷市场　防雷政策

引　言

世界气象组织将一个观测站听到雷声的观测日叫做雷暴日，我们用年雷暴日数来衡量雷电活动的频繁程度。1961~2016年数据统计显示，我国年平均雷暴日数超过40天的区域主要分布在新疆西北部、西藏中部、四川西部以及沿长江以南地区，云南南部、广东南部以及海南北部年均雷暴日数高达90天以上，是雷暴最常“打卡”的地方，从区域上看，雷电天气主要分布在华北、

---

* 宋海岩，北京市避雷装置安全检测中心主任，高级工程师，主要研究方向为雷电灾害防御等领域产业发展；丁谊，北京万云科技开发有限公司副总经理，高级工程师，主要研究方向为气象技术、数据分析和产品研发。

西北和西南等地。青海、四川等地雷击事件造成的伤亡人数较多①。我国雷暴主要发生在每年4~9月，7月达到峰值，6~8月是我国雷电灾害高发期，此时雷电造成的伤亡人数占全年的65%②，农村是雷电灾害人员伤亡的重灾区，电力行业发生雷电灾害事故次数最多。

2017年，我国防雷市场规模为383.83亿元，同比增长5.2%；2018年底，市场规模为407.66亿元；2019年市场规模为437.47亿元；2020年市场规模达到467.54亿元。③ 近十年，针对防雷产业出台了一系列政策规范，这为我国防雷产业的发展指明方向，也给防雷企业的产业转型带来机遇和挑战。

雷电灾害可能导致重大的经济损失，特别是在农业、能源、交通和通信等关键行业中，防雷产业是国民经济发展中至关重要的板块之一，不可或缺。因此，有必要用发展的眼光，站在防雷产业发展历史进程的角度，从多个维度剖析我国防雷产业的关键环节，为防雷产业升级、市场监管、企业转型提供思路。

一　雷电灾害频发对我国经济发展造成巨大损失

（一）雷电灾害经济损失逐年下降

雷电灾害是“联合国国际减灾十年”公布的最严重的十种自然灾害之一。每年遭雷击伤亡3000~4000人，雷击导致的死亡失踪人数全球占比9.2%，据2009年4月9日《中国气象报》报道，全球每年因雷击造成财产损失达数百亿美元；2022年，中国共出现37次区域性强对流天气过程，全国共1116个县（市、区）遭受风雹灾害影响，从造成人员死亡原因看，云地闪天气事件发生频数较近年偏多，雷击共造成51人死亡，占风雹灾害死亡总人数的58%，青海、四川等地雷击事件造成的伤亡人数较多④。

① 应急管理部发布《2022年全国自然灾害基本情况》，2023。

② 中国气象报社：《探秘我国雷暴多发地》，2023年6月5日。

③《观研天下：2020年中国防雷行业分析报告——行业现状调查与未来规划分析》。

④ 应急管理部-教育部减灾与应急管理研究院、北京师范大学国家安全与应急管理学院、应急管理部-国家减灾中心、红十字会与红新月会国际联合会：《2022年全球自然灾害评估报告》，2023。

据统计①，2012~2017 年全国共发生 13057 起雷电灾害事故，共造成 1495 人伤亡，年平均直接经济损失超过 9600 万元，但雷电灾害事故呈逐年下降趋势，且下降非常明显（见图 1、图 2）。

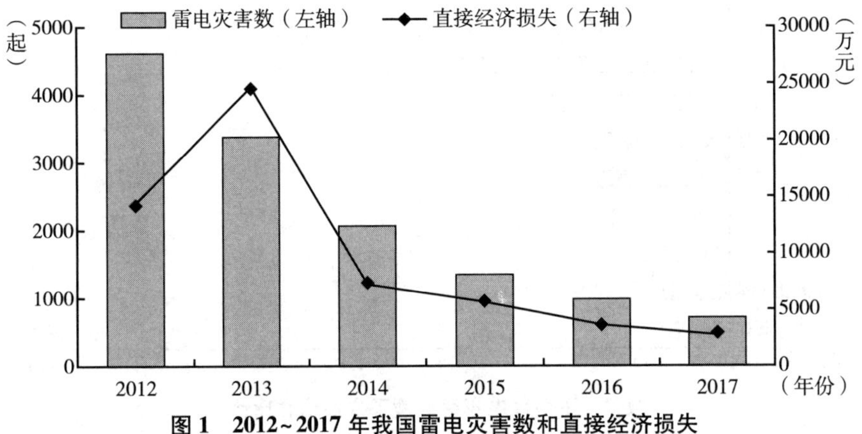

图 1　2012~2017 年我国雷电灾害数和直接经济损失

资料来源：田德宝、冯瑜骅、张雪慧等：《2012~2017 年全国雷电灾害事故统计分析》，《科技通报》2020 年第 5 期。

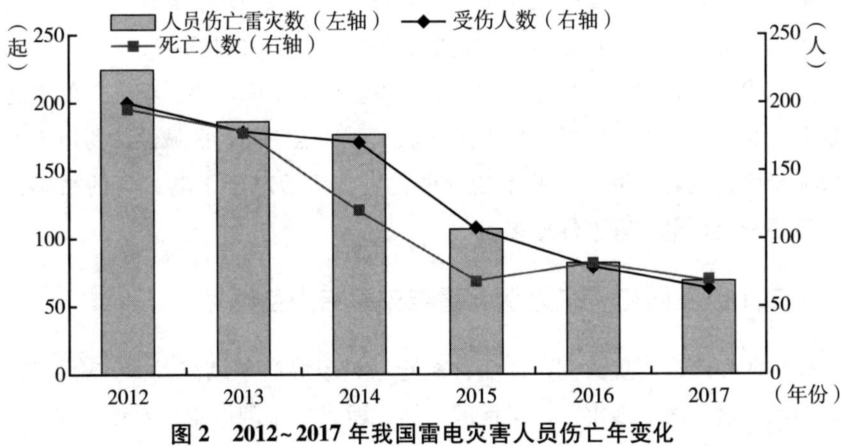

图 2　2012~2017 年我国雷电灾害人员伤亡年变化

资料来源：田德宝、冯瑜骅、张雪慧等：《2012~2017 年全国雷电灾害事故统计分析》，《科技通报》2020 年第 5 期。

① 田德宝、冯瑜骅、张雪慧等：《2012~2017 年全国雷电灾害事故统计分析》，《科技通报》2020 年第 5 期。

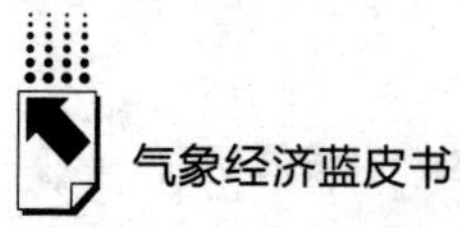

其中，农村是雷电灾害人员伤亡的重灾区，雷击人员伤亡事故多发于农田和未安装防雷设施的建（构）筑物环境中，伤亡人数分别占总伤亡人数的30.24%和21.54%（见图3）。

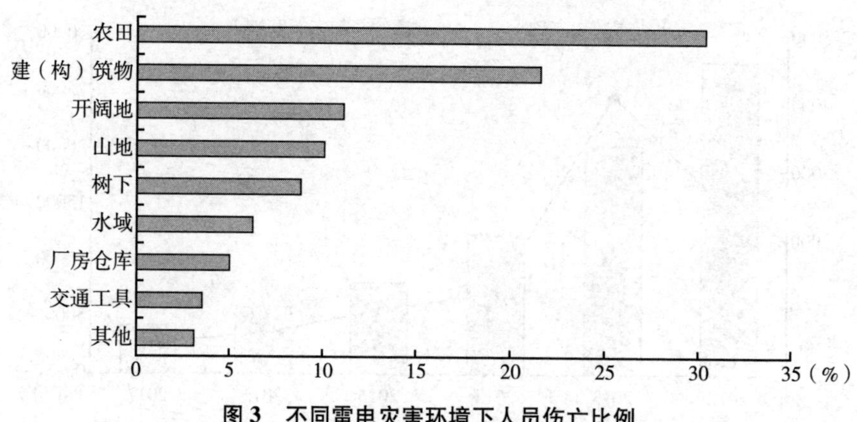

图3　不同雷电灾害环境下人员伤亡比例

资料来源：田德宝、冯瑜骅、张雪慧等：《2012～2017年全国雷电灾害事故统计分析》，《科技通报》2020年第5期。

按照行业划分，电力行业发生雷电灾害事故次数最多，其次为通信、石化和学校，而交通和金融行业雷电灾害事故则相对较少（见图4）。

我国国土面积广阔，虽然年度雷击事件呈逐年下降趋势。但在气候变化大背景下，极端天气事件频发，且不同区域气候特点不同，区域性的雷电天气仍有增加趋势，随着经济社会的不断发展，生产生活对于雷电灾害的敏感性加剧，势必造成雷电灾害事件增多。

（二）以江西和广东为例，雷电灾害特点各异

以江西和广东两省为例，江西省地处亚热带湿润季风气候区，雨量充沛，雷电活动频繁，属于多雷区、强雷区。据江西省三维闪电定位系统测定，近5年全省年平均地闪90余万次。2023年，江西全省共发生地闪164.1万次，比2022年增长99.7%，较过去5年平均值增长77.3%，其中5月21日发生地闪次数高达10.2万次，创全省自2003年有闪电定位监测数据以来单日地闪次数的最高纪录（见表1）。

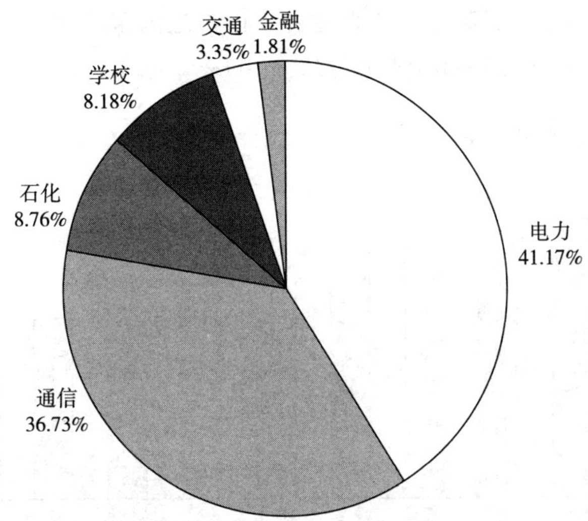

图 4　主要行业雷电灾害事故分布

资料来源：田德宝、冯瑜骅、张雪慧等：《2012～2017 年全国雷电灾害事故统计分析》，《科技通报》2020 年第 5 期。

表 1　2023 年单日累计地闪次数超 2 万次统计

单位：次

日期	地闪次数	日期	地闪次数
5 月 21 日	102125	6 月 22 日	30176
6 月 20 日	86385	5 月 5 日	27684
5 月 30 日	61414	9 月 28 日	26977
8 月 8 日	61395	4 月 19 日	26716
7 月 22 日	57679	7 月 21 日	26411
4 月 18 日	57632	7 月 25 日	26262
3 月 23 日	54097	6 月 21 日	25351
6 月 5 日	45879	8 月 10 日	25197
6 月 19 日	40569	6 月 4 日	25182
3 月 22 日	38550	5 月 20 日	23108
6 月 8 日	37533	7 月 24 日	21980
5 月 22 日	36957	8 月 22 日	20813
8 月 7 日	35547	7 月 18 日	20320

资料来源：江西省气象局：《江西省防雷减灾白皮书（2023 年）》，2024。

与过去5年相比，2023年江西省各设区市地闪密度均有不同程度上升，其中吉安、萍乡、赣州3市上升幅度超过100%（见图5）。

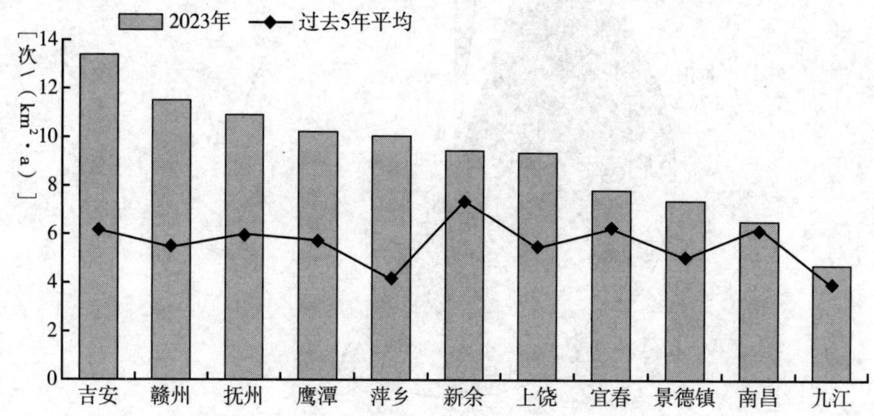

图5　2023年江西省各设区市年平均地闪密度分布

资料来源：江西省气象局：《江西省防雷减灾白皮书（2023年）》，2024年。

全省雷电活动主要发生在3~8月，地闪次数累计达156.8万次，占全年地闪总数的95.6%；其中6月地闪次数最多，约39.2万次，与过去5年同期相比，地闪次数增加了126%（见图6）。

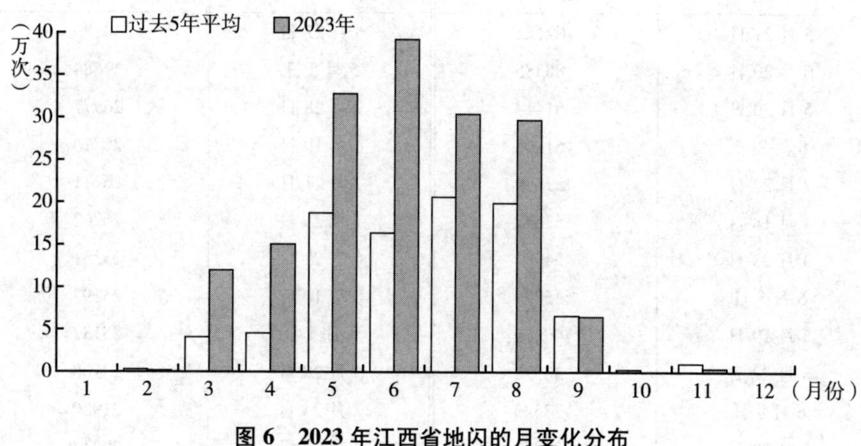

图6　2023年江西省地闪的月变化分布

资料来源：江西省气象局：《江西省防雷减灾白皮书（2023年）》，2024。

与江西省不同，2022 年，广东省防雷安全形势总体平稳。据统计，全年全省共发生雷电灾害 134 起，较 2021 年减少 34.63%；造成经济损失 1486.94 万元，比 2021 年减少 3.64%。

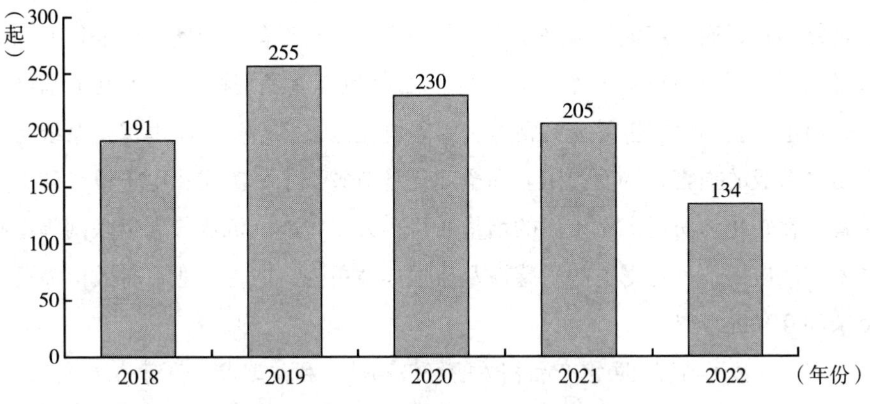

图 7　2018~2022 年广东省雷灾年变化

资料来源：广东省防雷减灾管理中心、广东省气候中心：《2022 年广东省雷电灾害实例汇编》，2023 年。

二　我国防雷市场需求旺盛，市场规模逐年上升

随着全球气候变化的加剧，雷电灾害频发，推动着防雷产业的快速发展。目前，雷电灾害防御产业主要包括雷电监测、预警系统、防雷产品设计与制造、防雷工程及咨询服务等多个领域，全球范围内已经形成了一定规模的雷电灾害防御产业链。按照业务板块划分，包括防雷工程、防雷产品、防雷检测和防雷设备测试等技术服务板块，防雷机构和从业人员规模尚不能满足市场需求。根据市场调研在线网发布的 2024~2030 年中国防雷工程行业市场战略规划及供需策略分析报告分析①，截至 2020 年 2 月，防雷工程企业已达 148 家，市场规模 651.2 亿元人民币，同比增长 7.3%；根据全国防雷减灾综合管理服务平台统计，全国防雷检测机构 1765 家，防雷检测从业人员 17988 人。

① 百谏方略：《2023~2030 年全球与中国接地防雷系统市场规模分析及行业发展趋势研究报告》，2023。

（一）全球防雷产业规模显著增长

近年来，全球基础设施建设的快速增长是推动防雷市场增长的主要因素。为了保护这些基础设施免受雷击，需安装防雷装置。电信行业是防雷产品的主要最终用户，通信塔极易遭受雷击，需要安装防雷设备。因此，电信行业的增长推动着防雷产品市场的增长。另外，工业和全球经济极度依赖电子基础设施，而电子基础设施极易受到雷电和瞬态电流的破坏，安装雷电保护系统将减轻雷电造成的损害，从而为工业和全球经济节省数十亿美元；电子设备和电气装置正在转化为防雷产品市场的增量商机；人工智能、机器人和物联网等新兴技术广泛应用，其对雷电的敏感性及易损坏性更强，防雷产业将有效保障更加复杂和互联的世界。

因此，基于与使用防雷产品相关的经济和社会利益需求，政府关注并鼓励在雷电高风险区域加大雷电灾害防御措施，所有这些因素将加速防雷产业市场增长。

据第三方市调机构 Precedence Research 预测①，全球防雷行业目前正经历显著的增长和创新，这得益于技术的进步和对雷电防护在各个领域重要性的认识日益提高。全球防雷产品市场在 2022 年估计为 48.0 亿美元，预计到 2032 年将达到 84.0 亿美元，预计 2023~2032 年复合年增长率将达到 5.81%（见图 8）。

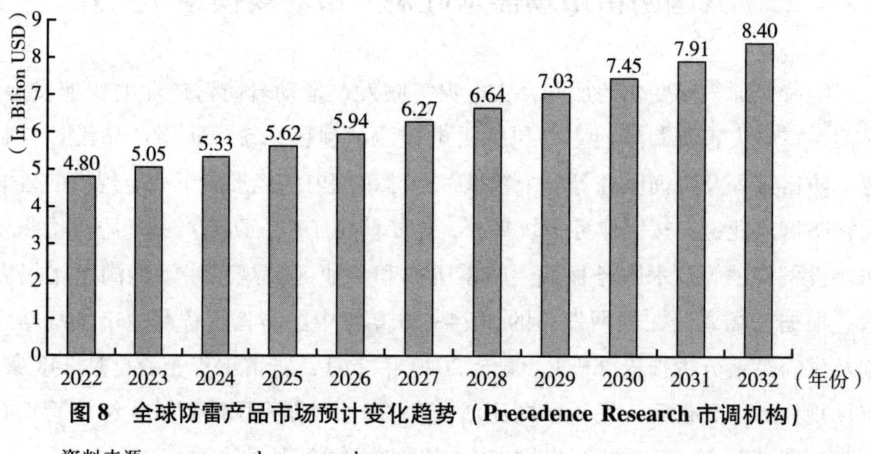

图 8　全球防雷产品市场预计变化趋势（Precedence Research 市调机构）

资料来源：www. precedenceresearch. com。

① 百谏方略：《2023~2030 全球与中国接地防雷系统市场规模分析及行业发展趋势研究报告》，2023 年。

亚太地区防雷产品市场在 2022 年达到 18.2 亿美元，预计到 2032 年将达到 31.6 亿美元，2023 年至 2032 年的复合年增长率为 5.69%（见表 9）。

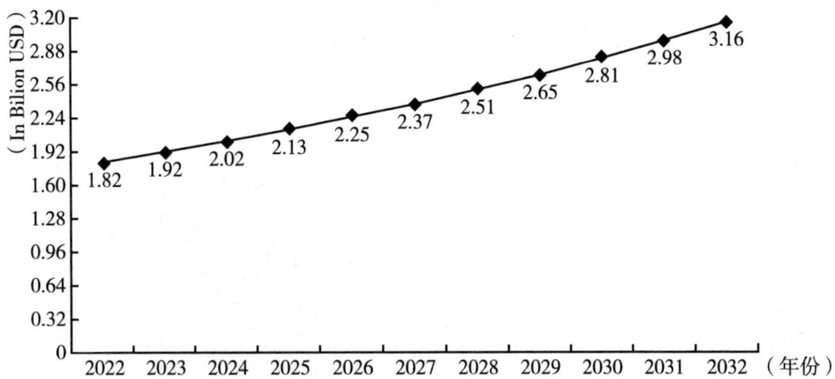

图 9　亚太地区防雷产品市场预计变化趋势（Precedence Research 市调机构）

资料来源：www. precedenceresearch. com。

亚太地区在 2022 年以最大的收入份额领先市场，预计在整个预测期内将继续显著增长，这是由于在升级基础设施和人口城市化方面的投资增加，特别是在亚太地区的中国和印度等发展中国家。印度、韩国、日本和澳大利亚等国家对智能电网技术和智能城市（包括智能电表、配电网自动化和需求响应系统）的投资激增也将推动该领域的防雷市场扩张。

由于基础设施建设的快速发展，中国在防雷产品市场占据主导地位。2022~2023 年，预计以 6.7%的复合年增长率增长，到 2030 年达到 2.713 亿美元。而美国 2022 年防雷技术市场估值为 1.71 亿美元。

（二）全球接地防雷系统市场呈现稳步扩张态势

接地防雷系统方面，根据百谏方略研究统计[①]，全球接地防雷系统主要服务商包括 NVent Erico、OBO Bettermann、DEHN、ABBFurse、Phoenix Contact、Citel、Schneider Electric、AN Wallis、VFC、中光防雷、广西地凯、Gersan

① 百谏方略：《2023~2030 全球与中国接地防雷系统市场规模分析及行业发展趋势研究报告》，2023 年。

Elektrik、Harger Lightning & Grounding、成都标定科技、Lightning Master。

2023 年全球接地防雷系统市场销售额达到 721.7 亿元，预计 2030 年将达到 1031.6 亿元，2023~2030 年复合增长率为 5.24%（见图 10）。其中，亚太地区和欧洲是全球主要市场，2023 年占有 66.17%的市场份额。

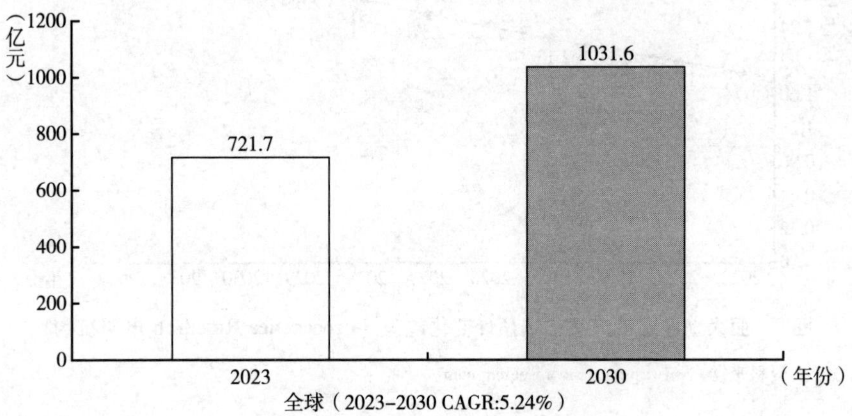

图 10　全球接地防雷系统市场规模

资料来源：百谏方略：《2023~2030 全球与中国接地防雷系统市场规模分析及行业发展趋势研究报告》，2023 年。

统计数据显示[①]，2021 年中国接地防雷系统行业市场规模为 20.5 亿元，2022 年市场规模为 21.3 亿元，2023 年达到 22.9 亿元的规模。

根据百谏方略（DIResaerch）研究统计[②]，接地防雷系统主要细分为防雷系统、接地系统及其他。其中，防雷系统占据主要市场地位，2023 年占全球市场份额的 55.45%。从下游应用层面分析，接地防雷系统主要应用于建筑、工厂、通信、电力、运输、石油和天然气等。其中，建筑占据主要市场地位，2023 年占全球市场份额的 29.14%。

---

① 智研瞻产业研究院：《2024~2029 年中国接地防雷系统行业市场调研及投资前景分析报告》，2024 年。

② 百谏方略：《2023~2030 全球与中国接地防雷系统市场规模分析及行业发展趋势研究报告》，2023 年。

三　防雷标准体系较为丰富，但需要动态完善

（一）防雷标准体系日渐成熟

防雷产业的发展离不开标准体系的建设和完善，防雷标准体系为防雷技术工作的开展提供了技术准绳，是防雷机构和从业人员开展业务的技术依据，也是管理创新和技术创新的基石。自 1983 年 GB50057—1983《建筑物防雷设计规范》发布实施以来，雷电相关标准发展迅速，已逐步构建成一套标准体系，内容涉及设计、安装、检测、检验、雷电监测、预警和产品，TC50、SAC/TC330、SAC/TC530、SAC/TC485、SAC/TC288，行业涉及电力、电信、铁路、气象、建筑和计算机网络等各方面。[①]

随着雷电及其防护技术的不断发展，我国雷电及防雷相关标准已达 400 余项，其中，适用于全国各地的国家标准、行业标准已达 160 余项。雷电相关标准的发布实施，给雷电防护相关技术工作提供了技术依据和遵循，尤其是不同领域雷电灾害防御技术规范，根据不同领域承灾体现状，明确给出了相对应的技术措施，有效规范了雷电防御工作。

雷电类国家标准主要包括雷电防护、雷电防护系统部件系列基础标准，建筑物、电子信息系统、风力发电机组、石油与石油设施及供排水系统等不同对象和场所防雷技术规范，建筑物防雷装置、爆炸和火灾危险场所、风力发电机组等防雷装置检测技术规范以及雷电预警、雷灾调查等标准。

雷电相关的行业标准，气象部门发布的行业标准占半数以上，内容涵盖不同领域雷电灾害防御技术以及防雷装置检测、质量验收、雷电灾害风险管理等内容，其他部门发布标准以分属行业防雷技术为主。

另外，对于专项防雷领域的标准体系，近些年发布实施了不少古建筑防雷技术方面的标准，在古建筑防雷中发挥了重要作用，如国家文物局发布《文物建筑防雷工程勘察设计和施工技术规范（试行）》（文物保发〔2010〕6 号），

---

① 冯鹤、王海霞：《我国雷电相关标准和标准体系现状及发展建议》，《科技创新与应用》2023 年第 33 期。

中国建筑科学研究院牵头编写的国标《古建筑防雷工程技术规范》（GB 51017—2014），以及其编写的国标图集《古建筑防雷设计与安装》（15D505），山西省气象局牵头编写的行标《文物建筑防雷技术规范》（QX 189—2010）。此外还有部分地标，北京市文物局、北京市气象局分别主持编写了地标《文物建筑雷电防护技术规范》（DB11/T741—2010）、《文物建筑雷电防护技术规范开放段长城》（DB11/T1142—2014），河南省气象局主持编写的地标《古建筑防雷装置施工安装标准图集》（DB41/T1494—2017），安徽省黄山市气象局主编的地标《木结构徽派建筑防雷技术规范》（DB34/T1593—2012）等。这些标准明确了或提出了古建筑防雷分类、防雷勘察设计、防直击雷、防雷击电磁脉冲、防雷装置安装施工与维护等要求或技术方法，较好地指导了古建筑防雷。①

（二）气象防雷标准技术水平有待提升

从标准实施应用角度分析，从规范性引用文件、标准的协调性和编写质量等3个方面，对气象防雷标准的技术水平进行了分析，主要体现在，因规范性引用文件失效而影响其技术水平，在术语和定义、标准化对象、标准之间及标准内部的技术要素等方面需要协调；在标准的编写质量方面，气象防雷标准存在规范性引用文件的名称和编号、单位制符号、英文误译等错误，以及引用不规范等，影响了标准的使用。气象防雷标准技术要求主要来源于工程建设和雷电防护专业领域的标准，雷电防御领域尚缺少基础标准和通用标准。②

四　常规行业和特殊行业防雷技术的发展

防雷技术经过多年发展，已形成较为成熟的技术和服务体系。目前，防雷技术主要包括雷电监测预警技术、防雷产品设计与制造、防雷工程服务等。随着科技的进步，智能化、网络化的防雷技术正逐渐成为发展趋势。例如，利用大数据、云计算、物联网等技术实现雷电活动的实时监测和预警，提高防雷系统的响应速度和准确性。同时，新型防雷材料的开发，如纳米材料、复合材料

---

① 李京校、霍沛东、符琳等：《古建筑雷电灾害及防雷技术研究综述》，《气象与环境学报》2021年第2期。

② 汪开斌、崔晓军：《气象防雷标准技术水平现状研究》，《陕西气象》2023年第4期。

等，也在提升防雷产品的性能。此外，模块化设计和集成化解决方案的应用，使得防雷产品更加多样化和个性化，能够更好地满足不同场景的需求。

然而，我国防雷技术仍面临一些挑战，如技术创新能力有待加强、市场监管需要进一步完善等。未来，我国防雷技术的发展将更加注重提升自主创新能力，加强国际合作，推动产业升级和高质量发展。

（一）传统行业防雷技术体系较为完善

防雷产业本身是为雷击高影响行业服务的，脱离了客户行业对防雷的需求，单纯的技术研发也将成为无源之水。按照客户行业不同领域分析，电力、新能源、建筑物、电子通信、交通运输系统等行业防雷技术的发展有着不同的特点。①

电力系统雷击防护。直击雷是造成超、特高压输电线路跳闸的首要原因，主要有反击和绕击 2 种形式。随着输电线路电压等级提高，雷电绕击在输电线路雷击事故中所占比例增大。由于反击计算模型相对成熟，且在超、特高压线路中，雷击事故主要由绕击引起，因此雷电绕击分析得到更为广泛的关注，对于配电网络、直流输电系统换流站、变电站等，雷击风险主要来源于感应过电压和侵入波，大量研究通过试验观测与暂态仿真对电力系统的过电压与波过程进行了研究。电力系统雷电保护的措施主要有减小接地保护角、降低接地电阻、增强绝缘强度、增设避雷器等。

（二）新能源发电系统防雷成为新需求点

新能源中风力发电、太阳能发电及储能技术不断成熟，大型风光储能互补并网传输已成为电力供应的重要手段，近年来新能源系统的雷电防护问题引起了广泛关注，成为防雷领域的热点问题。风力发电机组一般安装在野外广阔的平原或近海区域，陆上风力发电机组轮毂中心高达 70m 左右，主流机型叶片长度在 40m 左右，海上风电机组高度更高；风力发电机叶片是由复合材料制成的大型中空结构，如玻璃纤维增电复合材料（也称玻璃钢）、木材、复合木板和碳纤维增电塑料。实际的运行经验表明，其极易直接成为雷电的接闪物，

① 曾嵘、周旋、王泽众等：《国际防雷研究进展及前沿述评》，《高电压技术》2015 年第 1 期。

且电弧对叶片内外部的损害十分严重。

通过对风机雷击损坏案例的统计分析，发现风机桨叶损坏占总数的20%~28%，机电控制系统占70.5%~71%。我们在国内第一次较为系统地搜集了风机遭受雷击的案例302个，并进行统计分析：风轮叶片占总数的28%，电子电气系统占71%，两者之和占总数的绝大多数。

相对于传统的建筑物雷击规律，大型风力发电机组的雷击规律有其自身的特征，主要体现在风机的高度很高，由于高度较高，风机容易引发上行闪电，此外，临近的闪电活动在风机上引发上行闪电的概率也比较高，上行闪电在风机的雷击发生率中占据主要地位，随着风机高度的不断增加，这一趋势更加明显，很多风电场都观测到了闪电击中风机的过程。

风电机组在空间上属于孤立的对象，为尽可能地接收风能，风机一般安装在山顶或者非常开阔的地带，如高山、草原、沿海滩涂、沙漠戈壁等。在相当大的空间范围内，风机都是最高最突出的对象。基于这样的特征，当雷暴云过境时，风机被雷电击中的概率较高。由于风机桨叶表面安装的圆盘状接闪器接闪成功率较低，因此一旦发生雷电直击，风机桨叶就容易受到损坏。此外，现代化风力发电机内部安装有大量的电子设备，如各类传感器、通信设备、控制系统等，这些设备耐受过电压的能力较低，在雷电过电压和过电流的作用下，极易被损坏。从风机的组成部件上来看，风机桨叶和其内部的电子电气设备容易受雷击损坏有一定的统计规律，这一点得到了上述统计数据的验证。

相对于固定对象的雷电防护而言，风机在运行过程中，桨叶姿态始终处于动态变化过程中，使得闪电与风机的连接情况变得非常复杂，给设计雷电防护措施带来了一定的难度。旋转的桨叶会触发闪电。为了研究风机桨叶旋转对大气放电的影响，国外有研究人员在实验室设计了相关的实验项目进行研究。当闪电击中风机时，闪电通道不一定能与风机桨叶表面的圆盘状接闪器相连，有可能击中其他位置，从而造成桨叶的损坏。为了研究闪电对桨叶造成破坏的特征，研究人员对桨叶的损坏情况进行了分级。

随着光伏发电系统规模的增大，其占地面积可达几十平方公里，雷击成为光伏系统主要的事故隐患。其损坏途径主要是感应耦合。光伏发电系统面积大、电缆多、线路长，为雷电电磁脉冲的产生、耦合和传播提供了良好环境。随着光伏发电系统设备智能化程度越来越高，低压电路和集成电路的应用也越来越普遍，但其抗过电压能力越来越差，极易受到雷电感应过电压的侵入，且集成度较高的系统核心部件受损概率较大。

除电力系统、新能源系统外，建筑物、电子通信、交通运输系统等的雷电保护研究也是防雷领域的研究重点。近年来高层建筑的不断兴建，各种电子信息设备广泛应用于现代建筑中，因此建筑物防雷与电子信息设备防雷通常紧密联系，尤其是电子系统存在绝缘强度低、过电压和过电流耐受能力差、受电磁干扰敏感等弱点，极易遭受雷电浪涌的损害。对建筑物和电子系统，除利用避雷针等防止雷电直击外，还可采取分流、均压、屏蔽、接地、钳位等多项措施进行雷电防护。

（三）古建筑防雷工程是“力与美的结合”

古建筑这种特殊行业的防雷技术，更有其特殊性。① 中国的古建筑非常多，截至 2019 年 10 月第八批全国重点文物保护单位核定公布，全国重点文物总数为 5058 处，其中古建筑为 2160 处，接近总数的一半。

自古至今，古建筑遭受雷击破坏或起火的事故非常多，甚至一起事故中多个宫殿遭雷击破坏。故宫自 1420 年建成后至 2018 年有记录的雷击事故共 51 起，建成后第二年即遭雷击起火，三大殿完全被烧毁；天坛在明朝至少遭受 9 次雷击，其后在 1889 年因雷击祈年殿引起大火被完全焚毁；2008 年 5～8 月，全国重点文物保护单位北京云居寺多次遭雷击，寺院内古建筑及设备遭到损坏，部分线缆被烧毁。② 古建筑中的塔，一般是该区域最高的建筑，相对更容易遭遇雷击，有不少毁于雷击。如海南文昌文笔塔，这座百年古塔 1993 年遭雷击，2001 年再遭两次雷击，原本七层的古塔被破坏得仅存底层。2005 年 7 月，四川广元苍溪县一明代古塔遭雷击后通体裂缝，塔顶刹座被击落，部分檐部垮塌，毁坏严重。

对于古建筑防雷，学者认为中国古建筑避雷方法主要有两种，采用绝缘避雷与采用防雷装置接闪泄流原理。第一种是通过分析山西应县木塔、五台山佛

① 李京校、霍沛东、符琳等：《古建筑雷电灾害及防雷技术研究综述》，《气象与环境学报》2021 年第 2 期。

② 李京校、霍沛东、符琳等：《古建筑雷电灾害及防雷技术研究综述》，《气象与环境学报》2021 年第 2 期。

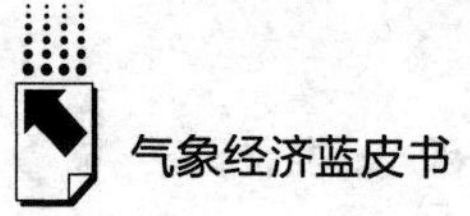

光寺基本不遭雷击，认为古建筑主要靠绝缘避雷，或者古建筑选择位置合理靠周围环境自然消雷，但是仅从个例不遭雷击就认为绝缘避雷难以成立，历史上有很多古建筑遭受雷击甚至完全被毁。第二种是结合湖南岳阳慈氏塔自塔顶有铁链沿墙角垂至地面，认为这是最早的防雷装置，或者其他古建筑仰起“鸥尾”（吻兽）中吐出一根向天空的金属长舌即为现代避雷针的雏形，其认为古建筑需要采用防雷装置，但是这种“鸥尾”金属丝很少见到接地，另外由琉璃陶制成的“鸥尾”是古代的一种防火愿望或文化象征，不具备防雷接闪功能。另外也有研究认为有的古建筑设有防雷装置——“雷公柱”，雷电流通过其泄放入地，其实“雷公柱”材料本身为木材，导电性差难以泄放雷电流，会造成木材被击裂或起火，以往发生的古建筑雷灾也证实了这一点。是否存在绝缘避雷是一个较有争议的研究，目前绝大多数观点还是否认绝缘避雷，认为需要安装避雷针等防雷装置。

很多学者及古建筑专家都认为应研究古建筑外部防雷装置的形式及其布置方式，使其与古建筑及其周围环境相协调，在不影响古建筑自身情况下做好防雷保护工作，这是非常关键的一点。目前有些在古建筑场所安装仿真树形避雷针，不影响古建筑原貌的同时起到接闪防雷作用。此外，一些古建筑场所采取可升降式避雷针进行直击雷防护，甚至研究采用接闪器发射井，发射井隐藏于古建筑所在场所地下，无雷电时收起多针接闪器到发射井内，减少对古建筑环境的影响，但是雷电精细化预警以及后期维护需要加强和完善。

（四）超大工程防雷技术体系实现突破

随着经济的发展和技术的发展，超大工程在我国基础理论研究领域发挥了不可替代的作用。超大工程，也称为超级工程，指的是在规模、技术精度、作业难度等方面均位居世界前列的工程项目。这类工程通常体现了一个国家的科技实力和综合国力，例如，它们可能包括巨大的基础设施项目、高精尖的技术应用或复杂的系统管理。超级工程的特点包括巨大的投资规模、复杂的工程结构、较长的建设周期、重大的政治和社会影响以及高技术复合度。

位于贵州的500米口径射电望远镜中国天眼（以下简称“FAST”），是世界上最大的单口径射电望远镜，属于典型的超大工程，由于其巨大的尺寸和对雷电敏感的科学仪器，对防雷技术提出了巨大的挑战，FAST 的防雷工程成为设计和建设中的重要部分。2012 年 10 月 31 日，国家天文台 FAST 工程与北京万云科技开发有限公司（以下简称“北京万云”）签订了“500 米口径球面射电望远镜（FAST）防雷工作长期合作框架协议”。

FAST 工程台址的气象、地形和地质条件复杂，雷电环境恶劣。随着 FAST 各工艺系统设计工作的陆续展开和深入，望远镜的雷电灾害防护受到重视。鉴于 FAST 工程和北京万云在前期防雷问题研究中奠定了良好合作基础，经友好协商一致达成此协议，将在防雷知识普及、防雷问题咨询与交流、FAST 工程的防雷详细设计、防雷产品研发、防雷设备采购、安装、调试和长期维护等方面开展长期合作。

FAST 所处的地理位置雷暴频发，全年雷暴天数是北京的近 2 倍，雷电强度也远超北京，这给防雷设计带来了极大挑战。为了确保 FAST 的安全运行，防雷系统的设计必须既有效又不影响望远镜的观测能力。防雷工程的核心包括了对 FAST 工程的雷击风险分析与评估，并提出了整体雷电防护方案。北京万云 FAST 防雷设计团队采用了创新的防雷技术，包括 2225 个促动器调整天线反射镜面，以及利用贵州喀斯特地形建造的主动球反射面，这些设计不仅提高了防雷效率，也降低了工程造价。在实施过程中，张仲作为总设计师带领团队面对巨大的挑战。他们设计了一个综合地网，通过在主动反射面下方安装巨型综合地网，形成了一个相对稳定的电荷面，有效避免了在 FAST 馈源支撑索、主动反射面上发生剧烈雷暴。

自 FAST 投用以来，防雷系统表现出色，没有发生大面积雷击设备故障，确保了观测任务的顺利进行。通过监测，馈源支撑塔流过雷电流最大仅为 4.1kA，远低于民用建筑的防雷设防标准，显示了防雷措施的有效性。FAST 的防雷工程是技术创新和精确实施的典范，它不仅保障了国家重大科技基础设施的安全，也为类似工程提供了宝贵的经验和参考。

通过 FAST 防雷工程设计、建设和实施，北京万云申请发明专利 2 项、实用新型专利 9 项、软件著作权 25 项，发布国标、行业和北京市地方标准 25 项，发表核心期刊论文 22 篇（SCI 收录 2 篇），突破性解决了超大占地面积、超长、超高、超多区间防雷技术瓶颈，建立了超大尺度建筑防雷工程技术体系。

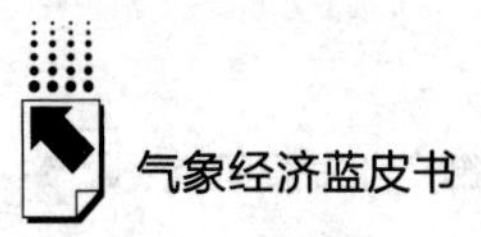

五　发展展望及对策建议

（一）加强雷电灾害机理研究以及新技术应用

当前许多研究分析了雷电对雷击对象破坏的原因和方式，但对雷击对象构件雷击破坏机理分析和探索较少。未来应加强对雷击对象构件雷击破坏过程、内在机理、影响因素等方面研究，进而研究在雷击对象维护中采取哪些技术方法能减少或避免雷击破坏。

技术创新与产品研发是推动防雷产业发展的核心动力，防雷产业亟须通过技术创新来提升产品和服务的竞争力。首先，智能化防雷系统的开发是未来技术创新的重要方向。利用大数据、云计算、物联网等技术，实现雷电监测设备的小型化和智能化，实现雷电活动数据收集、实时监测、人工智能预测预警和防护，提高防雷系统的响应速度和准确性。其次，新型防雷材料的研发也是技术创新的关键。纳米材料、复合材料等新型材料具有优异的导电性、抗腐蚀性和机械强度，用于制造性能更优的避雷针、接地装置等防雷产品，显著提升防雷产品的性能。最后，通过采用模块化设计理念，防雷产品可以根据不同应用场景的需求，灵活组合、快速部署，降低产品的研发和生产成本。

（二）监测预警技术和普查成果应用到防雷产业

近年来，随着中小尺度灾害天气自动监测站网的建设应用，以及闪电定位仪、新一代多普勒天气雷达、气象卫星等监测手段的不断完善和升级，我国雷电预报预警能力不断提升。2021 年起，全国开展雷电气象灾害风险普查工作，多部门联动对雷电灾害致灾因子、脆弱性和承灾体进行分析研究，并对天气展开实时监测，结合区域分布特点进行防雷区域划分，提升了全国雷暴预报预警的准确率和时效性，为防雷减灾提供重要决策依据。未来将继续加强在实践中运用风险普查数据，促进成果转化。

近年来，闪电定位监测系统、多普勒天气雷达、气象卫星和大气电场仪等雷电监测系统的日趋完善和业务应用，为开展雷电监测预警、雷电灾害风险管理和防灾减灾工作提供了丰富的手段和方法。对于人员密集的古建筑场所如长城建议安装大气电场仪，在接到气象部门雷电预警信息后再结合古建筑场所的大气电场仪开展精细化雷电预警，对保护长城上的游客防雷安全具有积极应用价值，具体技术方法有待于研究和实施。

（三）加强农村等基础设施薄弱区域防雷工作

此外，农村居民防雷意识较为薄弱，专家认为要进一步加强农村雷电风险灾害宣传引导，加强农村房屋等基础建设的防雷减灾管理；油库、气库、弹药库、化学品仓库和烟花爆竹、石化矿区等易燃易爆场所，及其旅游景点、学校等重点行业要进一步加强雷电防护装置日常巡查、维护，联合相关职能部门，建立健全防雷安全联合监管机制，加强跨部门跨区域防雷减灾执法。

首先，加强体系建设与基础设施完善。政府需将农村防雷工作纳入新农村建设的总体规划，并作为目标考核的一部分，鼓励农村积极参与防雷体系建设。加强农村地区的电力、通信、广播电视等公共设施的防雷设计和施工，确保符合规范，减少雷灾事故。在重点区域和人员密集场所建立雷电监测预警系统，提升雷电监测和预警能力。

其次，加强宣传教育与技术普及。通过多种渠道和方式，在农村地区广泛开展防雷减灾的科普教育，提高农民的防雷意识。推广适用于农村住宅建设的防雷安全技术，将防雷设计纳入农村住宅建设的推广工作，引导农民自建房符合防雷规范。制定和完善防雷减灾应急预案，适时开展演练，提高农村地区应对雷电灾害的应急处置能力。

最后，加强监管责任与社会参与。明确政府及相关部门的防雷安全监管责任，建立多部门联合执法检查协作机制，实施协同监管。压实生产经营单位的防雷安全主体责任，确保防雷设施建设和运行管护到位，执行定期检测制度。鼓励社会组织和公众参与防雷减灾工作，形成政府主导、部门联动、社会共同参与的防雷减灾格局。

（四）加强重点行业和危化品行业的防雷工作

对气象部门来说，易燃易爆场所、风电等新能源产业、长距离输油气管线等重点行业和雷电易发区的村庄、人员密集区、风景名胜区等对雷电预警服务需求越来越大，对服务产品的精细化水平、针对性要求高，当前存在服务产品种类不多、精细化程度不够、科研成果转化效益不高等问题。未来，仍需不断锚定服务需求，推进雷电灾害监测预警能力提升。①

近年来，雷电监测预警系统在各地不断建立，雷电监测预警服务也迅速展开，但目前针对古建筑的专项服务还比较少。因此，加强雷电监测预警服务在古建筑雷电防护中的应用，有针对性地开展相应业务的研究和推广，如预警到雷电活动可断开古建筑的相关电源等，也是做好古建筑防雷保护的重要方面。

首先，完善雷电高危行业防雷法规与标准制定。针对重点行业如石油、化工、矿区、旅游景点等，制定更为严格的防雷安全法规和标准。确保所有新建和现有设施严格遵守防雷标准，包括设计、施工及验收各环节，强化防雷装置的合规性。建立健全防雷安全监管体系，明确气象、住建、应急管理等部门的职责，形成协同监管机制。

其次，引入新的防雷技术与设施。引入先进的防雷技术和设备，如智能防雷系统、远程监测和预警技术，提升防雷设施的技术水平。对现有防雷设施进行升级改造，特别是老旧设施，确保其能够抵御日益增强的雷电威胁。实行定期检测和维护制度，特别是对易燃易爆等高风险场所的防雷装置，确保其始终处于良好状态。

最后，加强防雷教育与应急响应。加强对重点行业从业人员的防雷安全教育和培训，提高他们的防雷意识和自救互救能力。制定并实施防雷应急预案，包括雷电灾害发生时的快速响应和应急处置流程。定期组织防雷应急演练，验证和完善应急预案的可行性和有效性，提升应对实际雷电灾害的能力。

（五）防雷新业态的建立是防雷产业发展的关键

首先，新能源、新兴科技领域的快速发展为防雷产业提供了新的市场机遇，风能、光伏、核电等新能源防雷需求特殊而强烈，应大力深耕新能源防雷领域，积极开发适用于新能源领域的防雷产品和解决方案。无人机、无人驾驶、物联网等新兴科技领域对防雷保护的需求日益凸显，要提前布局新兴领域，开发出适应新兴需求的防雷产品和解决方案。

其次，紧跟智慧城市和新基建的步伐，智慧交通、智慧建筑、智慧电网等

① 汪开斌、崔晓军：《气象防雷标准技术水平现状研究》，《陕西气象》2023 年第 4 期。

领域的防雷需求日益增加。应加强与城市规划、建设等部门的合作，参与智慧城市建设项目，提供定制化的防雷解决方案。5G 通信技术的商用化，将带来通信基站建设的高潮。通信基站是雷电灾害的高风险区域，需要高标准的防雷保护，针对 5G 通信基站的特点，开发出性能更优、安装更便捷的防雷产品。

最后，积极寻求与政府部门、行业协会、科研机构、上下游企业等的合作，实现资源共享、优势互补，共同推动防雷产业的发展。同时，加强国际市场开拓，通过参加国际展会、建设海外营销网络等方式，提升国际市场竞争力。

（六）强化行业监管是防雷产业高质量发展的保障

随着防雷技术的不断进步和市场需求的日益增长，加强法规建设、完善行业标准、强化行业监管显得尤为重要。

首先，不断出台关于防雷产业的法律法规，明确防雷产品和服务的质量要求、安全标准、市场准入条件等，为行业的发展提供法律保障。定期抽检，加大对违法违规行为的处罚力度，维护市场秩序。特别是建立和完善防雷行业的市场准入制度，对企业的资质、技术、管理等进行全面评估，确保符合条件的企业才能进入市场，通过科学建立行业准入门槛，防止无序和恶意竞争，维护行业整体形象。

其次，加快防雷行业标准的制定、修订和完善工作，建立一套科学、合理、与国际接轨的行业标准体系。通过高标准引领，推动防雷产品和服务质量的提升。同时，要加强对标准的宣传和贯彻实施，提高全行业的标准化意识。积极参与国际防雷领域的交流合作，学习借鉴国外先进的法规标准和管理经验，通过参与国际标准的制定，提升我国在国际防雷领域的话语权和影响力。

最后，继续升级全国防雷减灾综合管理服务平台，及时发布行业政策、技术标准、市场动态等信息，为防雷需求端提供信息服务。完善产品质量追溯体系，确保产品从生产到使用各环节的质量可控。借助该平台，加大防雷知识的宣传普及力度，提高公众的防雷意识。通过媒体宣传、教育培训、社区活动等多种方式，普及防雷知识，提高全社会的防雷减灾能力。

案例篇

B.20

以品牌化推动气候生态产品价值实现

——以中国天然氧吧品牌为例

孙 庆 孙 健 王 堰 王志强*

摘 要： 推动生态产品价值实现是贯彻落实生态文明战略的重要举措，也是践行“绿水青山就是金山银山”的重要抓手。气候资源是一种优质的生态产品，但和其他自然资源类生态产品一样，存在开发难和利用难等问题。品牌是气候生态产品价值实现的有效载体，也是气候生态产品价值的集中体现。实践证明，生态产品品牌化是生态产品价值实现的重要路径之一。本文从多个维度探讨分析了中国气象服务协会打造中国天然氧吧品牌的创新实践过程，在此基础上，针对中国天然氧吧品牌当前发展中存在的问题，提出了相关政策建议：构建中国天然氧吧品牌研究体系、健全中国天然氧吧品牌管理体系、推动中国天然氧吧市场体系发展、建立多渠道多元化投入机制。

* 孙庆，博士，中国气象局气象干部培训学院（局党校）副教授，高级工程师，主要研究方向为管理创新；孙健，中国气象服务协会常务副会长，正高级工程师，主要研究方向为公共气象服务、生态气象服务、预警信息发布服务；王堰，博士，中国气象局气象干部培训学院（局党校）副教授，高级工程师，主要研究方向为生态文明建设；王志强，博士，中国气象局气象干部培训学院（局党校）原副院长，教授，正高级工程师，主要研究方向为科技哲学。

关键词： 生态产品　气象资源　中国天然氧吧　品牌价值

引　言

建立健全生态产品价值实现机制，是贯彻落实习近平生态文明思想的重要举措，是将绿水青山转化为金山银山的关键所在①。2021 年，中共中央办公厅、国务院办公厅印发了《关于建立健全生态产品价值实现机制的意见》等重要文件，要求推进生态产业化和产业生态化，加快完善政府主导、企业和社会各界参与、市场化运作、可持续的生态产品价值实现路径。山水林田湖草是生命共同体，绿水青山就是金山银山。构成山水林田湖草这一生命共同体的本源是气候，气候资源是一种优质的生态产品，在推动绿水青山变为金山银山方面具有独特作用②，但它和其他自然资源类生态产品一样，存在开发难和利用难等问题。

2016 年，中国气象服务协会（以下简称“协会”）发起了中国天然氧吧创建活动，创造了开发和利用气象资源的新途径，推动了气象资源价值的实现与释放。中国天然氧吧品牌是推进美丽中国建设的创新探索，是落实国务院关于建立健全生态产品价值实现机制的创新举措。2018 年，中国天然氧吧被写入《国务院办公厅关于促进全域旅游发展的指导意见》；2020 年，被列入第二批全国创建示范活动保留项目目录，中国气象局正式接管中国天然氧吧创建工作；2022 年 11 月 17 日，中国天然氧吧品牌的实践经验在《联合国气候变化框架公约》第 27 次缔约方大会（COP27③）上得以展现，得到了来自世界各地政府代表、观察员和社会人士的广泛关注和热议。

本文采用案例研究方法，从多个维度探讨分析了中国天然氧吧品牌发展的

---

① 张林波、虞慧怡、郝超志等：《国内外生态产品价值实现的实践模式与路径》，《环境科学研究》2021 年第6 期。

② 肖芳、姜海如：《优质生态气候产品价值实现途径探讨》，《中国发展观察》2021 年第 11 期。

③ COP（Conference of the Parties）即缔约方大会，旨在每年召集《联合国气候变化框架公约》的缔约方国家，讨论如何共同应对气候变化问题。COP 是全球规模最大、影响力最高的气候相关会议。

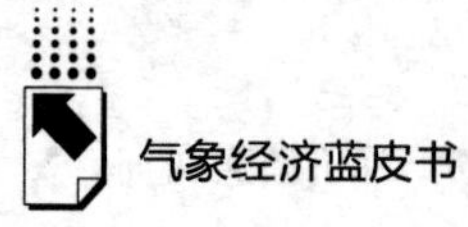

创新实践过程与经验。在此基础上，针对当前品牌发展中存在的问题，提出了相关政策建议。本文的数据采集持续两年（2022 年 4 月至 2024 年 4 月），先后赴中国气象服务协会、中国气象局公共气象服务中心，以及浙江、陕西、湖北等地开展调研，深入访谈了气象部门和政府部门的相关领导和骨干员工，输出原始录音文稿 8.2 万字。在案例研究过程中，撰写了 1.1 万字的中国天然氧吧品牌发展教学案例并应用到生态文明建设相关领导干部培训中，来自全国 31 个省（区、市）的 592 位学员参与了讨论。这些讨论及反馈内容，都是本研究的数据基础。

一　中国天然氧吧品牌发展的经验

中国天然氧吧是指中国范围内负氧离子水平较高、空气质量较好、气候环境优越、设施配套完善，适宜旅游、休闲、养生的地区。中国天然氧吧创建活动是以生态环境、负氧离子含量、森林覆盖率、配套设施等指标为评价依据，发掘并遴选中国范围内负氧离子水平较高、空气质量较好、气候环境优越、设施配套完善，适宜旅游、休闲、养生的地区，旨在赋能地方经济绿色转型发展，助力生态环境保护和改善。截至 2023 年，全国已有 379 个中国天然氧吧地区。中国天然氧吧创建活动为各地区绿色经济转型发展找到了新途径，促进了氧吧地区气候生态资源的保护和合理开发利用，产生了良好的生态效益、经济效益、社会效益。《2020 年中国天然氧吧绿皮书》指出，在经济效益 TOP10 的榜单中，成为天然氧吧后，年旅游人数平均增长 35%、年旅游收入平均增长 41%。中国天然氧吧品牌发展的实践证明：品牌化是气候生态产品价值实现的有效载体。具体做法和经验包括如下四个方面。

1. 开展资源分类，挖掘品牌多重价值

协会首先开展了摸清气象旅游资源“底数”的工作。这是因为打造中国天然氧吧品牌，本质上是对气象旅游资源的发掘和利用，只有深挖气象旅游资源价值，气候生态产品的价值才能得以实现和释放。虽然在中华人民共和国国家标准《旅游资源分类、调查与评价》中已经将气象类旅游资源概述为“天象与气候景观类旅游资源”，分为 2 个亚类（光现象、天气与气候现象）和 8 个子类，但这一分类远远不能表述气象作为旅游资源这一

大类的内涵和种类，无法适应发展的新态势。研究团队在对各类气象观测数据进行数据挖掘的基础上，对气象旅游资源进行分类，编制完成《气象旅游资源分类与编码》团体标准。将气象旅游资源分为“天气景观资源、气候环境资源以及人文气象资源”3大类、14亚类、84个子类，如图1所示。这一分类，使气象旅游资源有了归属、有了表征，不仅囊括了国家标准中的“天象与气候景观类旅游资源”，还拓展到了体验性的“气候环境资源”和“人文气象资源”。

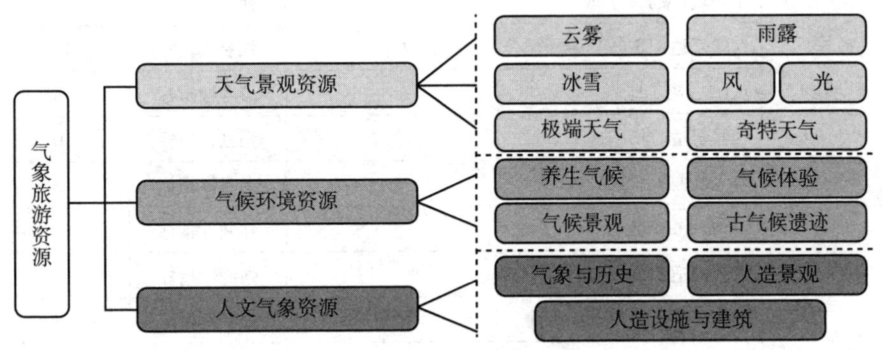

图1　气象旅游资源的分类

2. 深入调查研究，赋予品牌科学内涵

品牌的创建需要建立评价指标体系并编制评选管理办法，以保证其科学性。为了制定出科学的中国天然氧吧评价指标和切实可行的评选管理办法，研究团队先后深入浙江省开化县和安徽省石台县等10余个地区开展调研，将政府等各方意见逐一记录下来，进行研究、消化、吸收。之后，又组织了多次专家咨询会，征集气象、旅游、生态等不同领域的专家意见。最终，编制完成《天然氧吧评价指标》团体标准T/CMSA 0003—2017和《“中国天然氧吧”创建评选管理办法》。

《天然氧吧评价指标》对中国天然氧吧评价的具体内容及评价标准进行了规定，设计了5个一级指标和16个二级指标，既有强制性指标，也有参考性指标。用“生态环境”指标体现一地生态环境的客观基础，用“地区特色”指标体现各地的差异性，用“发展规划、旅游配套、荣誉”三个指标体现地区在生态环境保护和生态资源开发利用两方面的主观能动性，如表1所示。从中可见，气候条件和生态环境并不是中国天然氧吧的全部评价内容，旅游配套和地区特色等也是重要的考量要素。

表 1　中国天然氧吧评价指标

评价指标		指标类型	分值
一级指标	二级指标		
发展规划	生态旅游、生态保护、生态发展等相关发展规划	参考性指标	6
生态环境	年均负(氧)离子浓度	强制性指标	12
	气候舒适期负(氧)离子浓度	强制性指标	12
	负(氧)离子监测	参考性指标	3
	气候舒适时长	强制性指标	10
	养生气候	参考性指标	3
	年均 AQI 指数	强制性指标	8
	气候舒适期 AQI 指数	强制性指标	8
	空气优良天数占全年比重	强制性指标	8
	森林覆盖率	参考性指标	8
	区域内水质	强制性指标	5
旅游配套	可到达性	参考性指标	5
	接待能力	参考性指标	3
地区特色	特色资源	参考性指标	3
	特色项目、产品(产业)	参考性指标	3
荣誉	生态发展、生态旅游相关荣誉	参考性指标	3

在《“中国天然氧吧”评选管理办法（试行）》中，中国天然氧吧被定义为“中国范围内负氧离子水平较高、空气质量较好、气候环境优越、设施配套完善，适宜旅游、休闲、养生的地区”。明确中国天然氧吧的申报条件：不仅要满足生态环境良好的先天优势——气候条件优越和生态旅游气候资源特色突出，一年中气候舒适时长不少于 3 个月，空气质量好，负氧离子含量较高，年平均浓度不低于 1000 个/立方厘米；还要有后天的积极努力——旅游配套齐全，科学利用生态保护措施得当，两年内没有生态文明建设重大负面事件

发生。为保证评价的科学性和公平性，“办法”还对评价对象、申报主体、评价流程、组织主体等作了详细规定，如表 2 所示。其中，特别提出“组建专家库”，明确由来自各领域的专家进行评价。

表 2 《“中国天然氧吧”评选管理办法（试行）》主要内容

评价对象	我国境内气候舒适，生态环境质量优良，配套完善，适宜旅游、休闲、度假、养生的区域，包括县（县级市、区）行政区或规模以上旅游区（旅游区面积不小于 200 平方公里）
申报主体	由所在地的县（县级市、区）政府或同级别的管理部门、规模以上旅游区运营部门自愿组织申报
评选流程	发布通知—申报—省级初审—实地复核—专家评审—中国气象局审议—发文确定结果—公开发布
组织主体	中国天然氧吧创建活动由中国气象服务协会组织。中国气象服务协会设立中国天然氧吧组织委员会，负责具体创建活动的组织工作，组织委员会包含主任委员 1 名，副主任委员 2 名，成员 4~6 名
组建专家库	成员由气象部门、旅游部门、环保部门、林业部门、相关科研院所以及中国气象服务协会直属会员企业按条件推荐，经中国气象服务协会遴选后产生。专家库成员须具有高级技术职称，有丰富实践经验，或是在业内有一定知名度的专家

3. 开展效益评估，完善品牌管理制度

品牌授予不是服务的终点，而是服务的起点。为避免品牌创建活动止于发牌领证，协会从效益评估入手，强化了品牌管理。效益评估采用客观评价和主观评价相结合的方式，从“生态效益、经济效益、社会效益、综合效益”四个方面开展，通过问卷调查和各类媒体平台等收集数据，通过座谈会和征询意见会等收集来自专家、政府领导、社会公众的意见和建议，综合分析给出氧吧地区的效益指数和排名。经评估发现：一些地区将本地的“好空气”和“休闲养生”的旅游理念通过中国天然氧吧这张名片加以包装和推广，产生了实实在在的经济效益；一些地区按照中国天然氧吧的创建条件相继制定了配套的管理条例，形成了对创建地区生态与环境保护的有效监督。但评估也发现：一些地区仅仅将中国天然氧吧视为一块“荣誉牌”，躺在牌子上不作为，甚至有些地方还发生了生态环境破坏的恶劣事件。

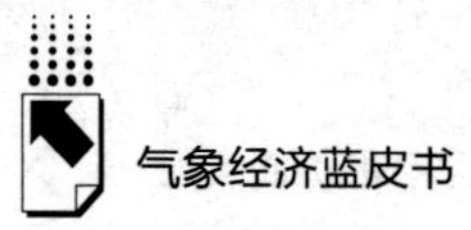

基于这些发现，协会修订了《“中国天然氧吧”创建活动管理办法》，增加了“复查”环节，并制定了《“中国天然氧吧”复查实施规范》和《“中国天然氧吧”数据监测与处理指南》，对复查流程与规则、资料来源与数据处理标准等都作了统一的要求，以实现评价过程客观、有据可依。文件明确“对自授牌之年起满三年的中国天然氧吧地区进行复查”，复查内容包括“对各地申报时提交的数据与复查期间实际获取的基础数据、客观评价数据进行比对，并结合当地使用中国天然氧吧品牌产生的效益及创建规划落实情况等做出综合评价”。对复查中发现问题的地区，责令其限期整改，对整改后仍不符合中国天然氧吧标准、发生生态文明建设重大负面事件或拒绝接受复查的地区，撤销其“中国天然氧吧”称号。2019 年以来，已有两家被撤销“中国天然氧吧”称号。

4. 整合各方力量，打造品牌生态圈

天然氧吧不仅是一个品牌，更是一个产业链。在品牌管理步入正轨之后，协会做出了“构筑品牌生态圈”的关键部署，明确要整合资源，延伸产业链，进一步挖掘和打造中国天然氧吧衍生品牌和产品，发挥中国天然氧吧的产业带动优势，促进氧吧创建地区气候生态资源的保护和合理开发利用。

协会发挥桥梁优势，一方面，整合媒体资源，联合人民日报、新华网、人民网、凤凰网等 40 多家国家级媒体，成立了中国天然氧吧推广联盟，打造中国天然氧吧媒体传播矩阵，对中国天然氧吧创建地区进行集中宣传和推介，使得中国天然氧吧品牌的传播声量迅速上升，2021 年，舆情数据显示，中国天然氧吧传播总声量为 53 万，单个氧吧平均传播声量 2749，比上年增长 5.3 倍。另一方面，整合地方政府、企业、媒体、社会组织等各方力量和资源，举办中国天然氧吧论坛，与政府领导、授牌地区代表、生态环境和旅游康养等多领域的专家学者交流创业经验，共同探讨未来发展，并联合各个创建地区开展探索，创新和丰富氧吧产业的内容，构筑了“氧吧+”的品牌生态圈：“天然氧吧+旅游”，形成的品牌包括氧吧专利、彩虹之乡、天山雪都冰雪节、花节等；“天然氧吧+体育”，形成的品牌包括氧吧地区的自行车穿越赛、马拉松、铁人三项、全民健身运动等；“天然氧吧+养生”，形成的品牌包括避暑目的地、避寒目的地、康养宜居地等；“天然氧吧+展会”，形成的品牌有天然氧吧文化旅游节、天然氧吧农产品展销会、天然氧吧产业发展大会等；“天然氧吧+民宿”，形成的品牌有氧吧共享农庄、嗨走天然氧吧等；“天然氧吧+农产品”，形成的品牌包括“气候好产品”“氧吧优品”等，经国家市场监管总局批准出具气象产品服务的认证证书。天然氧吧品牌也不断向体育、农业、交通、文旅等产业融合，形成了氧吧赛事、氧吧展会、氧吧共享农庄、氧吧专列等新产业品牌，对地方产业布局、招商引资等活动起到了显著推动作用。此外，协会还在每年的天然氧吧创建活动发布会上，增加了分享环节，请优秀氧吧地区代表分享创建氧吧后的经验做法和成效，以加强对创建成果的应用和推广。

5. 牢记初心使命，规划品牌发展蓝图

天然氧吧品牌创建的目的在于开发利用气候资源、助力生态文明、促进全域旅游、服务美丽中国。其根本宗旨就是推动“绿水青山”变成“金山银山”。2019 年，浙江丽水率先实现全域所有区县建成天然氧吧，成为首个“天然氧吧城市”。面对星星之火燎原之势，协会在思考未来天然氧吧发展道路，品牌发展规划呼之欲出。

2019 年底，首个天然氧吧规划——《“中国天然氧吧”创建规划（2020-2035）》正式印发。其中，明确了天然氧吧发展的指导思想、基本原则和总体目标，提出力争将天然氧吧纳入美丽中国建设指标体系，成为气象服务生态文明建设的重要抓手。到 2035 年，全国 85%符合天然氧吧条件地区的天然氧吧完成创建工作，为美丽中国建设做出气象贡献。为此，提出建立并完善天然氧吧三大体系：管理体系、业务体系、产业体系。2020 年，中国气象局全面接管天然氧吧创建工作，第一阶段规划目标即将如期完成。

二　中国天然氧吧品牌发展的策略

当前，中国天然氧吧品牌在一定程度上推动了各地生态环境治理和产业发展等，但仍存在品牌管理和运营有待完善、品牌知名度和影响力有待提升、品牌与产业融合不够深入等问题。气候生态品牌的公共性和非排他性①决定了其不同于一般的产品品牌，市场机制难以实现资源优化配置，其价值的实现是一

① 王宇飞、武红：《赋能区域公共品牌，实现生态产品价值——浙江丽水品牌建设的经验和启示》，《中国发展观察》2020 年第 Z1 期。

个多领域、多文件、多环节融合发展的过程，需要多元主体共同创造。品牌管理者应调动各类资源和各方力量共同发力，系统性地开展品牌的研究、管理、宣传、推广等。建议从如下四个方面入手推动品牌的可持续发展。

1. 构建中国天然氧吧品牌研究体系

进一步联合研究机构和高校等相关部门构建中国天然氧吧品牌研究体系，为品牌可持续发展提供理论支撑。一是深入研究中国天然氧吧与国家发展战略的融合发展，挖掘国家发展战略中生态和气象内涵，探索创建活动与生态文明建设和美丽中国、健康中国等国家战略的内在联系，形成新思路和相关方案，更好地服务于国家发展战略。二是深入挖掘中国天然氧吧品牌在生态、旅游、康养、历史、文化等方面的价值，进一步拓展品牌价值的内容和内涵。三是进一步探索并丰富中国天然氧吧品牌的发展模式，重点研究氧吧品牌组织管理和运营、品牌与经济社会发展的融合、品牌的社会经济效益挖掘，着力提升天然氧吧品牌价值。

2. 健全中国天然氧吧品牌管理体系

鼓励地方政府和社会力量参与品牌宣传推广和相关产业延展，完善部门内外合作机制，明晰职责分工，实现密切配合，保障中国天然氧吧品牌持续健康发展。一是进一步改进评审标准，严格量化评审规则，保证评审结果的客观性、公平性和合理性，并完善创建活动的流程管理，建立规范的现代化信息管理平台，将申报受理、材料初审、复核评估、发布筹备、效益评估等各项工作在平台统一管理，使活动组织更加规范、高效。二是完善专家评审委员会，优化专家团队专业领域构成，充分吸纳文化旅游、自然资源、生态环境、卫生等相关部门专家，保证申报材料评审及现场检查、复核结果专业权威。三是规范中国天然氧吧创建活动各参与方对氧吧品牌标识及名称的使用管理，维护和提升氧吧商标的权威性；加强中国天然氧吧标识、注册商标的品牌内涵和形象标识宣传推广，提升品牌的知名度。四是积极发起和参加相关领域国内外合作计划，继续引进、消化和吸收国内外的先进管理经验①。

① Selvagv, Paulin, Kimmk, et al. “Opportunity for Change or Reinforcing Inequality: Power, Governance and Equity Implications of Government Payments for Conservation in Brazil” [J]. *Environmental Science & Policy*, 2020, 105: 102-112.

3. 推动中国天然氧吧市场体系发展

持续深化与文化旅游、自然资源、生态环境、卫生、体育等多部门以及企业组织的合作，进一步建立健全双边、多边合作交流机制，积极组织和参加中国天然氧吧创建、宣传和推广等方面的各项活动，推动中国天然氧吧市场体系的形成。一是完善中国天然氧吧品牌推广联盟和创建联盟，组织多方力量对中国天然氧吧地区进行全方位宣传推广，倡导绿色发展方式和生活方式，促进创建地区的生态环境保护，助力地方经济的转型升级。二是创新氧吧业态，进一步延伸价值链。推动中国天然氧吧与更多的产业联合，实现产业间的融合与创新，拓展延伸氧吧价值链。三是推进中国天然氧吧品牌走出国门，走向世界。通过国际交流，加强与东盟、共建“一带一路”国家的合作，将中国天然氧吧创建理念和品牌推广到东南亚国家和共建“一带一路”国家，促进中国周边国家绿色经济发展。

4. 建立多渠道多元化投入机制

探索创建中国天然氧吧基金，从政府和社会多渠道筹措资金，引入社会资本，建立长期可持续的投入机制①。一是积极争取不同渠道的支持，着力优化资金来源结构。二是加强对规划重点任务经费的监督管理，严格财务监管制度，提高投资效益。三是加强总体设计和建设内容的科学论证，建立科学、定量的项目建设考核评价指标体系，加强重点项目的监督检查和绩效考评。

① 崔莉等：《自然资源资本化实现机制研究——以南平市“生态银行”为例》，《管理世界》2019 年第 9 期。

B.21
墨迹天气“气象+交通”场景应用探索与实践：从数据融合到决策支持

史 彬 刘肖肖 董 笛*

摘 要： 天气变化对轨道交通和高速公路的安全运行有着显著的影响。然而，当前气象服务在交通领域的应用仍存在诸多痛点，如数据精度不足、服务范围有限以及实时性、针对性不强等。针对这些问题，墨迹天气凭借其在气象领域的专业优势，积极探索并实践“气象+交通”的解决方案。通过整合多源气象数据，结合交通行业特点，墨迹天气针对轨道交通和高速公路打造精准、实时、系统的气象服务，并实现应用场景的落地。本文从数据融合到决策支持的角度，详细阐述墨迹天气在“气象+交通”场景应用中的探索与实践，为交通行业的安全、高效运行提供有力支持。

关键词： 交通气象 轨道交通 SaaS 服务 高速公路气象服务 墨迹天气

引 言

在国内经济高质量发展的背景下，交通行业作为国民经济的重要支柱，其安全、高效运行对于促进经济发展具有举足轻重的作用。气象条件作为影响交通运行的重要因素，对轨道交通和高速公路的安全性与畅通性具有不可忽视的影响。提升交通行业对气象服务的需求，加强气象与交通行业的深度融合，成

* 史彬，北京墨迹风云科技股份有限公司 TOB 业务部销售总监，主要研究方向为商业气象服务；刘肖肖，北京墨迹风云科技股份有限公司高级市场调研分析师，主要研究方向为监测分析宏观市场环境变化趋势；董笛，北京墨迹风云科技股份有限公司气象产品专家，主要研究方向为气象商业产品服务和气象数据应用。

为当前国内政策的重要取向。

随着国家对交通建设和气象服务的日益重视，一系列政策文件相继出台，强调要加强气象服务在交通领域的应用，提升交通行业应对气象灾害的能力。在这一政策导向下，交通气象服务逐渐成为气象部门和交通运输部门合作的重要领域，其对于促进经济发展、保障人民生命财产安全具有重要意义。

墨迹天气作为国内领先的气象服务提供商，积极响应国家政策，不断探索和实践“气象+交通”的解决方案。通过整合多源气象数据，结合交通行业特点，为交通行业提供可定制化的气象服务解决方案，助力交通行业的安全、高效运行。本文将从数据融合到决策支持的角度，梳理墨迹天气在交通气象服务中的探索与实践，以期为推动交通气象服务的发展提供有益参考。

一　交通物流行业气象服务的发展现状与趋势分析

根据交通运输部和中国物流与采购联合会发布的数据，2023 年我国交通物流行业保持稳中向好的基本趋势。全国社会物流总额为 352.4 万亿元，同比增长 5.2%，增速同比提高 1.8 个百分点①；全国营业性货运量达 547.5 亿吨，同比增长 8.1%。此外，我国综合立体交通网逐渐完善，截至 2022 年底，国家综合立体交通网建成率为 78.6%，其中铁路营业里程达到 15.5 万公里，公路通车里程 535.5 万公里。

气象服务对于交通物流行业影响深远，是提升交通物流运营效率、降低运输成本、保障交通安全的重要手段，国家长期在政策层面鼓励交通物流业与气象服务业融合。2010 年，交通运输部与中国气象局联合发布《关于进一步加强公路交通气象服务工作的通知》，要求各地公路交通、气象部门重视公路交通气象服务，推进公路交通气象观测站点网络建设和公路交通气象预报预警服务工作。② 2021 年，中国气象局会同公安部、交通运输部、国家铁路局、国家

---

① 中国物流信息中心：《2023 年全国物流运行情况通报》，https：//baijiahao. baidu. com/s? id=1790200043226690865&wfr=spider&for=pc，最后检索时间：2024 年 4 月 7 日。

② 交通运输部、中国气象局：《关于进一步加强公路交通气象服务工作的通知》（交公路发〔2010〕456 号），http：//jtyst. fujian. gov. cn/zwgk/zfxxgkzl/zfxxgkml/yjgl/201012/t20101202_512568. htm，最后检索时间：2024 年 4 月 7 日。

邮政局联合制定《“十四五”交通气象保障规划》，要求全面提升现代综合交通运输气象保障服务能力，降低高影响天气对交通安全和畅通的影响，提高交通气象服务质量和效益。

在有关部门的推动和持续关注下，国内交通物流领域的气象服务发展迅速。在气象技术方面，中国气象局交通气象重点开放实验室通过采用最新的无线通信和互联网技术，取得了基于深度学习的高速公路雾霾能见度检测系统、公路分段精细化路面温度预报系统等多项研究成果，帮助实现道路气象的全面监测和动态管理。在行业规模方面，根据观研天下发布的《中国气象服务行业发展现状分析与投资前景研究报告（2024—2031 年）》，2019~2023 年气象服务行业在交通领域市场规模从 95.09 亿元增长到 434.32 亿元，2023 年交通领域在气象服务下游行业中的占比达 24.54%。

现阶段，我国气象服务行业还是以国家投入、服务为主的公益性事业，商业化的气象服务市场尚未健全。观研天下发布的数据显示，2023 年我国公共气象服务的市场规模占比达 75.1%，商业气象服务（专业气象服务）占比仅为 4.5%（见图 1）。

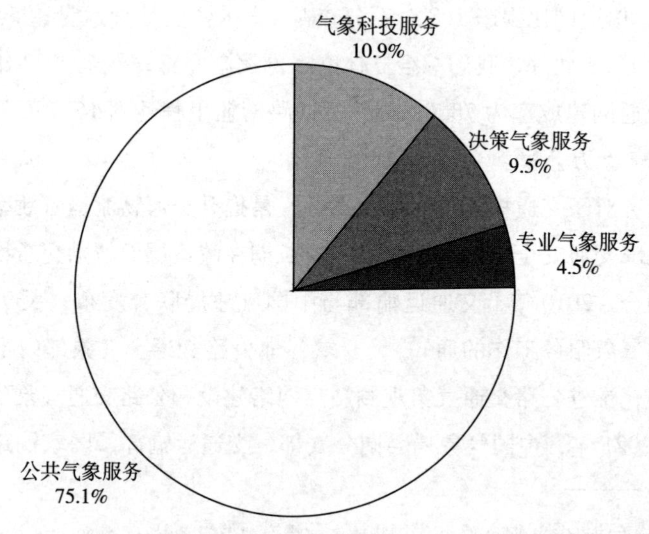

图 1　2023 年中国气象服务行业细分市场分布

资料来源：观研天下数据中心整理。

随着全球化进程的加速和国际贸易发展，交通物流行业对国际气象服务资源的需求不断增长。因此，加强与国际气象组织、跨国气象公司等的合作，共同开展气象数据共享、技术交流、应急合作等，将成为未来交通物流气象服务行业的重要发展方向。

二　轨道交通气象 SaaS 应用案例

（一）案例背景

近年来，极端灾害性天气异常增多，天气变化对城市轨道交通的影响日益凸显。轨道交通运营与天气息息相关，特别是面对极端天气时，极易发生安全事故。强风、暴雨、路面结冰等极端天气可能导致车辆发生脱轨、漏雨等安全事故。过去，地铁运营多依赖于人工操作，如人工手持仪器设备来监测天气用以指导地铁内部工作，造成组织内部工作效率低、预报不准确等问题。为了精准智能化运营及降本增效，建立科学严谨的气象预报服务平台及建立高效率的组织运营协同机制迫在眉睫。

天气变化直接影响地铁运营及客运服务，为确保行车安全、提升运营服务质量，需对运营线路进行实时气象监测，对可能影响行车安全或大面积客运服务的恶劣气象进行预警，以防止安全生产事故的发生。

（二）整体介绍

轨道交通 SaaS 是墨迹天气为轨道行业定制的气象服务产品，可深入一线轨道运营业务，集轨道线路、站点位置、沿线天气、应急预案、一线抢险、多场景预警提示等多种服务场景于一体，通过软硬件一体化的服务方式，为城轨交通行业提供高精度、多场景覆盖、指导意见针对性强的气象服务产品（见图 2）。

墨迹天气轨道交通气象服务以平台、App、小程序、数据服务、天气报告等多种形式，为众多轨道交通客户提供精准专业气象服务，助力地铁实现智能化、数字化运营，有效降低企业运营成本、提升效率，辅助保障轨道交通安全。

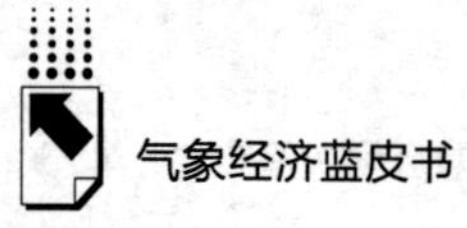

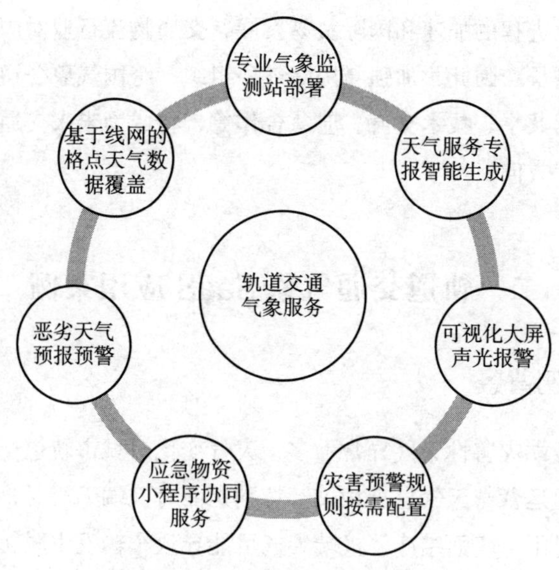

图2 轨道交通气象服务功能模块

（三）轨道交通中应用的气象技术

1. 短临 AI 降水预报技术

短临降水在轨道交通中的作用十分重要。目前针对城市级的粗颗粒度降水预报，以及 1 小时分辨率的网格降水预报已经不能满足轨道交通精准实时和临近的高精度预报。研发的短时预报可精准预报全国 0~2 小时、分钟级和街道级（1km）的降水信息，为轨道交通的决策提供临近降水的预报建议。短时预报对个人用户出行计划、灾害防范、工作安排等有指导意义；对于企业端，在轨道交通、机场航班安排、物流配送路线规划、电力超短期预测等方面有广阔的应用前景；对于政府部门，在灾害天气预警、灾情监测、交通管制等方面有着重要作用。

针对天气系统生消预报的难点，提出基于多重卷积长短期记忆神经网络的天气系统生消预报技术。该技术基于雷达观测数据与图形图像产品资料，应用多重卷积长短期记忆神经网络（LSTM）进行雷达回波外推临近预报。长短期记忆神经网络模型作为一种比较成熟的循环神经网络模型，通常被用于图像识别、时间序列预测等复杂问题中，并且能够取得很好的结果。在 LSTM 基础上引入卷积核，将 LSTM 模型升级为卷积长短期记忆神经网络（Conv-LSTM）模型，该模型通常用于视频预测，并且能够具有不错的效果。本技术通过多重卷积提取不同尺度天气信息，以提高预报的准确性。Conv-LSTM 模型结构如图 3 所示，在 LSTM 的基础上增加了卷积模块，将空间信息融入模型中。考虑到雷达回波的生消通常会和周围空气的辐合辐散相关，只有在综合考虑周围格点回波的情况下才能够对该格点雷达回波强度变化进行有效地预测。

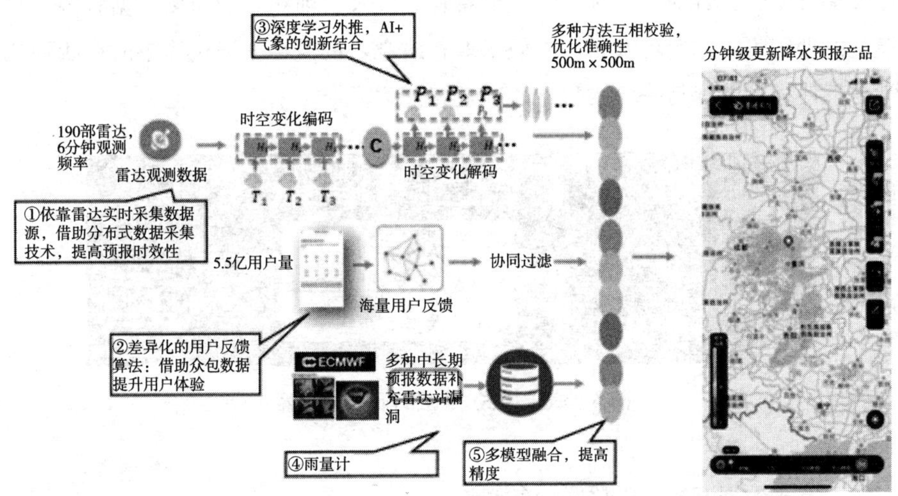

图 3　短时降水预报生产示意

2. 气象模式 AI 后订正技术

基于气象模式格点预报，融合国内 1 千米格点实况数据，观测站点数据，并增加基于机器学习的模式后订正模块，利用机器学习算法中的特征选择方法进行气象大数据挖掘，获得相应模型和算法中最优性能的特征集，以此为基础建立针对相关天气要素的 AI 客观订正模型（见图 4），包括风级、降水、晴雨、温度等，模型订正范围覆盖中国区域。主要步骤如下。

（1）特征选择阶段：特征选择根据历史数据中 EC 变量与观测因子间的变量相关性得到，通常采用比较目标变量与因子间的散度得到，也可以通过 xgboost 小规模拟合后，计算节点的权重得到。特征数量则根据当前计算资源的能力及训练效果决定。

（2）变量构造阶段：根据历史数据规律及气象模式的先验知识，变量构造可分为以下三种模式。一是时间信息数据融合：设置固定的历史时间窗口，通过窗口的滑动，选取多个历史观测值，补充现有因子；二是空间信息数据融合：设置固定的空间范围窗口，通过窗口的缩放，选取多个附近格点观测值，补充现有因子；三是变量组合：将现有不同时空维度上的同类型变量，通过求和、求均值等运算叠加到一起，形成新的变量因子。

（3）训练学习阶段：基于历史模式数据、观测数据和地形数据进行训练。在线学习策略：针对天气预报多变的特点，以及目前积累的历史数据有限，对模型的训练集时间跨度及预测时效采取在线学习的策略，通过简单的在线强化学习，使模型能保持一定的鲁棒性和迁移能力。

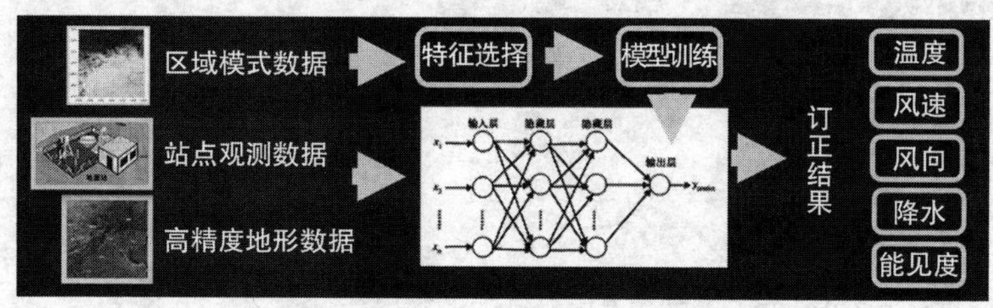

图 4　气象模式 AI 后订正技术示意

3. 基于数据湖的气象数据发布平台

随着气象大数据时代的到来，“气象+数据”已成为推动气象行业决策和创新的核心要素。由于气象数据种类繁多，结构化、半结构化等多种类型的数据呈现爆炸式增长，如何高效处理和分析海量数据已经成为关键挑战。

当前气象业界构建数据存储分析的技术栈，有两条典型的路线：一条是数据仓库路线，另一条则是数据湖的路线。数据仓库的路线，数据先通过 ETL 方式统一写入数仓进行管理，然后构建数据集市来满足业务分析的各种需求；优势是数据质量高、查询性能高、具备实时分析的能力、数据治理功能完善等。而数据湖的路线，通常是未经加工的数据先统一存储在数据湖，然后按需使用数据，构建数据应用；其优势是开放生态、扩展性强，性价比高。

随着气象业务体量的增加，除了结构化的城市和站点数据，还有大量的非结构化数据，例如经纬度格点数据，雷达卫星图片等。而数据湖是以原始格式存储数据的存储库或系统，它按原样存储数据，无须事先对数据进行结构化处理，因此能够解决目前非结构化数据处理发布效率低下的问题。可研发基于数据湖的气象数据处理和研发平台，将数据中心非结构化数据进行入库处理，提升气象非结构化数据的加工发布效率。

（四）产品详细功能

可提供地铁线网覆盖区域市/县（区）天气预报、灾害性天气预警，以及地铁沿线气象实时监测数据等信息，并不断提升轨道线网沿途恶劣天气监测和预报技术，提升灾害性天气临近精准预报服务能力。

1. 实时监测不同气象要素

可结合现有站点分布，依据地铁线网气候特征、气象灾害分布及实际业务需求，合理布设地铁自动气象监测站，实现不同气象要素的实时监测，数据同步于气象服务系统平台。支持轨道交通气象监测站建设，给出气象监测设备选址建议，拥有专业的施工运维团队支持，以及轨道设计院设计服务对接经验，熟悉轨行区施工作业流程规范，可支持客户自建站数据接入系统，并提供自建站官方备案流程建议。

2. 定向推送不同气象数据

建设地铁气象服务平台，实现气象数据处理、气象数据专业化分析及预警预报信息定向推送等功能。基于地理信息和高精度格点预报产品进行地铁区域及地铁站点的气象信息展示，实现各常规和极端天气要素的多样可视化。

3. 实时气象监测超阈值报警通知

综合自建气象观测站及格点实况数据，结合轨道交通运行标准，进行自定义阈值设定，发生异常会弹窗、屏幕闪烁、声音提醒。

可通过系统、钉钉、短信等多种形式进行预警信息的推送通知。分公司领导层：推送所有气象灾害报告、气象预警信号。推送方式：建议单独推送。

各中心（部门）管理人员：推送气象灾害报告，以及根据管辖范围（线路）情况，仅推送涉及管辖点位的气象灾害预警信号。推送方式：建议单独推送。

一线工作人员：根据所属线路、所属专业，推送与之相关的气象灾害预警信号及气象平台自定义报警信息。推送方式：单独推送、群组推送。

（五）应用案例

轨道交通气象服务平台打破原有的铁路信息与气象信息之间的屏障，集轨道线路、站点位置、沿线天气于一体，综合多种气象实况监测、预报预警、专属预报服务等信息，实现对轨道线网及周边灾害性天气的监测和预报预警，为列车运行保驾护航，墨迹天气结合地铁等轨道客户实际运营情况，给出定制化解决方案。

1. 提前预警重大气象灾害

目前，墨迹天气已经与多地轨道交通部门合作，成功地将 SaaS 气象服务系统应用在轨道交通实际业务中。例如，在华中地区某城市地铁项目中，墨迹天气通过构建气象服务平台及自动气象监测站，提供气象数据可视化显示、实时气象监测超阈值报警、气象数据专业化分析及预警预报信息定向推送等气象信息服务。在极端降水事件中，该系统能够第一时间将预警信息推送给责任人，并且能够按需提前 1 周/3 天/1 天/6 小时/3 小时/1 小时自动生成天气风险专报，辅助地铁客户高效应对天气风险，保障居民日常出行和城市轨道交通运营安全。

实时监测：具备大风、降水等灾害性天气实时预警功能。

预警设置：根据重点区域预设的预警条件，当实时气象达到预警条件时，应自动触发预警模式，并提醒用户。至少可设置 4 个等级预警，具体等级阈值及命名根据用户需求设定，预警等级发生变化时，立即提醒用户。

预警推送：整合单条线路所有监测点位预警信息，采用钉钉预警的方式进行通知。

2. 服务铁路相关系统

为其提供轨道交通不同场景下的气象服务定制化数据产品，包含两小时短临预报、雷达拼图、天气实况、15 天逐日预报、气象灾害预警、历史实况格点数据、格点预报数据等气象数据产品。

3. 定向推送气象信息

建设某地铁气象服务平台，并辅助建立自动气象监测站，提供气象数据可视化显示、实时气象监测超阈值报警、气象数据专业化分析及预警预报信息定向推送等气象信息服务。通过气象服务平台的建设，实现站点级气象历史、实况、预报数据查询及气象数据可视化；地铁覆盖区域的预报、多维度、自定义预警；气象风险报告生成及权限控制。

三　道路交通气象服务应用案例

（一）案例背景

安全是交通的核心，每年高速发生封闭情况，其中38.3%是由天气原因造成的，发生交通事故52.3%由天气原因造成。浓雾、暴雨、暴雪、冰冻等气象灾害，以及造成的次生灾害（如道路结冰、强降水时的低能见度等）或伴生的地质灾害（如山体滑坡、泥石流等）均会影响到交通运输的安全和效率，造成道路堵塞、封路或直接导致交通运输中断，甚至危及人员生命安全。

道路气象实时监测有利于高速公路交通管理部门能够及时了解道路上的恶劣天气情况，如暴雨、大雾、冰雪、路面结冰等，从而采取相应的交通管制措施，减少交通事故发生的可能性，并能够迅速做出应对策略，组织应急救援力量和资源，提高应对突发事件的能力和效率。

道路气象预报预警可以帮助高速公路交通管理部门更好地预测道路条件的变化，及时调整交通管制措施，如限速、交通分流、临时交通管制等，以应对突发的气象情况，确保道路安全和畅通。

（二）整体介绍

高速公路气象解决方案基于墨迹气象大数据平台，构建适用于高速公路行业用户的气象服务产品体系，以全面的公路气象监测、精细化高速公路气象预报、交通防灾减灾服务及辅助决策服务为支撑，全方位满足高速公路行业用户的气象服务需求。

（三）产品详细功能

常规天气预报缺乏对高速公路的场景化融合应用，为了更好地服务高速公路用户群体，墨迹提供融合路网位置的道路精细化气象预报服务，包括交通出行规划气象辅助建议以及多种交通指数产品预报，便于用户直接使用和参考。

根据高速公路沿途所处路段，系统能够智能给出精细化的区县天气预报服务信息，例如短时临近天气预报信息、中长期天气预报信息，整个预报数据的推送可基于时间轴变化、基于用户位置、基于用户群体。

1. 精细化交通气象监测预报

系统能够监测查询到交通沿线各区县现有的观测站数据，包括能见度、降水、温度、相对湿度、风速风向、路面温度、路面状态实况数据。可以全方位实时监测各区县路段的情况，并将实时路况第一时间传到系统数据库中，提供更加准确、更加精细化的交通气象服务。

建立交通气象指数预报模型，根据雨、雪、雾、沙尘、阴晴等天气现象对交通状况的影响程度，进行指数计算，并针对各个交通气象指数级别，分别作出相关的交通提醒。

2. 国突预警提醒

可智能对接国家预警信息发布中心区县级别预警数据，对高速公路路段及路段所在区县内的预警信息实时提醒。一旦有了新预警，系统自动在地图中弹出框提示。

3. 灾害性天气监测预警产品制作

实现预警服务产品的制作、生成、发布的全流程式管理，全路段气象预警信息的显示，决策服务产品的智能化生成以及服务信息的精准匹配与智能发布。

4. 分路段气象服务模型构建

不同路段对气象服务有着不同的需求，需要分别对普通路段和隧道路段进行预报产品的输出，在现有预报模型的基础上研发适用于不同路段类型的预报模型产品，综合评估模型准确度。基于普通路段、隧道路段及其周边范围内自动站观测资料自动识别数据，分别建立监测阈值库，当出现阈值以上数据时或者某类识别产品时，系统实时自动报警，对区域内报警信息给出声音、文字等提示。例如可自定义设置大风、暴雨、能见度、积雪等灾害预警指标，系统自动监测报警。

5. 数据接口封装资料共享

对普通路段气象服务数据以及隧道路段气象服务数据进行封装，提供数据 API 接口供应用。高速公路管理部门以及其他服务对象可通过接口调用实现气象数据监测、预报、预警以及专题服务产品等信息的共享应用。

6. 智慧平台对接

系统建设支持与用户方平台的无缝对接，能够与用户方所建的交通出行服务指挥平台进行融合，辅助用户方实现交通气象服务模块与智慧交通服务平台的对接。能够与用户方现有的系统架构对接并为其提供系统对接接口。

7. 预警推送

借助降雨数据以及预报数据分析结果，系统结合高速公路道路积水点信息可实时监测城区各低洼路段的积水水位并实现自动预警。交管部门可借助该系统整体掌握整个路段的实时积水情况，并借助微信、钉钉、短信、广播等融媒体为广大群众提供出行指南，避免人员、车辆误入积水路段造成损失。

8. 高速公路后台管理

可存储历史气象数据，记录高速公路管理机构出车情况、作业人员、融雪剂、作业时间等情况，并支持相关数据导出，便于对作业情况与天气情况进行多维度的展示及统计分析。

（四）实际案例

交通气象智能监测提供某高速公路运营单位管辖范围内各条高速线路的实时天气状况，以便更好地开展高速公路的运营管理工作，提供的实时气象监测服务可以极大地帮助高速运营单位高效运营。

通过专业的气象信息处理和可视化技术，将某高速沿线的精细化气象预报数据通过 GIS 地图方式展示在电脑端，高速公路运营人员可以在电脑上随时查看气象信息，同时可以把关注区域的气象雷达信息、降水量信息、大风信息等恶劣天气信息实时投屏到指挥中心大屏上。当有恶劣天气出现时，将发生的预警信息实时推送给高速信息可视化平台软件。

四　发展展望及决策建议

根据国务院发布的《气象高质量发展纲要（2022—2035 年）》，国家将探索打造现代综合交通气象服务平台，加强交通气象监测预报预警能力建设，开展精细化交通气象服务和全球商贸物流气象保障服务；同时，建立气象部门与各类服务主体互动机制，探索打造面向全社会的气象服务支撑平台和众创平台，推进气象服务供需适配、主体多元。由此可见，我国的交通物流领域气象服务将朝着精准化、智能化、综合化和国际化的方向发展，为交通物流行业提供更可靠、更智能的气象服务支持。

（一）气象技术提升，气象服务智能化

随着气象观测技术的发展和大数据技术的广泛应用，未来交通物流行业将实现对天气变化更加及时、更加精细化的预测，例如分灾种、分路段、分航道、分水域、分铁路线路的精细化交通气象服务。同时，将气象数据与物流运营数据相结合，能够实现智能化的交通运输调度和路径规划，提高运输效率和安全性。

（二）建设综合服务平台，推动商业化气象服务发展

综合交通气象服务平台能够整合各类气象数据和服务资源，包括气象预报、气象监测、灾害预警等，为交通物流行业提供更全面的气象服务支持。同时，建立多元主体的综合服务平台将催生更多的商业化气象服务产品和解决方案，促进商业化气象服务的发展，为交通物流企业提供更专业、更个性化的气象服务选择。

B.22

中国天然氧吧创建对地方经济绿色转型发展的影响

范贤生　孙　健　屈　雅　董丹蒙*

摘　要： 随着天然氧吧创建的推进，如何助力氧吧地区经济绿色转型发展成为当前重要且迫切的课题。本文以中国天然氧吧实践模式为基础，分析中国天然氧吧地区经济发展特征，从中发现生态产品价值对区域经济发展的现实意义；选取南部、中部、北部不同地理方位典型天然氧吧地区做法，分析天然氧吧助力地方经济发展存在的问题和挑战，并对释放天然氧吧优势、推动地方经济绿色转型发展提出出台鼓励支持政策、探索创新生态价值实现新路径新机制、完善生态产品市场化路径等建议。

关键词： 天然氧吧　价值实现　绿色转型

"绿水青山就是金山银山"的理念，是习近平生态文明思想的重要内容，为推动绿色发展提供了行动指南。《中华人民共和国国民经济和社会发展第十四个五年规划和2035年远景目标纲要》作出"推动经济社会发展全面绿色转型"的重大部署，以生态产业化、产业生态化为途径加快构建绿色产业体系，探索生态产品价值实现路径，发掘良好生态中蕴含的经济价值，推动生态与经济双赢，实现人与自然和谐共生。作为贯彻"两山"理论、盘活气候资源、

* 范贤生，国务院参事室当代绿色经济研究中心副主任，主要研究方向为绿色、低碳、循环发展；孙健，中国气象服务协会常务副会长，正高级工程师，主要研究方向为公共气象服务、生态气象服务、预警信息发布服务；屈雅，中国气象服务协会秘书长，高级工程师，主要研究方向为气候服务；董丹蒙，中国气象服务协会副秘书长、会员部主任。

助力生态产品价值转化途径的“中国天然氧吧”，在不断创建中成效初显，正在对地方经济绿色转型发展产生积极影响。

一　中国天然氧吧创建现状

2016年，中国气象局组织国、省两级气象业务单位联合开展中国天然氧吧创建工作，以符合“年人居环境气候舒适度达‘舒适’的月份不少于3个月，年均AQI指数不大于100，旅游设施齐全、服务管理规范”等基本条件为标准，为公众创造、筛选出更多的适合休闲、旅游养生之地。据《2022年中国天然氧吧评价公报》统计，全国已有29个省（区、市）的313个地区获得“中国天然氧吧”称号（以下简称天然氧吧），总面积超过90万平方公里，约占我国国土总面积的9.5%，涌现出了一大批生态产品价值转化实践模式与典型案例，天然氧吧的品牌效应与影响力基本形成，地方政府通过天然氧吧的创建工作有效地促进了区域的绿色转型发展。

二　天然氧吧典型做法及实践模式分析

自天然氧吧创建工作开展以来，各创建地区都在积极推进天然氧吧助力生态价值转化的有益尝试，实现绿水青山转化为金山银山的目标，形成了一系列丰富的经验和案例模式。本文按照南部、中部、北部不同地理方位选取浙江丽水、河南三门峡、黑龙江伊春三个全域创建天然氧吧地区案例进行阐述。

（一）天然氧吧典型做法

1. 丽水地区典型做法

丽水位于浙江省西南部，地处浙、闽、赣三省交界地带，总面积1.73万平方公里，是浙江全省陆域面积最大的地级市。丽水市属中亚热带季风气候，四季分明，温暖湿润，雨量充沛，无霜期长，具有典型的山地气候特征。年平均气温18.2°C~19.6°C，无霜期有246~274天，年雨日154~186天，年降雨量1309.9~1970.5毫米，年日照时数1102.3~1759.6小时，年总辐射量102.1~110.0光照度。丽水市90%以上的辖区面积是山地，素有“九山半水半分田”之称。地貌以丘陵、中山为主，峡谷众多，间以狭长的山间盆地为基本特征。地势上大致由西南向东北倾斜，西南部以中山为主，有低山、丘陵和山间谷地；东北部以低山为主，间有中山及河谷盆地。境内海拔 1000 米以上的山峰有 3573 座，1500 米以上山峰 244 座，全市森林覆盖率为 81.7%，有“浙江绿谷”“华东生态屏障”的美誉。丽水市生态环境状况指数连续 18 年居浙江省首位，空气质量连续 7 年稳居全国十强以内，有浙江绿谷、华东天然氧吧、中国生态第一市等众多美誉。正在通过以下做法，促进生态价值转化，带动地方经济绿色转型发展。典型做法如下。

（1）强化评估利用，提升气候资源开发能力。加强气候资源本底研究。为提高气候资源开发的科学性，开展山区气候生态资源要素及区划的评估，组织对区域景观资源调查评估，因地制宜挖掘气候生态资源；不断完善生态气象监测网，布点建设区域气象站网、农业气候监测站及负氧离子生态监测网等，推出气象服务产品，优化生态气象服务。

（2）深入挖掘区域资源，扩大生态价值转化范围。积极探索建设国家气象公园，弥补当前对气象旅游资源保护的空缺，更大限度地突出气象景观价值，展开对潜在气象旅游资源的保护与挖掘。例如云和县结合“丽水国家气象公园”示范点建设，打造云和梯田观云体验、梅竹观星体验、白鹤尖冰雪体验和黄家畲高山避暑等一批网红氧吧营地，在深入开发利用气候资源的同时，为广大游客提供了科普游学的多重旅游体验。同时，以文化旅游项目为重点，以提质增量为核心，围绕休闲旅游度假区、文化旅游综合体、旅游景区、乡村旅游、康养文化养生旅游等进行项目谋划和招引。

（3）坚持产业融合发展。坚持“经济生态化、生态经济化”和“生态就是经济、经济必须生态”理念，把区域生态优势聚集到各类产业载体中，以生态产业作为生态产品价值转换的“金钥匙”，逐步打开“绿水青山”蕴含的无尽“宝库”。同时，通过深入挖掘自然山水、历史文化、气候景观、气候养生等优势资源，推动建立气候资源向旅游和康养产业资源转化的机制。挖掘“农业+”资源，加快园区向景区转型、基地向景点升级、农产品向旅游地商品转变，以“氧吧+”为基础，推动氧吧与乡村振兴、文旅产业、绿色转型产业融合发展。

（4）发挥氧吧气候品牌效应，提升品牌价值。充分发挥生态资源优势广泛持久开展“中国天然氧吧”品牌宣传推广，将“中国天然氧吧”品牌作为城市主打品牌，形成以“中国天然氧吧”品牌为核心的生态品牌矩阵。举办天然氧吧发布会、文旅推介会、运动会以及品牌活动赛事等活动，发挥“天然氧吧”品牌的产业带动优势和社会效益，推动天然氧吧品牌在全域旅游、乡村振兴、招商引资、生态文明建设等方面发挥作用，打造“绿色发展”金名片，例如“丽水山耕”“云字号”“有缙道”“五彩农业”等品牌，“氧吧”品牌溢价明显。

（5）探索建立生态价值转化通道。深入推进生态产品价值实现机制建设，以丽水入选全国首个生态产品价值实现机制试点市为契机，把好山好水好空气所蕴含的生态价值整合打包成可交易的生态产品，开展集体林地地役权改革、公益林数字化改革等创新实践，设立 GEP 专项资金等，建立“两山金融”服务站，成立“两山公司”“两山银行”，设计“GEP”贷、“两山贷”、“生态贷”等绿色金融产品，构建生态产品价值实现机制。

2. 三门峡地区典型做法

三门峡市地处河南省西部，位于豫陕晋交界处，属于黄河金三角区域，是丝绸之路经济带的节点城市。属于暖温带大陆性季风型半干旱气候。这里气候宜人，四季分明，年平均气温 14. 2℃，年降雨量一般在 400～700 毫米，无霜期 215 天，全年日照时间 2051. 6 小时。市域面积 10496 平方公里，地貌以山地、丘陵和黄土塬为主，其中以山地、丘陵为主，市域生态本底良好，植被条件丰富，森林覆盖率达 50. 72%，是国家园林城市、国家森林城市。三门峡市区坐落在黄河南岸阶地上，三面临水，形似半岛，素有“四面环山三面水”之称。典型做法如下。

（1）健全体制机制助力创建。三门峡市把创建“中国天然氧吧”作为加快城市转型创新发展的重要举措，同全国文明城市创建一起列入工作任务，将创建目标任务写进政府工作报告。为了规范“中国天然氧吧”城市创建工作，三门峡市成立领导小组，明确专人专班，建立健全简报、督查等工作机制，使创建工作走向制度化、规范化、常态化轨道。组织相关人员赴国家、省气象局咨询请教，到浙江丽水等先进地市考察学习，进一步拓展思路，明确目标。河南省气象局派驻专家长期定点指导三门峡“中国天然氧吧”创建，为创建工作启航引路，市气象部门对各县（市、区）进行业务指导。

（2）持续打好蓝天碧水净土保卫战，守护绿水青山。深入推进蓝天、碧水、净土保卫战，深入打好污染防治攻坚战，实施矿山治理和生态修复、河流综合治理，践行“两山”理论，推动生态环境持续改善，主要生态环境指标保持全省前列。数据显示，三门峡多地负氧离子含量每立方厘米超过4000个，是世界卫生组织清新空气标准的两倍多，“天然氧吧”名副其实，为美丽三门峡建设提供了强有力的环境保障。

（3）氧吧产业与乡村振兴发展相融合。推进苹果气象灾害防御试验基地建设等工程，开展特色农产品气候品质认定工作，打造“气候好产品”等系列国家气候标志品牌。强化省级苹果特色农业气象服务中心作用，建设连翘特色农业气象服务中心。结合现代农业产业园建设，打造高标准特色农业气象保障先行区。开展农民专业合作社气象服务提升行动，实现直通式气象服务新型农业经营主体全覆盖。三门峡民宿产业和农家乐实现了村级全覆盖，文化旅游业蓬勃发展。2023年，三门峡市共接待游客总人数4089.8万人次，旅游总收入335.74亿元，同比分别上升96.24%、69.58%。12月全市接待游客总人数276万人次，同比上年上升138%，旅游总收入21.9亿元，同比上年上升39.49%。①

（4）积极推动中国天然氧吧相关绿色品牌打造与推广。发挥“中国天然氧吧”品牌在文旅康养、农特产品、体育活动等中的应用，做好“氧吧+”工作，挖掘品牌价值。发展山地自行车赛、横渡母亲河、康养论坛、生态乡镇等氧吧品牌项目，卢氏县率先创建成功“中国天然氧吧”后，成功举办了首届全球文旅创作者大会、槐花节、越野精英挑战赛暨迷你马拉松比赛、全国双胞胎漂流大赛、山水音乐节等一系列活动。2023年，卢氏县总接待人数1095.5万人（次），同比增长15.3%，全县旅游综合收入38.5亿元，同比增长14.2%。② 绿色理念深入人心，全民行动。三门峡市气象部门与环保部门协作建立了环境气象分析研判微信平台，对全市大气环境质量进行24小时全天候监控，向公众实时发布空气质量监测数据。市文明办联合市卫健委等职能部门组织各级志愿者开展“3510”低碳生活、清洁家园等环保志愿服务。此外，

① 资料来源：三门峡市文化广电和旅游局提供。

② 资料来源：卢氏县文化广电和旅游局提供。

三门峡市还广泛开展节约型机关、绿色家庭、绿色学校、绿色社区创建活动，推广绿色出行，通过生活方式的“绿色革命”，倡导人人参与环保、爱护环境的良好社会风尚。

3. 伊春地区典型做法

伊春市位于黑龙江省东北部，面对肥沃的三江平原，东与鹤岗市相邻，南部面临着水量丰富的松花江，西部为富饶的松嫩平原，北部与世界国土面积最大的俄罗斯隔江相望。伊春市地处小兴安岭腹地，是全国重点国有林区，国家重点生态功能区，森林覆盖率 83.8%，夏季平均气温接近 22℃，拥有北纬 47°上最宜人的夏天。伊春全域负氧离子达 4000～6000 个/cm^3，夏季 7～9 月最高可达 8000～10000 个/cm^3，夏季平均气温接近 22℃，素有“中国林都”“红松故乡”“天然氧吧”之美誉，被誉为“森林里的家”。伊春市是国务院批复确定的中国北方重要的生态旅游城市。伊春市是传统的林业资源型城市，凭借优越的自然生态环境走在全国发展森林康养旅游的前列，发展森林康养对于伊春市转变经济增长方式、实现区域绿色发展具有重要意义。典型做法如下。

（1）依托氧吧资源，打造“氧吧+产业”模式。按照产业全链接、资源全利用的思路，积极推进天然氧吧与行业、产业的深度融合。以创建“中国天然氧吧城市”为契机，牵手康养休闲，打造“气象+氧吧+产业”经济发展新模式，确定以森林康养为主攻方向，丰富产品、业态、服务供给，促进“旅游+”多业态融合发展，助推旅游业提档升级。依托中国天然氧吧的主品牌，外延至农业、教育研学、体育赛事、大健康等领域，打造新的经济增长极。

（2）发挥气象优势，打造伊春“中国天然氧吧城市”品牌。开展“中国天然氧吧城市”品牌活动，通过开通“氧吧专列”带动康养、研学、亲子等活动；通过“氧吧专机”，采取“小、快、灵”的便捷旅游方式，依托伊春市丰富的旅游资源，有效展示城市形象；定期发布伊春氧吧排名报告，彰显伊春天然氧吧优势，结合负氧离子与健康数据进行大数据分析，定期发布伊春氧疗指数报告，打造伊春旅游特色，叫响“林都伊春·森林里的家”城市品牌，让伊春的天更蓝、山更绿、水更清，生态环境更美好。

（3）探索建设智慧氧吧城市。整合各种资源力量，建立天然氧吧信息数据库，搭建产品丰富、功能便捷、自动化程度高的“智慧氧吧城市信息化平台”，坚持天然氧吧创建“边建设、边应用、边服务、边评估”；深入开展

“智慧氧吧城市试点”建设，助力伊春“生态立市、旅游强市”发展。

（4）开展“中国天然氧吧城市”能力建设。与相关单位深入合作建立“全国首个智慧氧吧城市信息化平台”，建立天然氧吧数据库，为天然氧吧城市建设提供科技支撑；充分挖掘地方特色打造特色景观，打造森林康氧（养）旅游线路、杜鹃花期预报、五花山色景观预报，展示伊春四季之美；紧跟国家低碳发展和碳达峰、碳中和政策，开展伊春市碳排放效果评价指标基础和方法体系建设，打造“碳汇伊春”，开展天然氧吧生态价值评估，打造“氧吧伊春”。

（5）建立健全保障监督机制，引导多方资源参与合作。伊春市高度重视“中国天然氧吧”城市创建工作，专门成立创建领导小组，将此项工作纳入全市重点工作督查督办，实行氧吧创建工作进展日报告、月报告及季度报告制度。伊春市相关负责人通过参加浙江丽水氧吧产业研讨会、三门峡“氧吧专列”等活动，促成了市委、市政府与中国气象服务协会、中国气象局华风影视集团、中国公共气象服务中心、黑龙江省气象局的深度合作，达成开通伊春“氧吧专列”“氧吧专机”、打造“氧吧宝宝小镇”的共识，提出以“气象+氧吧+旅游”为品牌的生态旅游新模式。

（二）天然氧吧实践模式分析

通过丽水、三门峡、伊春地区典型做法来看，三地立足各自资源禀赋，不断探索生态价值转化路径，在实践模式上具有一定的一致性和共同点（见图1）。

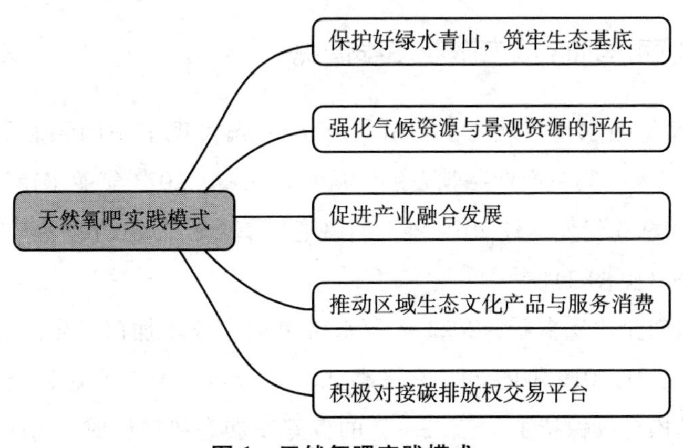

图1 天然氧吧实践模式

资料来源：丽水、三门峡、伊春天然氧吧做法总结提炼。

在天然氧吧实践模式中呈现如下路径和方法。一是保护好绿水青山，筑牢生态基底。坚持以问题为导向，针对区域生态环境保护面临的具体问题，开展蓝天、碧水、净土攻坚战等，实施系统生态保护修复与治理，为氧吧创建与推进工作提供良好的生态保障。二是强化对气候资源与景观资源的评估，推行气候可行性论证，充分挖掘资源多维价值，挖掘水资源、森林资源等主体的多维价值，发挥区域环境调节与功能开发优势，释放更多优质资源红利。三是促进产业融合发展，积极整合区域资源，推动文化、旅游、农业等多重产业融合发展，打造“氧吧+”产业模式，推动打通产业链各个环节，形成协同效应。四是推动区域生态文化产品与服务消费，完善服务体系，提升氧吧品牌效益。五是积极对接碳排放权交易平台，多层次多领域构建森林、农业、草原、水域等生态资源碳汇市场，加快推进生态资源向生态资本转化，形成生态经济价值。

三　天然氧吧典型地区经济发展特征

《2022 年中国天然氧吧绿皮书》显示，天然氧吧综合效益表现亮眼，包括丽水、三门峡、伊春在内的全国 81%的天然氧吧地区旅游收入实现正增长，呈现第三产业增加值总量与在产业结构中占比逐年提高的特征，对当地经济拉动作用明显。

（一）丽水地区第三产业发展情况

自 2019 年丽水市下辖九县（市、区）率先实现了中国天然氧吧创建的“满堂红”以来，第三产业蓬勃发展。从总量来看，2023 年丽水市第三产业增加值达到 1109. 3 亿元，较 2019 年天然氧吧“满堂红”之初的 815. 7 亿元，提高了 36. 0%（见图 2）。

从三次产业比重来看，2023 年丽水市第三产业增加值占生产总值的比重达到 56. 5%，比 2019 年的 54. 5%提高 2 个百分点，第三产业比重持续提升，三次产业结构持续保持了“三二一”的良好发展态势，已成为 GDP 增长的主要带动力（见表 1）。

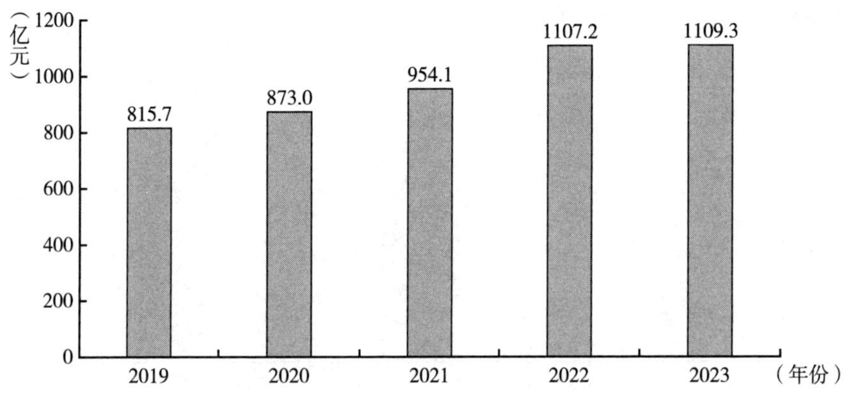

图 2　2019~2023 年丽水市第三产业增加值总量

资料来源：历年《丽水市统计年鉴》。

表 1　2019 年、2023 年丽水市三次产业比重

单位：%

年份	第一产业	第二产业	第三产业
2019	6. 8	38. 7	54. 5
2023	5. 8	37. 7	56. 5

资料来源：2019 年、2023 年《丽水市统计年鉴》。

（二）三门峡地区第三产业发展情况

2021 年，三门峡实现“中国天然氧吧”创建全域化，所辖 6 个县（市、区）全部获得“中国天然氧吧”称号，是黄河流域唯一一个，也是中部省份河南省首个“大满贯”省辖市。第三产业提速效果显著。从总量来看，三门峡市 2023 年实现第三产业增加值总量 749. 4 亿元，比 2021 的 683. 3 亿元提高了 9. 67%（见图 3）。

从三次产业比重来看，2023 年三门峡市第三产业增加值占生产总值的比重达到 46. 2%，比 2019 年的 43. 2%提高 3 个百分点（见表 2）。三次产业结构为“三二一”态势。

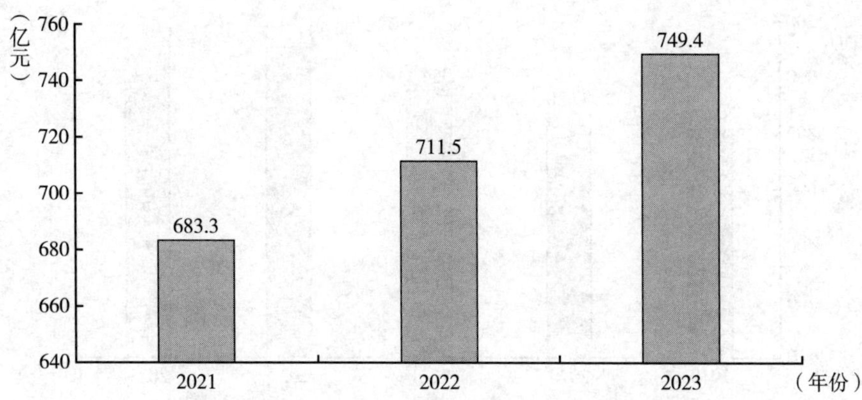

图3　2021~2023年三门峡市第三产业增加值总量

资料来源：2021年、2022年《三门峡市统计年鉴》；《2023年1~12月三门峡市主要经济指标》。

表2　2021年、2023年三门峡市三次产业比重

单位：%

年份	第一产业	第二产业	第三产业
2021	9.5	47.3	43.2
2023	10.8	43.0	46.2

资料来源：2021年《三门峡市统计年鉴》《2023年1~12月三门峡市主要经济指标》。

（三）伊春地区第三产业发展情况

2021年伊春市所辖10个县（市）全部获得“中国天然氧吧”称号，实现大满贯。伊春市是东北地区唯一全域创建成功的城市，也是中国北方第一个天然氧吧城市。第三产业快速发展，从总量来看，宜春市2022年实现第三产业增加值总量150.7亿元，比2021的138.5亿元提高了8.8%（见图4）。

从三次产业比重来看，2023年伊春市第三产业增加值占生产总值的比重达到43.9%，比2021年的43.4%提高0.5个百分点（见表3）。三次产业结构为“二三一”态势。

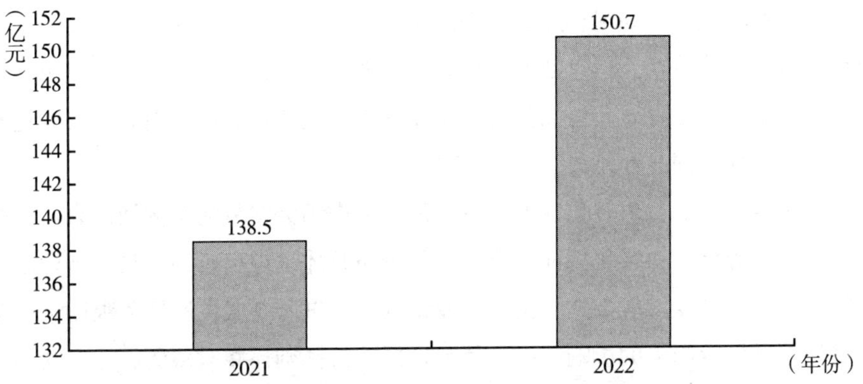

图 4　伊春市 2021 年、2022 年第三产业增加值总量

资料来源：历年《伊春市国民经济和社会发展统计公报》。

表 3　2021 年、2023 年伊春市三次产业比重

单位：%

年份	第一产业	第二产业	第三产业
2021	37.7	18.9	43.4
2023	37.5	18.6	43.9

资料来源：历年《伊春市国民经济和社会发展统计公报》。

丽水市、三门峡市、伊春市，自所辖县（市、区）全部获得“中国天然氧吧”称号以来，第三产业均取得较好发展，为区域实现经济绿色转型发展奠定了重要基础。

四　天然氧吧助力地区经济绿色转型发展存在的问题和挑战

新时代绿色经济发展推动生态机制的完善，需要协调政府机制和市场机制①。在政策、技术和产业结构三大主要路径中，技术创新为绿色经济提供了强有力的支撑，技术、市场、环境政策的有效实施保障了绿色经济的稳定高效

① 孙全胜：《新时代中国绿色经济发展的原则、路径和探索》，《发展研究》2023 年第 9 期。

发展，产业转型是提高绿色经济水平的重要推动力[①]。综合专家学者多角度对绿色经济的解读以及天然氧吧实践模式和成效，本文认为天然氧吧创建虽然促进了地区第三产业发展，但如何进一步发挥天然氧吧优势助力地方经济绿色转型发展还有如下问题和挑战。

一是生态产品价值转化程度有待提高。从中国天然氧吧案例做法来看，具有典型的资源型、初级化特征，产业发展链条整体呈现出延伸不足与产业融合不够等问题，转变发展方式、调优产业结构、推进跨越式发展任务艰巨。因受自然地理条件等因素的影响，天然氧吧地区经济基础还相对薄弱，生态功能维护主要依赖政府财政转移支付。现阶段所产生的生态产品价值更多的还是依靠发展农文旅产业进行转化，投资强度大、建设周期长、地点有局限、专业人才队伍匮乏，在生态产品、价值转化的程度上还极为有限，附加值不高等困境有待突破。

二是生态效益向经济效益转化滞后。建立健全生态产品价值实现机制，是贯彻落实习近平生态文明思想的重要举措，是践行绿水青山就是金山银山理念的关键路径。2021 年 4 月 26 日，中共中央办公厅、国务院办公厅印发《关于建立健全生态产品价值实现机制的意见》，推动建立健全生态产品价值实现机制。天然氧吧试点地区中浙江丽水、北京延庆等地均已开展 GEP 价值核算，已积累了相关的实践经验，但仍存在生态价值核算指标与核算方法体系庞杂而相对混乱问题，未形成完整而统一的量化技术规范与标准体系，相对滞后了生态效益向经济效益的转化，亟待根据地区发展需求完善生态价值实现机制。

三是各层面协同推进的工作机制仍不健全。生态产品的开发与生态系统的稳定性、完整性协调，关系生态产品价值实现的基础性和科学性[②]。从天然氧吧实施建设层面看，有待提升顶层设计和高层次协调机制，目前还缺乏旅游、康养、气象、体育等领域资源的有效整合，尚未形成多部门条块结合的生态气候品牌宣传推荐机制，将气候资源转化为产品真正服务经济社会和产业需要更多的政府部门发挥协同引导和支持作用。从生态价值转换的支持环境看，气候资源转化

① 许娟、陈英葵：《我国绿色经济发展现状与展望》，《可持续发展》2021 年第 3 期。

② 王喜峰、姜承昊：《建立健全生态产品价值实现机制的核心问题与政策进路》，《价格理论与实践》2024 年第 2 期。

在生态产品价值转换中的定位不突出，天然氧吧等气候资源价值转化没有被明确纳入国家和地方总体部署中，重视和支持程度有待进一步提高。

五　释放天然氧吧优势推动地方经济绿色转型发展的建议

继党的二十大报告提出“建立生态产品价值实现机制，完善生态保护补偿制度”后，2024 年全国两会政府工作报告再度将“完善生态产品价值实现机制，健全生态保护补偿制度，充分调动各方面保护和改善生态环境的积极性”列入工作重点。天然氧吧地区作为生态产品价值转化的示范，应进一步加快推进经济绿色转型发展，发挥带动作用，不断拓宽“两山”转化路径。

（一）出台鼓励支持政策

一是加强生态环境与财政等相关部门沟通，充分考虑天然氧吧地区生态保护较好、先天区位交通条件欠缺等因素，在政策及项目上适当倾斜，对标生态文明示范区（县）的政策鼓励支持。二是以气候资源开发为引导，进行气候与旅游、文化、农业、交通、环保等部门的关联研究与融合路径探索，充分挖掘区域原有产业基础和优势，提升资源利用效率，延长氧吧经济产业链条，拓宽氧吧产业服务范围，通过政策和机制供给，激发市场主体积极性，促进产业结构优化，推动地区经济向绿色转型发展。

（二）探索创新生态价值实现新路径新机制

一是创新和探索隐性气候资源价值开发。随着碳达峰碳中和等一系列新的国家战略推进实施，天然氧吧等气候资源的开发利用具有了新的潜在价值或者隐性价值，需要进一步深入探索和创新以引领天然氧吧建设、提升资源转化水平。在“双碳”战略下的生态价值实现，能够探索出面向未来的、新的、潜在价值更高的转化方式与路径。天然氧吧的价值不仅在于保护好氧吧资源，更要充分利用好相关资源，例如在双碳技术体系中负排放技术不仅是农林碳汇，其更大的空间在于工程性的利用林业资源，如生物质碳捕集与封存，即将氧吧地区丰富的生物质资源加以合理充分利用，既是技术创新又是产业创新。另外，天然氧吧等气候资源的规划、开发对于适应气候变化、与韧性城市建设结合也具有广阔空间。二是推动生态价值转化多元投入。健全自然资源资产产权制度，探索生态价值向人文价值、经济价值、生活价值的转化路径，搭建生态价值实现平台，鼓励天然氧吧地球生态产品价值实现试点，探索生态产品多途径、多功能、全链条开发模式。以浙江丽水生态价值转化机制为借鉴，探索生态资源交易机制，推动建立气候生态资源资产经营管理平台（如两山银山、两山公司等），引导多方利益主体与资本参与，推动生态气候资源资本化，助力区域经济绿色高质量发展。

（三）完善生态产品市场化路径

一是推动生态产业转型升级。以现有生态产品为基础，整合自然、农业、服务业等生态产品种类，形成具有天然氧吧特色的生态产品链，深入完成由点到面、由少到多、由局部到整体的生态产业化格局；以“氧吧+”为着力点，将区域内村落文化、传统文化、农耕文化、特色产品、特色资源等进一步结合，融入“慢城理念”“互联网+”等丰富消费新场景、新业态、新模式，推动生态产业转型升级，实现生态与经济、文化、旅游、康养等融合发展。二是完善生态产品市场化管理体系。以市场需求为导向，以技术创新为核心，建立区域生态产品信息管理服务系统，实现通过数字化、信息化手段及时跟踪产品及其转化动态，通过服务系统整合区域各类产品资源，形成区域产品的信息资源库，服务区域产品市场化运作；建立健全区域产品价值转化的标准规范、审查机制以及信用保障，从产品生产到价值实现严格把关，与其他地区形成比较优势，突出天然氧吧地区的区域特征和特色。三是重视天然氧吧品牌宣传。从品牌因素、区域因素、产业因素和支持因素等方面规划宣传内容及传播矩阵，形成天然氧吧品牌创新营销方式，为区域汇聚人才、技术、资本等更多资源，实现生态产品市场的可持续发展。

天然氧吧创建对地方经济绿色转型发展的影响，重在生态产品价值实现，既要通过发现价值、发掘价值、转化价值，建立健全生态产品价值实现的机制和评价体系，又要加快完善政府主导、企业和社会各界参与、市场化运作、可持续的生态产品价值实现路径。只有系统谋划、稳步推进生态产业化、产业生态化，保障生态产品和服务供给，才能更好释放天然氧吧特色优势带动力，实现生态保护和经济发展共赢。

B.23 气象巨灾风险保险经济学分析

王国栋　邵啸天*

摘　要：　本文通过对气象巨灾风险的研究，阐述气象巨灾对社会经济生活的影响，并通过保险手段对风险进行识别、控制与转移，降低气象风险对社会经济的影响度，充分论证保险作为经济社会发展稳定器的基石作用。本文最后提出参考国内类似险种经验，扩大巨灾保险的保障范围；制定气象巨灾保险的实施方案；建立既包括横向也包括纵向的巨灾风险分散体系；持续推进产品创新；着手构建一个全面的数据管理系统，并在此基础上积极推进数据的整合与共享等政策建议。

关键词：　气象巨灾保险　防灾减损　数据管理学院

引　言

气象指大气中的各种现象和过程，如风、云、雨、雪等。气象风险是受气象因素的影响，某一地域、地段或地点在某一时间段内发生灾害可能性的大小。气象风险一般分为四级，用不同颜色表示，分别为蓝色、黄色、橙色和红色，对应一般、较重、严重和特别严重的级别。气象巨灾风险一般指具有较高危害程度的橙色风险和红色风险，表现为高风险的二级和特别高风险的一级风险。

气象巨灾风险保险是对由于气象原因造成人、财、物损失的偶发事故，通

---

* 王国栋，中华联合财产保险股份有限公司农村保险事业部副总经理，主要研究方向为巨灾风险保险；邵啸天，中华联合财产保险股份有限公司农村保险事业部高级专员，主要研究方向为巨灾风险保险。

过巨灾保险制度，分散风险的一种保险保障制度。我国气象巨灾保险的发展可以追溯到20世纪80年代初。当时，我国对自然灾害的认识还不够深刻，政府在灾害发生后通常采取救灾援助的方式，而未进行有效的防范和采取应对措施。在这种背景下，我国开始尝试引入巨灾保险制度，以降低国家和个人在自然灾害面前的经济风险。

1992年，我国正式成立国家自然灾害损失补偿基金，标志着我国巨灾保险制度的建立。近年来恶劣气候加剧，气象灾害对于人类社会和经济的影响也变得越发显著。从洪水、旱灾到风暴和台风，这些天气现象给不同地区带来了严重的破坏，给社会经济造成了巨大的损失。如何更好地发展巨灾保险，采用什么样的政策才能发挥保险应有的功能，方案选择的逻辑如何，这些问题有待回答。

本文通过梳理气象风险巨灾风险及其影响，结合国外气象巨灾风险发展经验，提出具有中国特色的巨灾保险发展方案，最终发挥保险为经济发展去险减压的作用。

一 气象巨灾风险及其影响

（一）气象巨灾风险的主要类型及特点

当下，我国面临的气象巨灾风险主要包括台风、暴雨、洪水、干旱、寒潮、高温等，其特点是对人类生产和生活产生严重影响，具有周期性、区域性、突发性的特点。

一是暴雨。暴雨往往连续不断，大暴雨在短时间内迅猛降临，会导致水流集中，水位迅速上升，东部和沿海地区尤为严重，而西部地区则相对较少。平原和湖区较易发生洪涝，而高海拔的山地则较少受影响。二是干旱。干旱发生时，大气中的水汽减少，地表水分不足，土地变得干燥，缺水状况严重。干旱在我国频繁出现，持续时间长，影响范围广泛。三是寒潮。寒潮带来的温度骤降时间短、地理范围广，同时常伴随着大风、雨雪和冻害等极端天气现象。四是台风。台风带来的强风、特大暴雨和风暴潮容易引发洪涝灾害，对当地造成严重影响。五是高温。当日最高气温达到或超过35℃时，称为高温。连续数天（3天以上）的高温天气会对人们的生活和健康构成威胁。

（二）气象巨灾风险的直接和间接损失以及对社会经济的影响

随着恶劣气象加剧，气象灾害对于人类社会和经济的影响也变得越发显著。从洪水、旱灾到风暴和台风，这些天气现象给不同地区带来了严重的破坏，给社会经济造成了巨大的损失。

洪水是一种常见的气象灾害，其对社会经济的影响可以说是毁灭性的。洪水经常导致农田被淹没，农作物受损严重，甚至导致农作物歉收。此外，洪水还可能淹没住宅区和商业区，摧毁人们的家园和企业。这不仅会导致大量财产损失，还会造成人员伤亡，重建所需的经费和资源都将对国家和社会经济造成巨大压力。

除了洪水，旱灾也是一种常见的气象灾害，其对社会经济的影响同样不可忽视。旱灾会导致农作物减产，饮水困难，甚至可能引发粮食危机。农业是很多国家的支柱产业，旱灾的发生将直接影响到农业生产和食品供应。此外，旱灾还会造成水资源紧缺，限制工业生产和人们日常生活的需求。这将影响到整个社会经济的发展，可能导致失业增加和经济衰退。

风暴和台风也是常见的气象灾害，同样给社会经济带来了巨大的压力。风暴和台风不仅会摧毁建筑物和基础设施，还会造成电力中断和通信中断等问题。这将严重影响到商业和工业活动的正常进行，导致生产中断和无法及时交付订单。此外，风暴和台风还会导致海上交通和航空运输的延误和取消，给旅游业和贸易业带来了严重的损失。

高温热浪同样影响社会经济生活。高温环境下，人体易出现中暑、疲劳、头晕等症状。长时间暴露于高温下还可能增加心血管疾病、脑血管疾病和肾脏疾病的风险。高温和干旱条件可能对农作物生长和收成产生负面影响，导致减产。同时高温热浪将导致野生动物栖息地破坏、森林火灾增加、珊瑚白化等现象，进而影响生物多样性。高温条件下，用水量和电力需求增加，可能导致水资源短缺和电力供应紧张。此外，高温还可能导致用电负荷加重，进而影响经济和社会稳定。

二　气象巨灾保险市场的现状与问题

（一）国内（外）气象巨灾保险市场的概况

在全球气象巨灾保险行业市场分析的宏观视角下，市场规模与增长趋势成为不可忽视的焦点。近年来，气象巨灾频发，从洪水、干旱、台风到高温，这些极端天气事件不仅给人类社会带来巨大人员伤亡和财产损失，也催生公众风险管理意识的提升。

从地域分布看，全球气象巨灾呈现明显的区域特征。北美地区气象灾害导致自然灾害频发，公众风险意识较高，政府推动力度较大，共同推动北美气象巨灾保险市场快速增长，市场规模不断扩大。美国国际集团（AIG）凭借较强的专业能力和风险管理能力，表现强劲。欧洲地区则以完善的保险体系和较高的保险渗透率著称。欧洲国家在气象巨灾保险方面积累了丰富经验，建立了相对完善的保险制度。慕尼黑再保险集团发挥了积极作用。亚洲地区尽管起步较晚，但气象巨灾市场发展迅速，潜力巨大。①

我国气象巨灾保险市场仍在探索阶段，市场规模不断扩大，但相对国际市场仍规模较小，具有较大发展空间。我国气象巨灾保险参与主体包括保险公司、再保险公司、政府机构等。头部险企凭借优秀的承保经验和强大的客户资源，发挥着引领作用。气象巨灾保险产品结构上涵盖洪水、台风、暴雨、干旱等多种气象灾害，产品特点逐渐成熟且多元化。政策环境和监管政策也对我国气象巨灾保险市场产生深远影响。政府通过制定税收优惠、财政补贴等，鼓励保险公司开展保险业务，提升全社会防灾应灾能力。②

（二）气象巨灾保险市场的供需矛盾

自2014年《国务院关于加快发展现代保险服务业的若干意见》明确提出“将保险纳入灾害事故防范救助体系，建立巨灾保险制度”之后，我国很多地

① 中国人保财险灾害研究中心：《巨灾保险制度的国际经验》，《中国保险》2014年第7期。

② 刘康、黎晨曦、雷越：《巨灾保险：发展现状、国际经验及政策建议》，《现代金融导刊》2020年第9期。

区先后开展了气象巨灾保险工作，地方政府与保险公司建立起不同形式的合作关系，全国多地陆续开始试点农业气象指数保险。2023 年，《国家金融监督管理总局 财政部关于扩大城乡居民住宅巨灾保险保障范围 进一步完善巨灾保险制度的通知》更是进一步提高了巨灾保险责任、保险金额。总的来说，目前的一些试点发展改变了我国气象巨灾保险市场供给，填补了一些空白，但并没有从根本上解决供需矛盾。

目前我国气象巨灾保险表现出的供需矛盾集中在气象巨灾风险概率小、损失大，供给严重不足。在构建气象巨灾保险制度的过程中，一个关键的挑战是公众参与度不足，这直接削弱了保险制度的实际效果。具体来说，较低的投保率限制了保险在巨灾损失补偿中的核心功能，同时也阻碍了多元化、可持续的灾后重建资金筹集途径的形成。因此，探索巨灾保险发展的一个重要任务就是如何有效提升公众对巨灾保险的认知和接受度。政府层面，除了优化保险产品设计、提高保障水平，吸引更多的保险公司愿意参与巨灾保险业务外，还需要从公众的角度出发，加强宣传教育，提高公众对巨灾风险的认识，增强他们购买巨灾保险的自觉性。只有这样，才能确保巨灾保险制度能够真正发挥其应有的作用，为社会提供全方位的巨灾风险保障。①

剖析来看，公众对于巨灾保险需求低的原因如下。一是公众常常低估气象灾害的威胁，抱有一种侥幸心态。虽然气象巨灾带来的破坏远超过普通灾害，但它们发生的概率相对较小。多数公众因为不常经历这类灾害，便容易认为自己不会成为受害者，因此不愿意投资防范这种小概率事件。二是公众普遍期望一旦灾难来临时，政府能承担起保护责任提供必要的援助和赔偿。这种对政府的依赖减弱了个人购买气象巨灾保险的意愿。三是气象巨灾保险本身的成本较高，保费超出了多数人的预算，而且与普通财产保险相比较，高额的免赔条款使得保险的实际效益看起来并不划算。这些因素综合起来，导致了人们在面对气象巨灾风险时的准备不足。

对于保险公司而言，巨灾天气所带来的风险虽然概率低但可能导致巨大的经济损失，并且这些风险在不同个体之间存在显著的相关性，这与常规的保险

① 何小伟、冯丽娜：《需求不足已成巨灾保险发展瓶颈》，中国金融新闻网，http://financialnews.com.cn/bx/ch/201908/t20190814_165932.html，最后检索时间：2023 年 8 月 13 日。

业务所面对的风险性质有着明显的区别。因此，为了有效应对这种情况，保险公司必须专门设立高流动性的自然灾害储备金，以便在必要时能够迅速动用，才能确保保险公司在面对此类灾害时仍具备充分的偿付能力。

（三）气象巨灾保险市场的定价难题和风险评估挑战

气象巨灾风险的评估成本取决于多个关键变量，其中包括气象灾害的出现频率与强度、宏观经济环境和保险行业的市场评价。在为这类灾难制定保险费率时，常用的两种方法是：依据过往灾害记录来构建的定价模型或是基于即时天气情况和预测来进行的风险定价模型。基于历史损失数据的定价模型，主要是根据历史巨灾事件的数据，分析企业损失概率和损失程度，以此来确定保险价格。基于天气风险的定价模型，则是通过分析天气数据，预测未来可能发生的自然灾害，并以此为基础来定价。[①] 这两种方式都旨在合理估算保险公司需要收取的保费，以便能够覆盖可能发生的损失，同时确保公司的财务稳健。

当下，在进行气象灾害保险费率设定时，存在一系列复杂且具有挑战性的问题。一是数据获取问题。这类灾害的发生具有高度的不可预测性和低频率，导致可用的历史数据可能既不完整也不可靠。二是建模问题。制定费率涉及复杂的统计和计算，这要求有专业技能的人员和先进的技术支持，需要更多的技术开发和模型架构。三是外部因素问题。巨灾保险定价过程在兼顾保险机构的风险管理水平及市场竞争策略时，还必须纳入对政策法规等外部环境因素的考量。

三　气象巨灾保险的经济学分析

（一）气象巨灾保险的风险分散与转移机制

基于气象巨灾风险的特征，确保巨灾保险体系长期稳健运行显得尤为关键。为此，构建一个全面且高效的大灾风险分散体系是必需的。

当下成熟的风险分散体系中，农业保险和巨灾保险虽然针对的风险类型不

---

① 何小伟、冯丽娜：《需求不足已成巨灾保险发展瓶颈》，中国金融新闻网，http://financialnews.com.cn/bx/ch/201908/t20190814_165932.html，最后检索时间：2023 年 8 月 14 日。

同，但两者都属于高风险保障类保险产品、涉及对不可控性和突发性自然因素导致的损失的保障，因此二者有一定的相似之处。从而，气象巨灾保险的风险分散与转移机制可参考农业保险的机制设定。以农业保险风险分散与转移机制为例，该体系由三大支柱构成：一是专项的准备金，以备不时之需；二是通过引入再保险机制，将部分风险转移至更广泛的市场，实现风险的进一步分散；三是在此基础上，还需制定相应的超赔责任分配方案，以应对那些极端但可能发生的情况，从而确保整个保险体系的稳定性和可靠性。

综合来看，建立气象巨灾保险风险转移机制需制定以下三点。

一是需制定完善的风险准备金制度。由经营气象巨灾保险经办机构根据有关法律法规，专门计提准备金，并遵循独立运作、因地制宜、分级管理、统筹使用的管理规则。

二是参考农业保险的再保险安排，建立专业的气象巨灾保险再保险公司。2020 年 12 月，“中农再”经国务院批复、由中央财政和八家金融机构共同发起设立，是由银保监会批准的中央金融企业，是我国唯一的专业农业再保险公司。“中农再”以财政支持的农业大灾风险分散机制为基础和核心，基本功能是分散农业大灾风险，推动建立并统筹管理国家农业保险大灾风险基金，加强农业保险数据信息共享，承接国家相关支农惠农政策。“中农再”成立后，与 35 家农业保险经营公司签订了再保险标准协议，承接 35 家公司由于气象风险造成的农业损失。

三是建立再保险之后的政府巨灾责任安排。鉴于气象巨灾保险业务所固有的高风险性和高昂成本，仅仅依靠某个保险公司单打独斗地筹集资金进行赔付是较吃力的。因此，需要政府财政介入制定一套专门针对气象巨灾风险的超赔责任准备金制度。这一准备金的主要作用是，在遭遇由气象因素引发的重大灾害后，能够在再保险的保障范围之外，或者根据政府所承诺的责任上限，为相关风险提供额外的经济支持。

然而，我们也必须清醒地认识到，由于气象巨灾风险责任准备金的总量是有上限的，所以它所能提供的超赔损失补偿也是有限度的。它并不能成为一个无底洞，为所有的超赔损失都提供全额的补偿。一旦实际的赔付金额超出了基金的设定限额，那么参与这个基金的各方就需要自行寻找其他的资金来源来弥补这部分损失了。

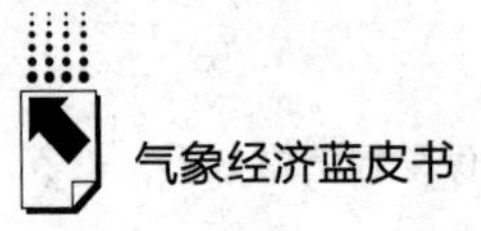

（二）气象巨灾风险保险的保费厘定与风险管理

气象巨灾风险保险是一种以特定气象风险损失为基础，当发生保险责任内的损失时，保险公司按合同约定进行赔偿的保险形式。其费率厘定模型设计需要综合考虑多种因素，以确保保险产品的可持续性和公平性。

设计气象巨灾保险费率厘定模型时，首先要考虑的是历史灾害数据和概率分布。通过对历史气象数据、经济损失数据的收集与分析，可以估计不同地区、不同季节的灾害发生频率和强度。这些数据通常服从某种概率分布（如对数正态分布、Gamma 分布等），基于这些分布可以模拟未来的灾害情景。

其次，需要考虑风险评估和损失估计。通过建立风险评估模型，识别影响损失发生的主客观因素，同时，结合经济损失模型，预测在不同灾害情况下的具体损失情况。

再次，利用精算原理计算纯保费。根据灾害发生的概率和预期损失，运用精算数学方法计算出相应的纯保费。这个过程中，要考虑风险的可转移性和再保险市场的承受能力。

最后，考虑安全负荷和费用。除了纯保费之外，还需要加上一定的附加保费。

从定价逻辑不难看出，进行有效的风险管理，降低气象巨灾风险，也就是风险减量是气象巨灾保险经营必选之路。这是由于气象风险对保险定价的基础——风险评估形成了挑战。极端气候事件的不确定性和复杂性可能使风险评估变得更加困难。保险公司需要不断改进其模型和分析来更准确地估计风险。这可能需要更多的投资和资源。如果能够通过与风险减量相关的技术手段或参数化保险等创新产品降低一部分承保风险，对于潜在的评估模型风险也能有一定程度上的抵消。

另外，气候异常会带来更高的索赔成本。极端天气事件，如飓风、洪水、林火和暴雨可能导致更多的索赔。这些事件通常造成巨大的损失，包括房屋、商业和车辆的损害，因此保险公司需要支付更多的赔偿。这可能导致保险公司的索赔成本上升，从而影响其赢利能力。

综上所述，一方面，实施有效的风险管理，进行风险减量本就是保险的应有之义。围绕核心的承保理赔环节，保险投资、风险评估等都是必不可少的工作。另一方面，风险减量是保险业安全激励功能的结果体现。风险减量工作并不是仅仅指控制型的技术措施，也包括费率调节和产品创新等更为专业的措施。也就是说，有一部分风险减量行动完全可以通过现有的保险业务环节来完成，而无须设立单独的环节，这些也正是保险业独特影响投保人风险行为的途径。例如，早在几十年前，美国国家洪水保险计划就对不同风险区实施不同的承保条件和费率，并相应设置联邦灾害补偿获得条件，使得部分投保人搬离洪水高风险区，从而降低了社会所面临的洪水风险。在气象巨灾风险形势严峻的背景下，运用这些安全激励手段，调动和引导众多风险承担者的积极性，撬动更多降低风险的力量，正是有效的风险管理。

四　气象巨灾风险保险发展展望

（一）气象巨灾风险保险未来发展方向

巨灾保险在应对气象灾害风险中扮演着至关重要的角色，它不仅是我们在灾难发生前进行有效防范的关键工具，同时也是确保我们在紧急情况下获得必要资金支持的一个重要途径。随着时间的推移，我国民众对于保险的了解和接受程度已经发生了翻天覆地的变化，特别是在过去的十年中，这种变化更为显著。为了实现我们对常态和非常态下的灾害应对能力的双重提升，以及从减少灾害带来的损失向降低灾害风险的转变，现在推进巨灾保险的发展显得尤为迫切和必要。

目前，中国在气象极端灾害保险领域尚处于起步和发展的阶段。若能有更多的城市和地区加入这一试点计划中来，同时如果能促使研究组织、相关行业以及保险企业协同合作，共同整合和分析与重大气象灾害相关的风险、损失以及赔偿数据，并构建一个全面的自然灾害信息库，那么这将极大地促进保险公司提升对气象巨灾保险产品的开发和创新能力，满足社会对于这类保险产品日益增长的需求。

我国面临的自然灾害类型丰富多样，除了缺少火山活动之外，几乎涵盖了全球所有类型的自然灾害。这些灾害包括但不限于极端天气事件如干旱和洪水，强风系统如台风，地壳运动如地震，以及其他诸如冰雹、低温、暴风雪等。此外，生物灾害如森林火灾和病虫害，以及地质灾害如滑坡和泥石流也时常发生。气候相关灾害如风沙暴、风暴潮、海浪和赤潮等也对中国造成影响。在所有这些灾害中，气象灾害尤其具有破坏性。鉴于此，中国的巨灾保险行业显得尤为关键。随着国家对保险业的日益关注，以及公众对于财产安全的意识提升，预计未来，巨灾保险将成为更多消费者的选择。

未来，成功的气象巨灾保险制度体系需跨部门、跨行业的紧密协作与资源共享，才能为应对灾害挑战提供有力保障。同时，需统一的灾害数据管理体系和巨灾风险数据库，以便确保数据的准确性和实时性，才可以为科学决策提供有力支撑。在这个过程中，保险行业需有所作为，以成为气象巨灾风险管理的中坚力量。行业需继续提升巨灾保险的承保能力，不断完善风险分散机制，以应对日益严峻的自然灾害形势。为了满足市场多样化需求，行业还需积极创新气象巨灾保险产品，提供更加全面、灵活的保障方案。另外，还需加大宣传和销售力度，提高公众对气象巨灾保险的认知度和参与度。在理赔服务方面，行业需持续优化流程，提高服务效率和质量，让受灾群众能够及时获得经济补偿，减轻灾害带来的负担。

（二）促进气象巨灾风险保险市场发展的政策建议

一是参考类似险种经验，扩大巨灾保险的保障范围。基于当下农业保险方面的丰富经验，引入洪水巨灾保险是一个值得考虑的方向。随着时间的推移和经验的不断积累，可以把巨灾保险进一步扩展至台风、高温等多种灾害因素，从而构建一个更加完善的全国巨灾保险制度。在这一过程中，立法层面的支持至关重要，这将为整个保险制度提供一个稳定的法律基础。在操作模式上，西方国家推行的地震保险做法是一个良好的先例。通过设定独立的险种来满足不同需求，这样不仅可以提高保险的针对性，还有助于吸引更多的投保人参与进来。若在国家立法层面暂时无法实现强制投保，以附加险种推广的模式也是一种选择。这种模式借鉴了日本的经验，通过政府的“强引导”策略来推动巨灾保险的普及。具体来说，政府可以通过补贴等方式鼓励企业和个人购买附加险种，从而在一定程度上保证了投保的覆盖面和风险的分散。除了以上两种模式外，还可以考虑探索符合我国发展需要的指数保险试点。这种保险模式以灾害发生的程度为依据来确定赔付金额，具有灵活性和可操作性。同时，通过逐步引入财政支持，可以构建一个多层次的巨灾风险分散机制，进一步提高社会的抗灾能力。

二是需要参考国内外的经验制定气象巨灾保险的实施方案。在国内，政府对诸如“首台套综合责任保险”和“农业保险”等重要保险产品会提供财政补贴，这些补贴对于减轻消费者的经济负担、维持保险公司的稳定运营以及有效地将个人和企业的风险转嫁给保险公司都起到了积极的作用。国际视角下，一些国家建立了专门的巨灾保险机构，这些机构可能完全由政府资助、由保险公司出资，或是政府与保险公司共同出资，并且它们独立于任何商业保险公司。这种独立性和非营利性质让这些机构在收集数据、制定保险费率、安排再保险等方面能够更加公正中立。考虑到中国居民对保险的认知仍有较大的提升空间，巨灾保险的普及率和保障范围也亟待加强。因此，可以在国家立法要求强制购买保险的前提下，优先推广政府补贴的巨灾保险，之后再逐步探索设立这类独立机构的可能性。

三是确保风险分担的机制多元化，建立既包括横向也包括纵向的风险分散体系。首先，国内不同地区之间的风险可以通过借鉴欧美地震保险模式来分散。由于各个区域面临的灾害风险程度不同，政府推动风险分散的速度也有所区别，所以可以考虑按照省份划分，建立区域保险与再保险的分散机制。这样，能够根据区域特点制定保险费率，通过区域性的转移来分摊灾害带来的经济损失，从而帮助受灾区的重建工作。接着，也需要在投保人之间实现风险的横向分散。以日本和英国的经验来说①，强制要求将特定的灾害风险纳入财产保险和医疗保险中，可扩大保险覆盖的人群并减少保险的成本。这种方法有助于避免逆向选择和道德风险，推动风险在全球范围内得到更好地分散，进而提升巨灾保险的普及率和质量。另外，参考国外经验，也需要建立一个自上而下的风险转移机制。一是不同组织间如何分配和转移巨灾风险，这包括政府、保险公司、国内再保险公司以及国际再保险公司等，它们之间应该建立一种良性的互动关系；二是如何在不同的风险分散模式之间进行转移，除了将传统的保险市场和政府作为最后保障者的模式外，还可以参考美国和加勒比地区的实

① 刘康、黎晨曦、雷越：《巨灾保险：发展现状、国际经验及政策建议》，《现代金融导刊》2020年第9期。

践[①]，探讨使用巨灾债券等金融工具通过资本市场为可能发生的灾害筹集资金，并对风险进行分散。

四是持续推动产品创新。首要任务是加速巨灾保险的金融创新进程，2016年颁布的《建立城乡居民住宅地震巨灾保险制度实施方案》中提出了建立五级风险分散体系，该体系涵盖了投保人、保险公司、再保险机构、专项巨灾保险储备基金以及政府等多个层面，共同承担风险。然而，即使有了保险和政府的支持，面对巨灾风险时，资金缺口仍然可能难以完全填补。因此，有必要进一步推动巨灾债券的实际应用，通过这一渠道有效利用资本市场，从而增强整体风险抵御能力。此外，巨灾指数保险也待进一步发展和推广。这种保险形式具有较高的运行效率，能够在灾害发生后迅速启动赔付程序，大大减少了传统理赔方式所需的时间和成本。特别是对于像地震这样影响范围广泛的自然灾害，指数保险更是能够发挥重要作用。但由于指数保险存在产生基差风险，因此，在设计和制定保险产品时，必须谨慎考虑启动赔付的指数设定、保险条款的明确以及定价的合理性，以确保在提高赔付效率的同时，充分发挥风险转移的作用。

五是需着手构建一个全面的数据管理系统，并在此基础上积极推进数据的整合与共享。具体而言，应当着力于增强各类关键数据的互联互通，包括但不限于气象部门收集的天气数据、水利部门收集的水文数据、地质部门收集的地理数据等。考虑到不同地区面临的自然灾害和流行病风险存在差异，需要促进跨地区和跨行业的数据共享，以便构建出更加符合中国实际情况的巨灾风险定价模型，并据此设计出更具针对性的巨灾保险产品。

---

① 刘康、黎晨曦、雷越：《巨灾保险：发展现状、国际经验及政策建议》，《现代金融导刊》2020年第9期。

B.24
二十四节气文化品牌塑造与产业前景思考

齐鹏然　张永宁*

摘　要： 二十四节气作为中华优秀传统文化的集大成者，可以助力气象部门开展气象文化和气象科普高质量发展。整体来说，气象部门的二十四节气文化品牌建设仍有提升空间，存在节气发展管理和对外合作机制缺失、节气研究与应用的政策和规范缺乏、学科设置和人才队伍建设力度不足、节气科普“重应用，轻科研”等问题。气象部门发展二十四节气文化品牌和产业的路径需从理论到实践总体考虑，包括加强顶层设计、推动跨领域跨学科的融合、着眼于节气的本地化以及充分利用文化创意和高科技等策略塑造节气文化品牌。气象部门发展二十四节气产业的未来前景广阔，节气既是助力气象产业与文化产业融合发展的全新赛道，也是气象文化产业链构建与优化不可或缺的一部分。

关键词： 二十四节气　气象文化　节气产业　气象科普　气象产业

引　言

2023年10月，习近平总书记对宣传思想文化工作作出重要指示，明确提出的“七个着力”中指出“着力赓续中华文脉、推动中华优秀传统文化创造

---

* 齐鹏然，华风气象传媒集团中国天气·二十四节气研究院院长助理、知识产权及应用传播室主任，高级工程师，主要研究方向为二十四节气科普传播及应用；张永宁，博士，华风气象传媒集团中国天气·二十四节气研究院人文研究室主任，高级工程师，主要研究方向为二十四节气人文研究。

性转化和创新性发展”。国务院发布的《气象高质量发展纲要（2022—2035年）》对气象事业发展以满足人民日益增长的美好生活需要提出了更高要求。二十四节气作为中华优秀传统文化的集大成者和人类非物质文化遗产的经典代表，是气象部门推进气象文化建设和气象科普发展的重要抓手。如中国气象局党组印发的《新时代推进气象文化建设的若干措施》中指出“弘扬传承中华优秀传统文化中凸显气象底蕴和生态智慧的‘天人合一、道法自然’等理念，开展非物质文化遗产‘二十四节气’等气象文化专题研究和保护传承”。此外，《气象科普宣传教育高质量发展行动计划（2023—2025年）》中也明确提出“加强对二十四节气、民间气象谚语等气象文化遗产的挖掘、整理和传承”。

二十四节气自产生之初就与天文气象密切相关，蕴含着破译中国气候密码之道。竺可桢老先生在1963发表的论文《物候学》中写道“物候知识的起源，在世界上以我国为最早”①。气象文化与二十四节气相伴相生，是中国特色社会主义先进文化在气象领域的生动实践。发展二十四节气文化品牌也是气象部门义不容辞的责任和使命。在新时代，我们应该开阔视野，跳出狭义思维，从广义气象文化视角进行文化品牌建设。

一　气象部门建立二十四节气文化品牌价值认同的必要性

二十四节气是具有重要价值的气象文化品牌。气象文化影响力的建构往往依赖于具有标志性“符号感”的生活实践、仪式体验，不断强化气象文化记忆和价值体系，从而建立起对气象文化的认同感及民族文化共同体的归属感。

二十四节气是顺天应时的生产生活时间指南。二十四节气作为中华民族传承久远的时间制度，将太阳周年运动轨迹划分为24等份形成二十四节气，又将每个节气划分为三候，形成“七十二候”。一年循环往复、周而复始。在中国清晰的季风气候以及强烈的生养诉求背景下，二十四节气已经成为中国各族各地人们顺天应时开展生产生活的最重要时间指南之一，大家根据不同的现实

① 竺可桢：《物候学》，《科学大众》1963年第1期，第6~8页。

条件，因地制宜地运用二十四节气的计时方式，安排各自的农事活动和日常生活。

建立二十四节气品牌价值认同是挖掘优秀气象科技文化、增强气象传统文化与当代人刚性关联的题中应有之义。二十四节气包含了对自然界太阳、月亮、地球的运行规律进行深入观察、探测和研究的科学总结和伟大成就；在探索规律的过程中，我们会更加关注道法自然、天人合一等中华优秀气象科技文化，不断强化人类命运共同体概念；中华民族是一个情感丰富、知礼仪、讲道德、情操高尚、热爱生活的民族，二十四节气为我们提供了一个敬畏自然、热爱群体、完善修为、抒发情感的极好场域。

二　二十四节气文化品牌建设现状及问题分析

在建设社会主义文化强国背景下，社会各界对于二十四节气文化融合需求出现了井喷式增长。各级气象部门愈加意识到节气文化品牌建设和发展的重要性和迫切性，华风集团等单位已经持续多年开展关于节气的研究与应用。

然而，总体来看气象部门的二十四节气文化品牌整体建设亟须提质增效，不仅体现在对节气品牌价值的认识不到位，在品牌建设方面从顶层设计到具体实施也存在缺位或失范问题，具体体现如下。

（一）着眼于长远的节气发展管理和对外合作机制缺失

中央宣传部、文化和旅游部、农业农村部均有二十四节气相关管理机构设置，但中国气象局尚未明确二十四节气管理归口单位，导致节气文化品牌发展缺乏规范的统筹和长远的规划。同时目前来看，气象部门与相关部委在二十四节气业务交流和工作的官方合作机制还不够顺畅，仅靠民间业务沟通难以形成长久的、有影响力的合力。

（二）适用于气象部门二十四节气研究与应用的政策和规范缺乏

总体来说，气象部门的二十四节气研究和应用属于“野蛮式”发展和“放羊式”管理。绝大部分气象部门内部尚未开展二十四节气应用的相关政策和标准研究，中国气象局未曾出台关于促进二十四节气研究与科普传播的业务发展具体实施方案，另外在节气科学研究、业务应用、科普解读和文化传播等方面缺乏必要的管理办法。这导致各地气象部门的二十四节气研究仍处在靠情怀、靠自觉的低端发展阶段。

（三）学科设置和人才队伍建设力度不足

人才是气象部门发展二十四节气文化品牌的最重要资源。中国农业大学、复旦大学等其他行业或综合性院校都已在尝试开展节气相关课程或学科建设，然而气象部门尚未在气象院校系统开展节气相关学科建设，存在学科专业缺位，人才培养和评价体系缺乏，以及人才需求和社会需求联动不紧、契合度不高的问题。这将严重制约气象部门二十四节气文化品牌建设和高质量发展。如何适应多样化、个性化发展需求，加强综合学科建设，支撑气象社会服务现代化建设，成为时代课题。

（四）节气科普存在严重的“重应用，轻科研”问题

气象部门围绕节气研究与应用，经常存在“未做科研，先做应用”的现象，节气传播内容同质化现象十分严重，缺乏独特性和创新性的内容输出，科学解读不够深入、气象专业特色不够突出、公众关注度不高，导致气象文化宣传科普效果不佳，缺乏相关学术阵地。

三　二十四节气文化品牌建设的策略

气象部门开展的二十四节气文化品牌建设是一个系统工程，应从顶层设计进行跨领域跨学科的融合，着眼于节气的本地化，从多个维度立体、充分利用高科技塑造节气文化品牌，并进行广泛应用。

（一）加强顶层设计，系统全面又重点突出地进行节气文化品牌体系建设

丰富节气品牌体系，实现节气文化品牌价值提升，首先要抓好顶层设计，做好基于扎实的科学与文化融合的基础研究，面向市场服务，整合地方政府、企业行业、气象部门、消费者四类群体打造“节气+”合作模式。在这个过程中，

要充分突出气象部门的专业优势和特色，将二十四节气的科学内核及文化内涵从气候天文、民俗文化、物候物产、创意美学等角度进行深入挖掘和专业分析，依托最新的技术手段进行节气文化产品开发，为市场提供高品质一站式服务。

（二）开展跨学科、跨领域和跨国界的深度融合

二十四节气是一个融合自然科学和人文科学的多学科多领域的知识体系。气象部门开展节气文化品牌的建设，应秉持基础研究决定学术能力和增长空间的理念，立足于气象学科专长，着眼于文化领域建设，充分融合各个学科领域，努力扩大节气研究和应用的“朋友圈”。

一方面，开展二十四节气自然学科基础研究，以天文、地球科学、农学等自然科学大数据完成基础性研究，科学解析验证二十四节气知识体系、应用实践、节气起源地、生成逻辑等，并研究提出新理论新模型；另一方面，从节气人文学科基础研究出发，采用将历史文献和当代气象物候数据充分结合的新研究范式，研究二十四节气已有知识体系和应用实践，进行节气民俗文化的溯源研究，并将气象学、物候学、美学、文学等结合，开展节气美学研究和以诗词为代表的节气文学跨学科研究。

此外，二十四节气文化是世界性的，尤其是东亚和东南亚的日本、越南等国家结合本国的气候对节气进行了本地化的改造和传承，应该充分了解掌握国内外发展动态，深入开展节气文化与不同行业产业的应用研究。

（三）因地制宜地开展节气文化品牌本地化和当代化创新

节气的文化品牌价值还体现了对传统文化传承发扬和守正创新，将传统融入现代元素，以新颖方式展现，更容易唤起大家的文化共鸣。应该深入调研，结合各地的文化品牌建设需求，创建节气文化品牌的评价体系。如“节气之城”评价指标、“节气风物”评价指标等，结合各地文旅需求，与地方政府、气象部门一起挖掘节气文化传承、气候天文、物候物产等领域的显著科学内涵和特殊文化传承价值，协助地方打造一地一策的节气文化品牌。将二十四节气作为新的气象旅游资源，拓展气象部门的业务方向，构建一套成熟完整的技术、合作、研发模式，推动二十四节气优秀传统文化有气象特色的创新性发展和创造性转化。

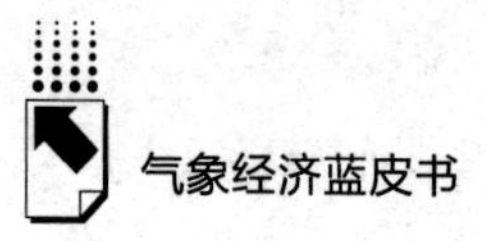

（四）打造多维立体的节气文化品牌科普传播矩阵

随着媒介融合的发展，需要将节气内容与气象融媒体进行深度整合，打造顺应时代的立体传播模式。一方面，将节气内容融入传统媒体业务，打造节气品牌的权威性、公信力和影响力，例如面向公众增加“节气时节提醒”“节气冠名”等民生资源模块，用节气为品牌赋能。另一方面，推动节气内容在新媒体平台的强力发声。

近些年，越来越多品牌开始重视传统节气及节庆活动在营销中的价值。例如，立春、清明、冬至、小满等节气，已经成为部分品牌发声的重要节点，品牌通过持续的节气营销活动培养消费者的阅读习惯和品牌期待。我们应充分挖掘每个节气的气象特色、民俗文化背后的气象原理，为品牌发展提供独家的气象资源，与消费者建立稳定的情感连接。例如通过节气好物推荐、节气地图、节气甄选等新媒体节气传播的内容创新和形式创新，与当代生活建立刚性关联。

（五）文化创意加科技创新塑造节气文化品牌影响力

文化创意在二十四节气品牌中的应用，是一种将传统文化与现代创意完美融合的实践，运用独特的设计理念和技术手段，通过跨界融合，打造出富有个性和魅力的二十四节气品牌形象，将二十四节气品牌推向更广泛的市场，让更多的人了解和喜爱这一独特的文化符号。

此外，增强节气品牌意识，不断深化“节气品牌 IP”建设，提升节气文化品牌美誉度。依托 AI、3D、AR、VR 等先进的科技手段进行文化数字产品的设计开发，开展节气文化活动、赛事、文化展览和博物馆、文化公园等“节气+”文化活动。坚持创新，探索深层以节气为脉络讲好气象文化故事，将节气文化与人们的衣食住行深度结合，让消费者在节气的年轮中品味生活。

四　二十四节气文化产业前景分析

文化产业是“朝阳产业”和“未来取向产业”。根据国家统计局发布的对全国 7.3 万家规模以上文化及相关产业企业（以下简称“文化企业”）调查，

2023年，文化企业实现营业收入129515亿元，比上年增长8.2%[①]。2024年第一季度，文化企业实现营业收入31057亿元，比上年同期增长8.5%。在文化产业的迅速发展进程中，从气象的视角讲好中国的文化故事，从收藏在禁宫里的文物、陈列在广阔大地上的遗产、书写在古籍里的文字中持续挖掘气象科技文化，二十四节气是融合气象和文化产业的“黏合剂”。

（一）二十四节气是助力气象产业与文化产业融合发展的全新赛道

在2022年冬奥会开幕式上，二十四节气变身为倒计时器，从“雨水”开始，到“立春”结束，与古诗词、古谚语及充满生机的当代中国影像融为一体，以全新表达方式，惊艳亮相在全球观众面前。惊艳亮相后，各界对二十四节气的需求进一步井喷。来自中国气象局二十四节气研究院专家受邀参与策划，这是二十四节气文化品牌建设一次成功尝试。节目中不仅融入了科学视角下的节气气候逻辑和文化视域下的诗词、谚语表达，还以先进的科技手段进行呈现，以新颖的创意进行传播，彰显了节气文化品牌创新发展的广阔空间。

二十四节气是文化产业与气象产业发展进程中必不可少的纽带和抓手。应该加强顶层设计，强化文化科技创新平台的建设；将节气融入气象科普的基础建设中、深化气象文化供给侧结构性改革、打造节气文化品牌、构建高质量发展工作体系，为建设社会主义文化强国提供助力。

（二）二十四节气文化是气象文化产业链构建与优化不可或缺的一部分

二十四节气文化品牌是优秀传统文化与现代市场经济完美融合的产物。根据中国天气·二十四节气研究院研究发现，文旅、康养、科普研学等产业均对气象部门提出二十四节气研究和应用需求，特别是各地对建设二十四节气科普场馆、开展相关研学或活动的意愿强烈。基于气象科学与二十四节气文化融合的研究成为新赛道，二十四节气研究和应用将成为气象产业发展的新增长点，是发展新质生产力的重要抓手。

在学术层面，积极建立学术阵地和创新平台，扎实开展节气领域的基础研

---

① https：//www. stats. gov. cn/sj/zxfb/202401/t20240129_ 1946971. html.

究、应用研究、关键技术创新、文化创意产品研究、科普传播研究、政策研究、学科建设等，聚焦二十四节气与气象领域的服务产品研发，可解决节气科学与文化融合基础研究方面所面临的关键技术问题，为产业融合提供扎实的学术基础。

另外，从应用层面，二十四节气文化是气象面向文旅、健康、科普等领域建立独特产业链的重要抓手。

1. 二十四节气文化品牌建设与文旅产业有机结合

立足于节气视角，系统地挖掘各地的气候天文、物候物产、文化民俗，梳理各地的节气风光、节气风物、节气风俗和节气风味；一地一策，打造城市的节气文化金名片。

积极构建能够综合反映城市节气文化的综合评价体系，如“节气之城”评价标准，积极开展“节气之旅”等文化民俗挖掘传播活动；开展“节气风物”等物候物产评价标准；设计“节气风味”应季应时搭配方案，将节气文化品牌润物细无声地融入文旅产业中。

此外，二十四节气文化品牌还可以融入城市文化基础建设，如主题街区、主题乐园、文化公园、博物馆和科普馆、植物园林、文化艺术展览等。通过探寻文化遗产数字活化可持续发展过程中的新路径，面向节气不同场景的数字化、可视化需求，将气候、物候等大数据进行降维表达，将歌谣谚语和行为艺术的节气风俗进行破圈传播，探究基于 GIS、古代现代艺术形意表达结合、创新型数字技术的感官体验交织的、互动体验加持的可视化产品开发技术，立足于科学原理和文化内涵挖掘的应用研究成果，融入可提升感官体验的新技术，将风光、风俗、风物、风味变成可观、可感、可尝的产品，将节气 IP 打造为数字化、虚拟化、可视化的物象产品，将数字活化产品作为文旅产业可持续发展的助推器。

2. 二十四节气文化品牌建设与大健康产业的融合

随着人们对健康生活的日益重视，节气康养产业在中国蓬勃发展，节气康养的理念源于中国传统文化，它认为人体与自然环境紧密相连，应该根据季节的变化来调整自己的生活方式，以达到身心健康平衡的目标。我们可以结合二十四节气提供高品质的养生保健产品和服务，提升人们的生活质量，科学有效地进行健康管理。

节气融入大健康产业，还可以延伸到养老护理、康复服务、中医药产业、保健品等市场。节气融入康养产业要充分考虑主体不同的客观情况、所处环境，所以在养生方面也切不可照搬照抄，而是要因人制宜、因地制宜，根据自身状况和所处的自然地理环境，制定可持续的养生方案，如基于阴阳古义，立足于太阳周年运动研究，对古老的阴阳体系科学量化解析，为阴阳视角下节气养生提供逻辑基础。

同时，气象部门应该加强技术创新，提高产品和服务的质量，满足消费者日益增长的健康需求。

3. 二十四节气文化品牌建设与科普研学产业的融合

研学产业是指以教育为主导，结合旅游、科技、文化等领域，组织学生进行实地考察、实践活动的行业。二十四节气作为知识体系和应用实践，涵盖自然和人文学科的知识融合，在研学产业的发展潜力巨大。气象部门可以积极开展节气研学课程体系开发、节气研学主题和线路设定，集合科研机构、相关领域等专家，探索节气研学基地准入认定标准和评价体系，建立研学基地评审评选规范。

基于节气完整体系研究和多媒体时代的新转变、新形式，发展“以人为本”的体验感增强的数据、文字、图形、视频、音频等各种元素融合的节气科普展示内容产品开发技术。推动节气气候文化与研学产业发展的深度融合，助力提升公众尤其是幼儿青少年对传统文化的科学认知，力争在二十四节气学问甚至是学科建设上发挥对全国的带动引领作用。中华文化软实力中的科技实力的注入，进一步加强节气文化的国际传播认同，推动交流互鉴。

结　语

二十四节气作为中华优秀传统文化的集大成者，可以助力气象部门开展气象文化和气象科普高质量发展，二十四节气文化品牌建设亟须加强。然而，气象部门的二十四节气文化品牌建设存在着眼于长远的节气发展管理和对外合作机制缺失、适用于气象部门二十四节气研究与应用的政策和规范缺乏、学科设置和人才队伍建设力度不足、节气科普“重应用，轻科研”等问题。

因此，气象部门发展二十四文化品牌和产业需要从顶层设计、跨领域跨学

科的融合，着眼于节气的本地化、充分利用文化创意和高科技等策略塑造节气文化品牌。从二十四节气文化产业前景来看，二十四节气是助力气象产业与文化产业融合发展的全新赛道，也是气象文化产业链构建与优化不可或缺的一部分。

参考文献

陈振林：《以高质量气象文化建设助推气象高质量发展》，《旗帜》2024 年第 1 期。

宋英杰：《二十四节气的破圈和降维传播对“双碳”科普的启示》，《科普研究》2022 年第 1 期。

附　录
中国气象经济大事记

王　昕*

气象服务社会大众和国民经济发展

1953 年 8 月 1 日，为配合国家的大规模经济建设，更好地服务国民经济建设，气象部门从军队建制转为政府建制，气象预报通过报纸、电台向人民群众公开发布。1956 年 7 月 1 日，遵照毛泽东主席“气象部门要把天气常常告诉老百姓”的指示，在周恩来总理同意天气实况、天气情况和天气预报使用明码后，中央气象台第一次通过中央人民广播电台和《人民日报》《北京日报》《工人日报》《光明日报》等媒体向北京市民提供天气预报服务，拉开了气象信息向公众传播的序幕。1980 年 7 月 7 日，中央电视台《新闻联播天气预报》节目开播，主题曲《渔舟唱晚》沿用至今，成为几代国人的共同记忆。1982 年，国务院批准新时期气象工作方针为：“积极推进气象科学技术现代化，提高灾害性天气的监测预报能力，准确及时地为经济建设和国防建设服务，以农业服务为重点，不断提高服务的经济效益。”国家统计局调查显示，2023 年全国公众气象服务满意度达 92.4 分，气象信息为公众挽回的气象灾害损失 5600 亿元。

开展有偿专业气象服务，发展气象信息产业

1985 年 3 月 8 日，原国家气象局向国务院呈报《关于气象部门开展有偿专业服务和综合经营的报告》。3 月 29 日，国办转发该报告（国办发〔1985〕25 号），指出“气象部门应当大力加强公益服务，在做好公益服务的基础上积极开展有偿专业服务，并围绕气象事业发展开展综合经营”，并对有偿专业服

* 王昕，博士，俱时（北京）气象技术研究院院长，主要研究方向为气象经济产业发展战略。

务的范围、收费原则、收入使用等作出规定。同时，原国家气象局与财政部协商拟订了开展气象有偿专业服务收入的财务处理办法并颁发实施。2000 年 1 月 1 日开始实施的《中华人民共和国气象法》对气象有偿服务作出了原则规定。其中第 3 条规定“气象台站在确保公益性气象无偿服务的前提下，可以依法开展气象有偿服务”；第 42 条规定“气象台站和其他开展气象有偿服务的单位，从事气象有偿服务的范围、项目、收费等具体管理办法，由国务院依据本法规定”。《中华人民共和国气象法》第 7 条明确规定要“发展气象信息产业”。

全国气象服务工作会议推动气象服务发展

1987~2021 年，中国气象局组织了七次全国气象服务工作会议。先后提出了不断拓宽专业气象服务领域，一手抓公众气象服务、一手抓专业有偿气象服务，气象服务是立业之本，建设公共气象服务体系，稳步放开气象服务市场，构建新时代气象服务体系，推动气象服务高质量发展等目标，有力推动了中国气象服务和相关经济活动的发展。

气象服务经济社会发展能力提升

1988 年风云一号 A 星、1997 年风云二号 A 星相继成功发射，我国正式告别完全依赖国外气象卫星数据的历史，实现极轨和静止气象卫星从无到有的突破。目前，我国有 9 颗风云气象卫星在轨运行，540 余部雷达组成世界上规模最大的天气雷达监测网，自主可控的完整数值预报体系成功建立。

气象事业发展法制保障

2000 年，《中华人民共和国气象法》正式实施，为气象事业发展奠定了法治基础。此后，国家先后制定并实施《人工影响天气管理条例》《气象灾害防御条例》《气象设施和气象探测环境保护条例》，进一步完善气象事业发展法制体系。2006 年，《国务院关于加快气象事业发展的若干意见》印发，为气象事业发展指明了方向和遵循。气象部门坚决贯彻党中央、国务院要求，坚持面向民生、面向生产、面向决策，积极推进一流装备、一流技术、一流人才、一流台站建设、一流服务，大力提升气象预测预报能力、气象防灾减灾能力、应对气候变化能力、开发利用气候资源能力，不断拓展气象对外合作交流广度和深度。

气象服务体制改革

2014 年 10 月 10 日，中国气象局印发《气象服务体制改革实施方案》，提出创造有利于多元主体参与气象服务、公平竞争的政策环境，引入市场机制激发气象服务发展活力，增强气象服务供给能力。2014 年 10 月 31 日，第六次全国气象服务会议召开，进一步提出："深化气象服务体制改革，重要的是引入市场机制，打破垄断，构建主体多元化的气象服务体系，使气象服务资源实现优化配置"，气象服务体制改革的目标是"构建中国特色现代气象服务体系"。

基本气象资料开放

2015 年，中国气象局向社会公布了《基本气象资料和产品共享目录（2015 年）》，气象部门推进气象基础性资源向社会开放的步伐加快，社会资源与气象资源融合进一步深化。根据数据访问量统计，2015 年，中国气象数据网（含气象科学数据共享服务网主节点）的数据服务总量达 105. 46TB，全年访问人次超过 8200 万。数据背后包含的是以气象资源的共享、利用和开发为基础的巨大市场价值。

气象服务市场发展配套

2015 年，中国气象局先后出台《气象预报发布与传播管理办法》《气象信息服务管理办法》并制定《气象信息服务市场监管体系建设专项工作方案》，启动气象信息服务市场管理标准体系和气象信息服务市场监管制度体系建设，为企事业单位和其他社会力量以及公民个人参与气象信息服务、培育和规范气象信息服务市场、促进气象信息服务产业发展提供制度保障。

气象服务市场规划

2015 年 8 月，中国气象局、国家发展改革委联合印发《全国气象发展"十三五"规划》，提出以有序开放部分气象服务市场、推进气象服务社会化为切入点，推动气象工作由部门管理向行业管理转变。在完善公共气象服务供给方式方面，明确提出要积极培育和规范气象服务市场，激发气象行业协会、社会组织以及公众参与公共气象服务的活力，探索建设气象服务应用众创平台和气象服务技术产权交易平台，逐步形成公共气象服务多元供给格局，有效发挥市场机制作用。

中国气象服务协会成立

2015 年 5 月 13 日，中国气象服务协会在民政部正式登记注册，成为我国第一个气象领域全国性、行业性的社会组织。该组织的成立是中国气象服务体制改革的标志性成果，为气象经济和产业快速发展提供了组织化的保障。目前，中国气象服务协会拥有会员600余家，开展气象经济产业研究统计、行业自律、气象科技奖励、气象行业技术标准化、气候资源开发与利用、气象教育和培训等业务，已经成为中国气象事业发展的重要力量。

中国气象服务产业发展报告出版

2015年9月，中国第一部以气象产业经济发展为核心内容的年度报告《构建有吸引力的气象服务市场——中国气象服务产业发展报告（2014）》正式出版。该书第一次系统梳理了国内外气象经济产业发展历程，提出到2025年中国气象服务产业规模将达到3000亿元的预测，为此后中国气象经济产业在中国的快速发展提供了重要参考文献。

气象事业发展新时代

2019年12月，习近平对新中国气象事业70周年作出重要批示，指明了新时代气象事业发展的根本方向、战略定位、战略目标、战略重点、战略任务。围绕生命安全、生产发展、生活富裕、生态良好持续深化气象保障，中国气象事业开启了新时代气象强国建设的新征程。

气象高质量发展纲要

2022年4月28日，国务院印发《气象高质量发展纲要（2022—2035年）》，提出提高气象服务经济高质量发展水平，强化生态文明建设气象支撑，健全相关制度政策，促进和规范气象产业有序发展，激发气象市场主体活力。

促进气象产业健康持续发展

2022年6月13日，中国气象局印发《中国气象局关于促进气象产业健康持续发展的若干意见》，提出发挥市场在资源配置中的决定性作用，以市场需求为导向，通过市场机制，调动企业主体的积极性，激发气象市场主体活力和竞争实力，用5~10年时间，基本形成结构优化、布局合理、特色鲜明、竞争有序的气象产业发展格局，基本建立制度体系完备、市场主体有活力、监管规范有效、支撑保障有力的气象产业体系，培育具有全球竞争力的世界一流气象企业，培育若干个具有较强竞争力的龙头企业，形成一批具有较好成长性的“专精特新”中小企业，产业规模、质量和效益进一步扩大。

皮 书

智库成果出版与传播平台

皮书定义

皮书是对中国与世界发展状况和热点问题进行年度监测，以专业的角度、专家的视野和实证研究方法，针对某一领域或区域现状与发展态势展开分析和预测，具备前沿性、原创性、实证性、连续性、时效性等特点的公开出版物，由一系列权威研究报告组成。

皮书作者

皮书系列报告作者以国内外一流研究机构、知名高校等重点智库的研究人员为主，多为相关领域一流专家学者，他们的观点代表了当下学界对中国与世界的现实和未来最高水平的解读与分析。

皮书荣誉

皮书作为中国社会科学院基础理论研究与应用对策研究融合发展的代表性成果，不仅是哲学社会科学工作者服务中国特色社会主义现代化建设的重要成果，更是助力中国特色新型智库建设、构建中国特色哲学社会科学“三大体系”的重要平台。皮书系列先后被列入“十二五”“十三五”“十四五”时期国家重点出版物出版专项规划项目；自 2013 年起，重点皮书被列入中国社会科学院国家哲学社会科学创新工程项目。

皮书网

（网址：www.pishu.cn）

发布皮书研创资讯，传播皮书精彩内容
引领皮书出版潮流，打造皮书服务平台

栏目设置

◆关于皮书

何谓皮书、皮书分类、皮书大事记、
皮书荣誉、皮书出版第一人、皮书编辑部

◆最新资讯

通知公告、新闻动态、媒体聚焦、
网站专题、视频直播、下载专区

◆皮书研创

皮书规范、皮书出版、
皮书研究、研创团队

◆皮书评奖评价

指标体系、皮书评价、皮书评奖

所获荣誉

◆2008 年、2011 年、2014 年，皮书网均在全国新闻出版业网站荣誉评选中获得“最具商业价值网站”称号；

◆2012 年，获得“出版业网站百强”称号。

网库合一

2014年，皮书网与皮书数据库端口合一，实现资源共享，搭建智库成果融合创新平台。

皮书网

“皮书说”
微信公众号

S 基本子库 SUB DATABASE

中国社会发展数据库（下设 12 个专题子库）

紧扣人口、政治、外交、法律、教育、医疗卫生、资源环境等 12 个社会发展领域的前沿和热点，全面整合专业著作、智库报告、学术资讯、调研数据等类型资源，帮助用户追踪中国社会发展动态、研究社会发展战略与政策、了解社会热点问题、分析社会发展趋势。

中国经济发展数据库（下设 12 专题子库）

内容涵盖宏观经济、产业经济、工业经济、农业经济、财政金融、房地产经济、城市经济、商业贸易等 12 个重点经济领域，为把握经济运行态势、洞察经济发展规律、研判经济发展趋势、进行经济调控决策提供参考和依据。

中国行业发展数据库（下设 17 个专题子库）

以中国国民经济行业分类为依据，覆盖金融业、旅游业、交通运输业、能源矿产业、制造业等 100 多个行业，跟踪分析国民经济相关行业市场运行状况和政策导向，汇集行业发展前沿资讯，为投资、从业及各种经济决策提供理论支撑和实践指导。

中国区域发展数据库（下设 4 个专题子库）

对中国特定区域内的经济、社会、文化等领域现状与发展情况进行深度分析和预测，涉及省级行政区、城市群、城市、农村等不同维度，研究层级至县及县以下行政区，为学者研究地方经济社会宏观态势、经验模式、发展案例提供支撑，为地方政府决策提供参考。

中国文化传媒数据库（下设 18 个专题子库）

内容覆盖文化产业、新闻传播、电影娱乐、文学艺术、群众文化、图书情报等 18 个重点研究领域，聚焦文化传媒领域发展前沿、热点话题、行业实践，服务用户的教学科研、文化投资、企业规划等需要。

世界经济与国际关系数据库（下设 6 个专题子库）

整合世界经济、国际政治、世界文化与科技、全球性问题、国际组织与国际法、区域研究 6 大领域研究成果，对世界经济形势、国际形势进行连续性深度分析，对年度热点问题进行专题解读，为研判全球发展趋势提供事实和数据支持。

法律声明

“皮书系列”（含蓝皮书、绿皮书、黄皮书）之品牌由社会科学文献出版社最早使用并持续至今，现已被中国图书行业所熟知。“皮书系列”的相关商标已在国家商标管理部门商标局注册，包括但不限于LOGO（ ）、皮书、Pishu、经济蓝皮书、社会蓝皮书等。“皮书系列”图书的注册商标专用权及封面设计、版式设计的著作权均为社会科学文献出版社所有。未经社会科学文献出版社书面授权许可，任何使用与“皮书系列”图书注册商标、封面设计、版式设计相同或者近似的文字、图形或其组合的行为均系侵权行为。

经作者授权，本书的专有出版权及信息网络传播权等为社会科学文献出版社享有。未经社会科学文献出版社书面授权许可，任何就本书内容的复制、发行或以数字形式进行网络传播的行为均系侵权行为。

社会科学文献出版社将通过法律途径追究上述侵权行为的法律责任，维护自身合法权益。

欢迎社会各界人士对侵犯社会科学文献出版社上述权利的侵权行为进行举报。电话：010-59367121，电子邮箱：fawubu@ssap.cn。

社会科学文献出版社